Carl Friedrich Förster's

Handbuch der Cacteenkunde

in ihrem ganzen Umfange

nach dem gegenwärtigen Stande der Wissenschaft bearbeitet
und durch die seit 1846 begründeten
Gattungen und neu eingeführten Arten vermehrt

von

Theodor Rümpler,
Generalsekretär des Gartenbauvereins in Erfurt.

Durch 140 Holzschnitte illustrirt.

Zweite gänzlich umgearbeitete Auflage.

Erster Band.

Leipzig
Verlag von Im. Tr. Woller.
F. G. E. Kanzler.
1886.

Der gesammte Gartenbau.

IV. Band:

Handbuch der Cacteenkunde.

Vorwort.

Die Familie der Cacteen hat als Gegenstand der Gartenkultur eine Geschichte und in derselben gleich vielen anderen Gewächsen, die der Mensch in Pflege genommen, eine Periode des Aufganges, des höchsten Glanzes und des Niederganges. Die Zeit, in welcher ihr wunderbarer Bau am eifrigsten studirt, die eigenthümliche Schönheit ihrer Formen am höchsten geschätzt und ihre Verbreitung mit fast leidenschaftlichem Eifer gefördert wurde, fällt in das dritte und vierte Decennium unseres Jahrhunderts, und theilweise noch in das fünfte, in die Zeit, in welcher Dr. Pfeiffer die Beschreibung und Synonymik der in deutschen Gärten lebend vorkommenden Cacteen (1837) und die Abbildung und Beschreibung blühender Cacteen (1838—1850), Mittler das Taschenbuch für Cactusliebhaber (1841 und 1844), Miquel die genera Cactearum (1840), Karl Friedrich Förster das mit dem allgemeinsten Beifall aufgenommene Handbuch der Cacteenkunde in ihrem ganzen Umfange (Leipzig, Verlag von Im. Tr. Wöller, 1846) und der Fürst Joseph von Salm-Dyck endlich die Cacteae in horto Dyckensi cultae 1849 veröffentlichte, die Zeit, in welcher Männer, wie Haworth, De Candolle, Turpin, Link, Otto, Martius, Zuccarini, Scheidweiler, Lemaire (Cactearum

Monographiae tentamen und Iconographie descriptive des (Cactées) und etwas später Labouret unter Benutzung der bis dahin ziemlich erheblich angewachsenen einschlägigen Literatur die Monographie de la Famille des Cactées (1852) schrieben.

In dieser Zeit ihres höchsten Glanzes waren die Cacteen Modepflanzen in des Wortes vollster Bedeutung. Alle Welt sammelte, kultivirte, studirte und beschrieb Cacteen mit oder ohne Beruf, und mit allen wissenschaftlichen Hülfsmitteln ausgerüstete, opferfreudige Männer, wie Galeotti, v. Karwinski, Ehrenberg und andere begruben sich in die Einöden Mexikos, um diese Gewächse unter ihren heimatlichen Verhältnissen kennen zu lernen und neue Arten in Pflanzen und Samen zu sammeln und in Europa einzuführen.

In jener Zeit unterhielten nicht nur die botanischen Gärten Deutschlands — vor allen der zu Berlin —, sondern auch viele Handelsgärtner, wie Fr. Ad. Haage jun. in Erfurt, Ferdinand Sencke in Leipzig, A. Schelhase und N. Fennel in Kassel, Booth in Hamburg u. a. m., sowie blosse Liebhaber jenes wunderbaren Pflanzengeschlechtes, unter diesen vor allen anderen der bereits genannte Fürst Salm auf Schloss Dyck bei Neuss, Dr. Mühlenpfordt in Hannover, Th. Wegener in Stralsund, mehr oder weniger umfassende Collectionen, oft vereinigt mit denjenigen den Cacteen nahestehenden Gewächsfamilien, welche zusammen die Ordnung der Succulenten darstellen.

Aber wie ein Meteor strahlend durch den Zenith geht, allmählich blasser wird, gegen den Horizont hinabsinkt und endlich erlischt, so nahm auch die Glanzperiode der Cacteenkultur in der Mitte der fünfziger Jahre ein Ende, und fortan blieben nur wenige Auserwählte, einmal im Besitze grösserer Sammlungen und zu ernsteren Studien geneigt, dem Gegenstande ihrer Liebhaberei — fast möchte man sie Kultus nennen! — noch für Decennien treu.

In demselben Maasse, wie die Cacteenkultur, entwickelte sich die Cacteenkunde. Leider wurde die Kenntniss der

Arten und Formen je länger desto mehr durch allzu eifrige Einführung von Originalpflanzen und Samen erschwert. Schon auf ihrem heimathlichen Boden sind die Cacteen in hohem Grade zur Variation geneigt, und bald kam man zu der Ueberzeugung, dass nicht wenige derselben, die bis dahin für gute Arten gehalten wurden, im Grunde nur als Uebergangsformen zu betrachten seien. Insbesondere war es Karl Ehrenberg, welcher während seines achtjährigen Aufenthaltes zu Mineral del Monte, einem Gebirgsorte etwa 2700 m über dem Meeresspiegel, vielfache Beobachtungen solcher Art zu machen Gelegenheit hatte. Dennoch liess er sich durch die Verschiedenheit der Standortsverhältnisse oft bestimmen, blosse Formen für wirkliche Arten zu halten. So nahm er unter anderen Mamillaria robusta *Hpfr.* und M. rhodantha *O.* für ganz verschiedene Species blos aus dem Grunde, weil zwischen beiden eine grosse Strecke Landes lag und die Standortsverhältnisse nicht übereinstimmten.

Aber mit Recht macht Linke in der Allg. Gartenzeitung (1850) darauf aufmerksam, dass in unseren Sammlungen Bienen und andere Insekten während des ganzen Sommers vom Morgen bis zum Abend emsig von einer Cacteenblüthe zur andern eilen, um Honig zu sammeln, und dass sie dadurch ohne Zweifel vieles zur Kreuzung einander nahestehender Arten beitragen. Aus den in der Folge gewonnenen Samen pflegen Formen hervorzugehen, die oft so sehr von der Mutterpflanze abweichen, dass diese in ihnen kaum wieder zu erkennen ist. Es lässt sich daher mit Sicherheit annehmen, dass diese Kreuzbefruchtung auch im Heimathlande der Cacteen durch Insekten vermittelt wird, vorzugsweise an solchen Orten, an denen mehrere Arten zusammen vorkommen und gleichzeitig in Blüthe treten. An solchen Standorten begegnen dem geübten Auge zahlreiche Formen hybriden Ursprungs.

Bekanntlich haben viele Arten eine Blüthezeit von sehr langer, gar nicht selten von sechsmonatlicher Dauer. Solche fast immer blühende Arten — insbesondere der Gattung

Mamillaria angehörig — lassen am häufigsten mehr oder weniger augenfällige Abweichungen von der normalen Form erkennen, wenn man den aus der Kreuzung hervorgegangenen Samen zur Fortpflanzung benutzt.

Eine sehr bemerkenswerthe Thatsache, welche jene Neigung zur Variation bei aus Mexiko eingeführten Original-Mamillarien illustrirt, berichtet die oben genannte Gartenzeitung. Im Sommer 1849 nämlich führte Ehrenberg eine Collection von Mamillarien — sie war seine letzte — aus Mexiko ein. Sie bestand aus mehr denn 1000 Individuen, zwischen denen die mannichfachsten Uebergänge zu Tage traten. Selbst das geübteste Auge war nicht im Stande, zwischen ihnen, mit Ausnahme der Mamillaria elephantidens *Lem.* und M. procera *Lehm.*, die wahrscheinlich in einem anderen Distrikte gesammelt worden, in Folge ihrer innigen Verschwisterung eine bestimmte specifische Grenze festzustellen. Nach allen Richtungen hin gab es Zwischenformen, weshalb sich die gewiegtesten Kenner darüber nicht zu einigen vermochten, wie viele reine Arten diese grosse Sendung wohl einschliessen möchte. Allardt, einer der tüchtigsten Kenner in damaliger Zeit, fand deren sechs heraus, Heyder, ebenfalls einer der anerkanntesten Forscher auf diesem Gebiete, wollte ihrer zwölf unterscheiden. Nach der Ansicht Ehrenberg's selbst umfasste die Sendung anfangs acht, später zwölf, dann achtzehn, schliesslich gar vierzig Arten, welche alle in der Allgemeinen Gartenzeitung beschrieben wurden. Durch Ehrenberg's frühzeitigen Tod wurde ein neuer Artenschub verhindert. Manche wollten dies als ein Glück betrachten, denn eine genaue Prüfung der nachgelassenen Sammlung Ehrenberg's durch Männer, wie Linke und den Gartendirector Otto, stellte es ausser Zweifel, dass ein grosser Theil derselben aus blossen Uebergangsformen bestand. Eine bedeutende Parthie der Collection wurde von dem Handelsgärtner F. Sencke in Leipzig angekauft und bot diesem Gelegenheit zu einer wiederholten Auslese von 58, sage acht und fünfzig, vermeintlichen neuen Arten.

Es war natürlich, dass dieser Artenmacherei die Reaction auf dem Fusse folgte. Die Besitzer von Sammlungen wurden der ewigen Zweifel müde, der Ueberdruss schwächte ihr Interesse an den Cacteen, Manche aber versuchten eine Sichtung des so mächtig angewachsenen zweifelhaften Materials mit mehr oder weniger Erfolg, aber im Ganzen ohne rechte Anerkennung und Nachfolge. Ausserdem wurden Aufklärung der Zweifel und Bestimmung der wirklichen Arten gar oft dadurch erschwert, dass die Cacteen in zu hoher Temperatur kultivirt wurden, sich überwuchsen und in Folge dessen einen von dem ursprünglichen himmelweit verschiedenen Character annahmen und nun als neue Arten galten.*)

Und dieser schwer wiegende Uebelstand machte sich nicht nur bei Originalpflanzen geltend, sondern auch — und dies in noch viel höherem Grade! — bei solchen Arten, welche aus Samen oder aus mechanischer Vermehrung hervorgegangen waren. Häufig genug geschah es, dass der untere Theil einer Originalpflanze — namentlich wieder bei Mamillarien — den Besitzer nicht befriedigte und dieser sich veranlasst sah, die obere Parthie, den sog. Kopf, abzuheben, um aus ihm eine schönere Pflanze zu erziehen, den unteren Theil dagegen zur Erzeugung von Sprossen zu benutzen. Hierbei aber konnte es nicht fehlen, dass Pflanzen so verschiedener Provenienz so sehr von einander verschieden sich gestalteten, dass auch Kenner getäuscht werden mochten und dass die aus einander gehenden Formen als neue Arten aufgestellt wurden, weil die von der Originalpflanze gegebene Diagnose auf die von derselben gewonnene Vermehrung nicht mehr passen wollte. Der begangene Irrthum wurde meistens erst nach mehrjähriger Kultur erkannt.

Hierzu kommt endlich noch, dass die meisten Cacteenfreunde, welche Mamillarien beschrieben, den Hauptcharacter derselben — abgesehen von der gleichfalls sehr veränder-

---

*) Siehe Allg. Gartenzeitung 1849.

lichen Körperform — in der Zahl der Rand- und Mittelstacheln, der Warzenbildung, Wolle, Farbe und ähnlichen Merkmalen suchten. Diese aber variiren bei vielen Arten in hohem Grade und sind nichts weniger als beständig und oft nur durch die Art der Kultur, in der Heimath durch die Beschaffenheit des Standortes bedingt. So weichen auch die aus mexikanischem Samen erzogenen Pflanzen der Mamillaria elephantidens in der Zahl und Stärke der Stacheln, wie in der Form der Warzen erheblich von einander ab, und Ehrenberg nannte die mit einer geringeren Zahl von Stacheln und mit dickeren Warzen versehene Spielart Mamillaria bumamma, trotz der geringen Beständigkeit dieser Merkmale.

So wurde also auch der Umstand, dass man an sich sehr veränderlichen Merkmalen einen zu hohen Werth beilegte, eine neue Quelle von Irrungen.

Das war die Lage der Cacteenkunde in den fünfziger Jahren, und sie ist es zum grössten Theile noch heute.

Lange haben seitdem — Dank der veränderten Geschmacksrichtung und dem Ueberdruss, der sich in Folge der übereilten Verbreitung wirklicher oder angeblich neuer Arten geltend machte — Cacteenkunde und Cacteenkultur geruht. Nur wenige Sammlungen erhielten sich in einiger Vollständigkeit oder in Restbeständen bis in die neueste Zeit. Dagegen wurden fast unausgesetzt und ziemlich allgemein blumistisch bedeutende Formen, wie z. B. Hybriden von Cereus speciosissimus und Phyllocactus-Arten kultivirt und ihre Zahl durch neuen Gewinn aus immer wiederholter Kreuzbefruchtung vermehrt.

In jenen Kreisen, in denen die Cacteen nicht aus blosser oberflächlicher Blumenlust, sondern wegen ihres unendlichen Formenreichthums und der zahlreichen interessanten Details ihrer Organisation geschätzt werden, belebte sich zwar das Interesse an ihnen durch die von Dr. George Engelmann in Mexiko und von Dr. Philippi in Chile und von Anderen gewonnenen Forschungsresultate und die durch sie vermittelte Einführung neu entdeckter Arten und Formen; aber das ältere Material blieb unbearbeitet und die in der Nomenclatur — besonders der Mamillarien — eingerissene Verwirrung ungelöst. Die Schwierigkeit, sich über den specifischen Character der von Mühlenpfordt, Ehrenberg, Sencke und Anderen beschriebenen Cacteen Aufklärung zu verschaffen, wurde sogar dadurch wesentlich vermehrt, dass viele derselben, wie es scheint, wieder verloren gegangen sind, namentlich solche, welche nur in wenigen Individuen, vielleicht gar nur in einem einzigen, vorhanden gewesen oder solche, welche kein Material zur Vermehrung gegeben oder endlich solche, welche nicht geblüht und Frucht getragen haben.

Diese Schwierigkeit musste sich doppelt fühlbar machen bei der nothwendig gewordenen Bearbeitung des im Buchhandel schon längst vergriffen gewesenen Förster'schen Handbuches der Cacteenkunde, eines Buches, das sich von Anfang an eines wohlbegründeten guten Rufes zu erfreuen hatte, aber, wie nicht anders zu erwarten, von der Unsicherheit der Nomenclatur, der Synonymik zumal, nicht hat unberührt bleiben können. In sehr vielen Fällen entzogen sich bei der Bearbeitung des in ihm niedergelegten Materials die von Förster gegebenen Diagnosen der Controle, da es an Vergleichsobjecten fehlte; es musste somit auf die Originalbeschreibungen zurückgegangen werden, wie sie in den verschiedensten Gartenbaujournalen (Allgemeine Gartenzeitung von Otto und Dietrich, Gardeners' Chronicle, Curtis' Botanical Magazine, Edward's Botanical Register u. a.) enthalten sind. Es erschien dies um so nothwendiger, als die in von mir zu Rathe gezogenen anderweitigen Monographien gegebenen Beschreibungen mehr oder weniger von einander abweichen. In vielen anderen zweifelhaften Fällen boten die in Erfurt bestehenden beiden grösseren Cacteensammlungen erwünschte Gelegenheit zur Controle jener Diagnosen, wie auch zum Studium der inzwischen neu eingeführten Arten und Formen. Es ist mir Bedürfniss, an dieser Stelle den Handelsgärtnereibesitzern Herren Fried. Ad. Haage jun. und Haage und Schmidt für ihr freundliches Entgegenkommen und manche gute Auskunft meinen wärmsten Dank auszudrücken. Auch habe ich mancher Förderung durch den Gartendirector Herrn Hermes auf Schloss Dyck in herzlicher Anerkennung zu gedenken.

Die vorliegende zweite Auflage oder besser gesagt diese Bearbeitung des Förster'schen Cacteenbuches, welche das wieder erwachte Interesse an der Cacteenkultur unterstützen, dem in berufenen Kreisen kund gegebenen dringenden Verlangen entsprechen will, kann nach dem Allen vorläufig noch keine über allem Zweifel erhabene Monographie darstellen, sondern nur eine Etappe bedeuten, von welcher das Studium der Cacteen einen neuen Anlauf zu nehmen vermag. Hoffentlich werden sich die zur Zeit in botanischen Gärten, Handelsgärtnereien und im Besitze der Cacteenliebhaber noch befindlichen sehr lückenhaften oder gar nur Gruppen ausgewählter Formen enthaltenden Sammlungen nach und nach wieder bis zu einem Grade vervollständigen, welcher vergleichende Untersuchungen in grösserem Umfange ermöglicht. Welche weitklaffende Lücken ganz allgemein in den Collectionen sich finden, zeigt unter anderen die Gattung Melocactus, von deren 30—32 beschriebenen Arten nur eine, die älteste, Melocactus communis, vorhanden ist und kultivirt wird.

Es bleibt mir schliesslich noch übrig, diejenigen Veränderungen zu bezeichnen, welche sich in der neuen Auflage vollzogen haben:

1. Vereinfachung der Diagnosen mit steter Rücksicht auf Originalbeschreibungen und Autopsie;

2. In den meisten Fällen Wegfall der Beschreibung von Individuen;

3. Regelung der deutschen Nomenclatur;

4. Eintragung inzwischen eingeführter Arten und Formen.

5. Eintragung der inzwischen in der Kultur gemachten Erfahrungen;

6. Bei vielen Arten Vervollständigung der Diagnose durch Beschreibung ihrer inzwischen beobachteten Blüthen;

7. Wegfall der in der ersten Ausgabe gebrauchten Abkürzungen und Zeichen, welche den Gebrauch des Buches in hohem Grade erschweren würden;

8. Berücksichtigung der inzwischen von Lemaire und Anderen begründeten neuen Gattungen und hierdurch gebotenen Vervollständigung der Synonymik;

9. Illustration des Textes durch gute Holzschnittbilder, welche theils nach den Werken De Candolle's, Miquel's, Lemaire's, Engelmann's und Anderer, theils nach photographischen oder sonstigen nach der Natur entworfenen Bildern angefertigt wurden. Auch manche in Journalen, z. B. in der Gartenflora, im deutschen Magazin, in Gardeners' Chronicle, Illustration horticole und Revue horticole u. s. w., enthaltene schwarze oder colorirte Abbildungen, nachdem ich mich von der correcten Darstellung der betreffenden Cactusart überzeugt, haben als Anhalt für den Zeichner und Xylographen gedient. Diese meist trefflich ausgeführten Pflanzenbilder gereichen dem Buche zu einer nicht geringen Zierde und auch im Uebrigen hat der Herr Verleger kein Opfer gescheut, das Buch den Anforderungen unserer Zeit gemäss auszustatten.

Wie weit meine eigene Kraft dem guten Willen und der Begeisterung, mit welcher ich der Familie der Cacteen zugethan bin, hat folgen können, darüber wird sich ja eine gerechte und, wie man in Rücksicht auf die entgegenstehenden Schwierigkeiten erwarten darf, billige Kritik zu äussern nicht unterlassen.

Schliesslich gebe ich eine Zusammenstellung der Namen der Autoren, welche Cacteen beschrieben haben, sammt den für sie gebrauchten Abkürzungen, die einzigen, deren Anwendung ich mir nach dem in der beschreibenden Botanik herrschenden Gebrauche erlaubt habe.

Adanson — *Adans.*
Aiton — *Ait.*
Allardt — *Alldt.*
Berg — *Berg.*
Bertero — *Bert.*
Besler — *Besl.*
Bonpland — *Bonpl.*
Booth — *Bth.*
Cavanilles — *Cav.*
Cels — *Cels.*
Colla — *Coll.*
De Candolle — *DC.*
Deppe — *Dpp.*
Desfontaines — *Desf.*
Dietrich — *Dietr.*
Donn — *Don.*
Dumont-Coursett — *Dum.-Cours.*
Ehrenberg — *Ehrbg.*
Fennel — *Fenn.*
Forbes — *Forb.*
Förster — *Fstr.*
Gärtner — *Grtn.*
Galeotti — *Gal.*
Gardener — *Gard.*
Gillies — *Gill.*
Gmelin — *Gmel.*
Graham — *Grah.*
Gussone — *Guss.*
Haworth — *Haw.*
Henslow — *Hensl.*
Graf von Hoffmannsegg — *Hffgg.*
Haage — *Hge.*
Hooker — *Hook.*
Hornemann — *Horn.*
Hopffer — *Hpfr.*
Humboldt — *Humb.*
Jacquin — *Jacq.*
Jussieu — *Juss.*
von Karwinski — *Karw.*
Kunth — *Kth.*
Linné — *L.*
Lagasca — *Lag.*
Lamarck — *Lam.*
Lemaire — *Lem.*
Lehmann — *Lehm.*
Lindley — *Lindl.*
Link — *Lk.*
Link et Otto — *Lk. et O.*
Loddiges — *Lodd.*
Marnock — *Marn.*
von Martius — *Mart.*
Masson — *Mass.*
Meyen — *Mey.*
Miller — *Mill.*
Miquel — *Miq.*
Mittler — *Mttl.*
Moçino — *Moç.*
Molina — *Mol.*
Monville — *Monv.*
Mühlenpfordt — *Mhlpf.*
Necker — *Neck.*
Nuttall — *Nutt.*
Ortega — *Ort.*
Otto — *O.*
Parmentier — *Parm.*
Pfeiffer — *Pfr.*
Picolomini — *Picol.*
Pisoni — *Pis.*

Plukenet — *Pluk.*
Plumier — *Plum.*
Reichenbach — *Rchb.*
Salm-Dyck — *S.*
Scheidweiler — *Schdw.*
Schelhase — *Schelh.*
Schott — *Schott.*
Sieber — *Sbr.*
Sencke — *Sck.*
Sprengel — *Spr.*
Swartz — *Sw.*
Tenore — *Ten.*
Terscheck — *Tersch.*
Tournefort — *Tournef.*
Turpin — *Turp.*
Voigt — *Vgt.*
Wegener — *Weg.*
Wendland — *Wdl.*
Willdenow — *Willd.*
Zuccarini — *Zucc.*

Im Uebrigen werden unter *Hort.* die in Handelsgärtnereien und in Gärten Privater gebräuchlichen Namen, und als Autoritäten bisweilen botanische Gärten angeführt, wie *Hort. berol.*, der botanische Garten in Berlin, *Hort. Kew.*, der in Kew, *Hort. vind.*, der in Wien u. s. w.

Erfurt, im September 1884.

Theodor Rümpler.

1. Die Cacteen und ihre Verbreitung.*)

Obgleich seit dem Jahre 1799, wo Willdenow in den Species plantarum 29 Cactusarten aufführte, oder seit 1807, wo Persoon deren 32 angab, die Zahl der Arten mit so reissender Schnelligkeit zugenommen hat, dass De Candolle bereits im Jahre 1828 an sicheren Species 162 kannte, [1837, wo Zuccarini die damals bekannten Cacteen beschrieb, die grossen Sammlungen jener Zeit zusammen vielleicht mehr als 500 Arten kultivirten, 1846, wo Förster's Handbuch der Cacteenkunde erschien, über 800 Arten und Formen in die Gewächshäuser eingezogen waren, und es auch in unserer Zeit an neuen Entdeckungen und Beobachtungen nicht gefehlt hat], so sind wir doch auch heute noch weit davon entfernt, in der Kenntniss dieser Gewächsfamilie

*) Auszug aus Plantarum novarum vel minus cognitarum, quae in horto herbarioque regio monacensi servantur, fasciculus tertius, Cacteae. Descripsit Prof. Dr. Jos. Gerh. Zuccarini (zweiter Conservator des königl. botanischen Gartens zu München), Denkschriften der mathematisch-physikalischen Klasse der königl. Akademie der Wissenschaften zu München. Bd. II. 1837.

Förster sowohl, wie sein Bearbeiter nehmen um so weniger Anstand, diese vortreffliche Abhandlung im Auszuge wiederzugeben, da wohl die meisten Leser nicht im Besitze von Zuccarini's Schrift oder ähnlicher Werke sein möchten.

Zusätze Förster's oder Anderer werden in dieser neuen Bearbeitung eingeschaltet und durch [ ] gekennzeichnet.

zu einem gewissen Abschlusse gekommen zu sein. Die grosse Verbreitungssphäre von ungefähr 95 Breitegraden, welche ihr zukommt, ist nur an den wenigsten Orten in Bezug auf Cacteen einigermassen genau durchforscht, was um so schwerer in das Gewicht fällt, als man aus vielen Gründen annehmen darf, dass die einzelnen Arten, mit Ausnahme der in Kultur genommenen Opuntien, in ihrem Vorkommen auf kleine Distrikte beschränkt sind. Alle Reisende, die das gemässigte und tropische Amerika besuchten, sprechen von der ungeheueren Menge von Cacteen, welche ihnen vorgekommen, aber statt uns die Arten näher zu beschreiben, klagen sie nur im Allgemeinen über die Hindernisse, die diese Gewächse ihren Forschungen bereiten, über die Unfruchtbarkeit und Oede der Gegenden, in denen sie vorkommen, und Viele, sonst die trefflichsten Sammler, gestehen sogar ganz offen, dass sie dieselben recht eigentlich zu ihren Feinden zählen. Selbst Pöppig, gewiss einer der eifrigsten und tüchtigsten Beobachter, gibt in seiner Reisebeschreibung den heftigsten Widerwillen gegen sie zu erkennen.

[Es gibt Gewächse — sagt er —, gegen die man auf Reisen wahrhaft feindlich fühlen lernen kann. Zu diesen darf man in Chile die unaufhörlich wiederkehrenden Formen der baumartigen Fackeldisteln rechnen, die sich überall dem Blicke aufdrängen. Und an einer anderen Stelle: Wie aber die verhasste Cactusvegetation in Peru und Chile sich überall entgegendrängt u. s. w.

Allerdings sind die Cacteen für Herbarien nicht zu gewinnen, und selbst ihre Beschreibung nach dem Leben ohne gleich an Ort und Stelle angefertigte Abbildungen ist für die Wissenschaft kaum ausreichend. Wenn man dagegen bedenkt, wie leicht die meisten versendet werden können, da sie einen mehrere Monate dauernden Transport sehr wohl vertragen, so bleibt die Klage erlaubt, dass, obgleich gegen die fünfziger Jahre hin in dieser Beziehung theils von Dilettanten und Freunden der Cactusfamilie, theils von Fachmännern, [wieder um Vieles später von eifrigen Pflanzenforschern, wie Dr. Engelmann, Philippi und Anderen Erhebliches und Verdienstliches geleistet worden, dennoch aber im Ganzen noch heute diese so hochinteressante Gewächsfamilie als das Aschenbrödel der Botanik und der Pflanzenkultur betrachtet zu werden pflegt].

Aus dem, was bereits gewonnen ist, lässt sich schliessen, was noch zu leisten übrig geblieben. Durch Karwinski, Coulter, Schiede, Ehrenberg und Andere, sowie durch die oben genannten Pflanzenforscher neuerer Zeit ist eine beträchtliche Anzahl von Cacteen aus Mexiko nach Europa gekommen, aber Jeder fand an ziemlich nahe aneinander gelegenen Standorten immer wieder andere Arten.

Mit der sich stetig mehrenden Fülle des Stoffes regte sich in der oben bezeichneten Periode eines frischen Aufschwunges der Cacteenkunde der Eifer, ihn wissenschaftlich zu bearbeiten, und was hierin Fürst von Salm-Dyck (Cacteae in horto Dyckensi cultae 1850), von von Martius, Link, Otto, Lehmann, Turpin, [nach ihnen von Dr. Pfeiffer (Abbildung und Beschreibung blühender Cacteen, 2 Bde. mit je 30 Tafeln — Beschreibung und Synonymik der in deutschen Gärten lebend vorkommenden Cacteen), Gillies, Haworth, Lemaire (Cactearum monographiae tentamen — Iconographie descriptive des Cactées — Les Cactées, histoire, patrie etc.), von Karwinski, Miquel (Genera Cactearum descripta et ordinata etc.), Scheidweiler, Zuccarini und — nicht zu vergessen! — Karl Friedrich Förster (Handbuch der Cacteenkunde, Leipzig, 1846) geleistet, steht mit goldenen Lettern in den Annalen der Botanik und des Gartenbaues verzeichnet.

Später traten für den Fortschritt auf dem Gebiete der Cacteenkunde nicht minder bedeutende Männer ein, allen anderen voraus Dr. George Engelmann, der unermüdliche Erforscher der Flora der mexikanischen Grenzdistrikte. Derselbe legte die Resultate seiner Beobachtungen und Forschungen in den Berichten der zur Untersuchung und Vermessung der

Grenzländer bestellten Commissionen nieder (Explorations and Surveys for a Railroad route from the Mississippi river to the Pacific Ocean und United States and Mexican Boundary Survey). Diesen vortrefflichen Arbeiten ist ein grosser Theil unserer Abbildungen entlehnt].

Was steht nach Allem dem zu erwarten, wenn Brasilien, Peru, Chile und Paraguay in dieser Beziehung einmal genau durchforscht, ja wenn wir erst den Cacteenschätzen der Antillen näher getreten sein werden. Karl Plumier, jener wissensdurstige Franziskanermönch († 1704), hat die letzteren in für jene Zeit vortrefflichen Abbildungen (Plantae americanae) uns wenigstens angedeutet, aber selbst die Originale dieser Bilder sind zum grössten Theile noch nicht in die Reihen der wissenschaftlich beschriebenen Arten eingerückt, denn seit jenem eifrigen Pflanzenforscher hat Niemand weiter sie genauer beobachtet.

Erfreulich ist es dagegen zu sehen, dass in neuester Zeit wieder, wie in den vierziger Jahren, sich Liebe und Verständniss für diese, wie für andere lange Zeit vernachlässigte Pflanzenfamilien kund zu geben beginnt.

Ueber die Anzahl der existirenden Arten aller Genera der Cacteen lässt sich [jetzt so wenig, wie 1837, wo Zuccarini die oben erwähnte Schrift verfasste], mit einiger Wahrscheinlichkeit ein Ueberschlag geben, [um so weniger, als man von vielen Arten die Blüthen und Früchte, nach ihrer Bildung das wichtigste Merkmal der Gattungen, noch gar nicht kennt, ein Umstand, der die in der Synonymik herrschende Verwirrung mit verschuldet]. Doch dürfte die Vermuthung, dass sie nicht, wie Meyen meint, nur das Doppelte der ihm bekannten Arten, nämlich 380, also weit weniger, als wir bereits im Ganzen lebend kultiviren, betrage, sondern sicherlich weit über tausend ansteige, schon aus der Verbreitungssphäre der Familie nicht unbegründet erscheinen.

Die Verbreitungssphäre der Cacteen ist, wie gegenwärtig die so vieler Kulturgewächse, eine doppelte geworden, nämlich die, innerhalb welcher sie unbezweifelt und ursprünglich wild wachsen, und diejenige, in der sie gegenwärtig kultivirt werden.

Als die Zone ihres unbestreitbar sichern Vorkommens im wilden Zustande müssen wir alle warmen und gemässigten Länder des neuen Continents (Amerika) in einer continuirlichen Ausdehnung von nahezu 95 Breitegraden und in der Nähe des Aequators vom Meeresspiegel bis zu einer Höhe von 4680 m annehmen, eine Ausdehnung, wie sie wenigen andern Pflanzenfamilien von ähnlichem beschränkten Umfange zukommt. Die Ausdehnung ihrer Verbreitung im kultivirten, verwilderten oder noch zweifelhaft wilden Zustande begreift überdies einen grossen Theil der wärmern Gegenden in Europa, Asien und Afrika.

Betrachten wir zuerst ihr wildes Vorkommen in Amerika. Der nördlichste Punkt, wo bisher Cactusse wildwachsend angetroffen wurden, ist dicht ausserhalb der Grenzen der Vereinigten Staaten auf einer Insel des Waldsees (Lake of the Woods), ungefähr unter 49° nördl. Br., wo Capitain Back und seine Gefährten durch eine niedrige, im dichten Grase in zahlreicher Menge wachsende und sehr stachelige Opuntie vielfach belästigt wurden. Ueber ihr weiteres Vorkommen, vorzugsweise im westliche Theile des Landes, sagt Hooker (Flora boreali-americana): „Es ist sehr zu bedauern, dass wegen der Unmöglichkeit, selbige zu trocknen, keine Cactusse gesammelt worden sind; einige Arten wurden, wenn ich nicht irre, von Drummond auf seiner Reise und gewiss von Douglas auf der Westseite der Rocky Mountains bis zum 44—45° nördl. Br. und in beträchtlicher Höhe auf den Bergen gefunden. Vermuthlich sind es dieselben oder doch nahe Verwandte von denen, welche Nuttall auf den hohen Bergen am Missouri und im Mandan-Districte (also ungefähr in gleicher Breite) entdeckte, nämlich Mamillaria simplex und vivipara *Haw.* und Oputia fragilis *Nutt.*“ Wahrscheinlich, setzt Förster mit Recht hinzu, nicht Mamillaria simplex, die sich bisher nur in Westindien und bei La Guayra (Columbia) gefunden hat und eine viel höhere Temperatur zu verlangen scheint, weshalb sie auch bei uns im Freien minder gut gedeiht, als die mexikanischen Arten dieser Gattung, obgleich sowohl die Sommer- als die Wintertemperatur bei uns beträchtlich höher ist, als auf den Missouribergen. Pursh führt für den östlichen Theil der Vereinigten Staaten, wo bekanntlich die Vegetation überhaupt um mehrere Grade gegen Norden früher aufhört, von New-Yersey (etwa 41° nördl. Br.) bis Carolina nur eine Art in magern Fichtenwaldungen und auf Sandfeldern an; er nennt sie nur Cactus Opuntia und sagt, dass die rothen essbaren Früchte unter dem Namen Prickly Pears bekannt seien.

Von diesen Nordgrenzen an finden sich mannichfache Zeugnisse für die ununterbrochene Verbreitung der Familie durch alle Länder um den mexicanischen Meerbusen, auf den Antillen und jenseits bis Californien. [Nach A. von Humboldt (Neu-Spanien, Bd. II.) sieht man am Fusse der Gebirge dieses Landes nichts als Sand oder auch eine Steinlage, auf welcher sich ein cylinderförmiger Cactus (Organos del Tunal) zu ausserordentlicher Höhe erhebt, und auf den nackten Gebirgen selbst ohne vegetabilische Erde und ohne Wasser in den Felsenritzen zuweilen Opuntien und baumartige Mimosen.] Ebenso wissen wir, dass die Cacteen in allen Ländern des ungeheuren südamerikanischen Continents bis an die Südgrenze von Chile hinab in einer ausserordentlichen Mannichfaltigkeit von Arten vorkommen.

Genau ist indessen die Linie ihres Aufhörens im Süden noch nicht zu bestimmen. Dass sich mehrere Arten auf dem festen Lande noch südlich von Concepçion, also noch unter 38° südl. Br. finden, ist bekannt. Meyen's Angabe, dass in der Nähe von St. Jago in Chile zwischen 33—34° südl. Br. am Morro del San Anzico der Cactus chilensis (Cereus chilensis *Colla*) noch in einer Höhe von 1400—1550 m über dem Meere wachse, noch mehr aber Pöppig's Beobachtung, dass auf dem Cumbre bei S. Rosa unter nahezu 33° südl. Br.

Opuntien und Melocacten (Echinocacten) bis wenigstens 2800 m über dem Meere emporreichen, scheint ebenfalls für eine weit fortgesetzte Verbreitung gegen Süden hin zu sprechen. Der südlichste bekannte Punkt ihres Vorkommens ist aber unter ungefähr 45° südl. Br. der Archipelagus de los Chinos y Huaytecas, wo nach Pöppig noch grosse Flächen mit Quisco (Cactus coquimbanus *Mol.*), nach Salm Cereus eburneus, nach Bertero Cereus peruvianus, bestanden sind. Nach Lemaire hat auch d'Orbigny in allen Theilen Nord-Patagoniens, soweit er sie besuchte, Cacteen gefunden. Und Opuntia Darwinii *Hensl.* soll sogar noch unter dem 49° südl. Br. in Patagonien vorkommen. Nehmen wir also die Südgrenze vorläufig bei 45° südl. Br. an, so ergibt sich von hier bis zum nördlichsten Punkte am Waldsee unter 49° nördl. Br. eine Ausdehnung von 94 Breitegraden (1410 deutsche Meilen) in ununterbrochenem Zusammenhange für das Vaterland unserer Familie. Wie sich die einzelnen Gattungen in dies ungeheuere Gebiet theilen, soll später bei ihrer Beschreibung angegeben werden.

Die Höhe, zu welcher sie über die Meeresfläche emporsteigen, ist uns für viele Punkte gegeben. Leider sagt zwar Hooker nicht, wie hoch über dem Meere Douglas bei 44° nördl. Br. Cacteen an den Rocky Mountains gefunden habe, aber der Ausdruck „in beträchtlicher Höhe" lässt doch wenigstens auf 1000 m schliessen. Die südlichsten bedeutenden Elevationen sind die von Meyen angegebenen, bis zu 1600 m unter 34° südl. Br., und von Pöppig zu ungefähr 2800 m unter nicht ganz 33° in Chile. Für Peru giebt uns Meyen die Höhe, zu welcher auf dem ungeheuren Plateau des Sees von Titicaca Cereen und Peirescien emporsteigen, bei der Stadt Chuquito (16° südl. Br.) nach Pentland auf ungefähr 4000 m an, und in den Cordilleren von Tacna südlicher, ungefähr unter 18° südl. Br., steigen nach seiner Angabe die sonderbaren zwergartigen Peirescien (Peirescia glomerata) noch höher, nämlich bis ungefähr 160 m unterhalb der Grenze des Schnees.

A. von Humboldt giebt Nachweisungen über Quito. Am Fusse des Chimborasso bei Riobamba beobachtete er noch aufrechte klafterhohe Cereen (Cereus sepium *DC.*) in einer Höhe von fast 2800 m. Aus Brasilien berichtet uns v. Martius, dass die Cacteen bis zu den Gipfeln der Höhenzüge reichen, welche dort sich nur etwa 1600—2200 m über dem Meere erheben. In Mexico endlich fand v. Karwinski bei San José del Oro auf der Spitze des Cerro de la viuda einige Mamillarien und kleine kurzgliederige, noch nicht näher bekannte Cereen bei 3500 m über dem Meere.

Eine so ausgedehnte Verbreitung der Familie lässt natürlich auch eine grosse Mannichfaltigkeit der eigenthümlichen Standorte einzelner Arten erwarten. Es muss aber hierbei bemerkt werden, dass mit Ausnahme der kultivierten Opuntien und Cereen alle übrigen Species in ihrem Vorkommen auf nur kleine Distrikte beschränkt sind, und dass deshalb Angaben, wie z. B. die von Meyen über das Vorkommen des mexikanischen Cereus senilis auf den Anden von Chile, wahrscheinlich auf durch Mangel an Vergleichung herbeigeführten Irrungen beruhen. Die Beschaffenheit der Unterschichten des Bodens scheint ziemlich gleichgültig zu sein, denn es werden die einzelnen Arten ohne Unterschied auf Kalk, Sandstein, Urgebirge und auf vulkanisch-alterirten Gebirgsarten, Porphyren u. s. w. gefunden. Von dem mit Salztheilchen geschwängerten Seestrande halten sie sich meistens entfernt, doch fand Moritz bei La Guayra unweit Caracas eine Menge Cereen und selbst Melocacten dicht an der Seeküste zwischen den Strandgebüschen der Coccoloba uvifera, Hippomane Mancinella u. a. m. Ein Gleiches bemerkte v. Karwinski auf Cuba, wo Cereus baxanus, eine dem C. grandiflorus ziemlich nahe verwandte Art, und einige Opuntien im Sande am Meeresufer häufig und in Gesellschaft der gewöhnlichen Strandgebüsche wachsen. In den Niederungen des innern Landes sind die Bedürfnisse der einzelnen Arten darin übereinstimmend, dass sie sämmtlich, mit Ausnahme der Peirescien, einen freien, sonnigen Stand verlangen, dabei sind viele rücksichtlich der Nahrung, die sie aus dem Boden nehmen, höchst genügsam und gedeihen auf dem magersten Gerölle, auf dem lockersten Sande oder in den engsten Ritzen kahler Felsenwände. Ersteres ist vorzüglich bei den baumartigen Kerzencacten und Opuntien der Niederungen der Fall, und alle Reisenden stimmen darin überein, dass die Gegenden, in denen sich solche Cactus-Wälder vorfinden, als die sterilsten und pflanzenärmsten zu betrachten seien.

Anders ist es mit den Arten der höheren gemässigten Regionen. Die Mamillarien und Echinocacten Mexikos wachsen nach Karwinski auf den mit niedrigem Grase bewachsenen, aber keineswegs unfruchtbaren lehmigen Hochebenen und erscheinen nur zufällig in Felsenritzen und an ähnlichen Orten. Auch den am höchsten auf den Alpen wachsenden Arten fehlt gutes Erdreich nicht, wenngleich sie auch im schlechtesten fortkommen können.

Ebenso ist es unrichtig, dass alle Cacteen vorzugsweise die trockensten Lagen lieben. Bei den baumartigen Cereen (Cardonen) der heissen Niederungen mag dies allerdings der Fall sein, nicht aber bei den viel zahlreicheren Arten der tierra templada. Diese haben z. B. in Mexiko 5 Monate lang (von Juni bis October) täglich reichlichen Regen, stehen aber freilich die übrigen 7 Monate des Jahres völlig trocken, ein Umstand, welcher bei der Kultur der Mamillarien und Echinocacten in erster Linie berücksichtigt werden muss.

Dass die Temperatur, welche die verschiedenen Arten zum vollkommenen Gedeihen verlangen, sehr verschieden sein müsse, ergiebt sich schon aus den Breiten und der Elevation ihrer Standorte. Im Allgemeinen lässt sich annehmen, dass die Melocacten und Rhipsaliden als eigentliche Tropenpflanzen der grössten Wärme bedürfen, und in einer mittleren Temperatur von mindestens $+ 15^{0}$ R. zu Hause sind. Ihnen schliessen sich die grossen Cereen, die Epiphyllen, einige Phyllocacten und Opuntien der Niederungen und der grösste

Teil der Peirescien an. Die Mamillarien und Echinocacten der Hochebenen von Mexiko verlangen keine so hohe, aber doch eine das ganze Jahr fast gleichmässige Temperatur, da der Wechsel der Jahreszeiten in ihrer Heimath noch wenig fühlbar wird. Anders dagegen ist es mit den alpinen und subalpinen Formen, wie Mamillaria vetula und supertexta, welche bei 3440 m Höhe zur Winterszeit bedeutende Fröste und einige Monate lang anhaltendes Gefrieren des Bodens aushalten müssen. Noch rauher gewöhnt sind die sonderbaren Peirescien, Opuntien, Cereen und Echinocacten Chiles und Perus, welche bis in die Nähe des ewigen Schnees hinaufgehen und die ganze Strenge des Alpenwinters, zum Theil in Folge der Höhe ihres Stammes selbst der Schneedecke entbehrend, erdulden müssen. Am unempfindlichsten gegen den Wechsel der Temperatur müssen aber endlich diejenigen Opuntien und Mamillarien sein, welche an den Grenzen der nördlichen und südlichen Verbreitungszone, in Nordamerika noch unter 49^0 nördl. Br. oder an den Rocky Mountains bei 44^0 nördl. Br., noch mehrere tausend Fuss über der Meeresfläche ihre Heimath haben. Hierher gehört auch rücksichtlich ihrer künstlichen Verbreitung in Europa Opuntia italica *Ten.* (O. vulgaris *Mill.*), welche in den wärmen Alpenthälern bis zum 47^0 nördl. Br. hinaufreicht und im Winter häufig eine Temperatur von — 6—8^0 R. zu ertragen hat.

Aus dem Gesagten ergiebt sich, dass das Klima, welches den verschiedenen Cacteen zusagt, von der Hitze der Tropenländer bis zur Temperatur der kälteren gemässigten Zone sich abstufe, dass es also auch für die Kultur unmöglich sei, alle Arten unter gleichen äusseren Einflüssen naturgemäss zu erziehen und zu erhalten. Zwar ist den meisten Arten eine bedeutende Schmiegsamkeit in die ihnen gebotenen Verhältnisse nicht abzusprechen, aber diese Fügsamkeit muss jedenfalls wesentliche Veränderungen im Gange der Entwickelung und im ganzen Habitus herbeiführen. Wir werden darum auch bei völlig gleichmässiger Kultur immer einzelne Formen von ihrem Normalzustande sich entfernen sehen, sei es, dass durch zu grosse Wärme die an niedrigere Temperaturen gewöhnten über das bei ihnen gewöhnliche Maass weit hinausgehen, oder umgekehrt, dass durch zu rauhe Gewöhnung Species aus wärmeren Klimaten verzwergen und weit kräftiger bewehrt oder sorglicher in Wolle gebettet erscheinen, als in ihrer Heimath. Ebenso wird gleiche Bodenmischung für Melocacten, warme Cereen und Opuntien, welche mageren Stand gewöhnt sind, und auf dem magersten wenigstens noch fortvegetiren, für Epiphyllen, Phyllocacten und Rhipsaliden, die halb-parasitisch mehr oder minder nur von Pflanzenhumus zehren, und für Mamillarien und Echinocacten der gemässigten Zone, die auf fruchtbarem Erdreich wachsen, unmöglich gedeihlich sein.

Im Ganzen jedoch dürfte allen Cacteen gute nahrhafte, nicht zu leichte Erde sehr zuträglich sein, wenn nur bei der Zuführung von Feuchtigkeit die nöthige Vorsicht beobachtet, und ihnen in der Zeit, in der in ihrer Heimath Trockniss herrscht, wenig oder gar kein Wasser, zur Regenzeit dagegen aber in hinreichendem Maasse Feuchtigkeit geben wird. Wie in allen diesen Beziehungen indessen mit den einzelnen Arten zu verfahren sei, können wir freilich nur aus sorgfältigeren Beobachtungen, als wir sie bis jetzt besitzen, aus der Heimath dieser Gewächse selbst lernen. Ich habe deshalb auch für zweckmässig erachtet, die Mittheilungen über die näheren Lebensverhältnisse der mexikanischen Cacteen, welche der Güte des Herrn von Karwinski zu verdanken sind, in folgender Weise zusammenzustellen, und bemerke hierbei, dass überall, wo eine andere Beschaffenheit des Bodens nicht angegeben wird, ein mehr oder weniger mit Humus gemischter Lehm anzunehmen ist.

Am Meeresufer auf Cuba im Sande: Cereus baxanus *Karw.* In Mexiko in der Tropenregion (tierra caliente) wachsen zwischen Cordova und Veracruz auf Thonboden Cereus ramosus *Karw.* und Phyllocactus latifrons *Zucc.*

In gemässigten Gegenden (tierra templada): bei Zimapan:

Cereus Dyckii *Mart.*, erectus *Karw.*, geometrizans *Mart.*, dichroacanthus *Mart.*, Echinocactus leucacanthus *Zucc.*, Mamillaria crucigera *Mart.* und inuncta *Hffgg.* — Zwischen Actopan und Zimapan an unfruchtbaren steinigen Anhöhen, aber doch auf Thonboden: Echinocactus ingens *Karw.*, Mamillaria columnaris, polythele und quadrispina *Mart.* — An ähnlichen Orten zwischen Tehuacan und Loscues: Cereus Columna Trajani *Karw.* — Bei Ayuquesco in der Provinz Oaxaca an dürren Stellen: Echinocactus recurvus *Haw.* und glaucus *Karw.* — Auf Dammerde in den mit Gebüschen hier und da besetzten Wiesen bei Pachuca (1550—2200 m über dem Meere): Echinocactus phyllacanthus, crispatus und anfractuosus *Mart.*, Echinocactus Karwinskii *Zucc.*, Mamillaria gladiata und pycnacantha *Mart.*, uberiformis und uncinata *Zucc.* — In Felsenspalten mit etwas Thonerde bei S. Rosa de Toliman: Echinocactus oxypterus und Spina Christi *Zucc.*, und ebenso bei Toliman: Echinocactus Pfeifferi *Zucc.* — Zwischen Zimapan und Yxmiquilpan und bei letzterem Orte: Mamillaria Karwinskiana, carnea und Dyckiana *Zucc.*, subpolyedra *Salm.*, polyedra, Seitziana, Zuccariniana, cirrhifera, sphacelata, stella aurata und supertexta *Mart.* — Bei Actopan auf Wiesen (ungefähr 2200 m über dem Meere): Mamillaria macrothele *Mart.*, Lehmanni *Lk. et O.*, brevimamma und exsudans *Zucc.* — Am Fusse des Orizaba: Echinocactus spiralis *Karw.* — Bei Tehuacan auf sandigen, unfruchtbaren Weiden: Echinocactus agglomeratus *Karw.*

An der Grenze der kalten Region, 2200 m über dem Meere, bei S. Pedro Nolasco: Mamillaria mystax und glochidiata *Mart.* — Bei Yavesia in der Provinz Oaxaca auf festem Thonboden: Mamillaria elegans *DC.* und acanthoplegma *Lehm.* — An grasigen Abhängen bei Atotonilco el chico auf der Serra S. Rosa (ungefähr 2500 m über dem Meere): Mamillaria rutila *Zucc.* — In der kalten Region bei San José del Oro an Felsen: Cereus flagriformis, Martianus und gemmatus *Zucc.* Ebendaselbst bis 3500 m über dem Meere: Mamillaria vetula und supertexta *Mart.* — Auf der Cumbre an einem el Reynosso genannten Orte, bei 2800—3200 m Höhe: Echinocactus macrodiscus *Mart.*

Es bleibt uns nur noch übrig, einige Worte über die Verbreitung der Familie ausser Amerika beizufügen.

Aus De Candolle's vortrefflicher Revue de la Famille des Cactées wissen wir, dass Rhipsalis Cassytha auf Mauritius und Réunion und Cereus flagelliformis in Arabien vorkommen. Es liegt kein Grund vor, anzunehmen, dass erstere, ein Parasit von so unansehnlicher Gestalt, jemals von Amerika herübergebracht und naturalisirt worden sei, vorausgesetzt, dass wir dort auch wirklich der amerikanischen Art begegnen, was aus den Herbarien von Commerson, Bory und Sieber nicht leicht mit Sicherheit zu ermitteln sein dürfte. Die auf Cereus flagelliformis bezügliche Angabe ist dagegen allerdings zweifelhaft und kann wenigstens vorläufig nicht als Zeugniss für die Verbreitung der Cacteen ausserhalb Amerika angeführt werden, wenn man nicht annehmen will, dass durch zufällige Ursachen, z. B. durch die Strömung des atlantischen Oceans die auf den Antillen einheimische Rhipsalis Cassytha und der in Südamerika verbreitete Cereus flageliformis an die ferne Küste getragen und dort eingebürgert worden sei. Es wäre das nicht unmöglich, zumal da beiden fraglichen Cactus-Arten das Klima der Inseln Mauritius und Réunion und der arabischen Wüste wohl zusagen würde. So soll auch Cereus Napoleonis *Grah.*, der ebenfalls ursprünglich in Westindien einheimisch ist, sich auf der Insel St. Helena angesiedelt haben, ein Fall, der mit Berückichtigung jener Umstände sehr glaubhaft erscheint.

Anders verhält es sich dagegen mit den Opuntien. Bei der fast unauflöslichen Verwirrung der Synonymie, namentlich in den kultivirten Arten, müssen wir uns indessen erlauben, hier zum Theil von bestimmten Artnamen abzusehen und uns lediglich an das Vorkommen dieser Pflanzenform im Allgemeinen zu halten. Dem zufolge können wir sagen, Opuntien sind in der alten Welt in Asien über die ganze indische Halbinsel bis nördlich an die Gebirge Chinas, in einem grossen Theile des tropischen Afrikas und auf den canarischen Inseln, ferner in allen Ländern Asiens, Afrikas um das Mittelmeer her verbreitet und allenthalben verwildert. Ihre Nordgrenze in Europa sind nicht der Felsen bei Final (Herzogthum Genua) unter 44° nördl. Br., sondern der Schweizer Canton Tessin und in Tyrol die wärmeren Thäler nordwärts von Botzen unter 47° nördl. Br.

Rücksichtlich Indiens erfahren wir durch Royle, dass Roxbourgh zwei für jene Gegenden eigenthümliche Opuntien, Cactus indicus und chinensis aufgestellt habe, deren eine in Indien, die andere in China heimisch sein solle. Eine, vermuthlich die erstere und nach Wight und Arnott wahrscheinlich Opuntia Dillenii *Bot. Mag.*, habe auch Ainslie als auf der Halbinsel einheimisch erklärt und füge noch bei, dass sie bei der Einführung der wilden Cochenille (grana sylvestre) auf der Küste von Coromandel von diesem Insecte fast ausgerottet worden sei. Im Norden von Indien, wo sie ebenfalls häufig vorkomme, führe sie den Sanscrit-Namen nagphuni, rücksichtlich dessen Wilson jedoch zweifle, ob er ihr ursprünglich zukomme. Jedenfalls sei sie aber, wenn eingeführt, viel früher nach Indien gekommen, als die durch Dr. Anderson nach Madras gebrachten Opuntien, bei deren Ankunft sie schon über das ganze Land verbreitet gewesen wäre. Sie diene indessen bisher nur zu Hecken, und eben deshalb sei die Einführung der Opuntia vulgaris ihrer wohlschmeckenden Früchte wegen zu wünschen. Hier sind wir also merkwürdiger Weise bereits auf eine Akklimatisations-Periode vor der englischen Besitznahme des Landes und zwar einer Art verwiesen, die weder der Cochenille, noch der Früchte, also keines bestimmten Ertrags wegen und lediglich zu Hecken kultivirt sein sollte. Ist es wohl wahrscheinlich, dass eine solche Kultur sich bei der damals noch verhältnissmässig geringen Verbindung zwischen dort und Europa so schnell über die ganze Halbinsel verbreitet habe?

Ueber die Verbreitung der Opuntien in Afrika haben wir wenige sichere Nachrichten. Desfontaines führt für die Ber-

berei die gelb blühende Opuntia — jedenfalls die Opuntia vulgaris *Mill.* oder O. media *S.* — als wegen ihrer Früchte sehr geschätzt an. In Griechenland ist sie sehr häufig, wenn auch Sibthorp ihrer nicht erwähnt, und die Stämme sind zum Theil von merkwürdiger Stärke und von hohem Alter. Förster selbst besass Opuntienstämme aus der Gegend von Napoli di Romania, deren feste, in eine grosse Menge von Jahresringen lösbare Holzmasse gegen 5 cm, der ganze Stamm aber bis 26 cm stark war [und Dietrich will in einem Londoner Museum einen 60 cm langen, 45 cm breiten und eben so starken Körper gesehen haben, der als Stamm des Bretbaums bezeichnet wurde und in dem er einen verholzten Stamm der Opuntia Tuna erkannte]. Ueber die Ausdehnung der Opuntien durch Italien und Tyrol bis nördlich von Botzen erwähnen wir nur, dass im Süden verschiedene Arten, im Norden aber nur Opuntia vulgaris *Mill.* (O. italica *Ten.*), aber an vielen Orten in grösster Menge, vorzüglich an felsigen und dürren grasigen Abhängen vorkomme, wo sie nicht leicht verwildert gedacht werden kann.

Den interessantesten Punkt ihrer Heimath in der alten Welt bietet uns Spanien, denn hier entsteht zum Theil die Frage: Sind manche Arten von da nach Amerika, oder umgekehrt aus der neuen Welt nach Spanien eingewandert? Es ist vor Allem sehr auffallend, dass in allen spanischen Colonien Amerikas die ihrer essbaren Früchte wegen am meisten kultivirte Opuntie Tuna de Castilla heisst, und dass allenthalben die Sage geht, sie sei von den Spaniern eingeführt worden. Auch ist der Name Tuna keineswegs, wie gewöhnlich angegeben wird, amerikanisch, sondern ursprünglich spanisch. Tuna oder higo de tuna, higo chumbo heisst die Opuntienfeige, tuno oder higueral de chumbos der Opuntienwald, ausserdem hat das Wort tuno aber auch die Bedeutung Landstreicher, Vagabund, sowie tuna Landstreicherei, audar de tuna Landstreicher, Zigeuner, und so könnte der Name vielleicht metaphorisch auf die sparrigen, stacheligen, an dürren Orten wachsenden Opuntien übertragen sein oder sich auf die Nahrung beziehen, welche die Pflanze den Landstreichern gewährt. Endlich kommen nach Karwinski an mehreren Orten Spaniens, unter anderen in der Nähe von Malaga und Almeria, Opuntienwälder vor, deren Dasein historisch bis zur Zeit der Entdeckung von Amerika zurückgeführt werden kann und demnach auf eine viel frühere Kultur, vermuthlich durch die Mauren, hinweist. Dafür spricht endlich eine Stelle in Irving's Geschichte der Eroberung von Granada, wo es heisst, dass die Vega um die maurische Veste Salobrena mit Gärten bedeckt gewesen, die umringt waren von Zäunen von Rohr, von Aloë und von indischen Feigen. Es wäre wichtig, zu erforschen, ob Irving diese Notiz wirklich aus einem älteren Chronikenschreiber geschöpft habe! Wir sind indessen weit entfernt zu glauben, dass damit das ursprünglich wilde Vorkommen von Cacteen in der alten Welt nachgewiesen sei, denn wenn, wie so Vieles zu glauben berechtigt, eine Verbindung zwischen dem Orient und der neuen Welt lange vor deren Entdeckung durch Columbus statt gefunden hat, so konnten auf jenem Wege allerdings die Cacteen mit mehreren anderen Nutzpflanzen, um deren Heimath jetzt die beiden Erdhälften streiten, in die alte Welt herübergelangt und von den Mauren auch nach Spanien gebracht worden sein, von wo sie später wieder in ihre ursprüngliche Heimath zurückgelangten.

Rücksichtlich der Höhe über dem Meere, wo in der alten Welt die Cacteen zu wachsen aufhören, sind leider nur wenige bestimmte Angaben bekannt. Dr. Philippi sagt, dass die Opuntien am Aetna, in den wärmeren Niederungen ganze Wälder bildend, bei Nicolosi bis 390 m ansteigen, wo bereits die Orangen erfrieren. Um Botzen (Südtyrol) kommt Opuntia vulgaris noch bei wenigstens 320 m über der Meeresfläche vor. Auf den Canaren giebt v. Buch die obere Grenze ihres Vorkommens zu 630 m an. Webb und Berthelot dagegen fanden im Thale von St. Jago (die grössere Insel der Capverdeschen Inselgruppe?) an gegen Süden gewendeten

Abhängen Nopals (Opuntien) noch bei 900 m über dem Meere in Gesellschaft von baumartigen Euphorbien, Kleinien, Maulbeer- und Mandelbäumen. Sie wachsen jedoch nur auf den grösseren Inseln der Gruppe, wo sie eingeführt und seit langer Zeit in Kultur erhalten sind, nirgends aber auf den kleineren Eilanden.

Ueber einige aus dem Spanischen und Portugiesischen genommene Namen der Cacteen in Amerika verdanken wir Herrn von Karwinski noch nachstehende Notizen. Cardones nennt man in Mexiko die grossen Säulen-Cereen, Espinos die Peirescien und stacheligen Opuntien. Unter dem Namen Viznaga begreift man die Echinocacten, welche man ihrer langen Stacheln wegen mit Zahnstochern vergleicht, wozu in Spanien die abgeschnittenen Doldenstrahlen der Visnaga (Ammi Visnaga *Lam.*, im Französischen herbe aux cure-dents) gebraucht werden. Cabeza do Frade, der portugiesisch-brasilische Name der Echinocacten, bedeutet Mönchskopf, und das Wort Pitahaya endlich, das in Brasilien für mehrere Cereen gilt, ist keineswegs amerikanisch, sondern kommt aus dem Spanischen, wo pitayo eine lange Orgelpfeife bezeichnet.

---

2. Die Cacteen und ihre wirthschaftliche Bedeutung.

Die wirthschaftliche Bedeutung der Cacteen in ihrer Heimath und da, wo sie Gegenstand des Feldbaus geworden, darf nicht zu gering angeschlagen werden.

Cereen und Opuntien werden vielfach zur Anlage fast undurchdringlicher Umzäunungen benutzt, und wie man in Nordamerika die auf Hügeln errichteten kleinen Forts mit einer dichten Hecke von Yucca gloriosa umgiebt und die Malaien der Sundainseln für ähnliche Zwecke sich der stacheligen Pandanus-Arten bedienen, so benutzt man auf St. Domingo langstachelige Opuntia-Arten im Verein mit Bromelia Pinguin. Da aber die Opuntien mit der Zeit unten kahl werden und dadurch an Widerstandsfähigkeit verlieren, so bedienen sich die Indianer Mexikos zur Herstellung von Verschanzungen und Feldzäunen der Ceren, welche mit ihren aufstrebenden Aesten 3—4 m hoch werden und sich bis in das hohe Alter vollkommen wehrhaft erhalten. Es giebt indianische Dörfer, in denen alle Wohnstätten sammt dem angrenzenden bebauten Lande von Schutzhecken solcher Art umgeben sind. Diesem Zwecke entsprechen die Cereen um so besser, als man nur Abschnitte des Stammes in den Boden zu stecken hat, welche in kurzer Zeit und ohne besondere Pflege anwachsen und sich eben so rasch und kräftig entwickeln, wie Weidenstecklinge. Unsere Abbildung giebt eine deutliche Vorstellung von der Undurchdringlichkeit einer solchen Schutzhecke.

Nach Gardeners Chronik (Jahrg. 1876) benutzt man auf Jamaika zur Anlage derartiger Einfriedigungen besonders gern Cereus Swartzii, eine Art, welche meines Wissens weder eingeführt, noch von einem mir bekannten Autoren beschrieben worden ist, wenigstens nicht unter diesem Namen.

Seltener sind Zäune aus Peirescia crassicaulis. Gehege aus Opuntien werden im südlichen Europa mehr der Frucht wegen und häufig in langen Reihen als Grenzscheide für Ackergrundstücke angepflanzt.

In vielen holzarmen Gegenden Mexikos und auf den Hochebenen Perus werden die leichten, unverweslichen Stämme zu Rädern und Thürschwellen und zur Feuerung benutzt. Einige Cereen in Bolivien, welche bisweilen eine Stärke von 50 cm erreichen, sind in manchen Strichen dieses Landes das einzige Brennholz.

Von den riesigen Kugeln des Echinocactus ingens und seiner Verwandten machen die Schleichhändler in Mexiko einen eigenthümlichen Gebrauch, indem sie solche aushöhlen, um ihre eingepaschten Waaren, insbesondere Branntwein, in der Höhlung zu verbergen und diese durch das ausgeschnittene

Rindenstück sorgfältig verschliessen. Ebenso eigenthümlich ist in St. Domingo die Verwendung der grossen Kugelcacten zur Herstellung von Mützen, indem man sie in Wasser einweicht

Fig. 1. Cactushecke.

und das weiche Zellengewebe wegfaulen lässt, worauf man die nun freigewordenen Pflanzenfasern ordnet und zusammenbindet.

In der Volksmedizin der Indianer und Neger findet die Cactusfrucht als erweichendes Mittel bei Geschwüren vielfache

Anwendung, ebenso der Saft. Es ist in dieser Pflanzenfamilie, deren Arten fast alle einen ziemlich indifferenten schleimigen, süsslichen oder schwach-säuerlichen Saft enthalten, eine auffallende Anomalie, dass dieser bei einigen Species fast ätzend und scharf ist und sich hierin dem Safte einiger Euphorbien nähert, die auch in ihrer Tracht oft an die Cacteen erinnern. Daher die häufige äusserliche Anwendung, hauptsächlich gegen Geschwüre.

In wasserarmen Gegenden sind die saftreichen Stämme Thieren wie Wanderern eine nie versiegende Quelle der Erfrischung. Pferde und Maulthiere schlagen mit den Hufen grosse Stücke von den Cactusstämmen ab und lecken begierig den ausquellenden Saft. Aber das Schöpfen aus diesen vegetabilischen Quellen ist nicht gefahrlos, denn oft sieht man Thiere, welche, durch Cactusstacheln am Hufe gelähmt oder am Maule verwundet, in Folge eintretenden Brandes verenden. Auf der mexikanischen Hochebene sind grosse Mamillarien und Echinocacten zahllosen Heerden halbwilder Pferde und Rinder das einzige Mittel, der Qual des Durstes zu entgehen. Es ist daher ein Akt der Pietät, welchen die Bewohner dieser einsamen Distrikte niemals unterlassen, bei ihren Reisen den am Wege stehenden Cactusstämmen mit dem langen Waldmesser die jüngeren Triebe abzuhauen und den Thieren dadurch die reiche Saftquelle zugänglicher zu machen.

Aber auch der Mensch weiss das saftige Fleisch zu nützen. Von den Flachsprossen der Opuntien sammeln die Pawnies grosse Mengen, um sie zu trocknen und im Winter mit Fleisch und anderen Nährstoffen zu kochen. Bei einigen Indianerstämmen röstet man diese Flachsprossen in heisser Asche, worauf sich die Haut sammt den Stacheln mit Leichtigkeit abziehen lässt; es bleibt dann eine gallertartige Substanz von süsslichem Geschmack übrig, welche als nahrhafte Speise gilt. Dieses Gericht mag zwar nicht besonders lecker sein, aber der Hunger zwingt die Eingeborenen des fernen Westens und oft selbst die weissen Ansiedler, lange Wochen hindurch von den Stengelgliedern des Feigencactus zu leben. Von dieser Cactusgattung giebt es bis auf das ausschwitzende gelbe Gummi nichts, was nicht als Nahrungsmittel benutzt werden könnte.

Dr. Palmer berichtet über eine eigenthümliche Weise, die Stämme des Echinocactus Wislizeni zu nutzen. Die Spanier nennen diese Art gewöhnlich Visnaga, ein Name, der wie gesagt auch für andere Species dieser Gattung gebraucht wird. Der fast kugelige, scharfrippige Stamm hat oft 60 cm im Durchmesser, sodass eine Hälfte häufig als Küchengeschirr benutzt wird. Die kleinen schwarzen Samen werden geröstet und zerstampft, geben dann eine schmackhafte Grütze und eignen sich selbst zur Bereitung von Brot. Das Fleisch der Frucht ist etwas sauer und wird nicht besonders geschätzt, doch stillt der Wanderer in den Cactuswüsten oft seinen Durst mit dieser Pflanze, welche im Innern einen milden, weissen, wässerigen Saft von leicht säuerlichem Geschmack enthält, der besonders erfrischend ist, wenn die Stücke gekaut werden. Häufig findet man deshalb an den Wegrändern Cactusstämme solcher Art, aus welchen grosse Stücke ausgeschnitten sind.

Wenn der durch die Wüste schweifende Indianer eine Mahlzeit bereiten will, so schneidet er einen recht starken Stamm von 1 m Höhe und 60 cm Durchmesser ab und höhlt ihn zu einer Art von Trog aus, in welchem er das herausgenommene weiche Zellgewebe der Pflanze mit Fleisch, Wurzeln, Samen, Mehl, Früchten oder sonstigen geniessbaren Dingen und mit Wasser mischt. Den Inhalt des Troges kocht er in einer allen Indianern geläufigen Weise. Er erhitzt nämlich Steine und wirft sie in die Masse; sind sie kalt geworden, so nimmt er sie heraus, leckt sie ab, erhitzt sie aufs neue und wirft sie wieder in die Mischung und so abwechselnd weiter, bis die Speise fertig gekocht ist. Dieses Gericht ist besonders bei den Yabapais und den Apachen von Arizona beliebt. Die Papajo-Indianer aber schälen Rinde und Stacheln von recht grossen Stämmen dieser Cactusart ab, lassen letztere mehrere Tage lang bluten, trennen dann das Fleisch von der holzigen Masse, schneiden es in angemessene Stücke und kochen es in Syrup, der aus den Früchten von Cereus giganteus oder C. Thurberi gewonnen wurde, oder auch mit einer Zuthat von mexikanischen Zucker irgend welcher Art. Man bereitet in dieser Weise eine vorzügliche Conserve, welche getrocknet nach Geschmack und Consistenz unserem Citronat ähnlich ist.

Aber die wichtigste Rolle spielen die Cacteen als Fruchtpflanzen.*) Unter ihnen steht Cereus giganteus oben an. Die Frucht ist von birnförmiger Gestalt und grünlich-gelber Farbe, mit wenigen kleinen, zerstreuten Stacheln, welche abfallen, wenn sie der Vollreife sich nähert. Sie entsteht auf dem Scheitel des tief gerippten, mit langen schwarzen Stacheln bewehrten Stammes und wird gewöhnlich mittelst langer, leichter Stangen geerntet, die in eine enge Gabel auslaufen. Das Innere der Frucht ist von schön rother Farbe und ladet schon hierdurch zum Genusse ein; die Schale ist fleischig, faserig, saftig und süss, das Fleisch sehr schmackhaft und voll kleiner schwarzer Samen, welche mit gegessen werden. Diese Cactusfrucht erinnert, abgesehen von ihrer Form, an Feigen, nur dass sie saftiger ist, doch sind die Samen unverdaulich, wenn sie nicht gut gekaut werden. Die Indianer von Arizona, Sonora und Südkalifornien schätzen sie als einen ihrer grössten Leckerbissen und so lange sie die Cactusfrucht zu erlangen wissen, begehren sie nichts anderes. Um sie zu conserviren, entweder zum eigenen Verbrauch im Winter oder zum Verkauf, legen sie das Fleisch zwischen die inneren weichen, an beiden Enden zusammengebundenen Hüllblätter der Maiskolben und trocknen es an der Sonne. Im frischen Zustande wird es auch in irdene Töpfe gepackt, gegen die Einwirkung der Sonne geschützt und in den Ansiedelungen zum Verkauf ge-

*) Nach Dr. Edward Palmer in „Report of the Commissioners of Agriculture for the year 1870."

bracht. Das Fruchtfleisch behält seine Süssigkeit lange Zeit, wie aus einer Probe zu ersehen war, die im Museum zu Washington drei Jahre lang aufbewahrt wurde. In einem Falle trat eine leichte Gährung ein, in Folge deren die Farbe in Braunroth sich veränderte.

Aus dem Fleische der Frucht des Cereus giganteus wird auch ein klarer hellbrauner Syrup bereitet und von den Indianern in selbstgefertigten Krügen zu zwei bis fünf Schilling die Gallone (gegen $4^1/_2$ l) verkauft. Den grössten Theil des in den Handel kommenden Syrups produciren die Papajos. Dagegen bereiten die Pino-Indianer vom Gilaflusse aus der Frucht eine Art Wein, der von den Mexikanern Tiswein genannt wird. Zu diesem Zwecke setzen sie zum frischen Fruchtfleische oder zum Syrup eine verhältnissmässige Menge Wassers, füllen die Flüssigkeit in irdene Schüsseln und setzen sie für einige Zeit der Sonne aus, um ihre Gährung zu befördern. Dieses Getränk hat den Geschmack und Geruch saueren Bieres und ist in hohem Grade berauschend. Doch treten die aufregenden Wirkungen des Tisweins erst einige Zeit nach dem Genusse ein. Wenn das Getränk zum Verbrauche fertig ist, so feiern die Indianer ein Trinkfest, das sich jährlich wiederholt. Die Zeit eines solchen Zechgelages wird schon Monate vorher bestimmt. Auch berauschen sich die Indianer in diesem Getränk, wenn sie sich zu einem Kriegszuge gegen die Apachen anschicken. Eine mehrere Jahre lang in den Sammlungen der Smithsonian Institution aufbewahrte Probe dieses Weines zeigte sich durch das Alter wesentlich verbessert und hatte einen leichten Muskatgeschmack angenommen, hinterliess aber immer noch ein unangenehmes, kratzendes Gefühl auf der Zunge. Er hatte eine helle Bernsteinfarbe und war in mancher Beziehung besser, als viele unserer Traubenweine. Im Gebiete der Papajo-Indianer, an den Grenzen von Arizona und Sonora, ist die Frucht einer anderen Cereus-Art, des C. Thurberi, von gleicher Wichtigkeit. Dieser Cactus wird 6—7 m hoch und nur 10—15 cm stark und trägt zwei mal im Jahre Frucht. Diese ist viel grösser, von der Grösse und Form eines Gänseeis, noch süsser und saftiger, als die jenes Riesencactus, und dicht mit langen schwarzen Stacheln besetzt. Zur Zeit der Reife erhält sie einen rothen Anflug, wirft die Stacheln ab, springt auf und lässt dann ein volles, rothes Fleisch mit kleinen schwarzen Samen sehen. Sie ist entschieden besser als die des Cereus giganteus und wird zu denselben Zwecken benutzt.

Die Papajos überziehen die Krüge, wenn sie darin den Syrup oder die Fruchtconserven zu Markt bringen, mit einer dicken Lage Schlammes, um den Inhalt kühl zu erhalten und, da die Geschirre sehr porös sind, der Verdunstung vorzubeugen; auch werden durch diesen Überzug die Krüge weniger leicht zerbrechlich. Die Pitahaya, wie die Mexikaner diese Frucht nennen, wird in ungeheueren Quantitäten genossen, und da sie sehr nahrhaft ist, so erfreuen sich die Consumenten bald einer aussergewöhnlichen Beleibtheit. Bei der Bereitung von Wein oder Syrup werden die Samen vom Fleische getrennt, was durch Anwendung von Wasser leicht zu erreichen ist, sorgfältig gesammelt, getrocknet, geröstet und zerstampft; auch sie gelten für eine leicht verdauliche und nahrhafte Speise.

Neben den Früchten dieser und anderer Cereen werden die sog. indianischen Feigen unter dem Namen tunas von den Indianern in Neu-Mexiko, Arizona, Kalifornien und Utah in frischem Zustande viel gegessen, in grossen Mengen auch für den Winterverbrauch getrocknet. Man sammelt sie von Opuntia Engelmanni, O. camanchica, O. Rafinesquii, O. occidentalis und einigen anderen Arten. Diese Pflanzen wachsen in dürren, aller anderen Vegetation baaren Landstrichen in ungeheuerer Menge. Die Früchte sind ziemlich gross, von hellrother bis purpurrother Farbe und haben einen ziemlich angenehmen, etwas säuerlichen Geschmack, eine dünne Schale und ziemlich grosse Samen, die man nicht mit geniesst; die Schale ist mit Bündeln feiner, weicher Stacheln besetzt, welche von den

Indianern mit einem Grasbüschel abgefegt werden. Die Apachen bedienen sich bei der Ernte hölzerner Zangen, um sich gegen

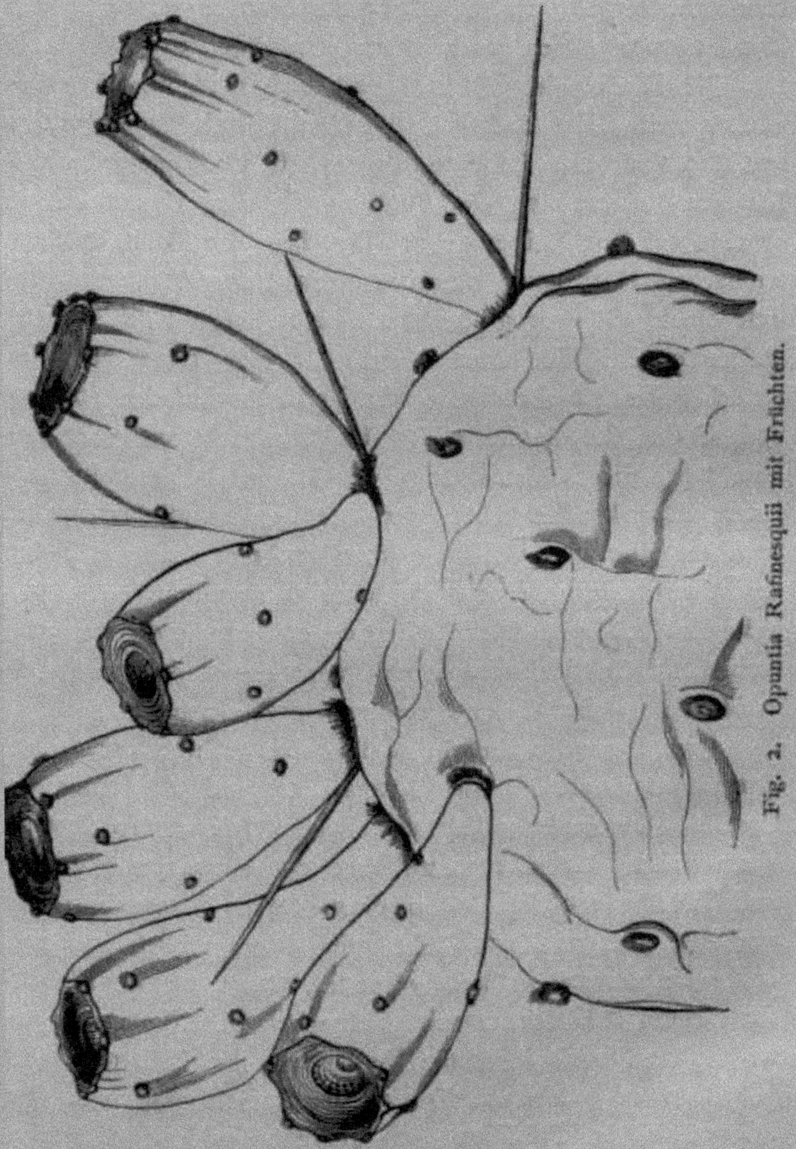

Fig. 2. Opuntia Rafinesquii mit Früchten.

eine Verletzung durch die Stacheln sicher zu stellen. Die Pawnies und Papajos trocknen die unreifen Früchte für den späteren Gebrauch und kochen sie dann mit Fleisch und anderen Dingen. Häufig wird auch die frische, noch unreife Frucht 10—12 Stunden lang in Wasser gekocht und giebt dann ein Gericht, das an unsere Aepfelsuppe erinnert; man lässt es etwas gähren, wodurch es nahrhafter wird.

Die Früchte der Opuntien sind auch dort, wo diese Gewächse acclimatisirt sind, in Unteritalien, Griechenland, Spanien und Portugal, eine beliebte Speise. In den letztgedachten Ländern steigert sich die Vorliebe für den Genuss dieser Früchte bis zur Leidenschaft. Die Zeit der Reife im September wird zu einer vierzehntägigen Festzeit; länger lässt sich die Frucht wegen der rasch eintretenden Fäulniss nicht aufbewahren. Wer dann kann, eilt aufs Land; für die Zurückbleibenden aber sitzen die Verkäufer auf den Strassen und schälen den Passanten ihre Lieblingsfrucht mit einer Gewandtheit, die an das Oeffnen der Austern in Seestädten erinnert. Mancher Liebhaber verschluckt hundert solcher Früchte nach einander und jährlich sterben mehrere Leute in Folge des übermässigen Genusses, welcher choleraähnliche, schnell tödtende Zufälle vorzüglich bei denen veranlasst, die versuchen, ihr Uebelbefinden durch Branntwein zu lindern. Auch in Mexiko werden sie mit grosser Vorliebe gegessen.

Ganz besonders beliebt sind in den früheren spanischen Besitzungen Amerikas die Alfagayucca und die Tuna de Castilla. Erstere ist wahrscheinlich eine Spielart von Opuntia Ficus indica, hat sehr grosse, fast stachellose Stengelglieder und Früchte von der Grösse einer starken Mannesfaust; sie sind fast glatt und von Farbe grün oder gelblich und enthalten ein äusserst wohlschmeckendes, süsses, weiches Fleisch. Ihr Genuss färbt zum grossen Schrecken der Neulinge, wiewohl ohne Nachtheil für die Gesundheit, den Urin roth.

Letztere scheint eine Spielart der Opuntia vulgaris zu sein und wurde der Tradition nach aus Spanien in die Kolonien

---

*) Nach Dr. Kleberg in der Königsberger naturwissenschaftlichen Unterhaltung, 2. Heft S. 159.

eingeführt, stimmt auch in der That mit der im Mutterlande kultivierten Form überein.

In Sicilien erfreuen sich die sogenannten Moscarilli einer grossen Beliebtheit, grüne, hell- oder dunkelrothe, selbst kernlose Opuntia-Früchte von säuerlich aromatischem Geschmacke. Sie werden dort auf dem Felde angebaut.

Zu denjenigen Cactus-Arten, welche ausser den bisher genannten in ihrer Heimath einen wichtigen Beitrag zur Volksnahrung liefern, gehören in Westindien Cereus paniculatus *DC.*, in Brasilien C. Jamacaru *Hort. Vind.* (C. variabilis var. glaucescens), in Columbien C. Pitajaya *DC.* (C. variabilis), in Haiti C. undulosus *DC.*, ebenfalls eine Form des C. variabilis, in Riobamba am Fusse des Chimborasso C. Sepium *DC.*

Aber die wohlschmeckendste Frucht von allen Cereen liefert C. triangularis *Haw.* in Westindien. Sie hat die Grösse und Form eines Gänseeies, ist stachellos und aussen wie innen scharlachroth; die Blume dieses Kerzencactus steht an Schönheit der des C. grandiflorus nicht nach, und ihrer und der darauf folgenden Frucht wegen werden in Barbadoes die Häuser auf der Südseite häufig mit dieser Pflanze bezogen.

Die Früchte der Peirescia aculeata (Grosseiller des Antilles, Barbadoes Gooseberry-bush) werden in Westindien, dem Vaterlande dieser Cactusart, viel gegessen. Die Holländer in Surinam nennen sie Blattbirnen, weil die blattartigen unteren Sepalen der Blüthe unter der Frucht sitzen bleiben.

Die Früchte der Mamillarien und Echinocacten werden meistens nicht gesammelt, sondern den Vögeln überlassen, welche überhaupt auf Cactusfrüchte sehr begierig sind. Opuntia reticulata wird von den Negern in Westindien als Purgiermittel geschätzt, und in Südafrika, wo die Indianerfeige (Opuntia vulgaris) weite Strecken wüsten oder halbwüsten Bodens bedeckt, füttert man auf den sog. Straussenfarmen die Strausse mit dieser Cactusart. Man hat sogar eine Maschine construirt, welche die fleischigen, stacheligen Stengelglieder rasch in kleine

Stückchen zerschneidet, wie sie von den Straussen verschlungen werden können.

Die Früchte vieler Arten enthalten einen schönen rothen Farbstoff, dem aber für die technische Anwendung Dauerhaftigkeit zu verleihen noch nicht gelungen ist. Es bleibt daher gewiss merkwürdig, bemerkt hierzu Dr. Kleberg, dass diese für die Technik so wichtige Eigenschaft einer Farbe sich in der Scharlachlaus (Cochenille — Coccus cacti), die schmarotzend auf mehreren Opuntien, vorzugsweise auf Opuntia coccifera und Opuntia Tuna lebt, in hohem Grade vorfindet. Diese zur Anzucht geeigneten Opuntia-Arten führen bei den Indianern Mexikos den Namen Nopal, während sie alle übrigen Arten unter dem Namen Tuna oder Tuna brava zusammenfassen.

Die getrockneten Thiere, d. h. die noch mit Eiern trächtigen Weibchen, bilden die im Handel geschätzte Cochenille, die Carmin, Scharlach und andere rothe Farben liefert. Ausserdem hat sie in neuerer Zeit als inneres Heilmittel in einem Aufgusse unter Zusatz von Kali gegen Keuchhusten einigen Ruf erlangt. Der Cochenille aber als Farbstoff machen jetzt ausser dem Krapp einige Anilinpräparate erhebliche Concurrenz.

Brasilien und Mexiko versorgten in früherer Zeit Europa mit bedeutenden Mengen dieser getrockneten Thierchen und nach Humboldt führte Amerika im Anfange dieses Jahrhunderts jährlich für 6 Millionen Gulden ans. In Mexiko ist die Opuntienkultur zum Zwecke der Zucht der Cochenillelaus uralt und wurde bereits von den spanischen Eroberern in geregelter Weise und in viel grösserer Ausdehnung, als sie heutigen Tages besteht, vorgefunden. Die Nopaleros, d. h. die Opuntienbauern, sind meist Indianer, weniger speculative Unternehmer, was insofern Wunder nehmen muss, als die spanische Regierung diesen Industriezweig niemals zum Monopol erhoben hat. Gegenwärtig wird die Cochenillezucht fast ausschliesslich im Staate Oaxaca betrieben, während sie in anderen Gegenden Mexikos erheblich herabgegangen ist. Hier

Fig. 3. Opuntia coccifera mit der Scharlachlaus (Cochenille).

fällten die Indianer, der Plackereien der Regierung müde, während die Nopaleros in Oaxaca sich besonderen Schutzes zu erfreuen hatten, in einer Nacht sämmtliche Pflanzen der Cactusfelder, wie sie aus demselben Grunde bereits alle Maulbeerbäume ausgerottet hatten.

Unsere Abbildung stellt das 10mal vergrösserte geflügelte Männchen und die Unterseite das 8mal vergrösserten Weibchen dar.

In neuerer Zeit wird der Cochenille-Cactus auch auf Madeira und den canarischen Inseln im Grossen angebaut, und 1867 oder 1868 wurden wieder viele neue Pflanzungen auf Teneriffa und den benachbarten Eilanden angelegt. Es werden, da diese Kultur sehr rentabel ist, auf solche Anlagen beträchtliche Kapitalien verwendet, und so gross ist die Nachfrage nach diesem kostbaren Farbstoffe und so gross der aus ihm zu erzielende Gewinn, dass jedes halbwegs dazu geeignete Fleckchen Landes behufs der Cochenillezucht mit Nopals bepflanzt wird. Hierunter aber leidet jeder andere Zweig des Feldbaus und selbst der Anbau von Nährpflanzen für Menschen und Thiere wird darüber in bedenklicher Weise vernachlässigt. Die Versuchung, durch Cochenille-Ernten in nicht zu langer Zeit ein ansehnliches Vermögen zu erwerben, ist für den Grundbesitzer so gross, dass er denjenigen Ländereien, die er nicht zur Anpflanzung des Cactus verwenden kann, jede Düngung versagt, um Alles, was ihm an Pflanzen nährenden Substanzen zu Gebote steht, nebst ansehnlichen Mengen von Guano den Nopalpflanzungen zuzuwenden. Ja selbst der Besitzer eines einzigen Stückchen Feldes zieht die Nopalkultur jeder anderen vor und verzichtet lieber zu seinem und der Seinigen Nachtheil auf

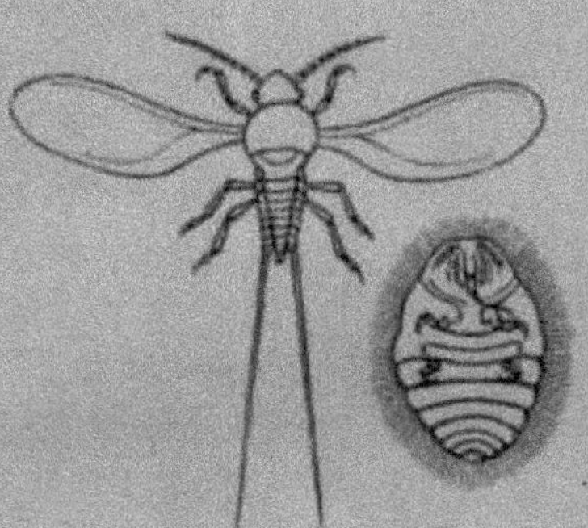

Fig. 4. Cochenillelaus (Coccus cacti).

das den Städtern ziemlich sparsam zugemessene Wasser, um nur seine Cactuspflanzungen ordnungsmässig begiessen zu können.

Hierüber bemerkt*) der englische Consul Grattan in Bezug auf Teneriffa Folgendes: „Das Wasser ist in den Städten dieser Insel 6 Monate im Jahre sehr spärlich und der Vorrath davon wird im Interesse der Nopalpflanzungen noch dazu so sehr geschwächt, dass Menschen und Thiere darunter Noth leiden. Die öffentliche Gesundheit wird durch diesen Mangel an einem der wichtigsten Lebensbedürfnisse auf das Empfindlichste benachtheiligt, gerade in den wärmsten Monaten des Jahres, in denen ein solcher Mangel am fühlbarsten ist. Aus zuverlässigster Quelle habe ich in Erfahrung gebracht, dass von 40 Pipen (à 5 Eimer) Wassers, die in jeder Stunde zum öffentlichen Gebrauche nach Laguna kommen sollen, unterwegs und ehe sie die öffentlichen Reservoirs und Brunnen erreichen, 33 Pipen verloren gehen, da der grösste Theil aus der offenen Wasserleitung geschöpft wird. Die Sucht nach Gewinn erstickt jedes Gefühl der Humanität, und die Behörden lassen dieses grausame Verfahren stillschweigend zu oder thun doch keine wirksamen Schritte, um es zu verhindern."

Auf älteren Plantagen sollen 50—60 000 Pflanzen, in der Regel nicht viel höher als 1,20 m, in parallelen Reihen stehen. Zuerst, im Monat August, werden die befruchteten Weibchen des Cochenille-Insekts auf die Pflanzen gebracht, und diese setzen ihre Brut so rasch ab, dass schon im November oder December die erste Einsammlung stattfinden kann, während andere Bruten alle weiteren vier Monate zur Ernte reif werden. Das Insekt ist von graubrauner Farbe und mit einem feinen weisslichen Pulver bedeckt. Wie schon bemerkt, liefert das ungeflügelte Weibchen allein den Farbstoff. Ein solches Nopalfeld, in dem man der Beschattung wegen in den Furchen häufig perennirende Sonnenblumen erzieht, und das bei heftigem

*) In Gardeners' Chronicle, Jahrg. 1869.

Sonnenbrande noch besonders durch Schilfdecken geschützt wird, muss mit seinem Schattendache und den steifen, gegliederten Opuntien darunter, die vom weissen Ueberzuge der Cochenille wie beschneit aussehen, einen eigenthümlichen, fremdartigen Anblick darbieten.

Sind die Insekten gesammelt, so wirft man sie in heisses Wasser, um sie zu tödten, worauf sie an der Sonne getrocknet werden. Man rechnet auf $^1/_2$ kg Cochenille gegen 70000 dieser Insekten, und wenn wir nun erwägen, dass sich der jährliche Import an Cochenille allein in England auf 30 bis 40000 Doppelcentner beläuft, so kann man sich eine ungefähre Vorstellung davon machen, von welchen zahllosen Myriaden solcher Insekten es in einer Plantage wimmeln muss. Der durchschnittliche Handelswerth der Cochenille ist gegen 400 Pfd. Sterl. pr. Tonne.

Nach der Cochenillelese reinigt man den Strauch durch Abwaschung von Koth, Staub u. s. w. und säet dann andere, zu diesem Zwecke aufbewahrte Weibchen und zwar so, dass man etwa zwölf derselben in einem Netze von Cocosfasern an den Grund eines Astes mit 4 Gliedern setzt. Ein Nopalstrauch mit 100 Gliedern erhält somit 25 solcher Nester.

Im Handel kommen mehrere Varietäten oder sagen wir lieber Sorten von Cochenille unter verschiedenen Namen vor, wie Silberkorn, Schwarzkorn, Granilla u. s. w. Die erstere ist von purpurgrauer Farbe und mit silberweissen Strichen bezeichnet; die schwarze Sorte hat nicht den grauen, reifartigen Ueberzug und ist von dunkelröthlicher Färbung, während die Granilla aus kleineren, häufig zerbrochenen Insekten besteht und die noch geringeren Sorten gelegentlich mit Staub und anderen fremdartigen Stoffen vermischt sind. Die getrocknete Cochenille wird in sogenannten Suronen — frischen Ochsenhäuten mit der Haarseite nach innen — verpackt und zum weiteren Landtransporte nach Veracruz zur Ausfuhr geschickt.

Die Nopalpflanzungen (Nopaleries) erfordern beständige Aufsicht und sorgsamste Pflege, da die Opuntien vielen Krankeiten und manchen Feinden ausgesetzt sind, dem Brande, er Fäulniss und dem Gummiflusse. Das Wild zertritt die ıngen Stecklingspflanzen, eine Schabenart, Blatta lucifuga, und ine Raupe benagen die jungen Triebe und die Jagdspinne nd einige andere Spinnenarten verzehren grosse Mengen des ;ochenille-Insekts.

---

3. Physische und klimatische Beschaffenheit der Cacteenländer.

Im nördlichen Theile des mittelamerikanischen Gebiets ım Mississippi und Missouri, in Florida, Louisiana und Arkanas, wechseln mit Wäldern ungeheure, mit reichem Blumenchmuck gezierte Grasflächen (Prairien, Savannen) und ausgedehnte Sümpfe, in denen Alligatoren hausen und rohrartige Gräser und zahlreiche Sumpfpflanzen wuchern. Im Süden dagegen (Mexiko) wechseln Hochebenen (Plateaus) und zahlreiche Strecken mit überwiegend tropischer Vegetation mit Wäldern von gemischten Formen und abnehmender Wiesenbildung. Unter den eigenthümlichen vegetabilischen Gruppen drücken hier die fleischigen und wunderlich gestalteten, grösstentheils mit prachtvollen Blumen bedeckten Cacteen der Flora einen besonderen Typus auf. Hier trifft man Strecken von meilenweiter Ausdehnung, auf welchen fast nur Cacteen verschiedener Species wachsen und andere Pflanzen, einige Gräser ausgenommen, nicht aufkommen lassen; einige bilden einfache oder ästige Bäume, andere kriechen auf dem Boden weit umher wie lange Schlangen, noch andere stellen mächtige Kugeln dar, die oft zahlreiche Sprossen treiben und so einem Haufen von Aepfeln gleichen, noch andere endlich, und zwar besonders die rasenartig wachsenden Mamillarien, erscheinen an der Oberfläche des Bodens wie grosse Plätze trockenen und mit Schimmel bedeckten Pferdemistes. Das wahre Paradies der

Cactusarten ist nördlich von Mexiko bei Yxmiquilpan, Zimapan und Sierra del Doctor.

Ein anderes Bild entrollt sich uns auf dem südamerikanischen Gebiete. Von der Nordküste desselben bis an die Mündungen des Orinoko herab und landeinwärts bis an das Gebirge von Merida dehnt sich eine unermessliche, fast horizontale, nur hin und wieder von einzelnen angeflözten Erhöhungen (Mesas) unterbrochene Ebene aus, im Allgemeinen die Llanos genannt, und nach ihren verschiedenen Lagen mit verschiedenen Beinamen bezeichnet. Mit Ausnahme der Flussufer und der Periode der Ueberschwemmungen sind diese Llanos meist sandig und ohne Pflanzenwuchs, fast der afrikanischen Sahara vergleichbar, doch sind einzelne Theile derselben auch mit Graswuchs, Cacteengruppen und dichten Wäldern bedeckt. In dem gebirgigen Feenlande Brasilien treten an die Stelle dieser amerikanischen Steppen mit einiger Dammerde bedeckte und mit Gräsern überkleidete, aber von vielen Schluchten zerrissene und nur mageres Gestrüpp und Cacteen ernährende Hochebenen, die sogenannten Campos. Unermessliche Urwälder, die nie der Fuss eines Menschen betreten, worin man sich mit der Axt Bahn brechen muss, von zahllosen und den mannichfaltigsten Schlingpflanzen durchflochten, bedecken den grössten Theil des innern Südamerika bis an die Andenkette (Cordilleren) und die Quellen des Huallaga und Ucayale mit einer schweigenden Wildniss, deren schauerliche Oede nur durch das Gebrüll wilder Thiere und das Geschrei der Vögel unterbrochen wird. Zwischen den Gebirgsketten dehnen sich auch dort mächtige Ebenen aus, die Pampas, die zur Regenzeit treffliche Viehweide bieten, einen grossen Reichthum an Kräutern und Bäumen nähren und ostwärts, um den Laplatastrom und besonders südwärts von demselben, gegen Patagonien hin, salzigen Boden mit Steppenseen und Flüssen haben.

Sowie die Savannen in Nordamerika, so vertreten die Llanos, Campos und Pampas in Südamerika die Stelle unserer

Wiesen, doch sind sie nur in der Regenzeit fruchtbar und neben Gräsern mit Pflanzen der mannichfaltigsten Art, streckenweise auch mit den mannichfaltigsten Cacteenformen bedeckt.

Südamerika ist übrigens in allen Naturreichen das Land der Wunder, das Gebiet unerschöpflicher Mannichfaltigkeit, das noch Jahrhunderte lang den Naturforschern ein unbegrenztes Feld der Forschung bleiben wird. Besonders scheint das geheimnissvolle Guiana, in welchem die Vorzeit ein el Dorado mit dem Goldsee Parima träumte, noch zahllose und prachtvolle Pflanzenformen zu verbergen. Auch in Bezug auf die Cacteen sind uns die unermesslichen Strecken von Chile, Peru, Brasilien, Paraguay u. s. w. noch wenig bekannt.

Alles, was Klima und Vegetation und überhaupt die Natur Schönes und Grossartiges haben, vereinigt sich in dem tropischen Südamerika. In einer senkrechten Höhe von 4600 m erscheinen, von den Palmen und Pisanggebüschen des Meerufers bis zum ewigen Schnee der Andengipfel, die verschiedenen Klimate gleichsam schichtweise über einander gelagert. Die heisse Region (tierra calientes) erhebt sich bis zu 375 m über dem Meeresspiegel, wo dann die gemässigte Region (tierra templadas) beginnt, die sich bis zu einer Höhe von 1065 m über dem Meere erstreckt, von da ab nimmt aber die kalte Region (tierra frias) ihren Anfang und erhebt sich bis zur Grenze des ewigen Schnees, welche in den Tropenländern bei einer Höhe von 4520 m über dem Meere beginnt; in dem obersten Gebiete der kalten Region (3580—4520 m) kommen nur noch Gräser, die eine goldgelbe Decke bilden, Moose und Flechten vor, weshalb dieses Gebiet auch wohl die Region der Grasfluren genannt wird.

Aber in jeder Höhe erleidet die Luftwärme Jahr aus Jahr ein fast gar keine Veränderung; alles in der Atmosphäre geht nach unwandelbaren Gesetzen. Daher hat jede Höhe unter den Tropen bestimmte Besonderheiten, die von so mannichfaltigen Formen sind, dass ein Gebirgsabhang der peruanischen Andenkette, welche 500 Klafter hoch ist, eine viel grössere

Verschiedenheit der Naturerzeugnisse darstellt, als eine vierfach grössere Fläche der gemässigten Zone. Dies gilt ganz vorzüglich von dem Raume, welcher vom 10° nördl. bis 10° südl. Br. geht; näher nach den gemässigten Zonen tritt schon mehr Unbestimmtheit und ein ziemlich abweichender Charakter ein. In den heissesten Tropengegenden ist die mittlere Luftwärme 27° R., wenn sie in Paris und Rom 11° und 15° R. beträgt, und die Abnahme der Wärme verhält sich dergestalt, dass, wer unter den Tropen 1280 Klafter auf der Andenkette emporsteigt, gleichsam aus dem Klima von Rom in das von Berlin gelangt.

Der Luftdruck muss natürlicherweise unter diesen Umständen ein höchst verschiedener sein. So trocken auch die Luftschichten auf den Gebirgen sind, so schwebt doch ein fast immerwährender Nebel um den Gipfel derselben, welcher dem Pflanzenwuchse dieser Wildnisse ein unnachahmliches, prangendes Grün verleihet. Die tieferen Tropengegenden aber enthalten in ihrer viele Monate hindurch wolkenfreien Luft eine so grosse Menge Wassers, dass die Pflanzen sich während der oft 5—6 Monate und länger anhaltenden Trockenheit vollkommen aufrecht erhalten können; sogar in Cumana, wo es oft in 10 Monaten weder Regen, noch Thau und Nebel giebt, dauert eine freudig grünende Blätterfülle ununterbrochen fort. Dieser Mangel an Gleichgewicht erregt heftige Gewitter, in den Ebenen einige Stunden nach Mittag, in den Flussthälern stets bei Nacht; am stärksten sind sie in Gebirgsebenen, in einer Höhe von 320 m über dem Meere sind sie selten, und noch höher treten sie höchstens nur mit Hagel und Schnee auf.

Merkwürdig ist übrigens die nächtliche Kälte der Tropenländer. Die drückende, schwüle Hitze der Luft steigert sich am Tage oft bis 30° R. (nach Anderen 36°), aber wenn die Nacht mit ihrer dunklen Bläue, mit ihrem reinen durchsichtigen Himmelsgewölbe herankommt, da vermehrt sich die Ausdünstung bis zum Wunderbaren und erregt in dem Menschen die empfindlichste Kälte, ja in einigen Gegenden kommt sogar das Wasser zum Gefrieren und überzieht sich mit einer dünnen Eisrinde. Daher schläft der Indianer stets an einem Feuer oder wohl gar zwischen zweien. Wegen der äusserst starken Ausdünstung darf man hier auch nicht mit unbedecktem Gesichte im Freien schlafen, weil gänzliche Blindheit oft die Folge einer einzigen solchen Unvorsichtigkeit ist.

Das Tropenklima hat nur zwei Jahreszeiten, eine trockene, heisse und eine feuchte, warme oder sogenannte nasse (die Regenzeit). Einen Winter, wie er in den gemässigten Zonen vorkommt, kennt man unter dem Aequator nicht, und keine der beiden tropischen Jahreszeiten hat irgend eine Aehnlichkeit mit ihm; falsch ist es daher, wenn man eine derselben, wie gar oft geschieht, mit dem Namen des tropischen Winters bezeichnet. Beide tropische Jahreszeiten haben aber Anfang und Ende nicht in allen Länderstrichen zu gleicher Zeit; auch ihre Dauer ist sehr verschieden, und wenn z. B. in irgend einer Gegend die Regenzeit nur 2 Monate anhält, so dauert sie in einer andern wohl 5—6 Monate. Der Regen während der nassen Jahreszeit dauert mehr oder minder ununterbrochen fort, oft fällt er in dichten massigen Strömen und in Tropfen von mehr als 2 cm Durchmesser, oft aber auch nur dicht sprühend herab; in manchen Tropengegenden verzieht sich das Regengewölk Abends und macht zauberischer Himmelsbläue Platz, in anderen dagegen, zum Beispiel in Chile, folgt nach wenigen Regentagen 1—2 Wochen hindurch schönes Wetter. Für die Flussthäler sind die Folgen dieser starken anhaltenden Regengüsse stets Ueberschwemmungen. Die Giessbäche stürzen von den Bergen, die Quellen sprengen ihre Grenzen, die Steppenflüsse steigen zur doppelten und dreifachen Höhe, der Unterschied des niedrigsten und des höchsten Wasserstandes beträgt oft 16 m, und diese ganze Wassermasse ergiesst sich in die breiten Flussthäler und verwandelt sie in Süsswassermeere. Aber wenn nach einiger Zeit durch zahlreiche Ausflüsse sich das Wasser wieder verzogen hat, dann tritt die Vegetation in weit üppigerer Pracht hervor, als je, und verwandelt die schon vielfach gesegnete Gegend in ein wahres Paradies.

Da diese wenigen Andeutungen im Allgemeinen als Richtschnur für eine naturgemässe Kultur der Cacteen dienen sollen, so wird man es nicht unangemessen finden, wenn ich schliesslich in aller Kürze die physische und klimatische Beschaffenheit der Länderstrecken desjenigen Theiles von Amerika darlege, dem die Cacteen angehören.

Vereinigte Staaten von Nordamerika, von mehreren Gebirgsketten durchzogen, zwischen denen unermessliche Ebenen (Savannen, Prairien) sich ausbreiten; im Allgemeinen im Osten weit rauher, als im Westen; namentlich im Westen der Gebirge (am Mississippi und Missouri) ist die Luft weit milder. Das Klima ist verschieden, im Norden rauh, mit strengem Winter und warmem Sommer; im Süden dagegen kennt man den Winter fast gar nicht, das Klima ist hier stets so mild und warm wie in Spanien und Nord-Italien, ja in Georgien sogar öfters so heiss, dass man auf dem heissen Sande Eier sieden kann, und es gedeihen hier die Baumwolle, der Indigo, Zucker und andere Plantagengewächse, auch die Orangen, und es finden sich Alligatoren, Klapperschlangen, Papageien, Colibris, Cuguare, Jaguare und andere Tropenthiere Südamerikas.

Mexiko und Guatemala mit sehr hohen Gebirgen (den Anden oder Cordilleren), deren höchste Gipfel mit ewigem Schnee bedeckt sind, und mit unermesslichen Hochebenen (Plateaus), die sich bis zu einer Höhe von 2500 m über dem Meere erheben. Das Klima ist nach der Höhe der Gegenden sehr verschieden (tierra calientes, templadas und frias, vergl. oben); die Hochebenen haben eine milde Luft, in den Thälern und Ebenen aber ist es heiss, nur an den Küsten etwas gemässigter. Im Süden kennt man nur zwei Jahreszeiten, und die Regenzeit dauert von Juni bis October. Im nördlichsten Theile ist die Luft ziemlich rauh und es herrschen daselbst vier Jahreszeiten.

Columbia (Neugranada, Caracas und das spanische Guiana wird ebenfalls von der Cordillerenkette durchzogen. Die Hochebenen sind von derselben Höhe wie die mexikanischen, mit drei Regionen, einer solchen mit milder Luft und ewigem Frühling, die höchsten Gebirgsgipfel mit beständigem Winter, in den unermesslich weiten, dürren, nur in der Regenzeit grünen Ebenen (Llanos) und an den Küsten trockene, oft fast unerträgliche Hitze, die jedoch durch See- und Bergluft gemildert wird. Hier sind zwei Jahreszeiten zu unterscheiden; die Regenzeit dauert von November bis April, in manchen Gegenden (Cumana u. s. w.) aber nur 2—3 Monate.

Peru wird von den mit Schnee bedeckten Cordilleren durchzogen und hat Hochebenen bis zu 3800 m über dem Meere. In den östlichen Ebenen (den üppigen Pampas) heisse, feuchte Luft und lange Regenzeit von December bis Juni, auf den Gebirgen ein kaltes, rauhes Klima, in den Thälern ein mildes. Der Küstenstrich ist sehr heiss und hat fast gänzlichen Mangel an Regen, aber starken Thau und häufigen Nebel; See- und Gebirgswinde mildern die Hitze.

Chile, die Cordilleren niedriger, aber ihre Gipfel hier und da doch noch mit Schnee bedeckt; im Osten Ebene, im Norden dürre Wüste. Das Klima ist sehr angenehm und gemässigt und es herrscht eine gesunde Luft; an den Küsten kennt man keine Gewitter. Die Regenzeit dauert von Mai bis October.

Bolivia und Paraguay werden von Gebirgsketten und Pampas-Ebenen durchzogen; das Klima ist theils mild und gemässigt, theils drückend heiss und feucht; übrigens alles wie in Chile.

Laplatastaaten (mit Buenos-Ayres). Die Cordilleren starren von ewigem Schnee; grosse Salzsteppen (Pampas) ohne Felsen und Bäume durchziehen das Land. Auf den Bergen herrscht beständige Winterkälte, am Fusse derselben im Norden grosse, oft drückende Hitze, die gegen Süden in gemässigte Wärme übergeht. Häufige Regen und Gewitter.

Brasilien. Lange, ausgedehnte Gebirgszüge, deren höchste Gipfel sich aber nur etwa 1800 m über das Meer erheben, mit Hochebenen. Der grösste Theil des Landes besteht aus ungeheuren Ebenen (Campos) mit ausgedehnten Urwäldern und das ganze Jahr hindurch im Schmucke üppigen Grüns prangend. Das Klima ist im Allgemeinen angenehm und gemässigt, da die Hitze durch Land- und Seewinde gemildert wird. Die Regenzeit dauert theils vom März bis zum September, theils vom Mai bis zum November.

Das britische, französische und holländische Guiana (Demerary, Cayenne und Surinam) hat sehr niedrige Gebirge, grosse Ebenen (Llanos) mit umfangreichen Sümpfen, flache Küsten, und das Innere des Landes ist zum Theil noch eine unbekannte Wildniss. Das Klima ist sehr warm und feucht, daher für Europäer sehr ungesund. Regenzeit theils vom März bis zum August, theils vom December bis zum Juni.

Westindien, eine Inselwelt, aus den Inseln Cuba, Jamaika, St. Domingo (Hispaniola), Portorico, St. Thomas, Guadeloupe, Barbados, Trinidad, Granada, Curaçao, Martinique etc. bestehend, von denen die vier erstgenannten auch grosse Antillen, die übrigen aber und viele andere noch kleinere kleine Antillen oder Caribische Inseln genannt werden. Das Innere des Landes wird von vielen Gebirgen bis zu 2200 m Höhe durchzogen; es herrscht eine brennend heisse, feuchte, für Europäer ungesunde Luft, die aber durch Seewinde meist etwas abgekühlt wird. Die Regenzeit dauert von Juni bis December und tritt mit grosser Heftigkeit ein.

Patagonien, von Bergreihen durchzogen, von denen viele mit Schnee bedeckt sind. Im Innern baumlose Ebenen mit vielen Morästen und Steppenseen, an der Küste grosse, dürre Sandflächen vorwiegend. Im Norden herrscht mildes Klima; der Süden ist rauh und hat einen strengen Winter. Nur selten ist der Himmel heiter und die Küsten sind fast immer mit Nebel bedeckt. Im nördlichen Theile sollen einige Cacteenformen vorkommen.

Da die Pflanzen-Geographie in der Kenntniss jener Gesetze besteht, nach welchen die Natur die Vegetabilien auf der Erdoberfläche vertheilt hat, so darf man hoffen, dass diese zwar kurze, aber übersichtliche Schilderung der einzelnen, unter so verschiedenen Breitegraden liegenden Länder der grossen, über 1400 Meilen weit sich ausdehnenden Heimath der Cacteen in Bezug auf die Kultur für die Freunde und Pfleger dieses Pflanzengeschlechtes nicht ohne Nutzen sein werde.

I. Abtheilung.

Kultur der Cacteen.

1. Boden.

In ihrem Vaterlande wachsen die Cacteen grösstentheils auf einem sandigen oder steinig-lehmigen, meist humusarmen, oft sogar felsigen Boden, an Felsenabhängen, auf steilen Anhöhen und an anderen trockenen Orten der Meeresküsten, besonders der Inseln und der Gebirge, sowie auf den mehr oder minder fruchtbaren, oft jedoch Wassermangel leidenden unermesslichen Ebenen (Prairien, Savannen, Llanos, Campos etc.), — jedoch enthält der dürreste, unfruchtbarste Boden durch die in jenem glücklichen Klima so schnell sich vollziehende Zersetzung der abgestorbenen vegetabilischen und animalischen Stoffe mehr nährende Substanzen, als bei uns. Jedoch vegetiren sehr viele Arten auch auf einem reichlich mit Humus gemischten Lehmboden unter üppigen Gräsern, aber nur sehr wenige finden sich auf moorigem Torfboden, wie z. B. Mamillaria versicolor *Schdw.* (centricirrha *Lem.*), Anhalonium prismaticum u. a. — Ein kleinerer Theil der zur Familie der Cacteen gehörigen Arten aber vegetirt meistens als Scheinschmarotzer auf und an morschen Baumstämmen der mächtigen Urwälder, doch versenken sie auch, wiewohl seltener, ihre wenigen Wurzeln in die mit vegetabilischer Erde angefüllten Spalten bemooster

Felsenwände; dahin gehören die Phyllantoiden (Phyllocactus und Epiphyllum), die Rhipsaliden (Rhipsalis, Hariota und Lepismium), einige Cerei articulati protracti (z. B. C. variabilis) und fast sämmtliche Cerei radicantes.

In der Kultur vegetiren die Cacteen zwar in jeder Erde, falls sie keine rohen animalischen Substanzen enthält, doch wenn sie freudig gedeihen, wachsen und blühen sollen, so ist es dennoch nicht gleichgültig, welche Erde man für sie wählt. Wollte man ihnen eine Erdmischung geben, die der ihres ursprünglichen heimathlichen Standortes ganz gleich wäre, z. B. die in ihrem Vaterlande auf Kalkgrund wachsenden in Kalkboden, die auf Felsen vorkommenden in verwittertem Gestein unterhalten u. s. w., so würde man an ihnen wenig Freude erleben, denn unter jene klimatischen Verhältnisse, unter welchen sie auf vaterländischem Boden so wunderbar gedeihen, können wir sie trotz der aufmerksamsten Pflege dennoch nicht versetzen, und hieran scheitern ja bekanntlich oft so viele unserer künstlichen Kulturen. Zudem muss man auch in Betracht ziehen, dass fast alle Cacteen im heimathlichen Boden bei weitem nicht so schnell wachsen, als bei uns im Kulturstande in ihnen zusagender Erde. Dies beweisen die unzähligen Originalpflanzen, die man in den fünfziger Jahren in Europa eingeführt hat, namentlich von denjenigen Arten, die erst in einem höhern Alter blühen; sie sind oft kaum halb so gross wie unsere etwa 8—12 jährigen Kulturpflanzen, aber so stark verholzt und von so gedrungenem Wuchse, dazu, von der Menge vertrockneter Blumen und Früchte zu schliessen, von so ausserordentlicher Reichblüthigkeit, dass wir ihr Alter getrost auf 60—80—100 Jahre annehmen dürfen.

Im ersten und zweiten Decennium unseres Jahrhunderts, wo erst einige 30 Arten von Cacteen bekannt waren und wo man weniger Sorgfalt auf ihre Kultur verwendete, weil man sie als undankbar blühende Pflanzen betrachtete und nur der eigenthümlichen Formen wegen pflegte, damals gab man sämmtlichen Arten eine Mischung von leichter Dammerde, Wiesenerde,

Lehm, Sand, gesiebtem Kalkschutt und Ziegelmehl, indem man von der irrigen Ansicht ausging, dass alle Cacteen ohne Unterschied im Vaterlande auf kahlem Felsengrunde gleichsam klebend vegetiren und sich ohne Hülfe ihrer Wurzeln und nur durch die absorbirende Oberfläche ihres Körpers von der mit Feuchtigkeit geschwängerten Atmosphäre nährten, und dass es daher am zweckmässigsten sei, sie in eine feste, stark lehmhaltige Erde in ganz kleine Töpfe zu pflanzen und im Wasser sehr knapp zu halten. Wie misslich es bei Anwendung einer solchen felsenähnlich werdenden Erdmischung mit dem Gedeihen der Pflanzen aussah, lässt sich leicht denken, zumal da man es nicht einmal für nöthig hielt, verschiedene Arten einer verschiedenen Behandlung zu unterwerfen. Hätten die damals bekannten Arten der Mehrzahl nach nicht zu denjenigen gehört, die selbst bei der unzulänglichsten Pflege und unter sonst ungünstigen Verhältnissen ein leidliches Gedeihen zeigen, so würde man wohl bald auf eine erfolgreichere Kulturmethode verfallen sein, aber so blieb es stets beim Alten, und es darf uns daher nicht wundern, dass auch die vielen neuen Arten, die man bald darauf in Europa einführte, mit gleicher Sorglosigkeit behandelt wurden, und dass endlich kümmerliches Wachsthum und Blüthenarmuth zu einem Dogma der Cacteenkultur wurden. Doch je grösser die Zahl der Arten wurde, die uns Amerika herüberschickte, desto stärker und verbreiteter wurde auch die Leidenschaft, Cacteen zu sammeln, und so war es eine sehr natürliche Folge, dass man nach fleissig wiederholten Versuchen sehr bald zu dem festen Resultate kam: die Cacteen wachsen am schnellsten, gedeihen am erfreulichsten und blühen am sichersten nur in einer guten, reinen, kräftigen jedoch nicht fetten, dabei aber milden und leichten Erde.

Von dieser Zeit ab datirt zwar in der Cacteenkultur eine Wendung zum Besseren, doch glaubte man immer noch künstliche Erdmischungen anwenden zu müssen. Am häufigsten kamen die folgenden zur Anwendung.

I. 3 Thle. gut abgelagerte Moorerde,
1 Thl. reine Mistbeeterde,
1 Thl. Sand,
1 Thl. pulverisirte Holzkohle.

II. 3 Thle. reine Mistbeeterde,
1 Thl. verwitterter Mauerlehm,
1 Thl. grober Flusssand,
1 Thl. Heide- oder Holzerde.

III. 1 Thl. Lauberde,
1 Thl. Mistbeeterde,
1 Thl. Rasen- oder schwarze Gartenerde,
$^1/_2$ Thl. grobkörniger Sand.

IV. 3 Thle. gute Lauberde,
1 Thl. Flusssand.

V. 1 Thl. Heideerde,
1 Thl. sandige Rasenerde,
$^1/_4$ Thl. abgelagerter, fein gesiebter Kalkschutt.

Die zuletzt genannte Mischung wird besonders von den Engländern angewendet. Ogleich alle zu künstliche Erdmischungen für die Cacteenkultur so wenig, wie für jede andere Pflanzenkultur empfohlen werden können, so sind doch unter den hier angeführten üblichen Mischungen die vier zuletzt genannten ebenfalls als anwendbar zu bezeichnen, dagegen ist die erste durchaus zu verwerfen, da sie einen grossen Antheil an Moorerde enthält, die man selten im vollständig ausgewitterten Zustande bekommt, und die auch dann noch immer eine mehr oder minder grosse Menge gebundener Säure enthält, welche im Laufe der Zeit frei wird und dadurch einen höchst nachtheiligen Einfluss auf das Gedeihen der Cacteen äussert. Man hat auch mit dieser Mischung die übelsten Erfahrungen gemacht.

Die beste und für alle Cacteen ohne Ausnahme geeignetste Erdart ist ohne Zweifel die reine Heideerde. Sie ist sehr leicht und humusreich, bleibt selbst im feuchten Zustande locker und mild, trocknet schnell aus und besitzt, was für die Kultur der Cacteen von grosser Wichtigkeit ist, fäulnisswidrige Eigenschaften. Förster und Mittler wandten sie mit den glänzendsten Erfolge in folgenden drei Formen an:

1. rein und nur mit etwas Sand vermischt für die Scheinparasiten unter den Cacteen, die minder fleischigen Arten der Mamillarien, Echinocacten und Cereen, Anhalonium, Astrophytum und Pelecyphora, sowie die jungen, aus Samen gezogenen Pflanzen aller Cacteen-Gattungen beim Verstopfen (Piquiren);

2. mit dem 6. oder 7. Theile Sandes und dem 4. Theile gut abgelagerten Mauerlehms vermischt für die Melocacten, Echinopsen, Opuntien und Peirescien, Discocactus, Pilocereus und die dickstämmigen und sehr fleischigen Arten, sowie überhaupt auch für alle älteren Individuen von Mamillaria-, Echinocactus- und Cereus-Arten;

3. mit dem 4. oder 5. Theile Sandes gemischt, wendet man sie für Stecklinge und zu Aussaaten an; diese Mischung hat unter anderem auch den Vortheil, dass sich auf ihrer Oberfläche nur selten jener grüne Flechtenüberzug bildet, der die Ausdünstung der Erde hindert und sehr oft die zarten Sämlinge ganz und gar erstickt.

Es ist aber vortheilhaft, allen drei Mischungen nach Verhältniss des Sandgehaltes der Erde eine mehr oder minder grosse Menge von Kohlenlösche zuzusetzen, ja der dritten, für Stecklinge bestimmten Mischung deren sogar sehr viel; der Nutzen derselben wird weiter unten erörtert werden.

Die echte Heideerde findet sich nur an solchen Stellen, an denen das gemeine Heidekraut (Calluna vulgaris) am häufigsten und üppigsten wächst, und sie liegt daselbst etwa 5—10 cm stark oben auf. Sie besteht grösstentheils aus Heidekraut- und Mooshumus, der mit vielem feinen, glänzend weissen Quarzsande gemischt ist; auf moorigen Stellen enthält sie auch oft einen guten Antheil von Torfhumus. In feuchtem Zustande hat sie eine schwärzliche Farbe, aber trocken geworden erhält sie durch den eingemengten Sand ein mehr oder minder graues Ansehen. In trocknem und halbtrocknem Zustande nimmt sie das Wasser schwer auf und muss daher in diesem Falle vor dem Gebrauche gehörig angefeuchtet werden. Auf künstlichem Wege lässt sich eine sehr gute Heideerde aus Torfmulm, feinzerhacktem Heidekraut und Heidemoos und dem 4. oder 5. Theile feinen Sandes bereiten, wenn man diese Stoffe auf einen Haufen bringt, bei trockenem Wetter fleissig begiesst und oft umsticht; doch wird sie erst nach mehreren Jahren brauchbar, weil sich diese Materialien sehr langsam zersetzen.

In Ermangelung der echten Heideerde kann man ohne Bedenken auch die sogenannte Wald- oder Nadelerde, im Nothfalle auch wohl Lauberde anwenden. Erstere findet sich an tiefgelegenen Stellen der Nadelholzwälder, woselbst sie aus verwesten Nadeln, Kiefer- und Fichtenzapfen und anderem Pflanzenhumus entsteht, und unterscheidet sich von der echten Heideerde (der sie übrigens in allen Eigenschaften ganz gleich ist) durch eine hellgraubraune Farbe, einem stärkern Humus- und einem geringeren Sandgehalt. Die Lauberde kommt in der Natur selten ganz rein vor; man bereitet sie daher künstlich aus nassem Laube (besonders von weichen Holzarten, weil dieses schneller verwest) und feinem Heckenschnitt. Aus diesen Materialien bildet man 60—90 cm hohe Haufen, die man ziemlich feucht erhält und öfters mit dem Spaten umsticht; sie ist reich an Nahrungstoffen, aber für Cacteen vor dem Gebrauche hinlänglich mit Sand zu mischen, damit sie milder und lockerer wird. — Für die scheinparasitischen Cacteen ist auch jene Holzerde, welche man so oft in hohlen Bäumen aller Art findet, mit günstigem Erfolg anzuwenden; aber die aus Sägespänen und verfaultem Holze künstlich bereitete Holzerde mag ich für diesen Zweck nicht empfehlen, da ihr immer eine der Vegetation nachtheilige Säure anhaftet, die nur dadurch weggeschafft werden kann, dass man sie ein bis zwei Jahre lang an der Luft liegen lässt und mehrmals fortarbeitet.

Die für Cacteen bestimmte Erde wird nicht eher, als kurz vor dem Gebrauche, durch ein Sieb mit Maschen von ungefähr 2 cm Weite geschlagen, um sie von allen gröberen Theilen zu befreien, und dann mit den nöthigem Zusatze von Lehm, Sand oder Kohlenpulver gemengt. Man siebe die Erde ja nie zu fein; manche Cultivateure glauben zwar ihren Pfleglingen damit eine Güte zu thun, aber dies ist ein Irrthum; in zu fein gesiebter Erde verzärteln nicht nur die Pflanzen sehr leicht, sondern sie bekommen in derselben auch niemals einen festen Stand, der zu einem freudigen Gedeihen bekanntlich gar viel beiträgt. — Der beim Aussieben der Heideerde in dem Siebe zurückbleibende, aus Wurzel- und Moosresten und anderen vegetabilischen Theilen bestehende Rückstand, welchen man Mulm nennt, darf niemals weggeworfen werden, denn mit ihm wird später, beim Umpflanzen, der Boden der Töpfe bedeckt, wovon später die Rede sein wird.

Es ist nicht gleichgültig, in welcher Weise man die Erde aufbewahrt, namentlich aber ist das mit der Heideerde der Fall. Am besten bewahrt sie im Freien ihre guten Eigenschaften in einer flachen, etwa 40—50 cm tiefen Grube an einem Orte, der nicht zu vielem Schatten, am wenigsten aber zu vollem Sonnenschein ausgesetzt ist, wo aber Luft und mässiger Regen ungehindert darauf einwirken können. Das immerwährende Verdecken eines solchen Erdmagazins ist nicht immer zu empfehlen, denn die Erde wird dadurch leicht stockig und moderig, zumal wenn sie etwas feucht eingebracht worden ist. Man decke vielmehr die Erdgruben dann zu, wenn ein starker Landregen eintritt und im Winter bei heftigem Schneewetter, weil die Erde durch zu viele Nässe schlammig wird und sich dann nicht nur schwierig behandeln lässt, sondern auch leicht ausgelaugt und dadurch unfruchtbar wird; zu jeder anderen Zeit aber setzt man sie voll den Einflüssen der Witterung aus. Cacteenfreunden aber, die sich auf Stubengärtnerei beschränken müssen und im Freien kein Plätzchen für ein Erdmagazin besitzen, gebe ich den Rath, ihre Heideerde in einem luftigen, trockenen

Keller, aber nicht in einer Grube, sondern in einem Kasten aufbewahren und bisweilen der frischen Luft zu auszusetzen. Da jedoch bei einer solchen Aufbewahrung die Heideerde leicht austrocknet, und dann nicht nur sehr schwer Wasser annimmt, sondern sich auch nicht gut behandeln lässt, so muss sie vor dem jedesmaligen Gebrauche mässig angefeuchtet werden; sie im Kasten immerwährend feucht zu erhalten und sie deswegen regelmässig anzuspritzen, ist nicht rathsam, da sie dadurch stockig wird.

Ueber die der Cacteenerde beizumischenden Zusätze von Lehm, Sand und Kohlenpulver habe ich noch Folgendes zu bemerken. Der Lehm ist der Vegetation ungemein günstig und wird dem für Cacteen bestimmten Erdreiche beigegeben, besonders auch deshalb, weil diese dann mehr Schwere und wasserhaltende Kraft erlangt. Am vortheilhaftesten ist der Lehm von alten, salpeterfreien Lehmwänden oder von der Oberfläche kultivirter Aecker zu gebrauchen, weil solcher vollkommen ausgewittert und dadurch mild und locker geworden ist. Hat man aber keine Wahl und ist man genöthigt, ihn aus irgend einer Grube zu entnehmen, so muss er wenigstens 1 oder 2 Jahre vor dem Gebrauche in einem flachen Lager in freier Luft liegen, um gehörig durchwittern zu können, während dieser Zeit öfters umgestochen und zerschlagen werden, damit er mürbe wird und die allen Pflanzen nachtheilige Säure verliert. Uebrigens ist der Lehm vor der Beimischung sehr fein zu sieben, feiner als die Heideerde, weil er sich sonst nicht gleichmässig genug vertheilen lässt.

Der Sand ist ein herrliches Mittel, der Erde mehr Porosität zu geben und dadurch das schnellere Eindringen der Feuchtigkeit, sowie ein leichteres Verdunsten derselben zu befördern. Unter allen Sandarten eignen sich für diesen Zweck am besten der Fluss- oder Triebsand, welcher sich oft häufig in den Betten und an den Ufern der Flüsse und Bäche findet und aus feinen, abgerundeten, ausgewaschenen Quarzkörnchen besteht, und der glänzend weisse, an allen Quellen zu findende

Quell- oder Perlsand. Wenn man aber weder Trieb- noch Perlsand haben kann, so kann man sich des feinen weissen Grubensandes, der ziemlich überall zu haben ist, mit eben so günstigem Erfolge bedienen; jedoch ist es gerathen, denselben vor dem Gebrauche gehörig auszuwaschen, d. h. so lange abzuwässern, bis das darüber gegossene Wasser rein und klar abfliesst, um dadurch alle thonigen und eisenhaltigen Theile zu entfernen. Gelber Grubensand und feingesiebter Kiessand sind wegen ihres starken Eisengehaltes zu Beimischungen nicht zu empfehlen, zumal da an weissem Sande nirgends Mangel ist. Statt des Sandes oder mit demselben zugleich Ziegelmehl oder sehr feingesiebten Kalkschutt beizumengen, wie sehr viele Cultivateure thun, halte ich zwar nicht für nachtheilig, wohl aber für unnütz und zwecklos. — Endlich erwähne ich noch, dass man die Stecklinge schwerwurzelnder Cactus-Arten am schnellsten und sichersten zum Bewurzeln bringen kann, wenn man sie in feuchten Sand stopft, und ich bemerke dabei zugleich, dass man sich für diesen Zweck oft des ungewaschenen weissen Grubensandes, der gewöhnlich ziemlich viel Thongehalt hat, bedient, ohne irgend eine nachtheilige Einwirkung auf die Stecklinge wahrzunehmen. Als Beimischung für die Erde dagegen mag ich den Sand nicht im ungewaschenen Zustande empfehlen, weil er durch seinen Thongehalt auf der Erdoberfläche sehr bald einen grünen, confervenähnlichen Ueberzug erzeugt, der die Ausdünstung der Erde hindert und dann leicht zu Fäulniss Veranlassung giebt.

Unter Kohlenlösche (Kohlenpulver) versteht man den Abfall von Holzkohlen, den man von den Kohlenhändlern um ein Billiges kaufen kann; will man sie aber selbst bereiten, so darf man nur die von weichen Hölzern stammenden Kohlen in einem Mörser gröblich zerstossen. Die Anwendung der Kohle ist für die Pflanzenkultur überhaupt, ganz besonders aber als Zusatz zur Cacteenerde zu empfehlen. Sie wirkt auf die Vegetation nach verschiedenen Richtungen auf das günstigste ein. Zunächst besitzt sie in hohem Grade die Fähigkeit, Gase und Wasserdampf einzusaugen und in sich zu verdichten, wie auch feste Stoffe aus ihren Lösungen anzuziehen und festzuhalten, sichert somit dem Erdreiche die Zufuhr sofort verwerthbarer Nährstoffe und ein gewisses Maass von Feuchtigkeit, trägt auch wegen ihrer schwarzen Farbe zur Erwärmung des Bodens bei. Ueberdies ist das Kohlenpulver fäulnisswidrig und hält den Boden locker, so dass das Wasser immer leicht abziehen und verdunsten kann. Man kann es bisweilen ohne Kosten von alten Meilerstätten erhalten; in diesem Falle hebt man gegen den Herbst hin die oberste Schicht derselben in einer Stärke von 5 cm ab und setzt sie in flache Haufen, damit sie im Winter gut durchfriert.

Eben so sehr ist die Knochenkohle zu empfehlen, die unter dem Namen Spodium für allerlei gewerbliche Zwecke ein gesuchter Handelsgegenstand geworden ist. Das in Zuckerfabriken ausgenutzte Spodium ist billig und erfüllt hauptsächlich den Zweck, die Nachtheile fermentirender pflanzlicher und thierischer Bestandtheile der Erde aufzuheben, auf das vollkommenste. Doch darf die Holz- wie die Knochenkohle weder zu fein noch in zu grosser Menge angewendet werden. Auf 0,20 cbm Erde kann man $^1/_2$ kg von der letzteren und 2 kg von der ersteren und zwar beide in etwas körniger Beschaffenheit nehmen. Bemerken will ich noch, dass die Anwendung der Kohle vorzugsweise bei Opuntien und Peirescien sowie bei der Aussaat und der Stecklingszucht von ausserordentlichem Erfolg ist, wovon später die Rede sein wird.

Ich kann diesen Abschnitt nicht schliessen, ohne nochmals auf die grossen Vortheile hinzudeuten, welche die Heideerde für die Cacteenkultur gewährt. Von einer schweren, lehmigen Erde rühmen zwar manche Kultivateure als einen Vorzug (?!), dass sie aushalte, d. h. dass sie langsamer austrockne und daher ein selteneres Begiessen verlange; sie bedenken aber nicht, dass eben dieses langsamere Austrocknen für die Cacteen von grösstem Nachtheile ist, und dass sie in solcher Erde nichts weniger als ein schnelles Wachsthum zeigen, am wenigsten aber blühen, weil in schwerer Erde, die schon im halbtrockenen Zustande ganz fest, weiterhin aber oft steinhart wird, besonders wenn sie einen starken Thongehalt hat, die Wurzelbildung viel langsamer von statten geht. In Heideerde dagegen, sowie wohl überhaupt in jeder andern dünger- und säurefreien, leichten Erde erlangen alle Cacteen in kurzer Zeit ein erstaunliches Wurzelvermögen, und die sehr natürliche Folge davon ist, dass sie mit einer bewunderungswürdigen Schnelligkeit wachsen und üppig gedeihen. Freilich trocknet die Heideerde weit schneller aus, als eine schwere Mischung, und macht daher ein häufigeres Begiessen nothwendig, aber dies ist es eben, was die Cacteen so gern haben, denn sie lieben das Wasser, und es wird ihnen in angemessener Jahreszeit nie nachtheilig werden, wenn man beim Begiessen vielleicht einmal des Guten zu viel gethan hätte, sobald sie nur in Heideerde vegetiren.

2. Düngung.

Man ist von jeher der Meinung gewesen, dass ein erwünschtes Gedeihen der Pflanzen nur durch Anwendung von Dünger oder auch wohl von sogenanntem Specialdünger zu erreichen sei. Doch mit Unterschied! Der Dünger ist zwar das wahre Lebensprincip der Pflanzenwelt im Allgemeinen, aber nicht für Topfgewächse, wenigsten für diese nur ausnahmsweise, am allerwenigsten jedoch für Cacteen und andere succulente Pflanzen, bei denen jeder Düngestoff, er heisse wie er wolle, als ein zu stark oder zu anhaltend wirkendes Reizmittel die Empfänglichkeit dafür aufhebt und ihnen daher früher oder später ausserordentlich nachtheilig wird, nicht selten auch ihren Tod herbeiführt. Ich habe, bemerkt Förster hierüber, mit trockenen und flüssigen Düngematerialien aller Art, z. B. mit Pferde-, Rinder-, Schweine-, Schaf- und Taubenmist, Menschenkoth, Mistjauche, Blut u. s. w. fast zahllose Versuche deshalb angestellt, aber keiner derselben hat meinen

Erwartungen entsprochen, und alle hatten bei fortgesetzter Anwendung den Tod der Pflanze zur Folge. Der für die Pflanzenkultur im freien Lande mit Recht empfohlene Guano kann für die Topfkultur nicht empfohlen werden und führte bei meinen Versuchen in Folge seiner von reichlicher Harnsäure herrührenden grossen Schärfe die Cacteen in längerer oder kürzerer Zeit dem Tode entgegen. Die künstlichen Düngemittel, Poudrette, Urate und Knochenmehl, die für manche Topfpflanzen eine überaus grosse Düngekraft entwickeln, bewirkten bei den Cacteen ebenfalls Tod und Vernichtung. Dasselbe Resultat ergab sich, als ich Hornspäne und die daraus bereiteten Düngergüsse in Anwendung brachte. Selbst die Malzkeime und das mit denselben abgekochte Wasser, eines der unschuldigsten Düngemittel, das die Vegetation der Orangen, Myrten, Granaten, Lorbeeren, Rosen und ähnlicher Holzgewächse erfahrungsmässig ungemein befördert, schlugen entweder in kleinen Gaben angewendet nicht an, oder wirkten höchst nachtheilig, wenn die Portionen vergrössert wurden

Alle diese Experimente führte Förster sorgfältig und consequent durch, und das allgemein ungünstig ausgefallene Resultat bestätigten ihm jene alte, aber sehr wahre Regel von neuem, dass alle Pflanzenarten, welche in Heide- oder Moorerde kräftig gedeihen, niemals eine Düngung, sie heisse wie sie wolle, vertragen können, somit auch die Cacteen; sie finden die ihnen zusagende Nahrung in Heideerde, ausnahmsweise auch in Holz- oder Lauberde, widerstreben aber jeder Art von Düngung auf das entschiedenste.

Da diese Angaben mit den von Mittler in seinem Taschenbuche für Cacteenliebhaber (Leipzig, 1844) berichteten Resultaten der von ihm angestellten Düngungsversuche in Widerspruch stehen, so erachte ich es für nöthig, letzteren in meiner Darstellung einen Platz einzuräumen. Mittler sagt: „Wiederholte neue Versuche haben die Ansicht bei mir befestigt, dass es für die Erziehung der Cacteen keineswegs schädlich ist, Erde dafür zu benutzen, welche reichlich, selbst mit ganz frischem Dünger vermischt ist, sobald nur die Erde selbst Leichtigkeit genug hat, und man nicht zu kleine Töpfe wählt. Ich machte diese Erfahrung besonders bei allen Cactus-Arten, die gern recht viele Wurzeln treiben, wie die meisten Mamillarien, Cereen, Echinopsen, Phyllocacten, Rhipsaliden, Peirescien, Opuntien und Epiphyllen. Weniger aber war es der Fall bei den Melocacten und vielen Echinocacten, da diese minder zahlreiche Wurzeln erzeugen, weshalb sie denn auch in kleinere Töpfe gebracht werden müssen." Mittler führt dann drei von ihm angestellte Versuche an. Beim ersten Versuche begoss er einen Theil seiner Cacteen aller Gattungen wöchentlich ein- bis zweimal mit Wasser, worin Schafdünger und Rinderdünger aufgelöst waren, einen andern Theil dagegen mit einem etwas dicklichen Brei von Guano. „Als Erfolg hiervon," sagt Mittler, „trat ohne Unterschied das kräftigste Wachsthum ein; viele Pflanzen blüheten aber auch ungewöhnlich reichlich, selbst einige Cereen, wie z. B. Cereus speciosissimus und mehrere Blendlinge desselben blüheten im Herbst zum zweiten Male, sobald nur die Pflanzen in guter, lockerer Erde standen. Solche Exemplare dagegen, die nach alter Art in kleinen Töpfen und fester, lehmiger Erde sich befanden, wurden im Wachsthum nicht nur nicht befördert, sondern begannen im Gegentheile zu kränkeln, besonders Cereen und Opuntien; auch gingen einige davon im folgenden Winter dadurch verloren, dass die Wurzeln abfaulten." — Zweiter Versuch: Mittler mischte die getrockneten und gesiebten Rückstände der oben angeführten Düngergüsse mit dem vierten Theile guter, leichter Mistbeeterde und versetzte im Herbst eine Anzahl von Pflanzen des Cereus speciosissimus und von Blendlingen desselben, sowie eine Anzahl von Phyllocacten, nachdem die Pflanzen von der alten Erde befreit worden waren, in diese Mischung. „Als Erfolg zeigte sich eine ungewöhnliche Blüthenmenge und zugleich eine frühere Entwickelung der Blüthen." — Beim dritten Versuche pflanzte Mittler mehrere Echinocacten, Echinopsen und Mamillarien in reinen, trockenen, klargesiebten Guano in einen flachen Samennapf und gab ihnen dann so viel Wasser und Wärme, dass dadurch eine, mehrere Wochen lang anhaltende Gährung entstand. Trotz dieses barbarischen Verfahrens verfaulte dennoch nur ein Exemplar vom Echinocactus Ottonis, die übrigen conservirten sich zwar den ganzen Winter über gut, weil sie trocken gehalten wurden, und fingen sogar an früher zu vegetiren, als anders behandelte Cacteen, aber späterhin starben die Wurzeln ab (wahrscheinlich eine Folge der im Guano reichlich enthaltenen ätzenden Harnsäure), doch blieb der obere Theil der Pflanzen (der Körper) gut.

Mittler war ein viel zu erfahrener Cacteen-Cultivateur, als dass man in die Richtigkeit seiner Angaben nur den geringsten Zweifel zu setzen sich erlauben dürfte, aber er hat es bei Darstellung seiner Versuche an einer grossen Kleinigkeit fehlen lassen, er hat vergessen uns zu sagen: in welchem Jahre er die Versuche angestellt hat, und daher ist es noch nicht entschieden, ob sich an den zu den Versuchen gewählten Pflanzen, falls sie nicht in andere, düngerfreie Erde versetzt worden sind, nicht später noch die Nachwehen der Düngung gezeigt haben. Bei Förster traten die Nachtheile bei vielen der härteren Species sogar erst nach dem 3. oder 4. Jahre greifbar zu Tage. Uebrigens habe ich noch zu bemerken, dass unter allen Cactus-Arten die Peirescien, Rhipsaliden und Epiphyllen, welche zwar bei Mittlers Versuchen ebenfalls betheiligt waren, am allerwenigsten einen Düngungsversuch vertragen, namentlich aber ist es der Fall bei Arten der beiden letztgenannten Gattungen, von denen die meistem im Vaterlande gleich vielen Orchideen als Scheinschmarotzer auf morschen Baumstämmen vegetiren und mit den Wurzeln im Mulm des Holzes und der Rinde haften.

Auch Senke in Leipzig, der sich des Rufes eines tüchtigen Cacteen-Cultivateurs erfreute, führte einen Düngungsversuch mit sehr günstigem Erfolge aus; er begoss nämlich einige Zeit lang eine Anzahl älterer Exemplare der Echinopsis multiplex öfters mit Wasser, welches über reinem Rinderdünger gestanden, wonach die Pflanzen sehr bald ein viel üppigeres Wachsthum als gewöhnlich zeigten und auch später, nach Einstellung des Experiments, freudig fortwuchsen. Doch auch dieser Versuch ist nicht als entscheidend zu betrachten, theils weil Senke denselben nicht fortsetzte, theils weil er den Düngeguss nicht auch bei anderen Arten in Anwendung brachte; denn Echinopsis multiplex allein kann den Ausschlag deshalb nicht geben, weil sie zu den wenigen Arten gehört, die unter ziemlich harten Bedingungen oft eine fast unverwüstliche Lebenskraft zeigen.

Die Düngungs-Methode des Engländers John Green, welche derselbe bei Cereus speciosissimus, Phyllocactus phyllanthoides und den von beiden abstammenden Blendlingen anwandte, bezweckte weniger ein kräftiges Wachsthum der Pflanzen, als eine willigere und reichere Blüthe und wird weiter unten besprochen werden. Leider ist das Green'sche Experiment von anderen Cacteenfreunden zu controliren unterlassen worden. Wenn es aber wahr ist, was über den Erfolg berichtet wird, so gilt auch hier die Bemerkung über Echinopsis multiplex, denn die von Green gedüngten Cactus-Arten sind ziemlich harter Natur; übrigens ist anzugeben unterlassen worden, ob die dem Versuche unterworfenen Pflanzen ein höheres Lebensalter erreichten.

Auch die Versuche mit jenen eine Zeit lang hochgerühmten Geheimmitteln, durch welche die Pflanzen angeblich in ungemein kurzer Zeit zu einem höheren Grade von Vollkommenheit gebracht werden können, Kampher, Schwefelsäure, Salz- und Salpetersäure, Natron, Chlor, Eisenvitriol, Salpeter etc. die von Förster in verschiedener Weise angewendet wurden, blieben ohne den gewünschten Erfolg. In kleineren Gaben äusserten sie keine Wirkung und in grösseren führten sie den Tod der Pflanzen herbei. Nur Salpeter, in schwacher Auflösung unter das zum Begiessen bestimmte Wasser gemischt, schien bei einigen Mamillarien, Echinopsen (besonders Echinopsis multiplex) und Cereen ein lebhafteres Wachsthum herbeizuführen. Für alle diejenigen Cacteenfreunde, welche gern experimentiren, bemerke ich noch, dass bei Anwendung von Reizmitteln solcher Art die Erde nie zu sehr austrocknen darf, da sonst die eigenthümliche Schärfe dieser Stoffe, wenn sie auch in hundertfacher oder noch stärkerer Verdünnung zur Anwendung gelangen, dennoch die Saugwurzeln, ja sogar die Herzwurzeln leicht angreift.

Fasst man die Resultate aller Beobachtungen und Erfahrungen zusammen, so ergiebt sich, dass alle Dünge- und Reizmittel für die Cacteen wie Gift wirken, und daher bei deren Kultur niemals zur Anwendung kommen dürfen. Ein alle 2—3 Jahre vorzunehmendes Umpflanzen in frische, kräftige Heideerde, ein der Jahreszeit und den Umständen angemessenes Begiessen mit frischem, reinem Fluss- oder Regenwasser und ein hinlängliches Maass frischer Luft ist für alle Cacteen ohne Ausnahme das erfolgreichste Förderungsmittel. Wer ihnen diese drei Lebensbedingungen, Erde, Wasser und Luft, in angemessener Weise zu sichern versteht, wird auch stets gesunde, schnellwachsende und leichtblühende Pflanzen um sich sehen und Freude an ihnen erleben. Wer aber stinkende Dünge- und ätzende Reizmittel anwendet, der wird seine Sammlung in ein Lazareth verwandeln und nur Kränklinge pflegen, von denen endlich einer nach dem andern dem Tode verfällt.

3. Giessen und Spritzen.

Ein sehr wichtiger Theil der Cacteenkultur ist das Begiessen; von ihm hängt das Leben und Gedeihen der mannigfaltig gestalteten Pfleglinge in vielfacher Beziehung am meisten ab, denn ein zu reiches, wie ein zu geringes Maass von Wasser hat unbedingt unheilbares Siechthum und Tod zur Folge. Viele Cultivateure versehen es in diesem Punkte glauben dann die Ursache ihrer bitteren Erfahrungen in ganz andern Dingen suchen zu müssen und gerathen dadurch auf Abwege, die ihnen endlich die ganze Cacteen-Liebhaberei verleiden. Daher halte ich es für höchst nothwendig, mich über diesen Theil der Cacteenkultur etwas weitläufig zu verbreiten und alle darüber bekannt gewordenen Beobachtungen und Erfahrungen zusammenzufassen.

Bekanntlich bedient man sich zum Begiessen nur des reinen Wassers, und am besten eignet sich dazu das frische Fluss-, Teich- oder Regenwasser. Kann man aber solches nicht haben und muss man sich daher mit hartem, kaltem Brunnen- oder Quellwasser behelfen, so ist es nöthig, dasselbe einige Tage vor dem Gebrauche der Einwirkung der freien Luft und des Sonnenscheins auszusetzen, damit es seine meist nachtheilig einwirkende Härte verliert und eine wärmere Temperatur annimmt. Auch ist zu bemerken, dass das im Winterquartiere zum Begiessen besimmte Wasser mindestens die Temperatur des ersteren haben und daher zeitig vor dem Gebrauche herein geschafft werden muss. Ist man aber genöthigt, das eben herbei gebrachte Wasser sofort in Gebrauch zu nehmen, was jedoch kaum vorfallen kann, so mische man es vorher mit etwas warmem Wasser, denn von eiskaltem werden die Saugschwämmchen der Wurzeln leicht gelähmt oder wohl gar zerstört. Dass übrigens die Wasserbehälter von Schlamm und anderem Unrathe jederzeit ganz rein gehalten werden müssen, versteht sich von selbst; denn unreines Wasser versäuert die Erde und verstopft, zum Spritzen angewendet, die für die Aneignung der Nährstoffe so überaus wichtigen Spaltöffnungen der Oberfläche des Körpers.

Die Zeit des Giessens richtet sich im Allgemeinen nach der Jahreszeit und Witterung. Im Sommer, die Witterung sei so heiss, wie sie wolle, wird das Giessen am passendsten Abends ausgeführt, weil dann die Strahlen der Sonne die Pflanzen verlassen und die Erde sich etwas abgekühlt hat, im Frühling und Herbst Morgens, im Winter Mittags. Bei heiterer, warmer Sommerwitterung ist es nothwendig, das Begiessen alle Tage vorzunehmen, dagegen bei trübem Himmel und feuchter Luft entweder ganz einzustellen oder das Wasser wenigstens nur mit grosser Zurückhaltung darzureichen. Dieselbe Regel gilt zwar im Allgemeinen auch für den Winter, muss aber, aus Gründen, die weiter unten angeführt werden, mit grösserer Strenge befolgt und es darf deshalb zu dieser Zeit nur an hellen, sonnigen Tagen, nie aber bei trüber, nebeliger Witterung begossen werden.

Die Art und Weise, die Cacteen zu begiessen, ist nicht ganz gleichgültig. Die allerschlimmste Methode ist die Zuführung von Wasser mittelst der Untersetzer oder Tränker; sie eignet sich nur für Sumpfpflanzen und solche Gewächse, welche im Sommer sehr vieles Wasser verbrauchen und daher täglich oft und viel begossen sein wollen, keineswegs aber für Landpflanzen, am allerwenigsten für die schon von Natur sehr saftreichen Cacteen, weil das Uebermaass von Feuchtigkeit im Stamme sich ansammelt, zu krankhaften Stockungen Anlass giebt und Wurzelfäulniss herbeiführt. Eine Hauptregel ist es, die Pflanzen stets von oben, nie von unten zu begiessen, und es darf daher, damit das Wasser die nöthige Fläche fassen und gehörig eindringen könne, der Topf nicht ganz bis an den äusseren Rand mit Erde angefüllt sein, sondern es muss eine seiner Grösse angemessene, von dem Stamme nach dem Rande hin abhängige Vertiefung zum Begiessen bleiben. Dass man beim Begiessen das Rohr der Giesskanne nicht zu hoch halten dürfe, und dass man nicht auf einer Stelle des Topfes, sondern ringsumher giessen solle, weil sonst die Erde von den Wurzeln leicht hinweggespült und das Wasser nicht gleichmässig genug vertheilt wird, sind zwar bekannte Regeln, können aber nicht oft genug wiederholt werden, da ihre Vernachlässigung in den meisten Fällen das Wachsthum der Cacteen erheblich benachtheiligt. Das von Dr. Pfeiffer für den Sommer vorgeschlagene Durchschlämmungsverfahren (vergl. dessen Beschreibung und Synonymik etc. S. 215), bei welchem man den Topf bis über den Rand in ein tiefes Gefäss mit nicht zu kaltem Wasser eintaucht und so lange darin lässt, bis keine Luftblasen mehr aus der Erde emporsteigen, ist, abgesehen davon, dass es im Grossen nur mit unendlichem Zeitverluste auszuführen sein möchte, aus leicht begreiflichen Gründen nicht zu empfehlen; ein reichliches Giessen und Spritzen reicht grade hin, die Pflanzen mit der gehörigen Wassermenge zu versorgen, mehr braucht es nicht, warum wollte man also noch die Erde in Schlamm verwandeln und dadurch die Gesundheit der Pflanzen in Gefahr bringen?

Im Frühling, Herbst und Winter hüte man sich so viel wie möglich davor, beim Giessen den Körper der Pflanzen zu benetzen, denn bisweilen hat derselbe eine kaum sichtbare schadhafte Stelle, die durch unvorsichtiges Giessen leicht in meist tödtliche Fäule übergeht; deshalb ist es gut, wenn die Erde eine von dem Stamme der Pflanze nach dem Rande des Topfes zu abhängige Fläche bildet. Im Sommer dagegen braucht man es nicht so genau zu nehmen, bei trockener Witterung kann man dann den Cactuspflanzen das Wasser sogar unmittelbar auf den Scheitel giessen, so dass es von da herab auf die Erdoberfläche läuft, ohne dass ein Nachtheil zu befürchten wäre. Ueberhaupt kann man den Cacteen fast keine grössere Wohlthat erweisen, als wenn man sie im Sommer, besonders wenn recht heisse, trockene Witterung vorherrscht, des Abends einige Mal leichthin überspritzt; dabei muss ich jedoch noch bemerken, dass das Spritzen erst nach erfolgtem regelrechtem Giessen vorgenommen werden darf, denn da letzteres durch ersteres nicht ganz ersetzt werden kann, so würde, wenn man umgekehrt verfahren wollte, sich nur schwer ermitteln lassen, welche Pflanzen reichlicher und welche sparsamer gegossen werden müssen. Das Spritzen ist den Cactuspflanzen ungemein gedeihlich und trägt wesentlich zur Lebhaftigkeit der Vegetation bei, nur muss es so ausgeführt werden, dass die Wasserstrahlen nicht zu stark auffallen, sondern mehr wie ein feiner, nebelartiger Regen von oben herab die Pflanzen benetzen. Mit grossem Vortheile bedient man sich zu diesem Geschäfte des Drosophors, jenes in allen Handelsgärtnereien zum Verkauf gehaltenen kleinen Werkzeugs, mittelst dessen man das Wasser in feiner, fast dem Nebel vergleichbarer Zertheilung auf die Pflanzen bringen kann.

Die mehr oder minder dringende Nothwendigkeit des Giessens und die Menge des dazu erforderlichen Wassers hängt von gar vielen zufälligen Umständen ab, und wird theils durch die für die Pflanzen angewendete Erdmischung und die Güte der Töpfe, theils durch den Standort und den Gesundheitszustand der Pflanzen, am meisten aber durch Jahreszeit und Witterung bestimmt. Im Allgemeinen hat die Erfahrung gelehrt, dass öfter und reichlich gegossen werden müssen und mehr Wasser vertragen können Cacteen

1. die in Heideerde und den damit bereiteten Mischungen vegetiren;

2. die in nicht zu hart gebrannten, dünnwandigen, mit einem grossen Abzugsloche versehenen, der Grösse der Pflanzen angemessenen Töpfen stehen;

3. die sich einer kräftigen Gesundheit erfreuen; und

4. die aus Samen und kleinen Stecklingen erzogen sind und sonach ein starkes Wurzelvermögen besitzen.

Dieser Erfahrungssatz ist aber nicht allein für die Sommerkultur anzuwenden, sondern hat auch für die Kultur in rauher Jahreszeit, im späten Herbst, im Winter und im zeitigen Frühjahr Geltung, wo sich die Pflanzen in Glashäusern, Stuben oder Kästen befinden. Wenn auch zu dieser Jahreszeit aus Gründen, die erst weiter unten zur Erörterung kommen können, im Allgemeinen weit weniger gegossen werden darf, als im Sommer, so können doch solche Pflanzen, die den oben angegebenen Bedingungen entsprechen und die den Sommer über (Juni bis September) ihren Standort im Freien gehabt haben — vorausgesetzt, dass sie nicht zu jenen Arten gehören, die auch während der Sommermonate unter Glas stehen müssen, wie Epiphyllen, Rhipsaliden, Echinopsis oxygona, Cereus grandiflorus, die Melocacten etc. — weit mehr Feuchtigkeit vertragen, als man glauben sollte, zumal wenn sie an sehr warmen Standorten, z. B. in heissen Stuben etc., unterhalten werden. Bei allen solchen Cacteen dagegen, die in einer festen, lehmigen Erdmischung oder in zu hart gebrannten, plumpen, unverhältnissmässig grossen, mit zu kleinen Abzugslöchern versehenen Töpfen stehen, und aus Kopfstecklingen älterer Individuen erzogen sind und daher in der Regel nur ein schwaches Wurzelvermögen haben, und die endlich durch den Standort im Freien nicht abgehärtet sind, ist mit dem Begiessen bei feuchter, trüber, kalter Witterung zu jeder Jahreszeit äusserst vorsichtig zu verfahren. Noch grössere Vorsicht aber hat man bei Unterlagen, Kränklingen und faulwurzeligen Individuen anzuwenden, und es ist bei dem Begiessen derselben fast nöthig, die Wassertropfen abzuzählen.

Aber die Nothwendigkeit des Begiessens und die Menge des dazu erforderlichen Wassers richtet sich auch ganz besonders nach Jahreszeit und Witterung. Bei den Cacteen tritt nämlich, wie überhaupt bei allen Pflanzen, alljährlich ein gewisser Stillstand im Wachsthum ein, sie ruhen dann und bedürfen in dieser Periode gleich Thieren, die im Winterschlafe liegen, nur äusserst weniger Nahrung. Die Ruhezeit, die in Europa, selbst bei der sorgfältigsten Behandlung im Allgemeinen immer länger als im Vaterlande dauert, hat in der Heimath nicht bei allen Cactus-Arten gleichen Anfang und gleiche Dauer, denn das Vaterland der Cacteen hat eine gewaltige Ausdehnung; in ihm wechseln ungeheuer hohe Gebirge mit weithin streichenden, von unermesslichen Gewässern durchströmten Ebenen, und das Klima ist demgemäss unendlich verschieden, und wenn in einer Länderstrecke die tropische Regenzeit beginnt, so lechzt in einer andern der von glühenden Sonnenstrahlen versengte Boden nach Wasser.

Dass die Regenzeit in Anfang und Dauer nicht allenthalben gleich ist, scheint eine nicht allgemein bekannte Sache zu sein; so dauert sie z. B. in Neugranada, Caracas und im spanischen Guiana von November bis April, in Peru von

December bis Juni, in Chile von Mai bis September, in Brasilien von Mai bis November, im französischen Guiana von März bis August, in Westindien von Juni bis December etc.

Da nun die Ruhezeit der tropischen Vegetation stets in die trockene Jahreszeit fällt, so sollte man meinen, dass die verschiedenen Länderzügen entstammenden Cacteen auch in unserem Klima verschiedene Ruheperioden haben müssten dem ist aber nicht so, in Europa vielmehr fällt die Ruhezeit aller naturgemäss kultivirten Cactusarten in die rauhere Jahreszeit, beginnt im Laufe des Octobers und dauert bis gegen das Ende des Februars, bei Mangel an Sonnenwärme auch wohl bis über die erste Hälfte des März hinaus. Doch ist der Anfang und die Dauer derselben nicht bei allen Species gleich, sondern beginnt bei einigen früher, bei andern später, und dauert bei einigen mehrere Wochen, bei andern einige Monate. Manche Arten dagegen scheinen gar keiner Ruhe zu bedürfen. So vegetiren während der Ruhezeit viele Cereen, namentlich Cereus speciosissimus nebst seinen Hybriden, Cereus variabilis, Napoleonis, triangularis, flagelliformis u. a. m. und viele andere, Opuntia horrida, monacantha, cylindrica u. a. m. sogar bei einem niedrigen Wärmegrade weiter, und in angemessener Temperatur setzen auch die meisten Phyllocacten neue Schosse an. Manche Gattungen stehen nicht nur zur Sommerzeit in lebhaftem Wachsthum, sondern bringen in den Wintermonaten ausser neuen Zweigen auch Blumen hervor, wie die meisten Rhipsaliden und Lepismien, und dann die Epiphyllen, welche letztere sogar regelmässig zu keiner andern Zeit blühen, als im November und December. Ueberhaupt findet auch während der Ruhezeit ein ununterbrochenes Bilden und Schaffen, wenn auch im verminderten Grade und daher oft kaum bemerkbar, bei jenen Cacteen statt, die während unserer Spätherbst- und Wintermonate in einem anscheinend unthätigen Zustande verharren; so schwellen zu dieser Zeit die Areolen und entblätterten Zweige der Peirescien, so setzen die meisten Melocacten und Mamillarien und viele Echinocacten in der Ruhezeit ihre Früchte an, und bilden andere Arten dieser Gattungen, wie auch die Echinopsen und die ruhenden Phyllocacten und Opuntien die Beeren, welche schon vor dem Eintritt in die Pflanzenruhe vorhanden waren, vollkommen aus und bringen sie zur Reife, ehe noch die regere Lebensthätigkeit, das eigentliche Wachsthum, von neuem beginnt.

Es ist daher sehr richtig, was Mittler bemerkt, dass nämlich jener Zustand, den man Pflanzenzenruhe nennt, einen wirklichen Stillstand der vegetativen Lebensthätigkeit nicht bilde, sondern nur als eine Periode des Nachlassens, als ein Zurückziehen zu einem stillen, innern Leben zu betrachten sei. Hieraus muss man folgerichtig den Schluss ziehen, dass die Pflanze in dieser Periode des Wassers, der Hauptbedingung des vegetabilischen Lebens, eben so wenig entbehren könne, als in der Zeit lebhafterer Thätigkeit, d. h. zur Zeit des vollen Wachsthums. Daraus geht hervor, dass die Cacteen auch in den Spätherbst- und Wintermonaten Wasser erhalten müssen, jedoch mit grosser Vorsicht, denn je mehr die Lebensthätigkeit einer Pflanze herabgegangen ist, eines um so geringeren Maasses von Feuchtigkeit sie bedarf; jedes Uebermaass davon, was sie in Folge der Verminderung der Lebensthätigkeit des organischen Gewebes nicht verbrauchen kann, muss ihr endlich in hohem Grade nachtheilig werden. Es ist daher im Allgemeinen als eine feststehende Regel anzunehmen: dass man die Cacteen in den Spätherbst- und Wintermonaten, ihrer gewöhnlichen Ruhezeit, stets mit nur so viel Wasser zu versehen habe, als zur Erhaltung ihres vegetativen Lebens unbedingt nothwendig ist. Besonders rathe ich jedem Cultivateur bei solchen Cacteen, die in sehr heissen Länderstrichen Amerikas einheimisch sind, wie bei den Melocacten, vielen Cereen und Echinocacten u. a., sowie überhaupt bei allen Arten von Mamillarien, Cereen und Opuntien, welche gelbe oder weisse Waffen (Borsten, Stacheln etc.) haben, mit dem Begiessen äusserst vorsichtig zu verfahren und ihnen das

Wassers lieber etwas zu wenig, als etwas zu viel geben, da sie sich zur Zeit der Ruhe vor allen andern am empfindlichsten gegen die Einwirkung jeder etwas übermässigen Feuchtigkeit zeigen.

Aber es giebt keine Regel ohne Ausnahme, so auch die oben aufgestellte; sie modificirt sich nach Umständen und Verhältnissen, wie jede andere. Geht man von dem Grundsatze aus, dass Wärme und Feuchtigkeit, diese beiden Bedingungen pflanzlichen Seins und Wachsens, in einem gewissen Grade beide zugleich vorhanden sein und in einem der Natur der Pflanze angemessenen Verhältnisse stehen müssen, so ergiebt sich von selbst, dass zu viel Wasser in kühlen Kulturräumen sich eben so nachtheilig erweisen würde, als Mangel daran in Warmhäusern. Die mehr oder minder häufige Wiederholung des Begiessens muss sich daher nach der durchschnittlichen Temperatur richten, in welcher die Pflanzen gehalten werden. In einem regelmässig geheizten Warmhause können sie ohne Gefahr alle 2—3 Tage begossen werden, wenn die Witterung heiter und sonnig und die Erde nicht blos oberflächlich, sondern im ganzen Ballen ausgetrocknet ist. Werden hingegen die Cacteen in einem nur mässig warmen, namentlich des Nachts nicht regelmässig geheizten Lokale, z. B. in einer Wohnstube, überwintert, so ist es dringend nothwendig, sie sehr trocken zu halten und ihnen höchstens alle 12—16 Tage etwas Wasser zu geben, so dass sie nicht einschrumpfen und sich im Frühjahre schneller erholen können. Dass übrigens das in den Sommermonaten so gedeihliche Spritzen im Winterlokale unter allen Umständen unterlassen werden müsse, ist nach dem bisher Gesagten selbstverständlich.

Viele Cultivateure sind noch in dem Irrthume befangen, dass man die Cacteen den grössten Theil unseres Winters hindurch ganz trocken halten müsse, und sie gehen darin oft so weit, dass die Pflanzen endlich ganz und gar einschrumpfen. Man hat früher oft in dieser Weise misshandelte hohe, säulenförmige Mamillarien, z. B. Mamillaria Lehmanni, Plaschnickii u. a. gesehen, die so sehr zusammengeschrumpft waren, dass sie sich nicht mehr aufrecht halten konnten und sich einem Sprenkel gleich krumm gebogen hatten. Ist das wohl naturgemäss?! Beobachtung und Erfahrung haben gelehrt, dass alle in solcher Weise tractirte Pflanzen im Wuchse ausserordentlich zurückkommen, ja in vielen Fällen sogar erkranken und absterben; denn entweder verdorren die zarten Saugwurzeln theilweise oder ganz und werden in diesem Zustande durch die später zugeführte Feuchtigkeit faul, wodurch die Pflanze wenigstens eine Zeit lang erkrankt, wenn sie nicht ganz und gar eingeht, oder die Saugwurzeln verlieren durch Entziehung der Feuchtigkeit an Einsaugungsvermögen und eine unausbleibliche Folge davon ist, dass beim nachmaligen Begiessen, halte man darin Anfangs auch noch so vorsichtig Mass, die Pflanze leicht an einer Ueberreizung und darauf erfolgenden Erschlaffung der Gefässe erkranken muss. Der letztere Fall kommt namentlich sehr häufig bei den meisten Opuntia-Arten vor, besonders wenn sie nicht an die ungehinderte Einwirkung der Sommerwitterung gewöhnt, sondern während des Sommers unter Glas gehalten worden sind; sie erkranken sofort nach starkem und kaum mehr als mässig gelöschtem Durste, schrumpfen dann an ihren Gliedern ein und verfallen zuletzt gewöhnlich der Fäule und endlich dem Tode. Dass übrigens jüngere Pflanzen und schwache, fast wurzellose Stecklinge nicht nach jener Mumificationsmethode behandelt werden können, brauche ich wohl kaum zu erinnern, denn in den meisten Fällen schrumpfen sie nicht nur ein, sondern sie verdorren ganz und gar.

Mittler's Erfahrungen mit einem nothgedrungen gemachten Kopfstecklinge von Echinocactus electracanthus, welcher zu Ende des Octobers, um die Wunde abzutrocknen, auf einen Stubenofen gelegt wurde, aber in Vergessenheit gerieth und erst zu Anfang des Januars wieder entdeckt wurde, wo man dann mit Erstaunen bemerkte, dass er während eines zweimonatlichen Verweilens in einer Ofenwärme von 20 und einigen Graden nicht nur nicht welk geworden war, sonden sogar 6 Wurzeln getrieben hatte, und mit einem anderen von Echinopsis campylacantha sind noch kein Beweis für die Vortheile der Austrocknungsmethode, da der Echinocactus 4 cm und die Echinopsis gar 8 cm im Durchmesser hatte, und beide sonach die barbarische Procedur wohl ohne Gefahr aushalten konnten. Auch der andere, ebendaselbst angeführte Versuch Mittler's mit kleinen Samenpflanzen von Mamillaria- und Echinocactus-Arten, z. B. M. simplex und E. Ottonis, von der Grösse eines Stecknadelkopfes, welche er den ganzen Winter hindurch in Heideerde trocken stehen liess und erst zu Ende des Februars wieder begoss, worauf die Pflänzchen ohne Ausnahme gut fortwuchsen und vollkommen gesund blieben, beweist nichts für die Austrocknungsmethode, indem Samenpflanzen verhältnissmässig stärker bewurzelt sind, als junge aus Stecklingen erzogene Exemplare, und daher einen höheren Grad von Trockenheit und Feuchtigkeit vertragen können, als man ihnen ihrer Kleinheit wegen zutrauen möchte.

Manche Anhänger der Austrocknungsmethode glauben mit derselben ganz naturgemäss zu verfahren, denn sie sind der Meinung, dass die Cacteen in ihrem Vaterlande nicht durch Kälte, sondern durch Trockenheit bei grosser Wärme in den Ruhestand übergeführt und in demselben erhalten werden, aber sie befinden sich in einem starken Irrthume, denn die tieferen Tropengegenden, wo es in manchen Landstrichen oft in 8—10 Monaten weder Regen, noch Thau und Nebel giebt, enthalten in ihrer wolkenfreien Luft dennoch eine grosse Menge von Feuchtigkeit, welche vom Boden angezogen und somit den Pflanzenwurzeln indirekt zugeführt wird. Wer will also noch behaupten, dass Trockenheit, vereint mit grosser Wärme, die Ursache des Ruhezustandes der Cacteen sei? Die Hauptursache dieses Phänomens liegt in einer noch unergründeten Eigenthümlichkeit der vegetabilischen Lebensökonomie, und die Temperatur scheint nur wenig Antheil daran zu haben; denn in unsern Warmhäusern sieht man sehr wohl, dass jede Tropenpflanze Perioden einer mehr oder minder thätigen Vegetation zeigt, obgleich die Temperatur und die Trockenheit wenig abwechseln. — Sonach lässt sich für die Cacteen, welche bei uns während der Ruhezeit nicht nur der wohlthätig wirkenden feuchten Luft ihrer schönen Heimath ganz und gar entbehren, sondern sogar daselbst in einer durch Feuerwärme noch mehr ausgetrockneten Luft überwintert werden müssen, gewiss kein naturgemässeres Kulturverfahren auffinden, als die Unterhaltung einer mässigen Feuchtigkeit.

Die Sommerkultur der Cacteen ist in jeder Beziehung leicht und kunstlos, auch hinsichtlich des Begiessens. Gesunden, kräftigen Pflanzen, welche in leichter Erde und zweckmässigen Töpfen stehen, und freudig zu treiben beginnen, darf man es im Sommer nie an Wasser fehlen lassen, sobald sie dessen bedürftig sind und die Witterungsverhältnisse dem nicht entgegen sind; sie erfordern dann sogar viel Wasser und müssen täglich reichlich gegossen und gespritzt werden, wenn sie kräftig gedeihen sollen. Hat man diejenigen Cacteen-Arten, die bei uns während des Sommers im Freien gedeihen (was bei den allermeisten der Fall ist), auf einem freien Sandbeete stehen, so lernen sie eine kaum glaubliche Menge Wassers vertragen; sogar ein ziemlich starker, 20 Stunden und länger anhaltender Regen, sollte er sich auch in kurzen Zeiträumen einigemal wiederholen, gereicht ihnen nicht zum Nachtheil, wenn nur die Töpfe guten Abzug haben und die Witterung dabei warm ist; nur bei lange anhaltenden, kalten Landregen muss man ihnen durch eine Bedachung aus getheerter Leinwand oder durch Läden hinlänglichen Schutz gewähren.

Soll das Begiessen für die Cacteen von günstigem Erfolg sein, so darf man auch die Witterung nicht unberücksichtigt lassen, und die Nothwendigkeit des Begiessens muss sich daher stets mehr nach der vorherrschenden Beschaffenheit derselben, als nach den Kennzeichen der Trockenheit richten. Bei trüber, kalter, feuchter Sommerwitterung, wo die atmosphärische Luft mit vieler Feuchtigkeit geschwängert ist, muss man mit dem Wasser weit sparsamer umgehen, als bei heiterem Himmel und warmer, trockener Luft. Dasselbe gilt in noch entschiedenerer Weise für den Winter, wo nur an recht hellen, sonnigen Tagen gegossen werden darf, dagegen bei trübem, nebligem Wetter das Begiessen am besten ganz und gar eingestellt wird, im Fall nicht ein vorhergegangenes starkes Heizen solches unbedingt nothwendig macht.

So verschieden die Gattungen der Cacteen in anderer Beziehung sind, so verschieden ist auch ihr Vermögen, gewisse Mengen von Wasser zu vertragen. Im Allgemeinen vertragen die in feuchten, schattigen Urwäldern wachsenden Rhipsaliden, Lepismien, Epiphyllen, Phyllocacten und Peirescien weit mehr Feuchtigkeit, als alle übrigen Cacteen, welche vorzugsweise an den sonnigsten Küsten und auf heissen, steinigen Ebenen vegetiren, wie die Mehrzahl der Melocacten, Mamillarien, Echinocacten, Echinopsen, Cereen, Opuntien etc. Die Rhipsaliden und die meisten Phyllocacten können ziemlich viel Wasser vertragen und dürfen überhaupt nie so stark austrocknen, dass ihre gewöhnlich blattartig verbreiterten Aeste einschrumpfen, wiewohl ich nicht dazu rathen möchte, ihr Wasserbedürfniss übermässig zu befriedigen, da viele Arten derselben (namentlich die gegliederten und die mit geflügelten Aesten versehenen Rhipsaliden, Phyllocactus Hookeri, oxypetalus, Phyllanthus und latifrons u. a. m.), wie überhaupt alle Schmarotzerpflanzen, gegen etwas mehr als mässige Feuchtigkeit, zumal im Winter (obgleich sie zu dieser Zeit meist treiben und blühen), sehr empfindlich sind und dann unrettbar der Tod bringenden Fäule verfallen. — Die Epiphyllen und Peirescien vertragen von allen Cacteen das meiste Wasser und müssen, wenn sie recht kräftig gedeihen sollen, an heissen Sommertagen oft sogar zweimal begossen werden, sind aber dagegen in der Ruhezeit, die bei den Epiphyllen nach beendigtem Flor (etwa zu Ende des December), und bei den Peirescien nach dem Abwerfen der Blätter (im December und

Januar) beginnt, mit desto grösserer Zurückhaltung mit Feuchtigkeit zu versorgen und dürfen dann nur so viel Wasser bekommen, als zur Erhaltung ihres Lebens gerade nöthig ist. — Für die Melocacten habe ich schon vorhin die grösste Vorsicht beim Begiessen anempfohlen, namentlich im Winter, zu welcher Zeit sie nur sehr selten und äusserst mässig begossen werden dürfen; das Giessen im Winter durch Befeuchtung des fleischigen Stammes mittelst eines feinen Schwammes zu ersetzen, wie viele Cultivateure wollen, halte ich nicht für zuträglich. Für die Gattungen Anhalonium, Astrophytum, Discocactus, Pilocereus, Pelecyphora u. a. ist, was das Begiessen betrifft, ganz dieselbe Kulturweise zu empfehlen. — Die Mamillarien, Echinocacten, Echinopsen, Cereen und Opuntien verlangen im Allgemeinen bei heisser Sommerwitterung unter günstigen, bereits oben angegebenen Verhältnissen ein reichliches Begiessen, dagegen aber im Winterquartiere nur mässige Befeuchtung. Einige Mamillarien und Echinocacten, und zwar von den ersteren namentlich die zu den Gruppen der Leucocephalae und Criniferae, und von den letzteren besonders die zur Gruppe der Microgoni gehörenden, wollen jedoch auch während des Sommers, obwohl mässig, mit Wasser versorgt sein; am empfindlichsten aber zeigt sich die übrigens ziemlich gemeine Echinopsis oxygona gegen die Nässe, weshalb sie sich in etwas feuchten Sommern auch nie im Freien kultiviren und im Winter nur dann gut durchbringen lässt, wenn man ihr, gleich den Melocacten, jedoch nöthigenfalls bei einem geringeren Wärmegrade, als diese verlangen, die Wassertropfen zuzählt. Manche Arten der aus heissen Gegenden stammenden Cereen, besonders die zur Gruppe der Columnares zählenden, und Opuntien zeigen sich ebenfalls sehr empfindlich gegen Feuchtigkeit, vertragen aber dagegen, wenn man sie trocken hält, eine ziemlich niedrige Temperatur, ja oft sogar einen geringen Frost ohne Nachtheil. Minder weichliche Cereus-Arten, wie Cereus flagelliformis mit seinen Varietäten und Blendlingen, C. flagriformis, leptophis, Martianus und andere zur Gruppe der

Radicantes flagriformes gerechnete, auch Cereus coccineus, Schrankii, speciosissimus nebst seinen Hybriden etc. und starke Exemplare grosser Opuntien, z. B. von Opuntia monacantha, Tuna, polyantha etc., können eine ziemliche Menge Wassers vertragen. Merkwürdig ist es, dass alle Mamillarien, Cereen und Opuntien, welche weisse oder hellgelbe Haare, Borsten und Stacheln haben, sich zu jeder Jahreszeit gegen Nässe weit empfindlicher zeigen, als solche mit hornfarbigen, braunen oder schwarzen Waffen; sie müssen deshalb bei dem Begiessen mit ganz besonderer Aufmerksamkeit behandelt werden.

Die Nothwendigkeit, Wasser zu geben, wird aber auch durch gewisse Kennzeichen angedeutet, mit denen man sich nur durch die Praxis vertraut machen kann.

Manche wollen das Wasserbedürfniss aus der Färbung der Erde erkennen, aber dieses Kennzeichen ist keineswegs ein sicheres, namentlich bei der Heideerde und allen damit versetzten Mischungen. Nur ein tüchtiger Praktiker, der mit den Eigenschaften seiner Erdmischungen genau vertraut ist, kann den Grad der Bodenfeuchtigkeit nach der natürlichen Färbung der Erde in mässig feuchtem Zustande mit einiger Sicherheit beurtheilen. Noch sicherer überzeugt man sich von der Beschaffenheit der Erde durch das Gefühl. Selbstverständlich wird die Oberfläche der Erde zuerst trocken, nach und nach auch der untere Theil des Erdballens, und das um so rascher, je leichter das Erdreich und je lebhafter die Vegetation. Wenn man nun mit der Spitze des Zeigefingers durch die obere Erdschicht etwa $2^1/_2$ cm tief eindringt, so wird man sich durch das Gefühl leicht überzeugen können, ob die Erde in dieser Tiefe so weit ausgetrocknet ist, dass gegossen werden muss. Man lernt dies durch Uebung und Vergleichung sehr feuchter, mässig feuchter und trockner Erde. Auch an der relativen Schwere des Topfes kann man erkennen, ob die Erde blos oberflächlich oder ganz ausgetrocknet ist, sowie an dem dumpferen oder helleren Tone, den man vernimmt, wenn man mit dem Knöchel an die Wand des Topfes klopft. Aber Sicherheit in der Auffassung dieser Kennzeichen kann man sich, wie schon bemerkt, nur durch Uebung aneignen.

Die Menge des zu gebenden Wassers richtet sich, wie bereits dargethan worden, nach dem Gesundheitszustande der Pflanzen, nach der Erdmischung, der Güte der Töpfe, dem Standorte, der Jahreszeit und der Witterung, jedoch finde ich es für nöthig, hier im Allgemninen noch Folgendes zu erinnern. Solche Pflanzen, bei welchen alle oben angegebenen Umstände günstig sind, müssen während ihrer Vegetationszeit, besonders auch zur Blüthezeit, so viel Feuchtigkeit haben, dass der untere Theil des Erdballens nie ganz austrocknet. Ist die Erde aber zu sehr ausgetrocknet, so gebe man nie zu viel Wasser auf einmal, sondern Anfangs nur wenig und nach einiger Zeit mehr, damit die erschlafften Saugorgane der Wurzeln sich nicht überfüllen, wodurch leicht Ueberreizung und gefährliche Saftstockungen erzeugt werden. Ueberhaupt wirkt ein mehrmaliges mässiges Befeuchten in jedem Falle wohlthätiger, als ein einmaliges starkes Begiessen. Starke Pflanzen, welche in sehr grossen Töpfen stehen, müssen verhältnissmässig weit mehr Wasser erhalten, als schwächere Individuen in kleinen Töpfen, damit der ganze Erdballen gleichmässig von der Feuchtigkeit zurchzogen wird, dagegen braucht aber auch das Begiessen bei jenen nicht so oft wiederholt werden, wie bei diesen, denn je grösser die Töpfe sind, desto tiefer kann die Erde austrocknen, ehe das Begiessen nöthig wird.

Alles bisher Gesagte bezog sich meistens auf erwachsene, vollständig bewurzelte und gesunde Pflanzen. Wir haben aber auch Cacteen von nicht normaler Beschaffenheit in das Auge zu fassen.

Junge Individuen, welche, aus Stecklingen erzogen, vorerst nur ein schwaches Wurzelvermögen haben, und Stecklinge, die, wenn sie sich im Bewurzeln hartnäckig zeigen oder wenn sie vielleicht erst später gestopft wurden, bis zum herannahenden Winter an der Schnittfläche oft kaum einen Callus, geschweige einige Wurzelanfänge erkennen lassen, sind zwar, wenn sie sich gut konserviren und nicht vertrocknen sollen, ordnungsmässig, immer aber sehr vorsichtig anzufeuchten; man gebe ihnen besser wenig Wasser auf einmal, aber dafür nach Befinden desto öfter. Die Behandlung der Stecklinge hinsichtlich des Begiessens im Sommer ist sehr einfach. Die Stecklingsnäpfe werden am zweckmässigsten in Untersetzer gestellt, und diese zwar so viel als möglich ununterbrochen, jedoch sehr sparsam mit Wasser angefüllt erhalten. Wenn man aber keine Untersetzer zur Hand hat und die Stecklinge von oben begiessen muss, so sind sie vor der unmittelbaren Berührung mit dem Wasser sorgfältig zu behüten. Sind jedoch die Stecklinge gesund und an der Schnittwunde gut abgetrocknet, so vertragen sie unter günstigen Witterungsverhältnissen weit mehr Feuchtigkeit, als Manche meinen, ja die in reinem Sande stehenden Stecklinge können erfahrungsmässig unter solchen Umständen durch Feuchtigkeit im Uebermasse niemals getödtet werden.

Aeltere, wurzellos gewordene Pflanzen dürfen in den Herbst- und Wintermonaten niemals Wasser bekommen, wenn man sie nicht verlieren will. Sie conserviren sich zu dieser Zeit am besten, wenn man sie mit dem Scheitel des Kopfes auf sehr mässig feuchten, weissen Sand legt, so dass das untere Ende nach oben steht; am zweckmässigsten ist es, wenn sich der Sand in einem Blumentopfe befindet, dessen oberer Umfang etwas grösser ist, als der des Cactuskörpers. Auf diese Weise erhalten sich die defecten Pflanzen hinlänglich frisch, und wenn man sie im darauf folgenden Frühjahr auf Erde bringt und wie Stecklinge behandelt, so treiben sie gewöhnlich in kurzer Zeit neue Wurzeln in grosser Menge.

Eine gleiche Behandlung erfordern auch solche Originalpflanzen, die erst im Herbst nach langer Reise bei uns eintreffen. Bekanntlich müssen alle Originalpflanzen in Europa stets neue Wurzeln bilden, da ihre holzigen Pfahlwurzeln, wenn sie beim Ausgraben im Vaterlande nicht schon verwundet oder zerstört worden, bei ihrer Ankunft doch meist vertrocknet sind und sehr selten wieder neues Leben gewinnen. Das wissen auch die Sammler in Amerika sehr wohl und schneiden deshalb die Cacteen ziemlich dicht am Körper ab. Kommen sie nun, wie häufig, erst im Herbst an, wo Jahreszeit und Witterung in unserem Klima jeder vegetabilischen Lebensthätigkeit entgegen sind, und wo mithin an eine Neubildung von Wurzeln nicht zu denken ist, so können sie keiner besseren Erhaltungsmethode unterworfen werden, als der, welche ich eben für die wurzellos gewordenen europäischen Pfleglinge angegeben habe. Wollte man sie dagegen gleich bei ihrer Ankunft im Herbst einpflanzen und im Winter feucht halten, so möchte in den meisten Fällen gewiss die Hälfte solcher kostbaren Sendungen ihren Untergang finden, und das um so sicherer, als die Mehrzahl der Originalpflanzen theils schon beim Aufnehmen am Fundorte, theils auf der langen Reise gewöhnlich mehr oder minder an ihren Warzen und Kanten beschädigt wird. Uebrigens sind auch alle Originalpflanzen, welche unter europäischer Pflege bereits ein neues Wurzelvermögen erlangt haben, jederzeit mit Zurückhaltung zu giessen. indem sie gewöhnlich nur wenige neue Wurzeln bilden.

Kranken Pflanzen ist zu jeder Jahreszeit und überhaupt unter allen Umständen das Wasser zu entziehen. Da das Siechthum der Cacteen gewöhnlich aus übermässig zugeführter Feuchtigkeit und der in Folge derselben auftretenden Fäulniss entsteht, so kann ihnen in den meisten Fällen nur noch eine streng beobachtete Diät Rettung bringen.

Cacteen, welche man in frische Erde umgesetzt hat, dürfen nicht, wie die meisten anderen Pflanzen in diesem Falle, angegossen oder gar eingeschlämmt werden. Dieses Verfahren zieht stets nachtheilige Folgen nach sich. Besser ist es, man giebt der Erde vor dem Umsetzen den gehörigen Grad von Feuchtigkeit und begiesst dann die neu eingesetzten Pflanzen nicht eher, als bis ein Wasserbedürfniss wirklich angezeigt ist. Dass sonach die bereits oben angeführte Durchschlämmungsmethode Pfeiffers, wie warm er sie auch gleich Mittler für alle umgepflanzten Cacteen empfiehlt, jederzeit nachtheilige, nie aber wohlthätige Folgen für die Pflanzen haben muss, ergiebt sich von selbst.

Ganz anders verhält es sich dagegen mit den piquirten Sämlingen. Diese vertragen merkwürdiger Weise verhältnissmässig mehr Wasser, als grosse, erwachsene Pflanzen und sind, wenn man sich keine Uebertreibung zu Schulden kommen lässt, durch Wasser kaum zu tödten. Einige Cultivateure haben die Gewohnheit, die Sämlinge nach dem Piquiren mit dem Topfe oder Napfe in einen mit Wasser angefüllten Untersetzer zu stellen, und auf diese Weise die Erde sich von unten her mit Feuchtigkeit sättigen zu lassen. Nach meinen Erfahrungen aber ist es besser, die verstopften Sämlinge leicht mit einer feinlöcherigen Brause zu überspritzen, jedoch nicht auf einmal zu stark, sondern in einigen Absätzen, weil anderen Falls die zarten Pflänzchen leicht aus der weich gewordenen Erde herausgewaschen werden würden.

Hat man Aussaaten gemacht, so sind solche gleich nach erfolgtem Einsäen, damit sich die Erde an den Samen recht dicht anlege, stark zu überspritzen, und überhaupt von dieser Zeit an durch Ueberspritzen regelmässig feucht zu erhalten. Wenn aber erst der Keim entwickelt ist, so mässigt man die Zuführung von Feuchtigkeit, weil sonst die Pflänzchen leicht wurzelfaul werden; doch darf auch die Erde nie ganz austrocknen; daher überspritze man die junge gekeimte Aussaat jedesmal nur leicht, aber nach Befinden desto öfterer. Haben die jungen Pflänzchen erst die Grösse einer Erbse erreicht, so vertragen sie verhältnissmässig weit mehr Nässe, als erwachsene Pflanzen, wahrscheinlich doch wegen ihres kräftigeren Wurzelvermögens und stärkeren Wachsthums, und dann ist es sehr vortheilhaft, wenn man bei trockener, warmer Witterung die Aussaattöpfe in mit Wasser gefüllte Untersätze stellt.

Zum Ueberspritzen der Aussaaten und der piquirten Sämlinge bediene man sich einer kleinen Giesskanne mit feinlöcheriger Brause oder des bereits erwähnten Drosophors.

Ueber die Anwendung der vielgerühmten Düngergüsse habe ich mich in Bezug auf die Cacteen bereits ausgesprochen. Man vergleiche damit mein Bemerkungen über die Behandlung „übergossener" Pflanzen in einem späteren Abschnitte.

4. Piquiren und Umpflanzen.

Für Cactussämlinge, wie für Sämlinge überhaupt, ist es von grossem Vortheil, dass sie vor dem eigentlichen Pflanzen, wenn sie die dazu erforderliche Grösse erreicht, erst noch einmal piquirt (verstopft) werden. Diese Vortheile sind folgende: Erstens gewinnt man in dem ersten Winter nach der Aussaat an Raum, da in den kleinsten Blumentopf wenigstens 6—8 Pflänzchen piquirt werden können, zweitens bekommen die Sämlinge mehr Platz, gewinnen dadurch ein reicheres Wurzelvermögen und bilden sich daher kräftiger aus, und drittens wird das Piquiren oft sogar nothwendig, da die stets feucht erhaltene Erde des Aussaatnapfes bisweilen eine grüne Kruste ansetzt, die nicht nur die freie Ausdünstung derselben hindert und oft sogar die zarten Sämlinge überzieht und erstickt, sondern auch zugleich unzähligen jungen Schaben ein willkommenes Unterkommen gewährt.

Zum Piquiren sind zwei sehr einfache Werkzeuge erforderlich, eine Pincette zum Anfassen der Sämlinge, die man wegen ihrer Kleinheit und Zartheit mit den Fingern leicht beschädigen könnte, und ein sogenanntes Stopfholz, d. h. ein 13—16 cm langes, 6 mm starkes, glattes, an dem einen Ende zugespitztes Holzstäbchen, mittelst dessen man die Löcher vorsticht. Die Erde, in welche die Pflänzchen piquirt werden sollen, darf nicht zu trocken sein, sondern muss einen mässigen Grad von Feuchtigkeit haben. Man bedient sich zum Piquiren am besten flacher, nur 5—8 cm hoher Saatnäpfe, die mit 5—7 grossen Abzugslöchern versehen sind. Den Boden derselben bedeckt man des besseren Wasserabzugs wegen mit einer dünnen Lage zerschlagener Scherben oder Kalksteine, füllt sie aber nur so weit mit Erde, dass zwischen der Erdoberfläche und dem Napfrande mindestens $1^1/_2$ cm Raum bleibt, weil die Pflänzchen nach dem Verstopfen noch eine Zeit lang mit einer Glasscheibe bedeckt gehalten werden müssen.

Sollen die Sämlinge nach dem Piquiren recht leicht und schnell anwurzeln, so sind sie bei dem Ausheben aus dem Saatnapfe mit Vorsicht zu behandeln, namentlich aber muss man darauf sehen, dass die Würzelchen nicht verletzt werden, und dass so viel wie möglich etwas Erde an denselben hängen bleibe. Beides ist nur dadurch zu erreichen, dass man die Sämlinge einige Stunden vor dem Piquirgeschäfte etwas überspritzt.

Man piquire die Sämlinge in der Regel nicht eher, als bis sie die Grösse einer kleinen Erbse erreicht haben, die Pflänzchen müssten denn von der grünen Erdkruste hart bedrängt werden, in welchem Falle man schon früher zum Verstopfen schreitet. Der Abstand, mit welchem die Pflänzchen piquirt werden, richtet sich jederzeit nach der Grösse derselben: Sämlinge von der Grösse einer kleinen Erbse verstopft man auf $2—2^1/_2$ cm, sind sie kleiner, so reducirt man den Abstand. Sollen die piquirten Sämlinge recht kräftig gedeihen, so muss man sie möglichst genau wieder so tief in die Erde setzen, als sie vorher gestanden, eine Regel, die für das Verpflanzungsgeschäft überhaupt, mit welcher Pflanzenart man es auch zu thun habe, wohlberechtigte Geltung hat.

Am erfolgreichsten wird das Verstopfen bei warmer, trockener Witterung an einem schattigen, dem Luftzuge nicht ausgesetzten Orte vorgenommen, denn die ausgehobenen Sämlinge dürfen so wenig als möglich der Luft, noch weniger aber den Strahlen der Sonne exponirt werden, weil anderenfalls die äusserst feinen Würzelchen vertrocknen und die zarten Pflänzchen leiden würden. Sämlinge mit vertrockneten Wurzeln gehen grösstentheils ein, und nur selten bilden sie neue Wurzelfasern und bleiben dann natürlich eine geraume Zeit im Wachsthum zurück. Aus diesem Grunde ist es auch gerathen, nur kleine Mengen von Sämlingen auf einmal auszuheben und so schnell als möglich zu verstopfen; denn je geschwinder man sie wieder in die Erde bringt, desto weniger empfinden sie die Veränderung und desto sicherer ist ihr baldiges Gedeihen.

Das Verfahren beim Piquiren ist eben so einfach, als bekannt. Nachdem sich die Erde in dem Napfe durch mässiges Rütteln und Aufstossen des letzteren gehörig festgesetzt und man die Oberfläche geebnet hat, bereitet man mit dem Stopfholze ein kleines Loch, senkt das mit der Pincette angefasste Pflänzchen so tief als nöthig hinein, wobei man zu verhüten hat, dass die Würzelchen eine gekrümmte Lage erhalten, füllt dann mit dem Stopfholze das Loch wieder voll Erde und drückt dabei zugleich das Pflänzchen sanft von der Seite an. Das ist die ganze Operation. Ist der Napf vollgestopft, dann überspritzt man die Pflänzchen, bedeckt ihn, um die Feuchtigkeit zurück zu halten, mit einer Glastafel und bringt ihn in den später zu besprechenden Stopfkasten.

Das Umpflanzen, auch Versetzen genannt, hat den Zweck, den Pflanzen nicht nur für die alte ausgesogene, vielleicht aus Mangel an hinlänglicher Abzugsöffnung sogar versauerten Erde ein frisches kräftiges Erdreich, sondern nach Befinden mehr Raum für die Entwickelung der Wurzeln zu geben. Ein in angemessenen Zeiträumen wiederholtes Umpflanzen ist für das Gedeihen der Cacteen von grosser Wichtigkeit, sie wachsen darnach freudiger und blühen leichter und reichlicher, und mittelbar hängt davon sogar das Gelingen der Ueberwinterung mit ab.

Die dabei anzuwendenden Handgriffe sind einfacher, als bei den meisten anderen Pflanzen. Bei kleineren Exemplaren legt man die linke Hand flach auf den Topf, umfasst zugleich den Stamm der Pflanze zwischen den Fingern — aber wo ein Umfassen nicht möglich ist, wie bei den Cacteen mit breiten kugeligen und keulenförmigen Körpern, da legt man die mit einem starken Lederhandschuh verwahrte linke Hand auf den Scheitel des Körpers —, kehrt dann den Topf um, so dass der Scheitel der Pflanze nach unten gerichtet ist und stösst mit dem Randes des ersteren einigemal an einer Tischkante etc. auf oder klopft, wenn der Wurzelballen sich noch nicht losgeben will, etwas an den Seiten des Topfes, worauf sich der letztere leicht abheben lässt, so dass der Wurzelballen unverletzt bleibt. Bei grossen Exemplaren von Cereen und Opuntien, deren reiches Wurzelgeflecht sich meistens so fest an den Wänden des Topfes angelegt hat, dass sich der Ballen auf keinerlei Weise lösen kann, und die sich noch dazu wegen ihrer drohenden Bewaffnung und ihrer Zerbrechlichkeit nicht gut behandeln lassen, thut man besser, den Topf vorsichtig zu zerschlagen, denn an dem Stamme oder Körper der Pflanze darf man durchaus nicht ziehen, weil sonst die Wurzeln leicht zerrissen und aus ihrer Lage gebracht werden könnten. Dieses Verfahren muss auch bei starken Exemplaren von Melocacten, Mamillarien, Echinocacten und Echinopsen, die wegen ihrer entsetzlichen Stacheln oft nicht ohne Gefahr anzugreifen sind, in Anwendung gebracht werden, und nur in dem Falle, wenn sie kein starkes Wurzelgeflecht haben, kann man den Wurzelballen mittelst eines stumpfen Holzstabes, der durch das Abzugsloch eingesteckt wird, aus dem Topfe herausstossen doch muss man dabei der Vorsicht halber die Operation über einem Moos- oder Erdhaufen ausführen, da der Wurzelballen dem Topfe oft zu schnell entfährt, und die Pflanzen dann beim Niederfallen auf den harten Versetztisch wegen ihrer Schwere an Bewaffnung und Kanten stark beschädigt werden würden. Ueberhaupt ist als Regel anzunehmen, dass die Cacteen, welche umgepflanzt werden sollen, wenigstens einen Tag vorher mit allem Begiessen verschont werden müssen; denn im trockenen Zustande lösst sich der Wurzelballen besser von der Wand des Topfes und lässt sich die alte Erde leichter aus dem Wurzelgeflecht herausschütteln.

Das Beschneiden der Wurzeln ist bei dem Umpflanzungsgeschäft der Cacteen nicht gerathen, denn jede Verwundung derselben giebt gar zu leicht zur Fäulniss Veranlassung, auch bilden die kräftigsten Pflanzen selten einen so dichten Wurzelfilz, dass man das Messer zur Hülfe nehmen müsste; nur alle schadhaften, faulen und vertrockneten Wurzelfasern sind bei dem Umpflanzen zu beseitigen, gesunde Wurzeln aber stets zu schonen. Jedenfalls ist es besser, wenn man das Wurzelgeflecht mit einem spitzen Hölzchen dergestalt behutsam lockert und entwirrt, dass die alte magere Erde dazwischen herausfällt. Doch nur selten wird man solche Umstände nöthig haben, denn gewöhnlich lässt sich die alte Erde aus dem schwachen Wurzelgeflecht herausschütteln, besonders wenn man sie einige Zeit vorher hat austrocknen lassen.

Die zum Umpflanzen bestimmte frische Erde darf nicht zu feucht, aber auch nicht zu trocken sein; in beiden Fällen würde sie sich schlecht behandeln lassen. Sehr wichtig ist es, bei dem Umpflanzen zugleich für guten Abzug des Wassers zu sorgen, da die geringste Stagnation schädlich auf die Pflanzen einwirkt, denn überflüssige Feuchtigkeit versauert die Erde und giebt zur Fäulniss der Wurzeln Anlass. Aus diesem Grunde belegt man auch die Abzugslöcher der Töpfe erst mit grossen, mit der hohlen Fläche unterwärts gekehrten Scherben und bringt dann noch eine der Grösse des Topfes angemessene 1—5 cm hohe Schicht kleinzerschlagener Scherbenstücke, Kiesel-, Granit-, Porphyr-, Tuffsteine oder grobe Coaksasche darüber. Diese Vorkehrung garantirt den raschen Abzug überflüssigen Wassers, verhindert die Verstopfung des Abzugsloches und sichert dadurch die Pflanze gegen die schädliche Einwirkung stagnirender Feuchtigkeit. Manche Cultivateure widerrathen zwar diese Art von Bedeckung des Abzugsloches in der Meinung, dass die Wurzeln dadurch erkältet würden, aber diese Befürchtung ist durchaus ungegründet; im Gegentheile wird man häufig finden, dass sich die feinen Saugwurzeln sehr gern an solche Scherben und Steinbröckchen anlegen und sogar in dieselben eindringen, wenn sie porös sind, wie der Kalktuff, der deshalb vorzugsweise zu dergleichen Unterlagen zu empfehlen ist. Auf die Scherben- oder Steinunterlage bringt man gern eine ebenso hohe Schicht Heideerde-Mulm, oder auch, besonders bei Rhipsaliden, Epiphyllen und anderen halb parasitischen Cacteen, grob zerhacktes Moos; die Pflanzen erreichen sehr bald mit ihren jungen Wurzeln diese Mulm- oder Moosschicht und gedeihen darnach so kräftig, dass es eine Lust ist, sie anzusehen.

Nachdem die Wurzeln der zu versetzenden Pflanze so viel als möglich von der alten Erde und den schadhaften abgestorbenen Fasern befreit worden, bringt man eine Lage frischer Erde auf die Moosschicht, drückt sie sanft an, hält das Wurzelgeflecht so darauf, dass die Pflanze in richtiger Stellung und Höhe, d. h. nicht tiefer als vorher, zu stehen kommt, und füllt dann die frische Erde rund um das Wurzelgeflecht dergestalt ein, dass kein hohler Raum bleibt, was am besten durch mehrmaliges Rütteln und mässiges Aufstossen des Topfes und sanftes Andrücken mit den Fingern (nie aber durch Stampfen, wodurch sich die Erde zu fest ballt und die feinen Wurzeln leicht abreissen) verhüten lässt. Uebrigens ist es sehr zweckmässig, die Cacteen so einzupflanzen, dass die Erde eine von der Pflanze nach dem Topfrande zu abhängige Fläche bildet; diese Pflanzweise gewährt den Vortheil, dass das Wasser nie direct mit dem Körper in Berührung kommt und dadurch zur Fäulniss Anlass giebt, vielmehr zieht es sich an der Wand des Topfes herunter und theilt sich der Erde und den Wurzeln mit, ohne den Körper zu berühren. Andererseits soll man sich davor hüten, dass der Wurzelhals höher zu stehen kommt, als der Topfrand.

Umgepflanzte Cacteen dürfen nicht gleich unmittelbar nach der Operation gegossen werden, sondern müssen erst einmal austrocknen, und dann muss das Begiessen und Ueberspritzen eine Zeit lang immer nur noch sehr mässig geschehen, weil die Wurzeln in Folge ihrer veränderten Lage und etwaiger niemals ganz zu vermeidender Verletzungen Anfangs ganz ausser Stande sind, viele Feuchtigkeit aufzunehmen, und Zeit zur Abtrocknung der Wunden gewinnen müssen. Alle Cacteen-Arten erholen sich übrigens von dem Umsetzen am schnellsten, wenn man sie eine Zeit lang in ein lauwarmes Mistbeet, am besten dicht unter Glas, oder wenigstens hinter Fenster stellt.

Ueber die für Cacteen geeignetsten Töpfe wird im 15. Abschnitte das Nöthige mitgetheilt. Ich darf mich deshalb an dieser Stelle darauf beschränken, Allgemeines über das Verhältniss ihrer Grösse zur Pflanze zu bemerken. Es ist zwar eine bekannte Sache, dass der Topf im Verhältniss zur Pflanze nie zu gross sein darf, aber dennoch wird noch so oft dagegen gesündigt, dass manche schöne und kostbare Pflanze dadurch das Leben einbüsst. Sehr natürlich! denn in unverhältnissmässig grossen Töpfen kann die überflüssige Feuchtigkeit weder von den Wurzeln verarbeitet werden, noch sich so schnell wie im freien Boden ausbreiten und verdunsten, wodurch endlich in der Erde eine saure Gährung entstehen muss, welche Saftstockung im Pflanzenkörper, Wurzelfäulniss und am Ende den Tod zur Folge hat. Aus diesem Grunde ist es besser, wenn der Topf für die Pflanze eher etwas zu klein, als zu gross ist. Ueberhaupt dürfen nicht alle zu versetzenden Individuen, sondern nur die, welche mit reichem Wurzelvermögen und kräftigem Wuchse begabt sind, etwas grössere Töpfe erhalten. Um bei der Wahl eines grösseren Topfes recht sicher zu gehen, namentlich für kleine und zarte Pflanzen, pflegt man darauf zu sehen, dass der vorige Topf mit dem Rande genommen in den neuen hineinpasst; für grosse und üppig wachsende Individuen dagegen nimmt man die neuen Töpfe um 3—5 cm grösser, als die alten. Wurzelarmen Pflanzen giebt man beim Umsetzen stets dieselben Töpfe wieder, die sie vorher hatten, und wurzelkranke bekommen oft sogar noch viel kleinere.

Es lässt sich nicht genau bestimmen, wann es Zeit sei, die Cacteen umzupflanzen, da hierfür der mehr oder minder kräftige Wuchs der Pflanzen, so wie mehrere andere zufällige Umstände massgebend sind. Ein öfteres Umpflanzen vertragen die meisten Cactus-Arten in der Regel nicht gut. Nur sehr üppig wachsende Exemplare von Echinopsen, Cereen, Phyllocacten, Opuntien und Peirescien müssen unbedingt alle 2 Jahre umgepflanzt werden, wenn sie fröhlich gedeihen und dankbar blühen sollen, alle minder kräftig wachsenden Arten dagegen können ohne Nachtheil 3—4 Jahre unversetzt bleiben, vorausgesetzt, dass die Erde noch unverdorben und nahrhaft genug ist. Man ersieht hieraus, dass die neueren Erfahrungen jene alte unbegründete Gärtner-Regel: „dass die Cacteen dann reichlich blühen, wenn sie in recht ausgehungerter Erde stehen,“ vollständig über den Haufen werfen.

Im Allgemeinen nimmt man an, dass das Umsetzen einer gesunden Pflanze erst dann nothwendig wird, wenn sie an der Innenseite des Topfes einen dichten Wurzelfilz gebildet hat, oder wenn die Wurzeln durch das Abzugsloch oder gar über den Rand des Topfes hinaus dringen, oder wenn die übrigens gesunde Pflanze längere Zeit hindurch im Wachsthume ganz und gar still steht, sichere Kennzeichen, dass die Pflanze keine hinreichende Nahrung mehr findet, oder dass die Erde so fest geworden, dass die Wurzeln die in ihr enthaltenen Nährstoffe sich anzueignen nicht mehr im Stande sind. Ausserdem wird das Umpflanzen oft nothwendig, wenn die Erde sich mit einer Flechten- oder Mooskruste bedeckt hat, oder wenn Regenwürmer eingedrungen sind, was sich durch ein eigenthümliches Zusammenballen der Erde zu kleinen Klümpchen zu erkennen giebt. Findet man aber das Umpflanzen noch nicht angezeigt, so ist es dennoch vortheilhaft, im Frühjahr die alte Erde über den Wurzeln, so weit es ohne Störung derselben geschehen kann, wegzunehmen und durch frische Erde zu ersetzen; man nennt dieses Verfahren das Anfrischen.

Es ist aber kaum glaublich, was für ein ungewöhnlich tarkes Wurzelvermögen, dem meistens ein ausserordentlich ppiger Wuchs entspricht, manche Cactusarten besitzen. 'örster besass in seiner Sammlung, um nur ein Beispiel anuführen, eine Opuntia monacantha, welche er im August 1841 us einem etwa 10 cm langen Stecklinge erzog und die einige ahre später schon eine Höhe von über 1 m erreicht hatte.

Ihr Wurzelvermögen war so stark, dass immerfort lange Wurzelfasern bündelweise über den Rand des Topfes herabhingen — ja im Juli 1844 zersprengten die Wurzeln sogar den ziemlich starken Topf, trotzdem dass die Pflanze erst im April vorher in einen grösseren Topf umgepflanzt worden war, und Förster sah sich daher genöthigt, sie mitten im Sommer zum zweiten Male umzupflanzen und die Versetzung schon im nächsten Jahre zu wiederholen, diesmal aber einen Topf von bedeutend grösseren Dimensionen zu wählen.

Die geeignetste Zeit zum Umpflanzen der Cacteen ist im Ganzen genommen dann gekommen, wenn sie anfangen zu treiben, d. h. in der letzten Hälfte des März und im April; bei solchen Arten jedoch, die zu dieser Zeit zugleich Blumenknospen ansetzen, weil sie im Mai blühen, wie viele Mamillarien und Phyllocacten, darf das Umpflanzen erst nach beendigter Blüthezeit vorgenommen werden. Ueberhaupt mache man es sich zur Regel, keine Pflanze, während sie im vollen Wachsthume steht, noch weniger aber kurz vor oder während der Blüthezeit, umzupflanzen, wenn nicht zufällige Umstände dies nöthig machen; denn im ersteren Falle tritt ein oft lange anhaltender Stillstand der Vegetation ein, im anderen geht auch noch der zu erwartende Flor verloren. Auch im Herbst oder Winter ist das Umpflanzen nicht ohne Noth vorzunehmen, weil zu dieser Zeit die Lebhaftigkeit der Vegetation bedeutend reducirt ist und die zur Unzeit zur Thätigkeit angeregten Wurzeln leicht erkranken. Machen jedoch besondere dringende Umstände das Umpflanzen in der Wachsthums- oder Blüthezeit oder auch in der rauhen Jahreszeit nothwendig, so muss wenigstens der Wurzelballen dabei möglichst geschont, d. h. vor jeder Verwundung der Wurzeln und jeder allzustarken Entblössung von Erde in Acht genommen werden.

Für jene Exemplare, welche den Sommer über im freien Lande gestanden haben und zu Ende des August wieder in Töpfe eingepflanzt werden müssen, gelten im Allgemeinen sämmtliche Regeln der Umpflanzung.

Bei dem Umpflanzen bewurzelter Zweigstecklinge, die der Raumersparniss wegen in grösserer Anzahl in Saatnäpfe gestopft worden sind, ist im Allgemeinen ganz dasselbe Verfahren zu beobachten, welches für ältere Pflanzen empfohlen wurde. Sie werden unmittelbar nach der Bewurzelung einzeln in die bestimmten Töpfe eingepflanzt, dann, der schnelleren Anwurzelung wegen, in einen lauwarmen Kasten gebracht und überhaupt am zweckmässigsten während des ersten Sommers zu ihrer bessern Erstarkung unter Glas gehalten. Da die bewurzelten Stecklinge im ersten Jahre nach Verhältniss ihrer Grösse meist nur sehr wenige und kleine Wurzeln haben, so ist es gerathen, ihnen Anfangs nur Töpfe von möglichst kleinen Dimensionen zu geben. Stecklinge, die sich erst im September oder später bewurzeln, dürfen zu dieser Zeit nicht umgepflanzt werden, vielmehr sind sie erst im nächsten März oder April zu versetzen.

Alle Umpflanzungsgeschäfte werden am besten an heiteren, warmen Tagen vorgenommen.

5. Auflockern, Reinigen, Anbinden und Beschneiden.

Vier Verrichtungen, die freilich keiner näheren Erörterung bedürfen sollten, die ich aber der Vollständigkeit wegen nicht gut ganz und gar übergehen kann.

Das öftere Auflockern der Erdoberfläche wirkt sehr gedeihlich auf das Wachsthum der Cacteen ein, weil dadurch die nach und nach durch das Begiessen enstandene feste Kruste der Erde gebrochen und jeder Unkraut-, Moos- und Flechtenansatz zerstört, mithin also die freiere Ausdünstung des Erdreichs befördert und diesem der wohlthätige Einfluss der Luft, Wärme und Feuchtigkeit gesichert wird. Jedoch darf das Auflockern nur in den Sommermonaten, am besten bei trübem Wetter und, besonders bei kleinen Töpfen, nie zu tief ausgeführt werden, weil sonst ein gewaltsames Zerreissen der Wurzeln unvermeidlich sein würde. Man verrichtet diese Arbeit am zweckmässigsten mit einem glatten, spatelförmig zugeschnittenen Holze.

An das Auflockern schliesst sich unmittelbar das Geschäft des Reinigens an. Es gehört mit zu den unerlässlichen Bedingungen des Gedeihens der Pflanzen und darf daher nie vernachlässigt werden. Namentlich hat man in dieser Beziehung bei den Cacteen darauf zu sehen, dass sich nicht die verderblichen Schildläuse einnisten und dass sich nirgends Moder und Schimmel ansetzt, weshalb alle faulen und abgestorbenen Theile der Pflanze sofort zu entfernen sind. Staub und Russ, von dem die Pflanzen im Winterquartiere so häufig belästigt werden, lassen sich durch ein beim nachmaligen Herausschaffen ins Freie mehrmals wiederholtes starkes Ueberspritzen sehr bald beseitigen; ist aber der Schmutz von kleberiger Beschaffenheit, so dass er nicht alsbald losweichen will, und haben die Pflanzen nicht allzu dicht stehende Waffen, dann kann man mit einem langbärtigen, zarten Borstenpinsel sehr leicht nachhelfen, jedoch mit der nöthigen Vorsicht, damit die Stachelbündel nicht zerbrochen oder abgerissen werden.

Die Reinigung der Töpfe von Unkraut will Förster nur in dem Falle anrathen, dass letzteres zu übermächtig würde oder aus tiefwurzelnden perennirenden Pflanzen bestände. Einjährige Unkräuter (Alsine media, Hühnerdarm!!) haben nach ihm nichts zu bedeuten und in ihrer Gesellschaft vegetiren die Cacteen um so freudiger und ihr Auftreten unter Stecklingen ist ihm ein sicheres Zeichen von deren Gedeihen. Er selbst jätete daher nie früher, als bis das Unkraut den Pflanzen „über den Kopf wachsen“ wollte. — Diese Ansicht ist veraltet und der von ihm ertheilte Rath verwerflich Vielmehr darf man zu keiner Zeit zulassen, dass Unkraut die im Erdreich der Töpfe und Stecklingsnäpfe enthaltenen Nährstoffe mit den Cacteen theile und dasselbe rascher Verarmung entgegengehe. Man sollte deshalb alles Unkraut schon im ersten Entstehen unterdrücken. Es ist frühzeitiges Einschreiten schon darum ein Vortheil, weil durch ein solches die Cacteen,

Stecklings- wie erwachsene Pflanzen, vor jeder Wurzelstörung bewahrt bleiben.

Das Anbinden an Stäbe, um dem schwachen Stamme eine Stütze zu geben, ist nur bei den Peirescien, Phyllocacten, Epiphyllen, Rhipsaliden, vielen Opuntien und einem Theile der Cereen (nämlich den zu den Gruppen der Polylophi, Articulati und Radicantes gehörigen Arten) nothwendig, alle übrigen Cactus-Arten tragen sich selbst und ihre meist steif-aufrechten Körper bedürfen nur dann eines stützenden Stabes, wenn sie eine schiefe Stellung angenommen haben, was jedoch nicht häufig vorkommt. Erlaubt es der Raum, dann ist es besser, auch die Epiphyllen, Rhipsaliden und kriechenden Cereen mit dem Aufbinden zu verschonen und ihnen ihre hängende Richtung zu lassen; denn sie nehmen sich in ihrem natürlichen Wuchse viel zierlicher aus.

Am zweckmässigsten werden die Cacteen, namentlich aber breitgewachsene Phyllocacten und Opuntien, aufgebunden, wenn man sich statt der gewöhnlichen einfachen Stäbe eines aus 3—4 Längs- und 3—4 Querstäben gebildeten, der Höhe und Ausbreitung der Pflanze angemessenen Spaliers bedient; man hat dabei den Vortheil, dass sich die Aeste gehörig ausbreiten lassen, wodurch die Pflanzen nicht nur ein gefälliges Ansehen erhalten, sondern auch ihre Blumen vollkommener und freier entwickeln können, und grosse Opuntien, die wegen der Ueberlast ihrer Aeste bei starkem Winde sehr leicht abbrechen, sind durch ein solches Spalier gegen allen Windschaden sicher gestellt. Man kann diese Spaliere in den Wintermonaten anfertigen, damit man sie zum Frühjahr in Bereitschaft hat. Sie erfordern sehr wenig Mühe; die 5 oder 7 halbrunden Stäbe werden in Spalierform gelegt, so dass die platten Seiten auf einander zu liegen kommen, und auf den Stellen, wo sie sich kreuzen, durch Messingstiftchen an einander befestigt. Uebrigens nehme man die Spaliere sowohl, wie die einfachen Stäbe nicht stärker und länger, als nöthig, da jedes Beiwerk, wenn es sich zu breit macht, dem Ansehen der Pflanze schadet; auch müssen sie gut zugespitzt und nicht zu dicht am Stamme, überhaupt aber mit Schonung der Wurzeln und so tief, als erforderlich, möglichst senkrecht eingesteckt werden. Die einfachen Stäbe müssen recht glatt und rund geschnitten sein, und können gleich den Spalieren des besseren Ansehens wegen mit grüner Oelfarbe angestrichen werden.

Das Anbinden selbst ist sehr kunstlos, aber es gehört eine gewisse Accuratesse dazu, wenn die angebundene Pflanze ein natürliches, ungezwungenes Ansehen behalten soll; daher binde man zuerst mit möglichst wenigen Bändern den Hauptstamm und dann die längeren Zweige an, alle Zweige aber, die sich selbst zu tragen vermögen, dabei auch nicht zu sehr abstehen oder zu schlaff herabhängen, müssen unangebunden bleiben. Uebrigens ist noch zu bemerken, dass alle Bänder so locker, als es nur irgend zulässig ist, umgelegt werden müssen. — Zum Anbinden der Cacteen bediene man sich statt des gedreheten Bastes des wollenen Garnes, da der beste und weichste Bast im Laufe der Zeit durch die Luft so ausgetrocknet wird, dass er seine ganze Dehnbarkeit verliert und endlich in die schnell anschwellenden, fleischigen und meist platten Zweige der Cacteen einschneidet, wodurch zwar der Pflanze selbst kein offener Nachtheil erwächst, aber doch mancher schöne Zweig verloren geht, was zuletzt ihr gefälliges Ansehen beeinträchtigt. Doppelte wollene Garnfäden schneiden wegen ihrer Dehnbarkeit niemals ein, selbst bei den blattartigen Aesten der Phyllocacten nicht, und haben ausserdem noch den Vortheil, dass sie an der freien Luft bei weitem nicht so schnell verwittern, als der Bast, und wenn man sie von naturbrauner Farbe wählt, die fast nie ausbleicht, so beeinträchtigen sie das Ansehen der Pflanze so gut, wie gar nicht.

Durch umsichtiges Beschneiden erlangt der denkende Cultivateur bei den meisten Holzpflanzen theils eine regelmässigere oder überhaupt anders stylisirte Form, theils zahlreichere und grössere Blumen und Früchte. Das Beschneiden ist sonach sehr vortheilhaft, wer aber dabei nicht nach gewissen

Grundsätzen, die hier nicht erörtert werden können, zu verfahren versteht, der wird mehr Nachtheil als Nutzen davon haben. Ueberhaupt rathe ich jedem Cultivateur, von der leider allgemein gewordenen Ansicht abzugehen, dass ohne Anwendung des Messers bei keiner Pflanzenkultur ein günstiges Gelingen erstrebt werden könne.

Namentlich bei den Cacteen sei man mit dem Beschneiden vorsichtig; sie sind zwar Holzpflanzen, aber mit Ausnahme der Opuntien und Peirescien ohne Blätter, da diese mit dem fleischigen Stamme verschmolzen sind, und so sind sie zu wahren Succulenten oder sogenannten Fettpflanzen geworden, können also hinsichtlich des Beschneidens nie nach denselben Grundsätzen wie andere Holzpflanzen behandelt werden. Man beschneide sie daher nie ohne Noth, und nehme dabei nur solche Zweige hinweg, *die eine dem Ganzen widerstrebende Richtung angenommen haben oder schlecht entwickelt sind.* Es giebt ausserdem nur zwei Fälle, wo man bei ihnen durch das Beschneiden einen gewissen Zweck erreichen kann, nämlich sie dann, wenn man ihre Stämme und Zweige entweder zur Bildung von Nebentrieben anregen und zugleich Stecklinge zur Vermehrung erlangen oder zahlreichere Blumen erzielen will, was bei Cereus speciosissimus und seinen Blendlingen, sowie bei einigen anderen Arten von Interesse ist. In jedem andern Falle erzielt man durch das Einstutzen keinen Nutzen, sondern verstümmelt nur die Pflanze.

Das Beschneiden und Einstutzen der Cacteen darf übrigens nur im Frühjahre und Sommer und zwar an einem sonnigen, warmen Tage stattfinden, damit die Wunden, nachdem sie mit Kohlen- oder Kreidepulver bestreut worden sind, unmittelbar den Sonnenstrahlen ausgesetzt werden und recht schnell abtrocknen können, wodurch der gar zu leicht entstehenden Fäulniss am sichersten vorgebeugt wird. Ich finde es hier nöthig, daran zu erinnern, dass die zu beseitigenden Zweige oder sonstigen Pflanzentheile nur *mittelst eines scharfen Messers, niemals aber durch Abbrechen und Ab-*

kneifen entfernt werden dürfen, eine Manipulation, durch welche die zarten Gefässe der Rinde leicht in gefährlicher Weise gequetscht werden.

Das Schneiden der Kopfstecklinge gehört nicht hierher, und wird später abgehandelt. —

Endlich noch eine sehr zu beherzigende Warnung! Da die in diesem Abschnitte besprochenen Geschäfte alle von der Art sind, dass man eine unmittelbare, oft sehr empfindliche Berührung mit den von meist zahllosen Stacheln und Stachelborsten übersäeten Körpern der Cacteen kaum vermeiden kann, so nehme ich hier Gelegenheit, allen Cacteenfreunden bei dem Umgange mit ihren Pfleglingen die grösste Vorsicht zu empfehlen. Man wahre sich namentlich vor dem Eindringen eines Cactusstachels in das Gelenk oder unter den Nagel eines Fingers, und wenn es doch einmal vorkommen und der Stachel durch einfache Mittel nicht zu entfernen sein sollte, so entschliesse man sich lieber, chirurgische Hülfe zu suchen, denn es sind mehrere Beispiele davon bekannt, dass Cactusfreunde durch Cactusstacheln unter unendlichen Schmerzen das ganze obere Glied eines Fingers verloren. Deshalb rathe ich Jedem, der mit Cacteen umgeht, stets eine Pincette (einen sogenannten Splitterzieher) bei sich zu führen, womit die eingedrungenen Stacheln sofort wieder ausgezogen werden können; denn verschiebt man das Ausziehen derselben, so dringen sie bei fortgesetztem Hanthieren endlich so tief ins Fleisch ein, dass man sie später mit der Pincette oft nicht mehr erreichen kann. Um jeder Gefahr vorzubeugen, lasse ich mir auch zugleich die Nägel länger wachsen, als es eigentlich die allgemeine Sitte gut heisst, weil unter einem langen Nagel der Stachel nie so tief eindringen kann, dass er nicht nach vorsichtigem Abschneiden des ersteren mit der Pincette sehr bald zu fassen wäre, wogegen er unter einem zu kurz gehaltenen Nagel gewöhnlich so tief eindringt, dass man ihn fast niemals erreichen kann. Die von Vielen zum Schutz der Hände empfohlenen starken Lederhandschuhe reichen nicht immer aus und helfen oft so viel wie gar nichts, ja sie schaden sogar in den meisten Fällen, indem man sich durch sie vollkommen gesichert hält und mit geringerer Vorsicht zugreift, als gewöhnlich; die Stacheln dringen aber durch Handschuh und Haut ins Fleisch, brechen bei dem nachherigen schmerzhaften Ausziehen des ersteren tief im Fleische ab und sind dann um desto schwerer zu beseitigen.

Eben so gefährlich, in mancher Hinsicht aber auch noch gefährlicher sind die zarten, kurzen Borstenstacheln, die in zahlloser Menge auf den Areolen der Opuntien sitzen und sich bei der geringsten Berührung zu Tausenden an die Haut anhängen; beachtet man sie nicht, so dringen sie immer tiefer ein und erzeugen endlich auf zarter Haut einen finnen- oder krätzeähnlichen Ausschlag, der zwar keine nachtheiligen Folgen weiter hat, aber durch das empfindlich juckende und brennende Gefühl, welches er verursacht, höchst unangenehm wird. Man kann diese Borstenstacheln wegen ihrer Kleinheit fast niemals mit der Pincette beseitigen. Wer daher das Missgeschick gehabt hat, seine Hände mit diesen kleinen, unaufhörlich reizenden Pfeilen zu spicken, thut am besten, sie eine Zeit lang in sehr warmes Wasser zu halten und dabei tüchtig mit Cocosnussöl-Sodaseife zu waschen; die Stacheln verlieren dadurch die Steifheit und heben sich entweder heraus oder werden unschädlich. Wegen den Borstenstacheln ist übrigens auch in anderer Beziehung jederzeit grosse Vorsicht zu empfehlen, denn oft hat man solche an den Fingern hängen ohne es zu wissen, und trägt sie gelegentlich auf Lippen, Augen u. s. w. über. Für die letzteren kann daraus eine grosse Gefahr erwachsen. Ich ermahne daher alle diejenigen, welche mit Cacteen umgehen, zu ernstlicher Vorsicht!

6. Aufbewahrung der Cacteen im Winter und Sommer.

Unser rauhes Klima, welches von dem paradiesischen des Heimathlandes der Cacteen himmelweit verschieden ist, macht während des Winters für sämmtliche Cacteen eine etwas aufmerksamere Kultur nothwendig, als im Sommer. Aber so wie überhaupt die Kultur der Cacteen im Allgemeinen wenig Mühe erfordert, weil sie ziemlich gleichförmig ist, so einfach und kunstlos ist auch ihre Aufbewahrung in den Wintermonaten.

Die Heimath der Cacteen liegt unter sehr verschiedenen Breitegraden und weder die einzelnen Länderstriche Amerikas überhaupt, noch die ungemessenen Ebenen und Gebirge desselben haben gleiches Klima und gleichen Boden. Sogar die tropische Zone hat meist drei verschiedene Klimate, je nach den verschiedenen Lagen über dem Meeresspiegel, und wenn der Gipfel der höchsten Gebirge von ewigem Eis und Schnee bedeckt ist, so herrscht viel tiefer herab bis in die Thäler hinein ein immerwährend mildes, von da ab nach den Seeküsten zu aber sogar ein glühend-heisses Klima, welches letztere jedoch durch wohlthätige Gebirgs- und Seewinde meist etwas gemässigt wird. Zwar kommen die Cacteen in fast allen Klimaten ihres Vaterlandes vor, jedoch sind die einzelnen Gattungen und Arten nicht in allen Gegenden desselben verbreitet und einheimisch. Viele finden sich vorzugsweise in Mexico, z. B. die Mamillarien und Echinocacten, andere in Chile und Peru, andere in Brasilien, z. B. die Epiphyllen und die meisten Rhipsaliden, andere auf den westindischen Inseln, z. B. die Melocacten, noch andere dagegen sind durch ganz Amerika verbreitet, so weit Cacteen gedeihen, z. B. die Opuntien und Cereen; einige gedeihen nur an den sonnigsten Stellen der Meeresküsten und auf heissen, sonnverbrannten, steinigen, freien Ebenen, z. B. die Cereen, andere dagegen nur in den milderen Klimaten der hoch über den Meeresspiegel emporstrebenden Gebirge, z. B. die Opuntien, und noch andere nur in schattigen, immer feuchten Urwäldern, wie die Peirescien, Rhipsaliden und die meisten Phyllocacten.

Aus diesen Verschiedenheiten der heimathlichen Standorte lässt sich leicht der Schluss ziehen, dass man bei der Kultur der mannichfachen Cacteen-Arten auf Standort und Temperatur stets eine gewisse, wenn auch nicht allzu ängstliche Rücksicht zu nehmen und möglichst naturgemäss zu verfahren hab(Diejenigen Cacteen, welche aus den minder warmen un hochgelegenen Gegenden (Hochebenen) von Brasilien (Monte video, Minas Geraes etc.), Mexiko, Chile (Valparaiso) un Peru, so wie aus Buenos-Ayres und Mendoza stammen, wi viele Arten der Mamillarien, Echinocacten, Cereen, einige Phyl locacten und die meisten Opuntien, befinden sich am wohlste bei einer Temperatur von nur wenigen, etwa 5—6 Wärme graden und müssen alle den ganzen Sommer über im Freie kultivirt werden, wenn sie kräftig gedeihen und ihren natür lichen Habitus behalten sollen. Viele Mamillarien und Opun tien, so wie auch einige Cereen und Phyllocacten lassen sicl sogar bei + 1—2° R. durchwintern, wenn man sie nur dabe trocken und dicht unter den oberen schräg liegenden Fenster des Glashauses hält. Andere, die aus heisseren Klimaten, vo den westindischen Inseln, aus der Tierra caliente Mexikos, de heisseren Länderstrichen Brasiliens, aus Columbia (Caracas) u. s. w stammen, z. B. die Melocacten, Peirescien, Rhipsaliden, Epi phyllen, manche Cereen u. a., verlangen mehr Wärme zu ihren Gedeihen, und müssen daher auch im Sommer bei kalter feuchter Witterung unter Glas gehalten, nichts desto wenige aber reichlich gelüftet werden.

Zur Ueberwinterung sämmtlicher Cactus-Arten reicht je doch ein versenktes Glashaus, dessen Temperatur nie unte + 7° R. fällt und nicht über + 10° R. steigt, vollkomme aus, wenn man sich so einrichtet, dass die höheren Räum des Hauses, wo die Temperatur wegen des Emporstreben der Wärme immer um einige Grade höher ist, als unten i der Nähe des Bodens, für die aus heissen Klimaten stammen den Cactus-Arten, die unteren Räume dagegen für die minde empfindlichen Formen benutzt werden können. Da sich viel der letzteren auch bei sehr geringer Wärme durchwinter lassen, wie bereits erwähnt wurde, so können sie bei etwaigen Mangel an Raum zur Noth in einem Caphause (bei + 4—8° R. oder wohl auch in einer Orangerie (bei + 1—5° R.) durch wintert werden. Ich sage zur Noth, denn obgleich die härteren Cactus-Arten gegen einen geringen Wärmegrad sich gar nicht empfindlich zeigen, so vertragen sie doch nicht gut die Gesellschaft anderer immergrüner Pflanzen, am wenigsten in einem Glashause, in dem die Luft ununterbrochen feucht und dunstig ist, weil die Temperatur daselbst stets tief gehalten werden muss und daher zugleich mit der Witterung wechselt; denn so wohlthätig die warme feuchte Luft bei sehr mässigem Begiessen auf das Gedeihen der Cacteen einwirkt, so verderblich ist der Einfluss der kalten, feuchten Luft. Sieht man sich jedoch in die Nothwendigkeit versetzt, die Cacteen in einem Kalthause zu durchwintern, so gebe man ihnen die höchsten Standorte und begiesse sie äusserst sparsam oder nach Befinden auch wohl gar nicht. Wo Raum genug vorhanden ist, da verfährt man am zweckmässigsten, wenn man das Cacteenhaus in zwei Abtheilungen scheidet, und der einen eine Temperatur von + 5—7, der anderen aber eine solche von + 8—12° R. sichert; in der zweiten Abtheilung können auch zugleich die vorjährigen, erst schwach oder noch ganz unbewurzelten Stecklinge untergebracht werden.

Für die Ueberwinterung in Stuben kann ich nur das wiederholen, was Mittler in seinem Taschenbuche darüber sagt: „Ein Zimmer, welches im Winter nicht täglich und regelmässig geheizt wird, ist deshalb zur Ueberwinterung, selbst der weniger zärtlichen Cacteen, gänzlich untauglich. Dagegen vertritt jedes gewöhnliche Wohnzimmer, welches alle Tage regelmässig erwärmt wird, die Stelle eines warmen Glashauses recht gut. Die Temperatur darin ist ziemlich gleichmässig, keinem bedeutenden Wechsel unterworfen, und fällt selbst des Nachts nicht leicht unter + 6° R. herab. Dass sie in der Nacht niedriger wird, als sie am Tage war, schadet nichts, denn einer solchen Verminderung sind nach dem Gange der Natur überall auch die im Freien wachsenden Pflanzen ausgesetzt. An welchem Orte der Stube man die Cacteen aufstellt, ist im Ganzen gleichgültig. Nur wähle man nicht Wände dazu, welche von Aussen frei stehen, feucht sind oder bei grosse Kälte ausschlagen. Denn da in diesem Falle die nach de Wand zugekehrte Seite der Pflanze erkältet, die nach de Stube zugekehrte aber erwärmt wird, so muss die kalte Seit schwitzen und fängt in Folge dessen sehr leicht an zu faulen Ausserdem stelle man alle diejenigen Arten, welche ein höhere Mass von Licht und Wärme verlangen, wie die Melocacten Rhipsaliden, Lepismien, Cereus speciosissimus mit seine Blendlingen und überhaupt alle zeitig blühende Cacteen i der Nähe des Fensters etwas hoch; denn hier sind sie den Lichte mehr ausgesetzt, und oben in der Stube ist die Tem peratur immer um einige Grade wärmer, als unten am Fuss boden. Gegen Staub braucht man dabei die Pflanzen nich ängstlich zu schützen. Denn es schadet nichts, wenn sie de Winter über ganz mit Staub bedeckt werden. Es bedarf im Frühjahre nur einer Giesskanne mit einer Brause, um denselben wieder hinweg zu spülen. Am zweckmässigsten unc besten ist es, die Cacteen in Doppelfenstern aufzustellen, welche Nachts von Aussen mit Läden verschlossen werden können Zwischen solchen Doppelfenstern lassen sich die Wärmegrade wie in einem Warmhause genau reguliren und sie sind dahei zur Ueberwinterung eben so gut geeignet, wie jedes Warmhaus.'

So weit Mittler, der sich durch diese treffliche Anweisung zur Stubenkultur der Cacteen als einen sehr erfahrener Praktiker bekundet. Jedoch muss ich mir noch einige Bemerkungen darüber erlauben, die indessen aufs Ganze keinen erheblichen Einfluss haben werden; sie betreffen nämlich der Staub und die Aufstellung der Cacteen zwischen den Doppelfenstern. Der Staub wirkt zwar für kürzere Zeit selten nachtheilig auf die Gesundheit der Pflanzen ein, er lässt sich auch durch mehrmaliges Ueberspritzen von den meisten Arten sehr bald entfernen, aber nur von solchen Cacteen nicht, welche wie Mamillaria bicolor, gracilis, chrysacantha, Echinocactus Scopa, Cereus strigosus, Opuntia leucotricha u. a. dicht stehende weisse oder gelbe Stacheln und Borsten oder wie

Cereus senilis, Opuntia senilis, Mamillaria Schelhasei u. a. Haarstacheln haben; solche Arten bekommen, einmal mit Staub bedeckt, nie wieder ihre natürliche Färbung, sondern behalten stets ein graues Ansehen, und ich rathe daher jedem Stubengärtner, der das zierliche Ansehen seiner Pflanzen zu schätzen weiss, Cacteen solcher Art vor jeder Berührung mit dem hässlichen Staube, vielleicht durch Glasglocken, Glaskästen oder andere Vorrichtungen, so viel als möglich zu schützen. Das Aufstellen der Pflanzen in Doppelfenstern ist nicht so gefahrlos, als man durch Mittler's Angabe zu glauben versucht wird. Wenn die Temperatur nur — 10 bis 12° R. erreicht hat, dann möchte es wohl angehen, vorausgesetzt, dass die Fenster eine südliche Lage und von Aussen einen guten Ladenverschluss haben; fällt das Thermometer aber noch tiefer, vielleicht auf — 16 bis 20° R., dann würde ich es unter keinerlei Umständen wagen, die Pflanzen in dem Doppelfenster stehen zu lassen, denn sie wären sicher verloren.

Endlich habe ich der obigen Anweisung noch den Zusatz beizufügen, dass ein zum Ueberwintern der Cacteen bestimmtes Zimmer dazu nur dann geeignet ist, wenn es eine südliche, sonnenreiche Lage hat und nicht allzuhoch und mit grossen, dichtschliessenden, zum Lüften eingerichteten Doppelfenstern versehen ist. Uebrigens muss ich noch bemerken, dass die Cacteen sich in einem unbewohnten Zimmer viel besser durchwintern lassen, als in einem bewohnten, denn obgleich Staub und Rauch ihnen keine erheblichen Nachtheile zufügen, so scheinen doch die in diesem oft herrschende ungleiche, oft erstickende Wärme, die meist allzu trockene Luft, vielleicht Ausdünstungen vom Kochen u. s. w. den Cacteen nicht zu behagen, wenigstens klagen alle Cacteenfreunde, die ihre Pflanzen in der Familienstube überwintern müssen, allgemein über empfindliche Verluste.

Im Ganzen genommen ist die Durchwinterung der Cacteen sehr leicht, denn von den grossen Niederlagen, die manche Sammlungen in Folge derselben erleiden, sind die Ursachen lediglich in der Verzärtelung der Pflanzen zu suchen. Verzärtelte Pflanzen durchwintern ist freilich ein Kunststück, da sie in keiner Hinsicht etwas aushalten; der geringste Temperaturwechsel, anhaltend trübe Witterung, etwas zu viele Feuchtigkeit etc. wirken leicht nachtheilig auf sie ein. Ich werde weiter unten darauf zurückkommen und die Mittel angeben, deren Anwendung jede Verzärtelung ausschliesst.

Es ist kaum glaublich, wie viel Kälte abgehärtete Cacteen auszuhalten im Stande sind. Nach Pöppig, welcher sich bekanntlich mehrere Jahre in Chile, Peru und Brasilien aufhielt, wachsen jene Cacteen-Arten, von denen er im August 1844 Original-Exemplare aus Chile zugeschickt bekam, vielleicht Echinocactus centeterius und pachycentrus, in ihrer Heimath auf den höchsten Gebirgen, ziemlich nahe der Schneegrenze, wo sie von argen Schneewettern gar oft mit Schnee leicht bedeckt und ihre Stacheln durch kleine Eiskrystalle geziert werden, und doch blühen sie daselbst reichlich schon bei einer Grösse von $6^1/_2$ cm Durchmesser und 8 cm Höhe. Pöppig hält dafür, dass die Cacteen, deren meisten Arten nur in den gemässigten Strichen ihrer Heimath in Massen vorkämen, von den europäische Gärtnern, die sich leider nur selten um die klimatischen Verhältnisse einer Pflanzen-Heimath bekümmern, durch übermässiges Warmhalten viel zu sehr verzärtelt, dadurch aber in ihrem Gedeihen und in der Ausbildung eines natürlichen Wuchses gehindert würden.

Dass die Cacteen bei kalter Behandlung viel, sehr viel aushalten, wenn sie nur gesund und abgehärtet sind und dabei nicht durch übermässige Feuchtigkeit belästigt werden, davon erfuhr Förster ein merkwürdiges Beispiel. Er hatte Opuntia vulgaris, Ficus indica, corrugata, monacantha und Cereus flagelliformis in Gesellschaft einer Agave americana im Juni 1840 ins freie Land gesetzt, wo sie im Laufe des Sommers ein ungewöhnlich kräftiges Wachsthum entwickelten. Er beschloss mit diesen Pflanzen den Versuch einer Ueberwinterung im Freien zu machen. Von der Mitte des Septembers an stellte er daher das Begiessen ein und schützte sie gegen Herbstregen und jede sonstige Feuchtigkeit, später Nachts durch eine darüber gestürzte Kiste auch gegen Nachtfröste. Endlich, etwa zu Anfang des Novembers, stellte er einen weiten, hohen, starken Korbring über die Pflanzen, bedeckte ihn zur besseren Abhaltung der Winternässe mit einem kegelförmigen Strohdache und füllte den inneren Raum dicht mit recht trockenen Kiefernadeln aus; bei höheren Kältegraden häufte er um den Korb herum Laub und Moos in einer ziemlich starken Schicht zusammen. Auf diese Weise brachte er die Cacteen durch einen nicht ganz milden Winter, in welchem die Kälte mehrmals die Höhe von — 18° R. erreichte, ohne den geringsten Nachtheil. Er war auch fest davon überzeugt, dass die meisten dem nördlichen Theile Nordamerikas entstammenden Opuntien, z. B. Opuntia fragilis, missouriensis, mesacantha, vulgaris, media u. a. unsere milderen Winter ohne alle Bedeckung im Freien aushalten könnten, wenn sie nicht von den Cultivateuren allzusehr verweichlicht würden. Der Mamillaria vivipara, die aus dem nördlichen Louisiana stammt, scheint unser Klima sogar noch zu warm zu sein, da sie die einzige Cactee ist, die im Freien von Läusen befallen wird.

Ein paar ähnliche Beispiele erzält Dr. Pfeiffer in der Allgemeinen Gartenzeitung von Otto und Dietrich, Jahrg. 1835, S. 10, mit folgenden Worten: „Sind die Pflanzen nun den Sommer hindurch auf diese Weise (nämlich durch Aufstellung im Freien) abgehärtet, so kommen sie in meinem Wohnzimmer auf die Fensterbreter, wo ich dann die zartesten, z. B. junge Stecklinge von Mamillarien oder Echinocacten mit einem Glase bedecke, um sie noch im Triebe zu erhalten. Den Tag über haben sie hier etwas weniger als die gewöhnliche Stubenwärme, die aber in der Nacht bedeutend sinkt, doch nicht bis zum Froste, wovor theils die südliche Lage, theils bei strenger Kälte ein nochmaliges geringes Einheizen am Abend schützt. Die meisten werden nur alle 14 Tage einmal begossen (im September und October öfter, später immer seltener), manche, namentlich die grösseren, beinahe gar nicht. — Dass die Cacteen jedoch noch weniger Wärme und Pflege bedürfen, beweist die Sammlung des Cafetiers Draz in Cassel, der seine Cacteen, darunter Melocactus communis, pyramidalis und latispinus (jetzt Echinocactus cornigerus) den Winter über an den Fenstern des Billardsaales aufbewahrt. Hier stehen sie den ganzen Tag in ziemlicher Wärme und dichtem Tabaksdampfe, und des Nachts werden regelmässig mehrere Fenster geöffnet, freilich bei starkem Froste nicht lange. Im Frühjahre sind sie dann meist ziemlich verschrumpft und mit dichtem Staube bedeckt, kommen dann aber sobald als möglich ins Freie auf eine sehr sonnige, steinerne Terrasse, wo sie dann nach dem ersten Regen vortrefflich zu gedeihen pflegen. Ich wüsste nicht, dass Draz oder ich eine Pflanze durch Frost verloren hätte, und nur einmal, als ich noch wenige und meist gewöhnlichere Cacteen besass und diese in einem kalten Zimmer am Fenster unterhielt, litten einige Pflanzen, welche die Scheiben berührten, als im Zimmer das Thermometer auf —6° R. stand. Auf diese genannte Weise habe ich nun schon 5 Jahre lang sowohl alte Pflanzen, als Stecklinge behandelt."

Wer diesen Angaben aufmerksam gefolgt ist, der muss den richtigen Schluss ziehen, dass man mit der Unterhaltung künstlicher Wärme bei den Cacteen so vorsichtig als möglich zu verfahren habe. Man gebe ihnen, nach den Witterungs- und sonstigen Verhältnissen zur rechten Zeit die nöthige Wärme, aber man thue auch darin des Guten nie zu viel und übertreibe nicht. Deshalb rathe ich, mit dem Heizen nie zu voreilig zu sein; man prüfe jederzeit erst genau, ob es wirklich nothwendig ist. Nur wenn die Nächte so kalt werden, dass das im Hause befindliche Thermometer des Morgens bedeutend unter das Minimum des erforderlichen Wärmegrades (das bei den härteren Arten sogar + 2—3° R. ohne Nachtheil betragen kann) herabsinkt, ist es Zeit zu heizen; noch mehr aber wird es nothwendig, wenn das Haus am Tage bei anhaltender Kälte von keinem wohlthätigen Sonnenscheine erwärmt worden ist. Umwölkt sich des Nachts der Himmel, so moderire man die Wärme sogleich, denn das ist sets ein sicheres Zeichen, dass die Kälte abnimmt. Ueberhaupt bringt eine Verminderung der Temperatur während der Nacht nur selten einigen Nachtheil, da sie naturgemäss auch für alle im Freien wachsende Pflanzen, namentlich auch in den Tropengegenden statt findet. — Will der auf eine kalte Nacht folgende Tag sonnig werden, so muss man noch vor Sonnenaufgang das Feuer niedergehen lassen und dann den Schieber im Rauchfange zuschieben, denn Feuer- und Sonnenwärme dürfen nie zugleich wirken, weil dadurch die Luft zu sehr ausgetrocknet wird, das ist aber den Pflanzen nicht nur unmittelbar sehr nachtheilig, sondern befördert auch die Ueberhandnahme der Schildläuse und Spinnmilben. Ueberhaupt ist es bei vielem Heizen den Cacteen sehr zuträglich, wenn man dafür sorgt, dass die erwärmte Luft zugleich einen mässigen Feuchtigkeitsgrad behalte. Ich habe zu diesem Zwecke die wärmste Stelle des Heizkanals mit einigen flachen Blechkästen bedeckt, die stets mit Wasser gefüllt sind, welches beim Heizen durch langsames Kochen mässig verdünstet und dadurch das gänzliche Austrocknen der Atmosphäre verhindert. Jedoch auch hierin hüte man sich vor jeder Uebertreibung, denn ein zu hoher Grad von Luftfeuchtigkeit bringt weit mehr Nachtheil, als die Austrocknung der Luft; namentlich aber vermeide man heisse Dämpfe, die den Pflanzen Tod und Verderben bringen würden.

Wie übrigens ein Cacteenhaus hinsichtlich der Bauart beschaffen sein müsse, darüber lassen sich keine genauen Bestimmungen feststellen; ein gewöhnliches versenktes Warmhaus in süd-süd-östlicher Lage mit einem Glasdache und einer guten Kanalheizung eignet sich zur Aufbewahrung der Cacteen am besten.

Für das Arrangement eines Cacteenhauses lassen sich keine bestimmten Regeln geben, da es sich nur nach der Bauart und Grösse desselben richten kann. Einige Glashäuser solcher Art haben ein verglastes Satteldach mit nördlicher und südlicher, andere ein Halbdach mit südlicher Lage, andere wieder ausser dem verglasten Halbdache noch eine senkrechte Glaswand von etwa 60 cm Höhe, während jenes bei anderen Häusern unmittelbar auf der Plinthe aufliegt.

Im Allgemeinen lassen sich für das Arrangement der Cacteen unter allen Verhältnissen etwa folgende Grundsätze anführen. Auf Stellagen, wie andere Pflanzen, können die Cacteen niemals gestellt werden, da sie auf diese Weise geordnet nicht nur keinen hübschen Anblick gewähren würden, indem die Körper und Stämme wegen ihres eigenthümlichen Wuchses die Töpfe nicht gegenseitig verdecken könnten, sondern sie würden auch beim Begiessen einen nur unsichern Ueberblick gewähren und dabei sehr leicht herabgeworfen werden, wo sie dann beim Herunterstürzen unter den weiter unten stehenden Pflanzen Schaden anrichten könnten. Sollen aber die Cacteen ein angenehmes Gesammtbild darstellen und einen sichern Stand haben, dabei auch einen schnellen Ueberblick gewähren und wenig Platz einnehmen, so müssen sie auf einer Fläche, Topf an Topf, die höheren Formen nach hinten, die niedrigeren nach vorn, aufgestellt werden. Gewöhnlich stellt man zu diesem Zwecke in den Cacteenhäusern eine Tafel auf, um welche man bei der Ausführung der Kulturarbeiten bequem herumgehen kann. Man umgiebt sie mit 15—20 cm hohen Rändern und bedeckt sie mit Sand, auf welchen die Töpfe gestellt oder in welchen sie eingesenkt werden; die Höhe dieser Tafel ist willkührlich, in versenkten Häusern muss sie jedoch mit der Oberfläche des Bodens im Freien ziemlich gleichstehen, also etwa 1 m über den Fussboden des Glashauses sich erheben. Auf dieser Tafel werden die minder empfindlichen Arten, namentlich die mexikanischen Echinocacten, Mamillarien und Echinopsen aufgestellt, aber über ihr, etwa in einer Höhe von 1 $^1/_2$ m vom Fussboden an gerechnet, also den Fenstern nahe, doch so, dass man bequem begiessen kann, muss ein Regal angebracht werden, welches durch einige vom Querbalken des Hauses herabgehende starke Eisenstangen gehalten wird und zur Aufnahme der ein grösseres Maass von Wärme erfordernden Arten bestimmt ist, besonders der Melocacten, Rhipsaliden, Epiphyllen etc., sowie auch aller bewurzelten und unbewurzelten Originalexemplare (vgl. die betreffenden Abschnitte), die ebenfalls eine wärmere Temperatur lieben. Will man das Arrangement recht gefällig und zweckmässig einrichten, so können die Rhipsaliden, Epiphyllen und halbschmarotzenden Phyllocacten in Kork- und Borkenkästen gepflanzt und rings um den Rand der oberen Tafel an Drähten aufgehängt werden. Die an der Nordseite des Hauses befindlichen Regale dienen, wenn das Haus keine nördliche Fensterfront hat, den hohen Cereen, Opuntien und Peirescien zum Standplatze; hat das Haus aber auf der Nordseite eine Fensterfront, dann sind diese Cacteen an der östlichen und westlichen Wand aufzustellen. Auf die an der südlichen Fensterfront befindlichen Regale können ebenfalls nur härtere Arten von Echinocacten und Mamillarien gebracht werden, aber auf dem zweiten, höheren, den Fenstern näherliegenden Regale finden die zu Unterlagen bestimmten Pflanzen einen angemessenen Platz. Phyllocactus Ackermanni und phyllanthoides, Cereus coccineus, Cereus speciosissimus mit seinen zahlreichen Hybriden, Cereus Martianus, Cereus flagelliformis mit seinen Hybriden (Mallisoni, Smithii etc.) und ähnliche sehr harte Arten, die man wegen ihrer schönen und zahlreichen Blumen gern in Menge zu kultiviren pflegt, können entweder an der nördlichen Fensterfront oder, wenn eine solche nicht vorhanden ist, an der nördlichen Wand ganz im Hintergrunde aufgestellt werden, sind aber in diesem Falle zeitig an die Fenster zu bringen, da sie grösstentheils im März schon anfangen ihre Blumenknospen zu entwickeln.

Diesem Umrisse zu einem Arrangement, in dessen Details ich aus den bereits oben angeführten Gründen nicht näher eingehen kann, habe ich noch folgendes beizufügen. Manche zartere und auch minder empfindliche Cereen, z. B. Cereus grandiflorus, nycticalus, setaceus, triangularis, triqueter, Napoleonis u. a. gedeihen am besten und blühen am dankbarsten, wenn sie zu jeder Jahreszeit unverrückt auf ihrem Platze stehen bleiben und sich mit den Luftwurzeln an die in Folge der im Sommer vorgenommenen Ueberspritzungen feucht-grün gewordenen Wände, vorzugsweise an die Ost- und Westwand anlegen können. Cereen mit schlaffen, peitschenförmigen Zweigen, wie Cereus flagelliformis mit seinen Hybriden, flagriformis, leptophis u. a. können ebenfalls in Korkkästen gepflanzt und aufgehangen, oder auch in Töpfen auf Säulen gestellt werden; mit ihren zahlreichen herabhängenden Zweigen sind sie von sehr groteskem Ansehen. Wo Raum vorhanden ist, da lässt sich auch ein Theil des Hauses, z. B. die Hinterwände und Säulen, mit Passifloren in passender Weise decoriren, nur darf das Haus damit nicht überladen werden; diese kletternden Gewächse stehen am besten im freien Grunde, so auch die Peirescien, wenn man kräftige Exemplare davon erziehen will. — Die in manchen Cacteenhäusern üblichen Tuffgruppen übergehe ich; sie sind zwar, wenn nicht zu winzig und geschmackvoll aufgebaut, von guter Wirkung, entsprechen aber nicht beschränkten Verhältnissen, da sie viel Raum einnehmen und an Kostspieligkeit jedes andere Arrangement weit übertreffen.

Saat- und Stecklingsnäpfe, deren Inhalt erst im nächsten Frühjahre verpflanzt werden kann, erhalten ihren Stand am besten bei den Melocacten. Uebrigens ist es zweckmässig, die Stecklinge in der Durchwinterung durch übergedeckte Glasglocken womöglich in Vegetation zu erhalten, weil sie sonst in Folge der durch Heizen ausgetrockneten, eingeschlossenen Luft leicht zurückgehen oder auch wohl vertrocknen. Dasselbe gilt von den Sämlingen, die deshalb im Winterquartiere mit einer Glastafel bedeckt bleiben müssen.

Beim Arrangiren ist besonders darauf zu sehen, dass alle Pflanzen einen möglichst hellen Standplatz erhalten, denn die Cacteen sind fast alle lichthungerige Pflanzen und vegetiren im Vaterlande nur an solchen Stellen, wo die glühenden Strahlen der tropischen Sonne in voller Kraft einwirken, auf baumlosen Ebenen und Küstenstrichen, an sonnigen Felsenabhängen u. s. w., und nur die Peirescien, Rhipsaliden, Epiphyllen und einige Phyllocacten gedeihen in dem Schatten der Wälder. Uebrigens bringe man die für die Fensterfront bestimmten Pflanzen nie zu dicht an das Glas, da bei etwas verabsäumter Aufmerksamkeit der Frost bei hohen Kältegraden oft trotz der besten Ladenverdeckung sehr leicht einen nachtheiligen Einfluss übt.

Ein wichtiges, auf die Gesundheit der Cacteen sehr einflussreiches Geschäft ist die Lüftung des Winterquartieres. Herrscht im Herbst nach dem Einwintern noch milde, heitere Witterung, so kann immerhin viel Luft zugelassen werden; die Pflanzen kräftigen sich dadurch für die bevorstehende Durchwinterung um so besser, wogegen sie durch plötzliche Abschliessung der reinen, atmosphärischen Luft nur verzärtelt werden würden. Auch bei warmem Frühlingswetter darf die Lüftung nie vernachlässigt werden. Man richte sich bei dem Lüften sowohl nach der Temperatur des Hauses, als der äusseren Luft; ist letztere wärmer, als diejenige Temperatur, deren die Pflanzen nothwendig bedürfen, so kann, wenn kein scharfer Wind auf das Haus stösst, nach Maassgabe der Jahreszeit mehr oder minder gelüftet werden. Doch muss man die Fenster des Morgens nicht zu früh öffnen und Nachmittags vor 4 Uhr wieder schliessen, damit nicht die kühle Abendluft eindringe und dadurch die Nachttemperatur des Hauses zu niedrig werde. Man gebe den Cacteen sogar mitten im Winter, so oft Thauwetter eintritt und das Thermometer im Freien + 4—6° R. zeigt, in den Mittagsstunden reichlich Luft; sie befinden sich dabei sehr wohl.

Zu Ende des Monats April bringe man die Pflanzen in Kästen unter Glas, und zwar die Melocacten, Rhipsaliden, Epiphyllen, alle empfindlicheren Arten der Cereen u. s. w., so wie auch sämmtliche überwinterte Stecklinge und Sämlinge auf lauwarme, alle härteren Arten aber in ausgekühlte, jedoch doppelwandige Mistbeete oder Prellkästen, je nach der Grösse der Pflanzen. Hier werden sie bei hei heiterem, warmem, trocknem Wetter durch reichliche Lüftung abgehärtet, und bei Regenwetter, so wie des Nachts mit Läden bedeckt, denen man, falls starke Nachtfröste vorauszusehen sind, Stroh- oder Bastmatten unterlegt. Sobald keine Nachtfröste mehr zu befürchten sind, etwa in der letzten Mai- oder in der ersten Juniwoche, manchmal auch noch später, bringe man alle härtere Arten ins Freie auf ein nach Süden gelegenes, geschütztes Sandbeet.

Dieses Sandbeet besteht aus einer 45 cm tiefen Grube und ist von einem Kasten umschlossen, dessen Wände etwas höher als die Körper und Stämme der Cacteen sind, damit die Pflanzen bei etwa eintretendem Hagelwetter oder bei sehr lange anhaltendem Regen durch Läden oder getheerte Leinwanddecken geschützt werden können. Die Grube wird einige Zeit vorher mit einer Lage frischen, mit Laub vermischten Pferdemistes ausgefüllt, der, nachdem er sich gehörig erwärmt hat, festgetreten und zur Abhaltung der Regenwürmer mit einer zollhohen Schicht von Steinkohlen- oder Coaksasche bedeckt und auf welche, um den Wasserabzug zu befördern, noch eine Lage groben Kiessandes gebracht wird. Dann wird das Beet 5—8 cm hoch (je nach der Höhe der Töpfe) mit feingesiebtem Gartensande ausgefüllt. In diesen werden die Töpfe eingesenkt, damit die der Topfwand anliegenden Wurzeln von den Sonnenstrahlen nicht versengt werden.

Auf diese Weise gedeihen die Cacteen kräftig und wachsen stark und werden bei weitem ansehnlicher, als wenn sie fortwährend unter Glas gehalten werden, auch blühen sie weit dankbarer und werden nicht von Insekten belästigt, deren Auftreten im warmen, feucht-dunstigen Kasten und im Warmhause unvermeidlich ist. Die Bodenwärme ist zwar für die meisten Arten im Freien eben nicht nothwendig, aber sie wachsen in Folge derselben schneller und kräftiger und bilden sich dabei weit vollkommener aus, namentlich die Cereen und Opuntien.

Wie sehr sich in Warmhäusern und warmen Kästen Form

und Habitus der aus den kälteren, hochgelegenen Gegenden Mexikos, Brasiliens und Chiles herstammenden Cacteen, namentlich der Mamillarien und Opuntien verändern, davon giebt es zahlreiche Beispiele. Höhere Temperatur und anregende Mistbeetwärme befördern zwar das Wachsthum der Cacteen in oft überraschender Weise und verleihen ihnen eine lebhaftere Färbung, sie verlieren aber dabei ihre ursprüngliche Form, werden dünn und unkräftig und die Stacheln, ihre grösste Zierde und eins der besten Unterscheidungsmerkmale, werden spärlicher, heller, feiner, kürzer, überhaupt aber unnatürlicher oder schlagen auch wohl gänzlich fehl, wie bei vielen Opuntien, und es ist oft fast nicht möglich, solche Pflanzen wieder zu erkennen. So wird im Warmhause, um nur ein Beispiel anzuführen, Opuntia tunicata, welche in ihrem Vaterlande und im Freien auch bei uns einen stark verästelten, igelartigen Rasen darstellt, zu einem langen schlanken Stamme. Wer also seine Cacteen in der ursprünglichen Gestalt, in der sie sich in ihrem Vaterlande darstellen, zu haben wünscht, der muss sie den ganzen Sommer hinduch der freien Luft aussetzen. Doch auch hiervon giebt es einige Ansnahmen. Eine kleine Anzahl von Cacteen nämlich, die den heissen Gegenden Westindiens und Brasiliens entstammen, zu denen sämmtliche Melocacten, einige Mamillarien (M. parvimamma, simplex, flavescens, prolifera u. a.), mehrere Cereen (C. grandiflorus, nycticalus u. a.), einige Echinocacten, Echinopsen (z. B. Echinopsis oxygona) und Opuntien (Op. clavarioïdes und Poeppigii), namentlich aber auch sämmtliche Scheinschmarotzer (die Rhipsaliden, Epiphyllen, und ausser Phyllocactus Ackermanni und phyllanthoïdes alle Phyllocacten) und die Peirescien gehören, verlangen eine höhere Temperatur und müssen den Sommer über bei reichlicher Lüftung unter Glas gehalten werden, wenn sie gedeihen sollen; nur bei sehr trockenem, heissem, windstillem Wetter können am Tage die Fenster abgehoben werden. Alle Versuche, diese empfindlicheren Formen im Freien zu kultiviren, sind gescheitert, und nur in einem lauwarmen Kasten unter

Glas gedeihen sie freudig. In sehr warmen, trocknen Sommern treiben sie zwar kräftig, leiden aber sichtlich von der Sonne, zumal wenn sie mit Regen abwechselt, und gehen dann im Wachsthum zurück.

Es gab eine Zeit, wo man in der naturgemässen Kultur der Cacteen noch weiter ging, indem man sie aus den Töpfen nahm und geradezu in ein mit Bretern oder Steinen eingefasstes Erdbeet einpflanzte. Die Pflanzen wachsen in einem solchen Beete allerdings sehr kräftig und bilden sich ganz vollkommen aus, auch machen sie, namentlich wenn anfangs einige Bodenwärme gegeben ist, oft 30, 50—60 cm lange Wurzeln, die bisweilen gegen ihre natürliche Gewohnheit sogar auf der Oberfläche des Bodens entlang laufen. Aber dieses Verfahren ist wegen der bedeutenden Mehrarbeit, die es erfordert, sehr beschwerlich; es hat auch das Unangenehme, dass man bei dem spätestens zu Ende des August vorzunehmenden Eintopfen der Pflanzen, fast unvermeidlich die Wurzeln verletzen muss, und was zu dieser Zeit eine Verwundung derselben für mannichfache Nachtheile nach sich ziehen kann, brauche ich wohl nicht auseinander zu setzen. Viele Cultivateure sind deshalb schon längst von dieser Methode abgegangen, und senken die Cacteen wieder mit den Töpfen in ein erwärmtes Erd- oder Sandbeet, wie ich es oben beschrieben habe. Wollte man jene Methode dennoch ausführen und dabei aller Beschwerlichkeiten und Uebelstände überhoben sein, so könnte man ein solches Erdbeet im Cactushause einrichten, aber leider gehört dazu erheblich mehr Raum, da die Cacteen unter solchen Verhältnissen bedeutendere Dimensionen annehmen und die Wurzeln um Vieles zahlreicher und länger werden.

Weitaus die wenigsten Cacteen lieben den Schatten, und nur bei anhaltend starkem Sonnenscheine ist es nöthig, das gegen Süden gelegene Beet während der heissen Mittagszeit auf einige Stunden durch dünne Rohrmatten leicht zu beschatten; auch ist ein leichtes Beschatten oft nothwendig, wenn nach anhaltend trüber Witterung plötzlich die Sonne wieder zum Vorschein kommt, wo dann ihre stechenden Strahlen sehr oft höchst verderblich wirken. Bei vielem Schatten werden die Pflanzen zwar ungleich voluminöser und erhalten eine schönere Farbe, machen jedoch bei weitem nicht so kräftige Stacheln und werden empfindlicher gegen die Einwirkungen der Witterung, besonders auch heisser Sonne, als solche Pflanzen, die den Sonnenstrahlen unmittelbar auf längere Zeit ausgesetzt waren. Zu den wenigen Arten, welche Schatten lieben, gehören sämmtliche Peirescien, Rhipsaliden, Epiphyllen und Phyllocacten.

Eine zu zeitige Ueberführung der Cacteen ins Winterquartier ist zu verwerfen. Man lasse lieber die Pflanzen bis Mitte October im Freien, bedecke sie dann aber des Nachts mit Läden und, wenn es zu strengen Nachtfrösten kommen sollte, auch wohl noch mit Fenstern. In Betreff der Herbst-Nachtfröste braucht man übrigens nicht ängstlich zu sein, da sie selten so nachtheilig wirken, wie die Frühjahrsfröste.

Schliesslich wiederhole ich, dass die Temperatur des Vaterlandes und der Standort jeder Art, vorausgesetzt, dass man den letzteren kennt, nicht nur bei der ganzen Cacteen-Kultur, sondern namentlich auch bei der Ueberwinterung stets zu berücksichtigen ist. Der Natur so weit als möglich nahe zu kommen, muss des Cultivateurs eifrigstes Bestreben sein, denn nur hierauf basirt sich das Gelingen jeder Kultur und erhebt sie zur Kunst. Das ganze Geheimniss einer erfolgreichen Erhaltung liegt demnach in der naturgemässen Abhärtung, welche auf die Gesundheit und mit dieser auf die Lebenskraft der Pflanzen jederzeit einen unverkennbaren, mächtigen Einfluss äussert.

7. Fortpflanzung und Vermehrung.

Es giebt nur wenige Pflanzen, die sich so leicht und rasch vermehren lassen, wie die Cacteen, weshalb auch ihre

Verbreitung in kurzer Zeit so allgemein geworden ist. Man vermehrt sie durch Aussaat, Stecklinge und durch Pfropfen.

Die Fortpflanzung durch Samen ist wohl die wichtigste Vermehrungsmethode, denn nicht nur, dass sie die einfachste und natürlichste ist und die schönsten und kräftigsten Individuen, sowie mannichfache Zwischenformen und Varietäten liefert, sondern man ist auch durch sie der Einführung kostspieliger Originalpflanzen überhoben, die in unserem Klima so häufig nur ein kurzes Leben haben — für den eifrigen Sammler gewiss kein kleiner Gewinn. Viele Cacteen lassen sich sogar in keiner anderen Weise, als durch Samen vermehren, da sie nie aussprossen und keine Stecklinge liefern, z. B. Mamillaria simplex und die meisten Melocactus-Arten. Uebrigens ist die Fortpflanzung durch Aussaat keineswegs so langwierig, noch weniger aber so undankbar und unsicher, als Unerfahrene annehmen.

Die beste Zeit zur Aussaat ist die letzte Hälfte des Februar und die erste Hälfte des März, weil dann die meisten der jungen Pflanzen im Laufe des Sommers doch mindestens die Grösse einer Haselnuss erreichen und sich dann leichter durchwintern lassen, wogegen man bei späteren Aussaaten Gefahr läuft, die zu zart gebliebenen Pflänzchen im Winter zu verlieren.

Die zur Aussaat bestimmten Näpfe oder Töpfe müssen sehr flach sein, wenigstens darf ihre Wand die Höhe von $6^1/_2$ cm nicht übersteigen, theils weil die Sämlinge mit ihren Wurzeln nie tief gehen, theils aber auch, weil in flacheren Gefässen die Erde sich leichter durchwärmt. Gerathen ist es, jede Art für sich allein in einen Topf zu säen, weil dann so leicht kein Irrthum vorkommen kann.

Man füllt die mit einer starken Scherbenlage versehenen Saatnäpfe mit der im 1. Abschnitte angeführten Erdmischung so weit an, dass von der Erdoberfläche bis zum Rande des Gefässes ein Raum von ungefähr 1 cm Höhe bleibt, damit das Wasser beim Ueberspritzen nicht davon ablaufen und die

Aussaat behufs besserer Zusammenhaltung der Wärme und Feuchtigkeit, so wie zum Schutz gegen die der jungen Saat äusserst gefährlichen Kellerasseln und Schnecken mit einer Glasscheibe bedeckt werden kann. Die Erde darf weder zu trocken noch zu feucht sein, auch ist es nicht gerathen, sie im Topfe fest zu drücken, und viel besser, wenn sie sich durch wiederholtes Rütteln und Aufstossen des Topfes von selbst setzt.

Nachdem die Erdoberfläche möglichst geglättet worden, streuet man den Samen darauf aus, doch so, dass er mehr in die Mitte der Erdfläche, als nach dem Rande hin zu liegen kommt, weil sich in der Nähe der Topfwand der grüne, moosige Ueberzug am leichtesten ansetzt und die Pflänzchen erstickt. Auch ist es besser, wenn man den Samen nicht zu sehr vereinzelt, sondern lieber etwas dichter ausstreut, da sich gedrängt stehende Sämlinge gewöhnlich leichter und besser erhalten, als wenn sie weitläufig stehen. Die feinen Samen mit Erde zu bedecken, ist von grossem Nachtheil, da sie des Einflusses der Luft beraubt, häufig ersticken; man drücke sie daher nur mittelst eines glatten Bretchens an die Erde an. Eine Ausnahme davon machen jedoch die Samenkörner der Opuntien und vieler Cereen, welche grösser sind, als die der übrigen Arten, und deshalb einige Millimeter hoch mit Erde bedeckt werden müssen.

Nach der Aussaat ist die Erde sofort gut zu durchfeuchten. Zu diesem Zwecke stellt man die Töpfe in Untersetzer und füllt die letzteren so lange mit Wasser an, bis die ganze Erde von demselben durchzogen ist; von oben aber überspritzt man die Erdfläche mittelst eines Drosophors oder einer feinlöcherigen Brause, aber möglichst vorsichtig, damit die Samen nicht verschwemmt werden. Dann bedeckt man die Töpfe mit einer Glastafel und stellt sie an einen Ort, wo sie eine Temperatur von mindestens + 12° R. haben, also etwa hinter die Fenster eines Warmhauses oder auch an eine warme Stelle hinter ein Zimmerfenster; noch besser aber ist es, wenn man sie in ein warmes Mistbeet einsenkt, da sie rascher und gleichmässiger keimen, als anderswo.

Der Cactussame keimt sehr leicht, ja bei einigen Arten ist der Keim so sehr erregbar, dass die Samen schon in der noch auf der Pflanze sitzenden Beere keimen, wie bei Echinocactus Ottonis, Linkii, pumilus u. a. Indessen ist bei Cactussamen die Dauer des Keimprocesses ziemlich verschieden. Von Echinocactus pumilus keimen sie nach 3, von E. Ottonis und sessiliflorus nach 6—8, von den meisten übrigen Cacteen erst nach 12—16 Tagen. Von Melocacten und anderen liegen die Samen sogar 30—60 Tage, ehe sie aufgehen. Durchschnittlich kann man jedoch annehmen, dass, wenn der Same sonst gut und frisch war und die Aussaat durch gehörige Feuchtigkeit und Wärme gepflegt wurde, der Keimprocess in der Regel schon nach 8—16 Tagen beginnt; ist aber der Same vielleicht etwas alt oder hat er nicht die gehörige Reife erlangt, dann dauert freilich der Keimprozess viel länger. Samen, die nicht gut ausgereift sind, oder an einem feuchten, dumpfigen Orte aufbewahrt wurden, versagen meistens ganz und gar.

Sobald die jungen Pflänzchen emporkommen, muss man vor allen Dingen darauf sehen, dass die leicht austrocknende Erde jederzeit den nöthigen Feuchtigkeitsgrad behält. Da jedoch zu grosse Nässe eben so nachtheilig einwirkt, als zu grosse Trockenheit, so ist es nöthig, dass man die Saatnäpfe mindestens alle Tage einmal durchsieht und ihren Feuchtigkeitsgrad genau prüft. Die Anfeuchtung wird übrigens von jetzt an am besten nur von oben durch den Drosophor gegeben, da durch die mit Wasser gefüllten Untersetzer die Erde leicht zu nass, ja bei mangelnder Aufmerksamkeit sogar schlammig wird. Obgleich merkwürdiger Weise die jungen Cactussämlinge verhältnissmässig sehr viele Feuchtigkeit vertragen, so bringt ihnen dennoch übermässige Nässe, die in dem durch die Glasscheibe abgeschlossenen Raume nur langsam verdunsten kann, sehr leicht den Tod. Sollte daher die

Erde aus Versehen doch einmal zu nass geworden sein, so ist es nöthig, die Glastafel auf einige Zeit zu entfernen, damit die überflüssige Feuchtigkeit unter dem Einflusse der Luft und Sonnenwärme entweichen kann. Da sich an der unteren, der Erde zugekehrten Seite der Glastafeln stets Wassertropfen ansetzen, welche herabfallen und die Feuchtigkeit der Erde oft erheblich vermehren, so ist es nothwendig, die Tafeln öfters abzutrocknen oder umzuwenden.

Wenn sich an den Sämlingen die Stachelbildung vollzieht, so muss das Ueberspritzen vermindert werden. Auch hüte man sich von jetzt an mehr als je, die jungen Pflanzen einer höheren Temperatur oder einem verstärkten Sonnenlichte auszusetzen, da sie dadurch fast augenblicklich die grüne Farbe verlieren, bleich und durchsichtig werden und verloren sind, wenn sie einige Tage in diesem Zustande bleiben. Ueberhaupt ist es zweckmässig, die Aussaat gleich anfangs vor allzu heftigen Sonnenstrahlen etwas zu schützen, was am besten durch ein über die Glasscheiben gelegtes geöltes Papier geschieht. Auch ist es den aufgekommenen Pflänzchen gedeihlich, wenn man an sehr warmen Tagen, wo die Temperatur der äusseren Luft gewöhnlich höher ist, als jene von der Glastafel abgeschlossenen Luftschicht, die Glasbedeckung etwas lüftet.

Oft erscheint trotz aller Vorsicht auf der Erdoberfläche eine grüne, von zarten Flechten und Moosen gebildete Kruste, die sich bisweilen so schnell ausbreitet, dass die grösste Anzahl der Sämlinge in kurzer Zeit erstickt wird. Am häufigsten beobachtet man diese unwillkommene Erscheinung auf zu feucht gehaltener, sauer gewordener Erde oder auf Boden, welcher mit thonhaltigem, ungewaschenem Sande gemischt worden, auch bei kärglicher Lüftung und zu reichlichem Schatten. Hat sich dieser Würgengel einmal eingestellt, so ist zwar an seine Unterdrückung ohne Schädigung der jungen Pflanzen nicht zu denken, doch kann man wenigstens versuchen, seinem Umsichgreifen Einhalt zu thun. Dies geschieht freilich am leichtesten und sichersten durch aufgestreuete Tabaksasche und Tabaksstaub, aber die Anwendung dieses Mittels ist bedenklich, weil es den Sämlingen fast eben so verderblich ist, als die Flechtenkruste. Besser ist zu diesem Zwecke feiner Holzkohlenstaub, mit welchem man die Erdoberfläche nach jedesmaligem Ueberspritzen dünn übersiebt; dass dabei die Glastafel stets gelüftet und aller Schatten vermieden werden muss, versteht sich von selbst. Hat aber die grüne Kruste bereits zu stark um sich gegriffen, so ist das Verstopfen der Sämlinge das einzige Rettungsmittel, auch wenn sie noch klein wären; denn unter der Kruste verkümmern sie ganz gewiss, wogegen durch vorsichtiges Piquieren vielleicht die Hälfte, oder wenigstens doch ein Viertel ihrer Anzahl gerettet werden kann.

Der reife Cactussame behält seine Keimkraft mehrere Jahre und man hat sogar 4 Jahre alten Samen noch mit gutem Erfolge ausgesäet. Dass aber frischer Same dem alten stets vorzuziehen ist, weil er schneller und sicherer keimt, ist eine bekannte Thatsache Besitzt oder erhält man Samen, an dessen Aufgehen man zu zweifeln Ursache hat, so ist es gerathen, ihn vor der Saat mit verdünnten Säuren zu behandeln, ihn zu „beizen". Unter allen Säuren, welche die fast erloschene Keimkraft am sichersten beleben, stehen die Salpeter-, die Salz- und die Chlorsäure obenan. Die Samen werden in ein Stück wollenes, mit verdünnter Säure stark befeuchtetes Zeug eingeschlagen und 2—3 Tage lang 5—6 cm tief in die Erde eines warmen Mistbeetes vergraben oder in ein warmes Treibhaus gelegt, wo sie bei einer hohen Temperatur oft befeuchtet werden müssen, bis die Keime sich zeigen. Chlorsäure darf nur sehr stark verdünnt, etwa 15—20 Tropfen auf $^1/_2$ kg Wasser, angewendet werden. In solchem augesäuerten Wasser lässt man die Samen 6—8 Stunden lang quellen, säet sie dann aus aus und begiesst sie mit jenem Wasser.

Dass die Sämlinge im ersten Sommer ihres Lebens, vielleicht auch noch im zweiten, wenn sie im ersten nicht kräftig treiben, stets unter Glas gehalten werden müssen, ist wohl kaum nöthig zu erinnern.

Die Vermehrung durch Stecklinge ist bei fast allen Cacteen-Arten mit dem günstigsten Erfolge anzuwenden. Nur Mamillaria simplex und die Melocacten widerstreben dieser Methode und können daher in der Regel nur durch Samen fortgepflanzt werden; Melocactus meonacanthus ist bis jetzt fast die einzige Art, von der man durch Abschneiden des Kopfes bei jungen Pflanzen einige Sprossen aus den Stachelbündeln gewinnt, und bei Melocactus amoenus gelingt diese Operation nur sehr selten.

Es ist dies der Grund, warum selbst in grossen Cacteensammlungen die Gattung Melocactus meistens nur in wenigen Arten vertreten ist.

Bei der Cacteenkultur unterscheidet man fünf verschiedene Arten von Stecklingen, nämlich Kopf-, Sprossen- oder Zweig-, Wurzel-, Warzen- und Blattstecklinge.

Unter Kopfstecklingen ist der abgeschnittene obere Körpertheil der kugel- oder kegelförmigen und das Endstück der säulenförmigen Arten zu verstehen. Man nennt das Abnehmen der Kopfstecklinge in der Kunstsprache das Schneiden und den unteren abgestutzten Theil der Mutterpflanze das Wurzelstück oder die Unterlage. Durch das Schneiden der Kopfstecklinge erlangt man Sprossenstecklinge für die zukünftige Vermehrung in grösserer oder geringerer Anzahl, je nach der mehr oder weniger ausgesprochenen Neigung, den Verlust durch Neubildungen zu ersetzen. Nach dem Abnehmen des Kopfes treibt die Unterlage gewöhnlich sehr bald, bisweilen aber auch erst nach Jahren junge Sprösslinge und zwar bei den Echinocacten, Echinopsen und Cereen stets aus den auf den Kanten oder Höckern sitzenden Areolen, bei Anhalonium (vielleicht auch bei Pelecyphora?) nur aus den Achseln, bei den Mamillarien aber nicht nur aus den Achseln, sondern, wiewohl nur bei wenigen Arten, auch aus den auf der Spitze der Warzen befindlichen Areolen. Der abgeschnittene Kopf wird als Steckling eingepflanzt und behandelt und bildet in der Regel ein schöneres Exemplar als das alte war, weshalb man die Operation des Schneidens gern auch bei freiwillig sprossenden Arten anwendet, wenn die vorhandene Pflanze verstümmelt oder sonst schadhaft oder schlecht gewachsen ist. Ob die zu schneidende Pflanze gross oder klein, alt oder jung ist, hat auf das Gelingen der Operation nicht den geringsten Einfluss. Kleine Exemplare, etwa von der Grösse einer Haselnuss, können schon mit dem glücklichsten Erfolge geschnitten werden, und ihre Unterlagen sprossen viel sicherer und leichter; ebenso gelingt es aber auch bei den ältesten Individuen, bei welchen die Centralachse (der Kern) schon ganz dick und holzig geworden ist — kurz, es ist ein allgemein anwendbares und erfolgreiches Verfahren, wenn es mit der erforderlichen Vorsicht ausgeführt wird. Nur bei den allzu stark verholzten Originalpflanzen ist diese Operation bisher von wenig günstigem Erfolge gewesen.

Bei vielen Arten der oben genannten drei Gattungen bleiben die jungen Sprossen oft lange Zeit von der Oberhaut der Mutterpflanze bedeckt. Manche Cultivateure glauben diese Haut lüften zu müssen und nennen dieses Verfahren Accouchiren. Es ist aber ganz unnöthig, da die Sprossen doch endlich von selbst durchbrechen, und kann diesen sogar gefährlich werden, wenn die Operation nicht mit der grössten Vorsicht ausgeführt wird.

Zu den Sprossen- oder Zweigstecklingen sind nicht nur alle Sprossen der kugel-, keulen- und säulenförmigen Cacteen, sie mögen nun freiwillig hervortreten, wie bei vielen Mamillarien, oder durch die Operation des Schneidens, wie bei den meisten Echinocacten, hervorgerufen worden sein, sondern auch die Zweigglieder aller Rhipsaliden, Epiphyllen, Phyllocacten, gegliederten und kriechenden Cereen, Opuntien und die Zweige der Peirescien zu rechnen. Alle Sprossen und Zweigglieder können als selbstständige Pflanzen gestopft werden, und es kommt im Ganzen nichts darauf an, ob sie an der Mutter unten am Boden oder aus der Mitte hervorgegangen sind. Jedoch ist es gerathen, wo man die Wahl hat, zur Vermehrung keine zu jungen oder zu mastigen Sprossen oder Zweige zu nehmen; sie bewurzeln sich zwar ebenfalls, aber viel unsicherer und brauchen dazu viel längere Zeit, als erwachsene, reifere Triebe.

Will man auf die Kopfstecklinge verzichten und lieber auf einer ausgedehnteren Fläche eine grössere Zahl von Sprossen hervorrufen, so empfiehlt es sich, den Scheitel der Pflanze durch Stiche oder Schnitte oder gar durch das Ausheben eines verkehrt-kegelförmigen Stückes zu zerstören und dadurch am Fortwachsen zu hindern. Die Pflanze treibt dann von der Basis bis in die Nähe des so behandelten Scheitels meistens eine grosse Anzahl von Sprossen, die man, wenn sie dazu gross und reif genug geworden, zu Stecklingen benutzen kann. Dieses Verfahren ist besonders für jüngere Individuen und solche zu empfehlen, welche man nicht gern der Gefahr des Eingehens aussetzen möchte. Durch jene Operation aber geht niemals eine Pflanze zu Grunde.

Die Trennung des Sprossen- oder Zweigstecklings von der Mutterpflanze geschieht auf zweierlei Weise, entweder wird der Steckling aus dem Gelenke, d. i. an der Stelle, wo er mit der Mutterpflanze verbunden ist, abgenommen oder das Zweigglied wird in seiner Mitte durchschnitten und von ihm nur der obere Theil als Steckling benutzt, der untere Theil aber mit der Mutterpflanze in Verbindung gelassen. Das zweite Verfahren erachtet Mittler*) aus drei verschiedenen Gründen für vortheilhafter und zweckdienlicher. Nach ihm leidet darunter die Mutterpflanze wenig oder gar nicht. Die Sprossen und Wurzeln stehen in der innigsten Verbindung. Daher treibt die Pflanze immer auf derjenigen Seite die meisten Sprossen, auf welcher sie die meisten und kräftigsten Wurzeln hat. Nimmt man nun alle Sprösslinge in den Gelenken ab, so wird das Gleichgewicht zwischen oben und unten aufgehoben, die Wurzeln werden schadhaft und die Pflanze geht am Ende ganz

*) Taschenbuch für Cactusliebhaber, 1844.

ein. Diesem unerwünschten Resultate kann man zwar dadurch vorbeugen, dass man wenigstens einen Trieb stehen lässt; aber wenn auch die Pflanze auf diese Weise erhalten wird, so treibt sie doch in der Regel entweder gar keine oder nur äusserst wenig neue Sprossen mehr, ist also fernerhin für die Vermehrung verloren. Zweitens wachsen die Triebe, werden sie abgeschnitten, viel leichter an, als wenn man sie an der Ansatzstelle, dem sogenannten Gelenke, auslöst. Denn die meisten sind an dieser Stelle hart und holzig und machen daher weit schwerer und weniger Wurzeln, als aus der saftreichen Schnittfläche. So ist namentlich bei den Phyllocacten der untere, meist runde Zweigtheil hart und holzig; will man solche Arten durch Stecklinge vermehren, so ist es gerathen, einen jährigen Zweig nicht an seinem stielartigen unteren Theile, sondern an einer breiteren, saftreicheren Stelle zu durchschneiden. Mittler hatte einst zwei Sprossen von Cereus coerulescens aus den Gelenken abgetrennt und ordnungsmässig eingepflanzt. Nach Verlauf von beinahe 2 Jahren waren die beiden Stecklinge immer noch nicht bewurzelt. Da kam er auf den Gedanken, von dem einen unten ein Stück von der Länge eines halben Zolles wegzuschneiden und das obere Stück wieder einzupflanzen. Nach wenigen Tagen schon fing dieses an, Wurzeln zu erzeugen; der andere Steckling dagegen, von dem nichts abgeschnitten wurde, hatte sich drei Jahre später noch nicht bewurzelt. Drittens wird beim Durchschneiden der Sprossen eine viel reichere Vermehrung möglich. Wer die Sprossen aus den Gelenken trennt, wird oft nicht mehr als einmal von derselben Pflanze Material zur Vermehrung gewinnen können und muss ausserdem, wenn er die Mutterpflanze nicht verlieren will, einige Triebe stehen lassen. Nicht so, wenn man die Sprossen durchschneidet und das untere Stück als Stummel am Stamme stehen lässt. Denn bei diesem Verfahren kann man nicht nur alle Sprossen benutzen, sondern die Stummel derselben sprossen, weil ihre Verbindung mit den gesunden Wurzeln durch nichts gestört wird, ebenso gut wieder aus, wie der Hauptstamm, wenn er nicht freiwillig Sprossen treibt, durch Abschneiden des Kopfes zum Austreiben gezwungen wird. Ja diese stehengebliebenen Stummel treiben sogar gewöhnlich noch leichter junge Sprossen, als der durchschnittene Hauptstamm, da sie nicht so hart und holzig sind, wie dieser. Soweit Mittler.

Diese Ansicht ist zwar im Allgemeinen richtig, trifft aber anderweitigen Erfahrungen zufolge nicht bei allen Cactus-Arten zu. Die Sprossen der Echinocacten, Echinopsen und Mamillarien, die Zweigglieder der Opuntien, Epiphyllen, Rhipsaliden und der meisten gegliederten und kriechenden Cereen, auch Phyllocacten, wenn diese an der Basis keine stielförmige Verlängerung haben, sowie die Zweige der Peirescien bewurzeln sich vielmehr am schnellsten und sichersten, wenn sie im Gelenke abgetrennt sind, — sehr natürlich, weil sie in diesem Falle keine allzugrosse Verwundung zu erleiden haben. An üppigen Opuntien, Epiphyllen, Rhipsaliden etc. sieht man sogar nicht selten Sprossen, welche, noch an der Mutterpflanze, an der Ansatzstelle kleine Wurzeln getrieben haben; sie bilden gewissermassen schon Pflanzen für sich und wurzeln fort, sobald sie in die Erde gepflanzt werden, wären sie auch noch so klein, wogegen man die zum Abschneiden bestimmten Zweigglieder wenigstens 4—5 cm lang werden lassen muss.

Nur zu alte, verholzte Zweigglieder der Cereen und Opuntien und die stielähnlich verlängerten Zweige der Phyllocacten bewurzeln sich an ihrem Gelenke sehr schwer und langsam, und bei ihnen ist deshalb das Durchschneiden unbedingt anzuwenden. Diese Operation muss so ausgeführt werden, dass unmittelbar über der Schnittfläche womöglich einige unverletzte Areolen stehen bleiben; alte verholzte Zweige der Peirescien dagegen werden wie alle anderen Holzpflanzen unter einem Auge horizontal durchschnitten.

Ueber die Zeit und die Art und Weise der Abnahme, das Abtrocknen und Einpflanzen der Kopf- und Zweig- oder Sprossenstecklinge ist noch Folgendes zu erinnern.

Das Schneiden der Stecklinge darf nur während der Zeit des vollsten Wachsthums der Mutterpflanzen ausgeführt werden, also vom Juni bis September. Herbst und Winter sind schon deshalb für diese Operation nicht geeignet, weil ihr unterworfene Mutterpflanzen an der grossen Wundfläche leicht von Fäulniss ergiffen werden. Die Pflanzung der Stecklinge im Winter, welche von Dr. Pfeiffer zuerst und zwar bei einigen Cereen versucht wurde, kann im Allgemeinen nicht zur Nachahmung empfohlen werden. Zwar ist es auch Förster und Anderen gelungen, Mitte Januar solche in reinen Sand oder in Erde gepflanzte, mit dem Napfe in einem stets mit Wasser angefüllten Untersetzer gehaltene und auf den warmen Ofen gestellte Stecklinge binnen 8—12 Tagen zur Bewurzelung zu bringen, aber hierzu wurden immer nur gewöhnliche, sich ohnedies leicht vermehrende Arten, wie Opuntia vulgaris, brasiliensis, foliosa und Ficus indica und Cereus flagelliformis, Echinopsis turbinata und ähnliche benutzt, während jeder Versuch mit besseren, empfindlicheren Arten immer fehlgeschlagen ist. Sogar die blattartig verbreiterten Zweige der gewöhnlicheren Phyllocacten, der Epiphyllen schrumpften in kurzer Zeit zusammen, wahrscheinlich in Folge der viel zu hohen Wärme des Stubenofens. Sieht man sich daher gezwungen, wie bisweilen geschieht, wegen beginnender Anbrüchigkeit der Mutterpflanzen mitten im Winter Stecklinge zu schneiden, um nur wenigstens etwas zu retten, so ist es gerathen, letztere bis zur geeigneten Stopfzeit verkehrt, also mit der Spitze in mässig feuchte Erde zu stecken, in der sie sich besser conserviren und an der Schnittfläche fast nie nachfaulen. Hat man aber Kopfstecklinge, so werden sie nach dem im dritten Abschnitte erwähnten, beiwurzellos gewordenen und spät angekommenen Originalpflanzen angewendeten Verfahren bis zur Pflanzzeit aufbewahrt.

Bei dem Schneiden der Stecklinge nehme man sich sorgfältig vor Beschädigung der Mutterpflanze sowohl, als auch der Stecklinge in Acht, denn das geringste Drücken und Quetschen zieht oft die nachtheiligsten Folgen nach sich, weshalb es gerathen ist, sich für diese Operation stets eines sehr fein geschliffenen Messers zu bedienen. Die Stelle, an welcher ein Kopfsteckling abgenommen wird, darf weder zu nahe an den Wurzeln, noch zu nahe an dem Scheitel gewählt werden, weil beide Stücke, die Unterlage und der Kopfsteckling, nach dem Durchschneiden von den Schnittflächen aus sehr zusammenschrumpfen; wenn aber der Scheitel mit einschrumpft, so ist der Kopfsteckling, und wenn die Unterlage zu tief herunterschrumpft, die Hoffnung auf neue Sprösslinge verloren. Kugel- und keulenförmige Arten durchschneidet man daher gewöhnlich gerade in der Mitte, säulenförmige aber unter dem oberen Drittel oder auch wohl unter dem oberen Viertel ihres Körpers. Das Durchschneiden grosser Körper verrichtet man in der Regel mit einem langen, scharfen Messer, aber bei solchen Arten und Individuen, die einen harten holzigen Kern oder starke, feste Stacheln haben, bedient man sich besser einer Laubsäge, doch muss die Schnittfläche dann noch mit einem scharfen Messer vorsichtig nachgeschnitten werden.

Unmittelbar nach dem Schneiden sämmtlicher Stecklinge ist es das wichtigste Geschäft, die Schnittwunden der abgetrennten Stücke sowohl, wie die der Mutterpflanzen vollkommen abzutrocknen, weil sie sonst leicht von der Fäulniss angegriffen und zerstört werden. Einige Cultivateure setzen zu diesem Zwecke die Schnittflächen so lange den Sonnenstrahlen aus, bis sie eine trockene, harte Kruste bekommen. Ich stimme nicht für dieses Verfahren, denn die Erfahrung spricht dagegen; die Schnittfläche nämlich wird zu hart, die jungen Wurzelkeime finden also Widerstand und können sich nur schwer entwickeln und so bilden sich oft gar keine, oft nur sehr wenige Wurzeln, die dann der Pflanze kaum die dürftigste Vegetation zu sichern vermögen. Bei Kopfstecklingen aber tritt in diesem Falle noch ein anderer Uebelstand ein, der nämlich, dass sich ihre fleischigen Theile sammt der Centralaxe (dem Kerne) unter der Einwirkung heisser

Sonnenstrahlen soweit nach innen zurückziehen, dass di Schnittfläche endlich eine trichterförmige Vertiefung bildet, di sich niemals wieder ganz ausgleicht und endlich wohl ga an ihrem scharfem Rande vertrocknet, wodurch die Pflanz nur zu leicht dem gänzlichen Absterben verfällt. Wenn di Kopfstecklinge gross und sehr saftig sind, dann ist es freilicl nöthig, unmittelbar nach dem Schneiden die frische Schnitt fläche den Sonnenstrahlen etwa eine Stunde lang auszusetzen damit sie sich wenigstens mit einer zarten Haut bedeckt.

Erfahrene Cultivateure schneiden ihre Cactus-Stecklinge nu bei warmer heiterer Witterung und trocknen die Schnittfläche sogleich mit weichem Löschpapier oder einem weichen baum wollenen Läppchen ab und dies geschieht so lange, als nocl Tropfen aus der Wundfläche austreten, und bewahren sie an einem schattigen, aber trockenen, warmen Orte auf, z. B. au einem im Glashause angebrachten Brete; die weiter Abtrocknung wird der Luftwärme und dem Luftzuge überlassen. Viele leicht wurzelnde Arten bleiben hier so lange liegen, bis die Bewurzelung eingeleitet ist, während zarte, dem Verderben ausgesetzte Stecklinge oder solche von erfahrungsmässig schwer wurzelnden Arten nach drei, spätestens nach sechs Tagen eingepflanzt werden, sowie sie abgetrocknet sind.

Die grossen, saftreichen Kopfstecklinge werden, nachdem sie eine Stunde lang den Sonnenstrahlen ausgesetzt gewesen, an demselben Orte etwa 10—12 Tage lang vollends abgetrocknet. Die frische Schnittfläche der fleischigen Unterlagen dagegen, setzt man ununterbrochen den Sonnenstrahlen aus, und bringt auch wohl noch eine Glasscheibe darüber an (die aber die Schnittfläche nicht unmittelbar berühren darf), um die Wirkung der Sonnenstrahlen zu verstärken. Das Bestreuen der Schnittfläche mit Kohlenstaub, Kreidepulver, Gips- und Ziegelmehl ist nur bei grossen, saftreichen Stecklingen und Unterlagen nöthig, zumal wenn plötzlich feuchtes, trübes Wetter eintritt. Auf diese Weise behandelt, werden sich alle Stecklinge ziemlich leicht bewurzeln und nur selten einmal einige zu Grunde gehen.

Nach hinlänglichem Betrocknen der Schnittfläche werden die Stecklinge parthienweise in flache Stecklingsnäpfe, grosse Kopfstecklinge aber einzeln für sich in kleine flache Töpfe eingepflanzt, die mit der im ersten Abschnitte erwähnten Stecklingserde gefüllt und auf dem Boden mit einer hohen Scherbenlage versehen sind. Dass die Erde vor dem Pflanzen durch Rütteln und Aufstossen des Topfes eine gewisse Consistenz erhalten muss, versteht sich wohl von selbst. Das Einpflanzen ist ein so einfaches und so allgemein bekanntes Geschäft, dass es nicht weiter beschrieben zu werden braucht, aber einen Vortheil giebt es dabei, den Viele aus den Augen setzen und deshalb mit der Stecklingsanzucht nicht immer glücklich sind. Dieser besteht in einer möglichst flachen Pflanzung. Je flacher der Cactussteckling eingesetzt wird, desto leichter bewurzelt er sich und desto weniger wird er von der Fäulniss angegriffen; tief eingepflanzte Stecklinge geben nur selten ein günstiges Resultat. Bei Kopfstecklingen ist es sogar besser, wenn man sie der Erdfläche dergestalt aufsetzt, dass ein kleiner Erdhügel in die trichterförmige Vertiefung ihrer Schnittfläche hinaufreicht. Da die flachgepflanzten Stecklinge vor ihrer Bewurzelung leicht umfallen würden, so pflegt man sie durch zwei bis vier kleine Stäbchen in ihrer Lage zu erhalten. In der ersten Zeit dürfen sie nur wenig Wasser erhalten, später jedoch, namentlich wenn sich Wurzelkeime zeigen, ist es zweckdienlich, sie fortwährend mässig feucht zu erhalten, da der Wechsel zwischen zu grosser Feuchtigkeit und Trockenheit nicht selten nachtheilig einwirkt. Man kann übrigens die Stecklinge von Zeit zu Zeit aufheben und untersuchen, ob sich Wurzeln bilden oder ob vielleicht Fäulniss Platz greift; es schadet ihnen das nichts, wenn die Schnittfläche der Luft nur nicht allzu lange ausgesetzt bleibt.

Die Bewurzelung der Steklinge vollzieht sich am schnellsten in einem mässig warmen, jedoch nicht dunstigen Mistbeete oder dicht unter den schräg liegenden Fenstern eines Glashauses unter dem directen Einflusse der Sonnenwärme, wobei es nichts schadet, wenn der Topf auch so heiss wird, dass man ihn kaum berühren kann. Noch schneller und sicherer aber geht die Bewurzelung in einem Stecklings- oder Vermehrungshause mit Dampfheizung vor sich oder in einem über dem Heizkanale des Warmhauses angebrachten Stecklingskasten, wozu freilich nicht jeder Cultivateur Raum und Gelegenheit hat. Im gewöhnlichen Zimmer, wenn es auch eine südliche Lage hat, ist ihr Anwachsen immer schwieriger, wenigstens langsamer, und hartnäckige Arten bewurzeln sich daselbst niemals. Alle Stecklinge mit Glastafeln und Glasglocken zu überdecken, halte ich nicht für durchaus nöthig, da die meisten Arten auch ohne dies nicht besonders schwierig sind; nur bei schwer wurzelnden Stecklingen oder solchen Arten, über deren Verhalten noch keine Erfahrungen vorliegen, sind Glastafeln und Glasglocken in Anwendung zu bringen.

Es sei hier nebenbei bemerkt, dass man von Stecklingen des Cereus speciosissimus und seiner Hybriden, wenn man sie verkehrt, d. h. mit dem Kopfende einpflanzt, ganz prächtige Exemplare gewinnt, welche sich schon am Grunde reich verzweigen.

Wenn die Stecklinge schwerwurzelnder Cactus-Arten, wozu leider immer die besseren und selteneren gehören, nicht in kurzer Zeit nach dem Einpflanzen zur Bewurzelung sich anschicken, so verholzen und verhärten sie endlich an ihrer Schnittfläche, und es vergehen dann wohl mehrere Monate, ja zuweilen sogar Jahre, ehe sie Wurzeln bilden; namentlich ist dies mit dem prächtigen Pilocereus senilis und anderen der Fall. Um nun solche kostbare Stecklinge nicht zu verlieren, muss man von ihrer zu stark ausgetrockneten Schnittfläche eine Scheibe von etwa 1 cm Stärke mit einem scharfen Messer wegnehmen, die Wunde von neuem vorsichtig betrocknen und sie dann wieder in einen flachen Napf einpflanzen. Der letztere wird dann in einen gleichhohen oder etwas höhern Napf gestellt, und der Raum zwischen beiden so weit mit Wasser angefüllt, dass dieses mit der Erdoberfläche des Stecklingsnapfes gleich zu stehen kommt, worauf eine Glasscheibe oder Glasglocke darüber gedeckt und der ganze Apparat in ein lauwarmes Mistbeet, dicht unter die Fenster, eingesenkt wird, wo er den vollen Sonnenstrahlen ausgesetzt bleibt. Hat man Acht darauf, dass das verdunstete Wasser immer wieder ersetzt wird, so werden solche Stecklinge sich bald und reichlich bewurzeln. Diese Methode ist überhaupt für alle schwerwurzelnden Stecklinge zu empfehlen, auch wenn sie an der Schnittfläche noch nicht verholzt sind.

Auffallend ist der ungemein günstige Einfluss, welchen der gewöhnliche weisse Sand und die Kohlenlösche, beide unvermischt, auf die Bewurzelung der Cactusstecklinge üben. Die sehr schwer wurzelnden Stecklinge von Peirescia Bleo, die in gewöhnlicher Stecklingserde bei grösster Vorsicht fast immer abfaulen, treiben in Sand oder Kohlenlösche zahlreiche über 15 cm lange Wurzeln. In beiden Materialien bewurzeln sich alle Cactusstecklinge am sichersten, sobald sie mässig, aber ununterbrochen feucht gehalten werden, aber in der Kohlenlösche am schnellsten, oft schon in 6—8 Tagen, wogegen es im Sande oft 3—4 Wochen dauert, ehe sich Wurzeln zeigen. Der Sand braucht übrigens nicht gewaschen zu sein, wenn er nicht allzu viel thonige Theile enthält. Sobald die Wurzelbildung der in Sand oder Kohlenlösche stehenden Stecklinge weit genug vorgeschritten ist, wird es nöthig, diese in die geeignete Erdmischung zu pflanzen, sonst tritt nicht selten ein gänzlicher Stillstand des Wachsthums ein; denn auch die Kohle scheint, wie der Sand, mehr erhaltend und anregend, als ernährend zu wirken. Eine eigenthümliche Erscheinung hat man bei der Anwendung des Sandes beobachtet, die nämlich, dass alle Stecklinge, die erst in Erde standen und daselbst nicht wurzeln wollten, in Sand gebracht sofort anfaulen und rettungslos verloren sind, wogegen alle anderen Stecklinge, die unmittelbar von der Mutterpflanze kamen, ja sogar solche, die unabgetrocknet und unmittelbar nach dem Abschneiden in den nassen Sand eingepflanzt wurden, sich ohne Anstoss bewurzelten und freudig austrieben. Die Kohlenlösche zeigt sich übrigens am wirksamsten, wenn sie einige Monate der Luft und den Einflüssen der Witterung ausgesetzt gewesen.

Die mit dicken, rübenartigen Hauptwurzeln versehenen Cacteen wie Echinocactus Whipplei, Opuntia filipendula u. a. lassen sich auch durch Wurzelstecklinge fortpflanzen und vermehren. Hierzu findet sich ein interessantes Beispiel in der Allgemeinen Gartenzeitung 1843*). Es heisst daselbst: „Die „Wurzel unseres Echinocactus (nämlich einer Originalpflanze des „damals erst eingeführten Echinocatus Cumingii) war, obgleich „etwas verletzt, doch noch ziemlich gut erhalten, hatte aber „eine Länge von fast 4 Zoll, es war daher um so gefahrvoller „sie an der Pflanze zu lassen, da schon im günstigsten Falle, „wenn sie fortwachsen würde, im Winter ein hohes Gefäss und „im Sommer ein tiefes Beet zur ferneren Kultur nothwendig „geworden wären, und beides ist bei der Cactus-Kultur eben „nicht vortheilhaft. Die Wurzel wurde deshalb von der Pflanze „getrennt und in eine warmes Beet gepflanzt. Als nach graumer „Zeit nachgesehen wurde, hatte sich am Kopfe derselben ein „$^1/_4$ Zoll langer, dünner Trieb gebildet, der sich, als er dem „Lichte exponirt wurde, zu einer Pflanze ausbildete. Frische „Wurzeln erschienen erst im folgenden Frühjahre, und nach„dem der erste Trieb entfernt wurde, bald darauf 3 andere „kräftige Zweige. Mit einer anderen ausgezeichneten und neuen „Art aus derselben Sammlung, deren Wurzel jedoch ungleich „stärker als erstere und fast 5 Zoll lang war, wurde ebenso „verfahren: die Pflanze trieb kräftige Wurzeln, die abgelöste „Wurzel blieb am Leben und hat 3 Pflänzchen gegeben; es „ist indess bei ihr weniger Hoffnung vorhanden, sie noch ferner „zur Vermehrung benutzen zu können, als bei der schwächern.“ Dieselbe Operation ist bei dickwurzeligen Mamillarien, z. B. bei Mamillaria longimamma und uberiformis, von gleich günstigem

*) Dass man genöthigt ist, Erfahrungen über Cacteenkultur aus früherer Zeit herbei zu holen, erklärt sich aus der Missachtung, welcher diese Pflanzenfamilie seit Dezennien anheim gefallen gewesen.

Erfolg gewesen, ja bei den genannten Arten hat Förster auf diese Weise sogar mehr Sprossen zur Vermehrung erlangt, als durch die üblichen Warzenstecklinge. Diese eigenthümliche Vermehrungsart, durch welche der Wurzelsteckling zu einer Unterlage herangebildet wird, verdient also gewiss Beachtung.

Die Vermehrung der Mamillarien durch abgeschnittene Warzen ist bisher nur bei den langwarzigen Arten vollkommen gelungen, z. B. bei M. glochidiata, Wildiana, aulacothele, Lehmanni, sulcolanata, pycnacantha, besonders aber mit den zur Gruppe der Longimammae gehörigen Species, wie M. longimamma, uberiformis u. a.; die meisten Arten der übrigen Mamillaria-Gruppen widerstreben dieser Vermehrungsmethode; von ihnen lässt sich nur M. Schiedeana mit Erfolg durch Warzenstecklinge fortpflanzen.

Das Verfahren, die geeigneten Mamillarien durch Warzenstopfer zu vermehren, ist sehr einfach. Man trennt die Warzen mit einem scharfen Messer dicht am Körper der Mutterpflanze ab, betrocknet sie an der Schnittfläche, drückt sie ganz flach in halbtrockene Erde, bedeckt sie mit einer Glasscheibe, befeuchtet sie erst am nächsten Tage vermittelst eines Untersetzers und behandelt sie von jetzt an überhaupt wie gewöhnliche Stecklinge. Auch bei dieser Vermehrungsmethode hat der nasse Sand und die Kohlenlösche stets vortreffliche Dienste geleistet. Weil die Schnittfläche der Warzen so rasch wie möglich, am besten durch den Einfluss der Sonnenstrahlen, abgetrocknet werden muss, so ist die Operation am vortheilhaftesten an einem warmen, sonnigen Tage vorzunehmen; doch darf die Schnittfläche den Sonnenstrahlen nur eine kurze Zeit (etwa $^1/_2$—1 Stunde) ausgesetzt bleiben, da sonst die ganze Warze verwelken würde; das weitere, vollkommnere Abtrocknen aber muss an einem schattigen, luftigen, warmen Orte geschehen und bedarf eines Zeitraumes von etwa 12—20 Stunden, je nach der Grösse der Warzen.

Während der Kopf- und der Sprossensteckling selbst die neue Pflanze bildet, dient die abgetrennte Warze nur zur Erzeugung von als Stecklingen zu verwendenden Trieben, bildet sich aber niemals zu einer selbstständigen, vollkommenen Pflanze aus. Einige Zeit nach dem Einpflanzen, bisweilen sehr bald, bisweilen aber auch erst im nächsten Jahre fängt die Warze nicht nur an zu schwellen, sondern oft auch sich über den Boden zu erheben, was von dem beginnenden Treiben junger Sprossen aus den Seiten herrührt und nicht etwa durch Niederdrücken gestört werden darf. Bei Mamillaria uberiformis, longimamma, Plaschnickii, Schlechtendalii, Lehmanni und verwandten Arten treiben die Warzen in der Regel an den Seiten aus, bisweilen aber auch aus den Seiten und der Spitze zugleich, wogegen die Gruppe der Criniferae, z. B. M. Wildiana u. a., so wie auch M. Schiedeana, immer nur an der Spitze austreiben. Wenn die Sprossen der Warze die dazu nöthige Grösse erreicht haben, so werden sie abgetrennt und als Sprossenstecklinge eingepflanzt und behandelt. Die als Mutterpflanze fungirende Warze geht gewöhnlich nach dem Abschneiden der ersten Sprösslinge ein und ist nur in höchst seltenen Fällen noch länger zur Nachzucht tauglich.

Die Benutzung der Warzen zur Erzeugung von Material zu Stecklingen ist keineswegs als eine blosse Spielerei zu betrachten, da von den meisten der zu den Gruppen Glanduliferae, Aulacothelae und Longimammae gehörigen Mamillarien sich kaum auf einem anderen Wege Stecklinge zur Vermehrung erlangen lassen, weil sie selten und wenig oder gar nicht sprossen. Dasselbe gilt von M. Schiedeana, die in den Sammlungen immer noch nur in kleinen Exemplaren vorkommt. Die Criniferae dagegen, die meist einen reichsprossenden, rasigen Wuchs haben, lassen sich schneller und bequemer durch Sprossenstecklinge vermehren.

Gleich vielen anderen Pflanzen, wie Gloxinien, Echeverien, Hoya carnosa u. a. lassen sich auch die von allen übrigen Cactusformen in vieler Beziehung so stark abweichenden Peirescien durch Blattstecklinge vermehren. Zu diesem Zwecke trennt man die Blätter wo es sein kann mit der dazu gehörigen

Areole dicht am Stamme ab, stopft sie mit dem unteren Drittel in Stecklingserde oder noch besser in Kohlenlösche, befeuchtet sie etwas, bedeckt sie mit einer Glasglocke, bringt sie in ein mässig warmes Mistbeet, giebt ihnen anfangs etwas Schatten und und pflegt sie fernerhin wie andere Stecklinge. Sie füllen in ziemlich kurzer Zeit die Töpfe so sehr mit Wurzeln aus, dass Versetzung nothwendig wird, worauf sie aus dem an der Basis gebildeten Callus die junge Pflanze austreiben. Besonders in Kohlenlösche zeigen die Blätter der Peirescien eine ausserordentliche Neigung zur Wurzelbildung, und bewurzeln sich oft schon in 8—14 Tagen, wogegen es schwer hält, eines derselben in nassem Sande zur Bewurzelung zu bringen.

Hier sollte sich wohl das Pfropfen anschliessen. Da dieses jedoch bei den Cacteen weder als eigentliche Vermehrungsart, noch weniger aber als Veredelungsmethode gelten kann und vielmehr nur als ein Mittel dient, theils die bereits abenteuerlich genug gestalteten Formen noch abenteuerlicher zu machen, theils schwerblühende Arten leichter und schneller zum Blühen zu bringen, so mag es nebst den Verbildungen einen besonderen Abschnitt ausfüllen.

8. Pfropfen und Verbildungen.

Mag auch der ernstere, wissenschaftliche Sammler das Pfropfen der Cacteen nur für ein werthlose Tändelei erklären und deshalb höchstens zu dem Zwecke in Anwendung bringen, eine schwerblühende Art einem baldigen Flor entgegen zu führen, immerhin bleibt es für die grosse Zahl gewöhnlicher Dilettanten und passionirter Blumenfreunde ein äusserst interessantes Verfahren. Und in der That gewährt es einen höchst überraschenden Anblick, wenn sich auf hohen, schlanken Cereusstämmen kräftige, mit langröhrigen Blumen übersäete Echinopsen schaukeln, wenn der vielleicht 2—3 m hohe Stamm einer Peirescia aculeata seiner ganzen Länge nach mit zierlichen Epiphyllen bepfropft ist, so dass er einer grünen, mit zahlreichen Blumen besetzten Säule gleicht, oder wenn andere

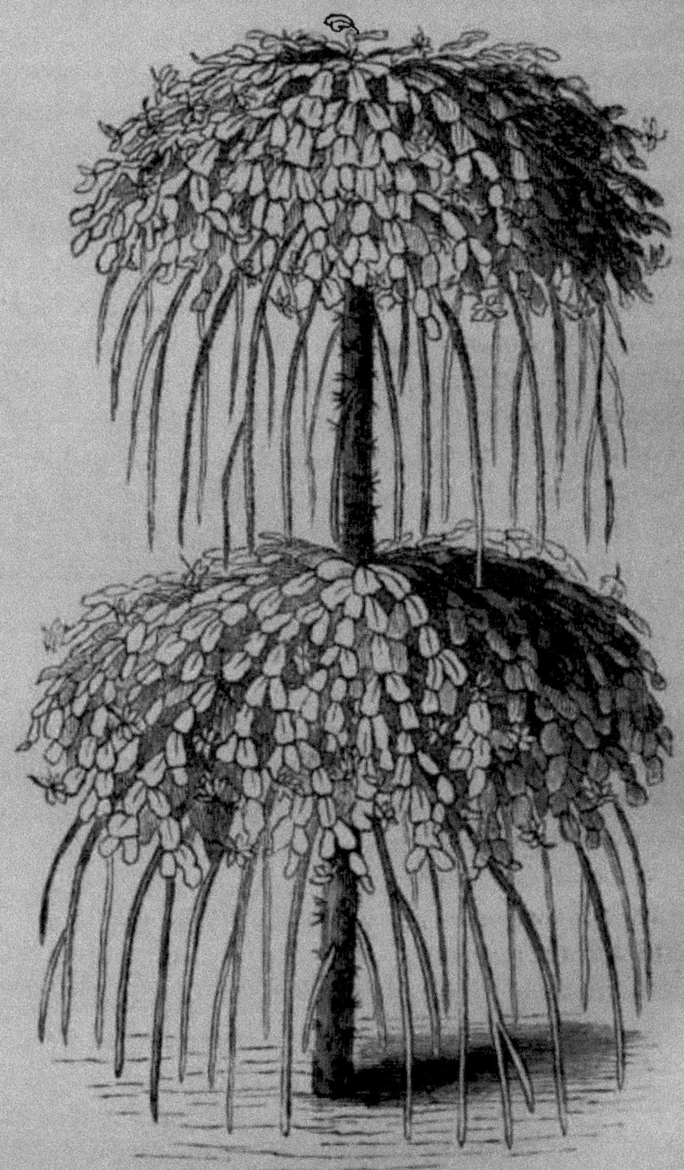

Fig. 5. Peirescienttamm, besetzt mit Epiphyllum truncatum und Cereus flagelliormis.

hohe Peirescienstämme allenthalben nicht nur mit Epiphyllen, sondern auch mit Phyllocacten, Hybriden und Cereus flagelliformis besetzt sind, wenn ein grosses Exemplar des felsenriffähnlich gebaueten Cereus peruvianus monstrosus von graziös herabwinkenden, reichblühenden Epiphyllen und Phyllocacten theilweise bedeckt wird, oder wenn endlich die langen, schlaff herabhängenden Zweige des Cereus flagelliformis oder die mächtigen Glieder einer Opuntie an ihren Seiten und Spitzen die zierlichsten Epiphyllen tragen. Und nicht nur die schwerblühenden Arten entwickeln auf geeigneten Unterlagen ihre Blumen schneller und vollkommener, sondern auch alle leichtblühende Formen wachsen gepfropft viel kräftiger und üppiger und blühen weit reichlicher, als wenn sie aus Stecklingen erzogen werden; so blüht Cereus flagelliformis auf Cereus grandiflorus gepfropft weit dankbarer, so die Epiphyllen, die Phyllocacten und viele andere. Jedoch behauptet man, dass gepfropfte Individuen nur ein sehr kurzes Leben haben.

Das Pfropfen beruht auf dem Verwachsen organischer Gebilde, indem sich aus den verwundeten Berührungsflächen der Unterlage und des Pfropfstücks neue Zellen und Gefässe entwickeln, welche den jene beiden trennenden Zwischenraum ausfüllen und jene zu einem organischen Ganzen vereinigen. Dieser Verwachsungsprocess verläuft bei den gepfropften Cacteen wegen ihres ungemein reproductionsfähigen Gewebes sehr leicht und schnell, weshalb die Operation mit fast gar keinen Schwierigkeiten verbunden ist. Doch sind nicht alle Cactus-Arten dazu gleich gut geeignet und eben so wenig ist bei allen ein und dasselbe Verfahren anwendbar. Zu Unterlagen eignen sich überhaupt nur fleischige Arten, namentlich von Cereen und Opuntien, z. B. Cereus peruvianus und var. monstrosus, tetragonus, candicans, speciosissimus, triangularis, strigosus, multangularis, repandus, Jamacaru und variabilis, Opuntia brasiliensis, vulgaris, intermedia, decumana, Ficus indica, elongata, streptacantha, robusta, monacantha, Dillenii, Tuna und viele andere Species, ausnahmsweise jedoch auch dickstämmige Peirescien; Echinocacten, Echinopsen und Mamillarien sind, obgleich fleischig, doch zu niedrig und würden daher als Unterlagen wenig Effect hervorbringen. Minder fleischige Arten dagegen, zu denen sämmtliche Epiphyllen und Phyllocacten, so wie die meisten Rhipsaliden gehören, lassen sich nicht gut zu Unterlagen verwenden, am allerwenigsten für fleischige Pfropfstücke, eignen sich dagegen selbst vortrefflich zu Pfropfstücken und wachsen dann viel üppiger und blühen viel reichlicher, als wenn sie unmittelbar in der Erde stehen. Daraus ergiebt sich, dass die Wahl des Verfahrens beim Pfropfen der Cacteen nur durch Bau und Gestalt der Unterlage und des Pfropfstücks bestimmt wird. Als die beste aller zum Pfropfen des Epiphyllum truncatum geeignete Unterlage schätzen Manche den Cereus speciosissimus. Andere dagegen geben der Peirescia calandriniaeflora den Vorzug, welche sich leichter vermehren lässt, als die früher für den gleichen Zweck gebräuchliche Peirescia aculeata, und rasch und gerade aufwächst.

Die Manipulationen beim Pfropfen der Cacteen sind sehr einfach. Will man wenig fleischige Arten aufsetzen, so senkt man ein an der Spitze abgerundetes, sehr scharfes Messer, vielleicht ein gewöhnliches Oculirmesser, in schiefer Richtung aufwärts oder unterwärts etwa $2^1/_2$—3 cm tief seitlich in die Unterlage ein, nimmt dann dem Pfropfstücke an dem untersten Ende eben so weit die Oberhaut und schiebt es vorsichtig in die Wunde ein, und die Operation ist fertig; eines Verbandes bedarf es kaum. Die Wundfläche der Unterlage muss nach ihrem Umfange stets der Dicke des unteren Endes des Pfropfstücks möglichst entsprechen. Man kann das Verfahren auch ganz nach Art des gewöhnlichen Spaltpfropfens ausführen, d. h. die Unterlage abstutzen, an der dadurch entstandenen Platte einspalten und die mit scharfem Messer unten abgeschärften Pfropfstücke in den Spalt einschieben; doch ist es dann nöthig, einen lockeren Verband anzubringen, am besten von Wollfäden, weil diese am dehnbarsten sind, und bei starkkantigen Unterlagen die Furchen oder Buchten mit einem zusammengerollten

Papier oder sonst Etwas auszufüllen, um das Pfropfstück in seiner Lage ungestört zu erhalten, so wie dasselbe durch ein an die Unterlage befestigtes Stäbchen vor dem Abbrechen zu schützen. Uebrigens muss ich noch bemerken, dass es bei Arten, welche stark hervorspringende Kanten haben, wie bei Cereus speciosissimus und peruvianus, nicht immer wohlgethan ist, den Spalt auf diesen Kanten anzubringen, weil diese nach der Verwundung sehr leicht vertrocknen und das Pfropfstück, welches sonst hier eben so gut anwächst, zum Verderben bringen; sicherer ist es daher, den Spalt in den zurücktretenden Winkel der Furchen oder Buchten zu legen. — Auf diese Weise lassen sich alle minder fleischige Opuntien, kriechende und ästige Cereen, die Epiphyllen, Phyllocacten, Rhipsaliden und sogar die Peirescien auf fleischige Opuntien und Cereen pfropfen, und man kann grosse Unterlagen von oben bis unten mit einer Menge der verschiedendsten Arten besetzen.

Ganz anders ist zu verfahren, wenn man fleischige Pfropfstücke aufsetzen will; in diesem Falle ist das Verfahren eine Art von Copulation. Indessen bleibt auch hier die Operation immer sehr einfach. Von der zur Unterlage bestimmten Pflanze wird durch einen Horizontalschnitt der Kopf so kurz als möglich abgenommen, damit der Stamm hoch bleibe, und der Kern von der Platte aus etwa 15 mm tief ausgehöhlt. Dann wird das aus dem abgeschnittenen Kopfe einer anderen Art gebildete Pfropfstück, gleichviel ob es einen grösseren oder kleineren Durchmesser hat als die Unterlage, am unteren Ende zu einem kegelförmigen, 15 mm langen Zapfen zugespitzt, mit diesem in die trichterförmige Höhlung der Unterlage gesenkt und, nach gelindem Zusammenpressen beider Theile, um die Verbindungsstellen herum durch ein Verband von Wollfäden befestigt. Hierzu muss ich noch bemerken, dass die Tiefe und Weite der trichterförmigen Höhlung der Unterlage der Länge und Stärke des Zapfens des Pfropfstückes möglichst genau entsprechen muss, so dass beides genau zusammen passt. Dabei ist noch darauf zu sehen, dass nicht etwa eine zu weite Höhlung nöthig wird, weil die Wände derselben dadurch zu dünn werden und dann leicht vertrocknen könnten. Man hat sich also beim Zuspitzen des Zapfens am Pfropfstücke genau nach der Stärke der Unterlage zu richten. Uebrigens rathe ich, sich zu diesem Aushöhlen eines recht scharfen, hohlmeiselförmigen Instrumentes zu bedienen, weil der Kern der meisten zu Unterlagen geeigneten Pflanzen ziemlich hart ist und sich daher mit einem gewöhnlichen Messer schlecht ausschneiden lässt. Bei dem Anlegen des Verbandes verfährt man in derselben Weise, wie beim Aufbinden der Korke auf die Flaschen. Viel leichter und schneller kommt man bei dem Aufsetzen fleischiger Pfropfstücke zum Ziele, wenn Unterlage und Pfropfstück von gleicher Stärke sind und ihre horizontalen Schnittflächen also ziemlich genau auf einander passen. In diesem Falle bedarf es weder eines Zapfens am Pfropfstücke, noch einer Höhlung in der Unterlage, sondern man presst nur beide Theile mit ihren Schnittflächen dicht auf einander und bindet sie auf oben angegebene Weise so fest zusammen, als es ohne Beschädigung des einen oder des anderen Theiles geschehen kann.

Die eben beschriebene Pfropfmethode lässt sich nach Bau und Gestalt der Pflanzen auf vielerlei Weise modificiren, und es lassen sich demnach säulenförmige Cacteen auf säulenförmige, kugelige auf kugelige, säulenförmige auf kugelige, oder kugelige auf säulenförmige bringen. Interessante, gut aussehende Formen sind aber nur in letzterer Weise zu erzielen, und man pfropft daher in der Regel nur kugelige Formen (Echinocacten, Mamillarien, namentlich aber Echinopsen, weil diese grosse, prachtvolle Blumen haben) auf säulenförmige Unterlagen, wozu sich die grossen, starken Stämme der Cereen aus der Gruppe der Columnares am besten eignen.

Ein Verstreichen der Wunden mit Kitt oder Baumwachs ist bei allen diesen Pfropfmethoden unnöthig und sogar schädlich, indem sich leicht Feuchtigkeit unter der von dem Kitt gebildeten

Decke sammelt und dann Fäulniss verursacht. Die geeignetste Zeit zum Pfropfen ist die von Johannistag bis Ende August. Nach beendigter Operation sind die gepfropften Individuen an einen warmen, trockenen Ort, am besten in einen lauwarmen Kasten zu stellen, wo die Verwachsung, wenn mit der gehörigen Genauigkeit dabei verfahren worden ist, sehr schnell, ja bei der zuletzt beschriebenen Methode sogar oft schon in 2—3 Tagen erfolgt. Dessen ungeachtet ist es gerathen, den Verband noch einige Wochen hindurch und überhaupt so lange liegen zu lassen, bis er Einschnitte in den Körper der Pflanze zu machen beginnt, woran man erkennt, dass das aufgesetzte Pfropfstück wächst. Nach und nach erfolgt eine so feste Vereinigung und das Pfropfstück überwächst die Pfropfstelle so ganz und gar, dass Uneingeweihete letzteres als einen unmittelbaren Theil der Unterlage ansehen. Doch ist das anfangs freudige Wachsthum des Pfropfstückes nicht immer ein sicherer Beweis für das Gelingen der Operation; denn bisweilen, besonders wenn bei der Pfropfung nicht mit der durchaus nöthigen Accuratesse verfahren worden ist, erfolgt trotz des beginnenden Wachsthums keine innige Vereinigung der beiden Stücke, und dann vertrocknet das Pfropfstück wieder, manchmal früher, manchmal später, oft aber auch erst nach 1—2 Jahren.

Ist es nun ausser Zweifel, dass viele gegen die Kultur rebellische Arten, wie Echinocactus araneifer, coptonogonus, Odieri, porrectus, horripilus u. a., auf robustere Arten übertragen ein sehr kräftiges Wachsthum entwickeln, so sollte man doch so viel wie möglich die Bildung von Monstrositäten vermeiden, welche dem wahren Naturfreunde Abscheu einflössen und die Spottlust herausfordern. Oder thun das nicht etwa jene Kugeln von Echinocactus, Echinopsis u. s. w., wenn sie auf 1—1 $^1/_2$ m hohe Stämme von Cereus peruvianus gepfropft sind, oder andere Ungeheuerlichkeiten mehr? Und sollte es nicht schicklicher sein, die Formverschiedenheit der beiden mit einander zu verbindenden Stücke in etwas zu verschleiern, indem man die im Wachsthum zu unterstützenden Arten auf Unterlagen bringt, die 5—6 cm über der Erde oder noch tiefer abgeschnitten wurden? Die Kraft der Vegetation würde die nämliche, das Ansehen aber viel natürlicher sein. So sah man einst bei Cels ganz tief abgeschnittene Stämme des Cereus peruvianus, auf je einer Kante mit einem Kopfe des hübschen, aber sehr zarten und leicht zurückgehenden Cereus tuberosus besetzt, und jede dieser Nährmütter mit ihrem Adoptivkinde stellte ein so wohl proportionirtes Gebilde dar, dass man recht genau hinsehen musste, um es als Pfropfresultat zu erkennen. Wenn man also pfropfen will und muss, so verliere man wenigstens nicht die Rücksichten der Schönheit und Eleganz aus den Augen.

Eine sehr eigenthümliche und höchst interessante Erscheinung sind die bei einigen Arten der Cacteen vorkommenden Verbildungen (Abnormitäten, Monstrositäten), welche ihren Grund in einer unregelmässigen Ausbildung der Centralaxe haben, die bei ihnen nicht, wie bei den normalen Individuen, die Form einer Säule hat, sondern sich entweder in Gestalt einer Scheibe oder in mannichfachen unregelmässigen Verästelungen durch den Körper zieht. Wie bei der sogenannten Bandstengeligkeit (fasciatio), wie wir sie bei Celosia cristata immer, nicht selten aber bei Lilium Martagon und anderen Liliaceen, selbst bei Holzgewächsen, wie Salix Caprea, Epheu u. a. beobachten, liegt stets eine Wucherung des Zellgewebes zu Grunde. Die Grundursache dieser Erscheinung aber und das Bildungsgesetz, nach welchem Vorkommnisse solcher Art sich gestalten, sind bis jetzt noch unerforscht geblieben.

Nach ihrer Gestalt lassen sich die bis jetzt bekannt gewordenen Abnormitäten in zwei Gruppen bringen, hahnenkammförmige und felsenriffähnliche. Bei den hahnenkammförmigen Verbildungen, die in der Gestalt einem platten, doppelten Hahnenkamme vollkommen gleichen, zieht sich die markige Centralachse in Form einer Scheibe durch den Körper, und der langgezogene schmale Scheitel desselben bildet eine mehr oder minder tiefe Kerbe; hierher gehören die durch unsere Abbildungen repräsentirten Formen. Bisweilen zieht sich die scheibenförmige Centralachse in mannichfachen Windungen durch den Körper namentlich nach dem Scheitel zu, wodurch dieser einer unregelmässig zusammengewickelten Schlange ähnlich wird, eine Verbildung, die bisher nur von der prächtigen

Fig. 6. Echinocactus Scopa.

Mamillaria nivea cristata (M. daedalea) repräsentirt wurde. Die Centralachse der felsenriffähnlichen Verbildungen verästelt sich unregelmässig und mannichfach, so dass der Körper gleichsam aus unregelmässigen, sehr verschiedenartig gekanteten und höckerigen Auswüchsen zusammengesetzt ist und dadurch eine höchst abenteuerliche, einem Korallenriffe vollkommen gleichende Gestalt erhält; hierher gehören der bekannte Cereus peruvianus monstrosus (Felsencactus) und Cereus eburneus monstrosus ramosus. Vielleicht gehören auch der mir zur Zeit noch nicht vorgekommene Cereus eburneus monstrosus cylindricus, an dessen fast rundem Stamme die Kanten auf einer Seite fast

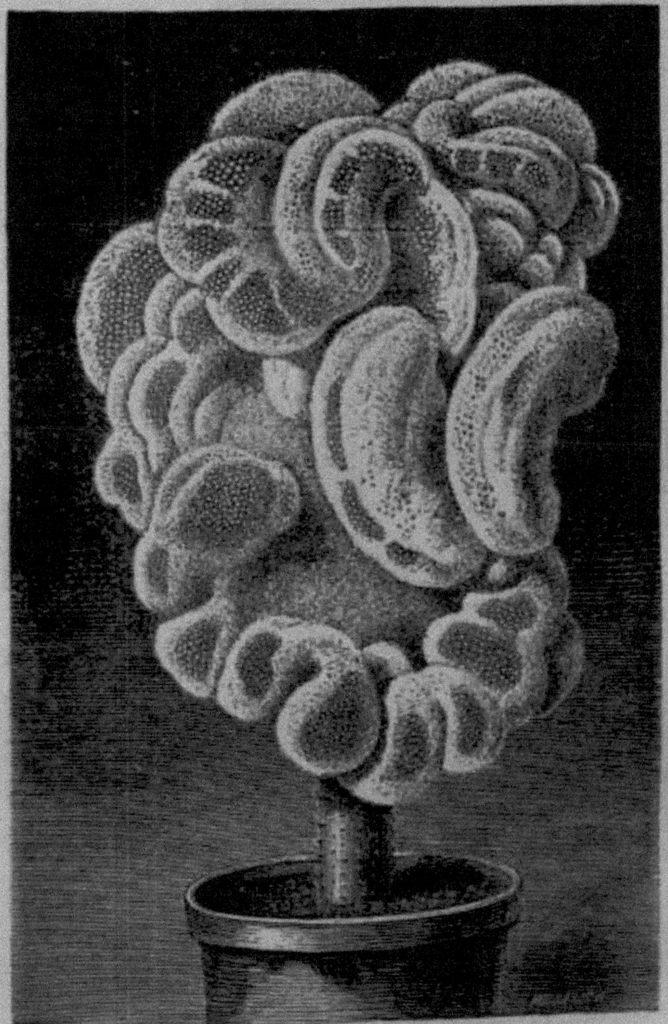

Fig. 7. Echinocactus Scopa candidus cristatus.

verschwinden, während sie auf der anderen spiralförmig zusammenlaufen, und der mehrköpfige, unregelmässig verästelte und gefurchte Echinocactus robustus monstrosus hierher.

Diese Verbildungen sind schwerlich nur durch die Kultur entstanden, sondern viele, wenn nicht alle, mögen wohl im Vaterlande vorkommen, wenigstens hat man sehr grosse und schöne Originalpflanzen von Mamillaria bicolor cristata (daedalea) gesehen. Doch giebt es auch Mittel, manche derselben künstlich und willkürlich hervorzubringen. So hatte Förster Echinopsis multiplex monstrosa (cristata) selbst erzeugt, indem er eine junge, etwa 8—10 cm hohe und $2^1/_2$ cm starke Pflanze mit einem dünnen, scharfen Messer ziemlich bis auf die Basis in vier Theile spaltete, doch so, dass dabei die Centralachse nur an 2 Theilen stehen blieb, worauf die beiden mit den Hälften der Centralachse versehenen Theile nach geschehener Vernarbung sich alsbald an dem Scheitel hahnenkammförmig verbreiterten. Zu bemerken ist dabei noch, dass man die Wiederverwachsung der gespaltenen Theile anfangs durch dazwischen gestemmte Hölzer verhindern muss. Einen ähnlichen, gelungenen Versuch machte Mittler, der an einem kleinen Individuum der Echinopsis multiplex eine hahnenkammförmige Verbildung dadurch erzielte, dass er mit einer Messerspitze den Scheitel derselben bis zur Tiefe von etwas über 1 cm durchstach. Es scheint sonach, als wenn die Entstehung der hahnenkammförmigen Verbildung ganz allein durch die Zerstörung des Scheitels herbei geführt würde, und es wäre zu wünschen, dass in der Folge noch zahlreichere Versuche dieser Art, und zwar mit verschiedenen Cactus-Arten, angestellt würden, man dürfte dann bald zu einem entscheidenden Resultate gelangen. Dass übrigens dieselbe Procedur bei Echinocactus Scopa gelingen würde, ist gar nicht zu bezweifeln, weil dessen Verbildung mit der der Echinopsis multiplex die entschiedenste Aehnlichkeit hat. Auch sprechen Beispiele dafür. Unter mehreren Sprossen, die Sencke in Leipzig von einer ganz normalen Pflanze des Echinocactus Scopa abnahm, bildete sich der eine von selbst, ohne alles künstliche Zuthun, zu einem wirklichen Echinocactus Scopa cristatus aus. Auf gleiche Weise entstand bei ihm die oben bereits erwähnte Mamillaria rhodantha cristata. Ob eine willkürliche Verwundung oder die Stiche eines Insektes die Ursache dieser beiden Verbildungen war — wer mag das ergründen!

Fig. 8. Echinopsis multiplex.

Fig. 9. Echinopsis multiplex cristata.

Alle bisher von Cacteen bekannt gewordene Abnormitäten haben meines Wissens, Cereus peruvianus monstrosus ausgenommen, noch nicht geblüht und würden sich auch wahrscheinlicherweise durch Samen nie in constanter Form fortpflanzen lassen. Sie können demnach nur durch Stecklinge vermehrt werden, was indess sehr leicht geschieht. Von den felsenriffähnlichen Monstrositäten bildet jeder der unregelmässigen Aeste oder Auswüchse, wenn man ihn abschneidet, gleichviel auf welche Art, und als Steckling benutzt, wieder eine in ähnlicher Weise verbildete Pflanze. Auch bei den hahnenkammartigen Abnormitäten nehmen die ausgeschnittenen Theile dieselbe Gestalt an, doch muss man dann wegen der bereits erwähnten Richtung und Form der Centralachse den Schnitt stets senkrecht, vom Scheitel nach der Wurzel zu, also von oben nach unten führen, nicht aber horizontal, der Erdoberfläche parallel, oder von einer Seite nach der andern. Am besten ist es immer, wenn man die beiden äussersten Enden zur Rechten und Linken, die nach Art der Pilze stets dem Boden zugekehrt sind, auf die angegebene Weise abtrennt, weil diese Stellen wegen der Richtung, nach welcher die Pflanze wächst, sehr leicht wieder verwachsen und so die abgeschnittenen äussersten Enden sehr bald wieder ergänzt werden.

Nimmt man die Köpfe der hahnenkammförmigen Verbildungen durch einen horizotalen Schnitt ab, also parallel der Erdoberfläche von einer Seite zur andern, so wurzeln sie, ordnungsmässig eingepflanzt, zwar auch gleich anderen Kopfstecklingen und behalten ihre Form, aber man gewinnt dadurch nichts, denn die an der Unterlage, oft auch an dem Kopfstecklinge, später erscheinenden Sprossen haben merkwürdigerweise niemals eine monströse Form, sondern stets die Gestalt der normalen Pflanze. Diese Erscheinung giebt sonach das Mittel an die Hand, aus monströsen Pflanzen wieder normale zu bilden, und ist von physiologischem Interesse. Dass dagegen von normalen Pflanzen genommene Stecklinge sich bisweilen abnorm entwickeln und dass diese Ausartung sogar künstlich herbei geführt werden kann, ist bereits oben erwähnt worden. — Dass man von den felsenriffartigen Verbildungen behufs der Fortpflanzung in ihrer monströsen Form die Stecklinge nach jeder Richtung mit gleichgutem Erfolg abtrennen kann, ist schon oben gesagt worden, desto merkwürdiger sind einige Beispiele, in denen an einem Individuum des Cereus peruvianus monstrosus aus einem der unteren Stachelpolster ein völlig regelmässig gebildeter, über 45 cm hoher, sechskantiger Ast hervortrat. Die hin und wieder austreibenden Sprossen des Cereus eburneus monstrosus ramosus sind zwar anfangs ebenfalls scheinbar regelmässig sechskantig, nehmen aber später stets die monströse Gestalt des Mutterkörpers an.

Dass jene Mamillaria-Arten, deren Stamm in einem gewissen Alter am Scheitel sich in zwei, drei, vier, auch wohl in doppelt so viele Köpfe theilt, wie Mamillaria rhodantha, Odieriana, centrispina u. a., nicht zu den Verbildungen zu rechnen sind, bedarf keines Beweises, da Vielköpfigkeit, wenigstens in höherem Lebensalter, eins ihrer constantesten Merkmale ist. Aber man kann zweiköpfige Formen bei anderen runden und säulenförmigen Cacteen, die in der Regel nur e i n e n Kopf haben, auch auf künstlichem Wege erzielen, indem man sie vom Scheitel bis ziemlich zur Basis des Stammes der Länge nach durchschneidet, jedoch so, dass der Schnitt den Kern in zwei möglichst gleiche Hälften theilt, und die beiden Theile mit Wollenfäden wieder zusammenbindet. Sie wachsen bald wieder zusammen und bilden sich in der Regel zu einem zweiköpfigen Individuum aus. Ja man kann sogar durch dieselbe Procedur Pflanzen mit zwei verschiedenen Köpfen erhalten, wenn man zwei verschiedene, an Gestalt und Grösse gleiche Arten auf die eben angegebene Weise durch einen Schnitt vom Scheitel bis durch die Wurzeln theilt, und je eine Hälfte der einen Art an je eine Hälfte der andern bindet; die Hälften der beiden verschiedenen Arten wachsen in kurzer Zeit zusammen, und jede von ihnen bildet dann einen eigenen Kopf. Dass man jedoch nur säulenförmige Arten mit säulenförmigen, und runde nur mit runden verbinden kann und auch dann nur unter der Voraussetzung, dass die beiden Individuen in Bau, Höhe, und Stärke fast gleich sind, damit die Hälften wenigstens ungefähr auf einander passen und die Schnittflächen sich gegenseitig decken, ist wohl kaum nöthig zu erinnern. Durch solche künstliche Verbildungen wird übrigens das Gedeihen der Pflanzen wenig oder gar nicht gestört, besonders wenn man sie unmittelbar nach der Operation bis zu ihrem Zusammenwachsen in einen lauwarmen Kasten stellt.

9. Samenzucht. Erzeugung von Hybriden.

Der Werth der Fortpflanzung durch Aussaat ist schon im 7. Abschnitte dargethan worden. Leider aber ist die Erzeugung von Samen bei der Cacteenkultur noch sehr unsicher, denn viele der im Handel vorkommenden Arten haben zur Zeit noch nicht geblüht, andere dagegen müssen ein ziemlich hohes Alter erreichen, ehe sie blühen, noch andere aber, die zwar blühen und fleissig blühen, setzen entweder nur ausnahmsweise von freien Stücken freiwillig Früchte an oder Früchte, deren Samen wegen mangelhafter Befruchtung sehr selten vollkommen ausgebildet und keimfähig sind; zu den letzteren gehören namentlich die Opuntien. Nur von einzelnen Arten erhalten wir alljährlich ohne alles Zuthun reifen Samen oft in Menge, aber immer sind es nur solche, deren langwierige Anzucht aus Samen für uns, mit Ausschluss der Melocacten, weniger wichtig ist, da wir sie weit rascher durch Stecklinge in beliebiger Menge erziehen können; hierher gehört die Mehrzahl der Mamillarien und Rhipsaliden, einige Echinocacten, wie Echinocactus Ottonis, Linkii, corynodes (Malacocarpus), pumilus u. a., und Echinopsen, wie Echinopsis Eyriesii, turbinata, Zuccarinii u. a., und eine kleine Anzahl von Cereen, wie Cereus flagelliformis, und Opuntien, wie Opuntia polyantha, triäcantha u. a.

Wollen wir uns nun nicht ganz und gar auf die oft während der Seereise in Folge schlechter Verpackung, der Einwirkung der Feuchtigkeit u. s. w. verdorbenen Samensendungen aus dem Vaterlande verlassen, so bleibt uns nichts übrig, als von denjenigen Arten, welche zwar bei uns blühen, nie aber freiwillig Früchte mit keimfähigem Samen ansetzen, wozu besonders alle grossblumigen gehören, vielleicht weil die Verhältnisse unseres Klimas nachtheilig auf die Befruchtung einwirken, durch künstliche Befruchtung Samen zu erlangen. Bei solchen Arten, welche bei uns noch gar nicht geblüht haben, muss man freilich geradezu auf eine Vermehrung durch Aussaat Verzicht leisten oder sich dennoch vaterländischer Samen bedienen.

Wird die künstliche Befruchtung bei warmer, trockener Luft und zu der Zeit, wenn der Pollen oder Blüthenstaub recht reif, frisch und körnig ist, mit der gehörigen Sorgfalt vorgenommen, so schlägt sie fast nie fehl und die befruchteten Blüthen setzen dann immer Früchte mit keimfähigen Samen an. Das dabei zu beobachtende Verfahren ist ganz einfach. Sobald sich die Blume völlig entfaltet hat, die Staubbeutel aufgerissen und die an der Spitze des Griffels befindlichen Narbenlappen vollkommen ausgebildet und mit einer klebrigen Feuchtigkeit bedeckt sind, nimmt man mit einem reinen, feinen Biberhaarpinsel den Pollen von den Antheren und bringt ihn behutsam auf die Narben, auf welchen er kleben bleiben muss, wenn die Befruchtung gelingen soll. Bei Cactusblumen, welche lange Staubfäden haben, verfährt man in Ermangelung eines Pinsels noch kürzer, wenn man mit der Pincette aus einer nicht zur Befruchtung bestimmten Blume ein Bündel Staubgefässe auszupft und dann die Antheren über den zu befruchtenden Narben abstäubt. Das Gelingen der Befruchtung giebt sich entweder sogleich, bei manchen Arten durch ein langsames Zusammenneigen der Narben, bei anderen durch ein langsames oder ruckweises Zurückfallen der Perigonblätter, oder 12—24 Stunden darnach durch das Welken der Blume und das

Anschwellen des Fruchtknotens zu erkennen. Hat dagegen die Operation nicht angeschlagen, so welkt der Fruchtknoten und fällt bald ab. Uebrigens ist noch zu bemerken, dass bei den am Tage blühenden Cactus-Arten die Befruchtung am erfolgreichsten ist, wenn sie bei sonniger Mittagszeit, bei den Nachtblühern aber, wenn sie zur Nachtzeit vorgenommen wird.

Da die Cacteen, wie viele andere Pflanzenarten, sehr zur Variation geneigt sind, so hat der Scharfsinn der Cultivateure die künstliche Befruchtung auch dazu angewendet, Hybriden (Bastarde, Blendlinge) zu erzeugen. Man nennt dieses Befruchtungsverfahren Kreuzung, weil die noch unbefruchteten Narben der einen Art, nachdem man ihre Antheren zur Verhütung eigener Bestäubung, sofern thunlich, bei Zeiten entfernt hat, mit dem Pollen einer anderen, jedoch nahe verwandten Art bestäubt werden. Pflanzen, die aus den auf solche Weise gewonnenen Samen hervorgehen, unterscheiden sich von den hierbei betheiligt gewesenen Arten dadurch, dass in ihnen die Merkmale beider bis zu einem gewissen Grade vermischt auftreten.

In welchem Umfange die Kreuzbefruchtung mit Erfolg geschehen kann, lässt sich schwer bestimmen, da uns darüber genauere Erfahrungen abgehen. Zwischen Arten derselben Gattung ist sie immer möglich. Manche Arten, und zwar namentlich solche, die im Vaterlande gewöhnlich gesellig wachsen, wie die Melocacten und Mamillarien, scheinen nicht nur von Natur sehr variabel zu sein, sondern auch vor allen anderen eine natürliche Neigung zur gegenseitigen Befruchtung zu haben, denn man erhält aus den Samen einiger derselben auch ohne vorhergegangene künstliche Kreuzbefruchtung weit häufiger Hybriden, als die reinen Arten. Zwischen Arten verschiedener Gattungen aber ist die Kreuzung nur dann am erfolgreichsten, wenn die Gattungen in verwandtschaftlicher Beziehung zu einander stehen, minder wirksam dagegen zeigt sie sich bei weniger verwandten Gattungen, und unter ganz von einander verschiedenen Gattungen sind bisher, wie nicht anders zu erwarten war, alle Versuche missglückt.

Die vorhandenen zahlreichen Hybriden zeichnen sich meist durch grosse Blumen prachtvoller Färbung aus, weil man sich zu ihrer Erzeugung selbstverständlich nur solcher Arten bedient hat, welche schon an sich durch grosse und schön colorirte Blumen bevorzugt sind. So sind aus der Kreuzbefruchtung zwischen Cereus speciosissimus und Phyllocactus phyllanthoïdes allein bereits 50—60 Blendlingsformen hervorgegangen und werden deren noch Jahr für Jahr erzogen, wenn sie sich auch bisweilen nur durch sehr unbedeutende Merkmale von einander unterscheiden. Andere Hybriden entstammen der künstlichen Kreuzung zwischen Cereus grandiflorus und coccineus, Cereus grandiflorus und speciosissimus, Cereus grandiflorus und Phyllocactus phyllanthoïdes, Cereus flagelliformis und speciosissimus u. s. w.

Künstlich erzeugter Hybriden von runden Cactusformen sind noch sehr wenige vorhanden, z. B. zwischen Echinopsis oxygona und Zuccarinii, zwischen Echinopsis oxygona und dem Echinocactus Scopa, zwischen Echinopsis Eyriesi und Zuccarinii. Uebrigens ist wohl nicht in Abrede zu stellen, dass viele jetzt noch als selbstständige Arten oder als Varietäten bekannte Formen mit der Zeit als durch natürliche Kreuzung entstandene Hybriden erkannt werden mögen. So scheint der prächtige Phyllocactus Ackermanni, den wir aus Mexiko erhielten, fast zuverlässig eine im Vaterland durch natürliche Kreuzbefruchtung, vielleicht zwischen einem langblumigen Phyllocactus und dem Cereus speciosissimus oder einem ähnlichen entstandene Bastardform zu sein, wenigstens scheint die grosse Aehnlichkeit der Hybride Selloi diese Vermuthung völlig zu bestätigen. Und warum sollten sich im Vaterlande auf natürlichem Wege nicht eben so leicht Bastardformen erzeugen können, als bei uns durch die künstliche Kreuzung? Wir haben hiervon Beispiele genug aus unserer vaterländischen Flora aufzuweisen.

Doch genug von den Hybriden. Wenn die künstliche Befruchtung angeschlagen hat, so welken die Blüthentheile, aber der Fruchtknoten schwillt allmählich an und bildet sich zu einer Beerenfrucht aus. Die Reifezeit der Frucht ist nicht bei allen Cactus-Arten die nämliche. Bei vielen reifen die Früchte schon im ersten Jahre, und zwar entweder noch im Laufe des Sommers, wie bei einigen Echinocacten und den Rhipsaliden, oder im Spätherbste, wie bei den Echinopsen u. a., oder endlich während der Ruhezeit wie bei den Mamillarien, die ihre Beeren zu dieser Zeit erst ausbilden und hervortreiben, bei anderen, z. B. Cereus speciosissimus, flagelliformis und einigen anderen Cereen, erst im zweiten und bei den Opuntien nicht nur erst im zweiten, sondern sogar oft erst im dritten Jahre. Bei vielen Arten erlangen demnach die Früchte ziemlich schnell ihre Reife, etwa in 2—3 Monaten, z. B. bei Echinocactus pumilus etc., bei anderen dagegen mehr oder minder langsam, z. B. bei Phyllocactus Ackermanni und phyllanthoïdes in 4—6, bei Cereus specisiossimus und flagelliformis in 10—12, bei den Opuntien aber gar erst in 12 bis 20 Monaten. Der Eintritt der Fruchtreife ist bei den einzelnen Gattungen theils am Abwerfen der vertrockneten Blüthentheile, theils an der Farbe der Früchte zu erkennen. Das sicherste Merkmal der vollkommenen Fruchtreife ist aber das welke Aussehen der Früchte oder das Aufreissen derselben. So bedecken bei Echinocactus pumilus, wenn die Frucht aufgesprungen ist, unzählige kleine, schwarze, oft schon gekeimte Samen den Scheitel der niedlichen Pflanze. Die Samen, die bei sämmtlichen Cactus-Arten klein und meist von länglich-nierenförmiger Gestalt, nicht aber bei allen von gleicher Grösse sind, erweisen sich zwar häufig schon etwas früher keimfähig, als die sie umschliessende Frucht ihre völlige Reife erlangt hat, indessen ist es jedenfalls sicherer, stets die Vollreife der Frucht abzuwarten. Das Fruchtfleisch enthält bei manchen Arten eine Menge kleberigen Stoffes, der den Samen fest anhängt und durch mehrmaliges Waschen entfernt werden muss, weil er sonst die Samenkörner mit einander verklebt und dadurch beim Aussäen hinderlich wird.

10. Mittel zur Beförderung des Flors.

Im Ganzen genommen klagen wir wohl mit Unrecht, dass so viele Cactus-Arten im Kulturstande noch nicht geblüht haben, da diese für schwerblühend gehaltenen Species, wozu namenlich viele Cereen und Opuntien, so wie die Peirescien gehören, selbst im Vaterlande meist erst nach Erreichung eines gewissen, oft ziemlich hohen Lebensalters Blüthen entwickeln und sonach auch bei uns, trotz naturgemässer Kultur, sobald nicht blühen werden, indem wir immer nur erst jugendliche Pflanzen davon besitzen.

Wirklich schwerblühende Arten, die in jedem Alter und unter den günstigsten Kulturverhältnissen nur sehr selten Blüthen erzeugen, giebt es meiner Ansicht nach nur sehr wenige, und zu den bekanntesten derselben möchte wohl Echinopsis multiplex vor allen anderen zu zählen sein.

In früheren Zeiten hegte man die irrige Meinung, dass alle Cactus-Arten ohne Unterschied im Vaterlande mit ihren Wurzeln an kahlem Felsengestein klebten und ihre Nahrung aus der Luft aufnähmen, weshalb man ihnen bei der Kultur sehr kleine Töpfe, schwere, halb sandig-lehmige, halb aus Mauerkalk- und Ziegelbrocken bestehende, felsenfest werdende Erde, im Sommer und Winter viele Wärme in geschlossenem Raume, selten nur ein wenig Luft, im Sommer wenig und im Winter gar kein Wasser gab und sie äusserst selten umpflanzte. Kein Wunder daher, dass man damals die grösste Anzahl der Arten für schwerbluhend erklärte, da man durch diese widernatürliche Behandlung niemals ein kräftiges Wachsthum der Pflanzen, die Hauptbedingung der Blühfähigkeit, erlangen konnte. Da man diese Kulturweise als die richtigste und naturgemässeste ansah, weil sich sämmtliche Arten trotz der barbarischen Behandlung ziemlich lange Zeit hindurch wenn auch nur kümmerlich conservirten, so erhielt die Ansicht, dass die meisten Arten in Europa nie zum Blühen gelangen würden, scheinbar Bestätigung, um so mehr, als dennoch einige wenige, ausnahmsweise bei der elendesten Kultur leicht blühende Arten bisweilen einige Blumen hervorbrachten, und man diesen Flor allein der vermeintlich naturgemässen Kultur zuschrieb. Wie äusserst selten man demnach in jener Zeit Cactusblumen zu sehen bekam, lässt sich bei so bewandten Umständen leicht denken.

Die Hauptbedingung baldiger Blühbarkeit und eines reichen Flors ist einzig und allein das kräftige Wachsthum der Pflanzen, alle sogenannte Geheimmittel und andere Künsteleien, die den Zweck haben, die Pflanzen zum Blühen anzureizen, sind von geringem oder gar keinem, sehr oft aber von nachtheiligem Erfolg. Ueber die Weise, in welcher ein kräftiges Wachsthum der Cacteen erzielt werden kann, ist zwar schon in den ersten sechs Abschnitten hinlängliche Anweisung ertheilt worden, dennoch halte ich es für nützlich, alles hierauf bezügliche in aller Kürze zusammenzufassen.

Ein kräftiges, gedeihliches Wachsthum der Cacteen wird erzielt theils durch Beförderung eines kräftigen, gesunden Wurzelvermögens, theils durch ausreichendes Begiessen, theils durch zweckmässige Unterhaltung in angemessener Temperatur. Starkes, gesundes Wurzelvermögen aber kann nur durch eine lockere, kräftige, jedoch nicht fette Erdart, wie sie sich uns in der Heideerde darbietet, und durch eine zur rechten Zeit vorgenommenes Umpflanzung erzielt werden; das Begiessen muss den Winter hindurch mässig, bei manchen Arten, z. B. bei Melocacten und empfindlicheren Cereen seltener, im Sommer dagegen nebst dem Ueberspritzen nach Maasgabe der Witterungsverhältnisse reichlich in Anwendung kommen; die Aufbewahrung im Winter darf nie bei zu hohen Temperaturgraden, die Unterhaltung dagegen im Sommer kann naturgemäss im Freien stattfinden, mit Ausnahme weniger bereits mehrmals angeführter Arten, die hohe Wärmegrade, dabei jedoch reichliche Luft lieben und deshalb auch im Sommer unter Fenstern gehalten werden müssen.

Einigen Cactus-Arten ist es eigen, dass sie nur dann am dankbarsten blühen, wenn man ihren Standort nicht verändert.

Die meisten der zur Gruppe der Radicantes gehörigen Cereen, z. B. Cereus grandiflorus, nycticalus, triqueter, setaceus, inermis, pentagonus, radicans, spinulosus, triangularis, Napoleonis u. a. blühen fast einzig und allein nur unter dieser Bedingung und entwickeln ihre prachtvollen Blumen dann am zahlreichsten, wenn sie sich mit ihren oft zahlreichen Luftwurzeln an einer der Sonne stark ausgesetzten Wand anlegen können. Lässt man zu diesem Zwecke in dem Cacteen-Hause die Rückwand oder eine recht sonnige Seitenwand, am besten die östliche, mit Lehm oder Baumrinde bekleiden, so ist der Erfolg um so sicherer, weil dann die Luftwurzeln entweder in den Lehm eindringen anderenfalls sich fest an die Borke anklammern können. Noch mehr aber wird das Ansaugen der Luftwurzeln, so wie überhaupt das Gedeihen der genannten Cereen dadurch befördert, dass man die Wände vom Eintritt des Frühlings an täglich ein oder zwei Mal tüchtig überspritzt. Die Pflanzen wachsen nach einer solchen Behandlung ungemein kräftig, zumal wenn ihnen bei hoher Sommerwärme Luft in vollem Masse zugelassen wird, und entwickeln in der Regel eine staunenerregende Blüthenfülle.

Das sind in der Hauptsache die Mittel, durch welche ein kräftiges Wachsthum und mit diesem in kurzer Zeit eine stärkere Neigung zum Blühen auf natürlichem Wege erlangt werden kann. Ich finde aber für nöthig, hier zu bemerken, dass man auch von den kräftigsten Individuen nicht eine alljährlich wiederkehrende gleich reiche Blüthenfülle verlangen kann, zumal wenn sie eine entsprechende Anzahl von Früchten zur Ausbildung bringen. Wissen wir doch aus Erfahrung, dass Obstbäume und Weinreben nach einer reichen Ernte erst nach ein- oder mehrjähriger Ruhe wieder vollkommen leistungsfähig sind.

Es bleibt mir nur noch übrig, über jene künstlichen Mittel zu sprechen, durch welche eine der Blühbarkeit günstige Störung des Saftumlaufs im Pflanzenkörper bewirkt wird, das

Pfropfen, das Einstutzen, das Bogenbiegen, das Ringeln und das Unterbinden.

Das Pfropfen ist bereits hinlänglich besprochen worden und bedarf daher keiner Wiederholung. Das Einstutzen leistet nur bei den Peirescien, den Phyllocacten, vielen Rhipsaliden und einigen der zur Gruppe der Radicantes gehörigen Cereen, wie Cereus speciosissimus und seinen Hybriden, coccineus, grandiflorus, nycticalus u. a. gute Dienste. Man schneidet die äussersten Spitzen der Triebe ab, wodurch die Verwendung aller Nahrung auf das Wachsthum verhindert und in Folge dessen die Entwickelung der Blüthen befördert wird. Bei runden und keulenförmigen Formen kann das Abstutzen nicht in Anwendung kommen, weil durch Abschneiden ihrer einzigen Spitze, des Scheitels, nur die Bildung von Sprossen, bei Arten, die keine Sprossen erzeugen, wie die meisten Melocacten und Mamillaria simplex, ein gänzlicher Stillstand des Wachsthums und endlich der Tod, nie aber die Entwickelung von Blüthen, die bekanntlich bei den meisten runden Formen sogar auf oder um den Scheitel stehen, herbeigeführt werden würde. Daher kann eine Störung des Saftumlaufes hier nur durch eine vorsichtige Zerstörung der Mitte des Scheitels durch Messerstiche und Ausbohren oder durch Ringeln bewirkt werden. Diese Methode hat sich mir namentlich bei Mamillaria coronaria und anderen schwerblühenden Rundformen als ein sehr erfolgreiches Mittel zur Beförderung des Flors bewährt.

Das Bogenbiegen lässt sich nur bei dünnen, schlanken Formen, bei Cereen, Phyllocacten, Peirescien u. a. anwenden. Die Aeste werden dann dergestalt abwärts gebogen, dass ihre Spitzen nach unten gekehrt sind; hierdurch soll ebenfalls eine Hemmung des Saftganges bewirkt und mit dieser eine stärkere Neigung zum Blühen hervorgerufen werden. Einige in dieser Richtung angestellte Versuche haben in der That diesen Erfolg gehabt, z. B. bei einem über 1 m hohen Exemplare des Cereus speciosissimus, das bis dahin keine Neigung zum Blühen gezeigt hatte, aber, nachdem die jungen Triebe bis zur Hälfte der ganzen Höhe der Pflanze umgebogen worden, sich mit Blumen bedeckte. In anderen Fällen hat dieses Verfahren nicht den gewünschten Erfolg gehabt. Ueberdies lässt sich nicht läugnen, dass man das, was man am Flor gewinnt, an der allgemeinen Form der Pflanze wieder verliert.

Von grossem Interesse ist ein brieflicher Bericht des Herrn Gartendirektors Hermes zu Schloss Dyck. Derselbe schildert zunächst die diesjährige (1884) bewundernswürdige Blüthenfülle der Cereen der Fürst Salm'schen Sammlung, die hauptsächlich der anhaltenden gleichmässigen Sommerwärme zugeschrieben wird. Cereus rostratus, welcher die hintere Wand des Cacteenhauses bedeckt, hatte noch niemals geblüht; erst seitdem Herr Hermes die neuen Triebe nicht mehr anbinden, sondern nach Gefallen wachsen lässt, erzeugt das in freier Erde stehende Individuum in jedem Jahre Blüthen in Menge, in diesem über 60 binnen 4—5 Wochen.

Eine solche Wirkung des sich selbst überlassenen Wachsthum ist auch sonst schon beobachtet worden.

Das Ringeln, jene alte berühmte Methode, unfruchtbare Obstbäume tragbar zu machen, ist in neueren Zeiten auch bei vielen Zierpflanzen mit dem glücklichsten Erfolg in Anwendung gebracht worden, so auch bei den Cacteen. Es beruht ebenfalls auf den Gesetzen der Saftbewegung und ist dem Einstutzen im Ganzen ziemlich analog, weil dabei gleiche Wirkungen durch gleiche Ursachen hervorgebracht werden. Bei dem Ringeln der Cacteen verfährt man in folgender einfachen Weise. Man schneidet mit einem scharfen Oculirmesser rings umher, etwa 5—8 mm tief und eben so breit, je nach der Grösse und Stärke der Pflanze, das Fleisch des Körpers oder der Hauptäste und zwar ziemlich an der Basis derselben aus, so dass der Schnitt eine scharfe Furche bildet und dadurch der Zusammenhang der Rinde unterbrochen wird, worauf man die Wunde im Sonnenschein abtrocknen lässt. Bei Cereus speciosissimus und vielen seiner Hybriden und ähnlichen Arten kann man den Schnitt ohne Nachtheil sogar ziemlich bis auf den festen, holzigen Kern führen; bei den Peirescien und den an der Basis stielförmig verlängerten Phyllocactenstämmen dagegen, die fast gar kein Fleisch haben, darf nur ein etwa 5 mm breiter Rindenstreifen bis ziemlich auf den holzigen Kern abgelöst werden. Die durch den Ringelschnitt entstandene Wunde vernarbt sehr bald, der sich nach unten ausbreitende Saft wird an dieser Stelle aufgehalten und dem mächtig wirkenden Bildungstriebe zufolge in den oberen Areolen zur Ausbildung kräftiger Blüthenknospen verwendet, und so setzen die Pflanzen an dem geringelten Theile in der Regel eine oft zahlreiche Menge von Blumen an. Dasselbe Resultat wird durch das Unterbinden erzielt. Hierbei wird ein feiner Draht so fest um den Körper oder Zweig gelegt, dass er die Rinde rings umher bis auf das Fleisch durchschneidet. Der Draht muss aber wieder entfernt werden, sobald man sieht, dass die Ränder der Quetschwunde mit einander verwachsen wollen.

Durch ein ähnliches Verfahren brachte Mittler kugel- und säulenförmige Cacteen zum Blühen. Nach demselben wird der Körper solcher Cacteen über den Wurzeln und parallel dem Boden bis in den Kern eingeschnitten und die Verwachsung der Wunde sorgfältig verhütet. Einer seiner Freunde stiess den Kiel einer Feder in die Pflanze und liess ihn hier stecken. Dadurch brachte er unter anderen Echinopsis multiplex, die bekanntlich in Europa sehr selten zur Blüthe gelangt, noch in demselben Sommer in Flor.

Obgleich in Rücksicht auf die durch sie erzielten Erfolge künstliche Mittel solcher Art nicht zu verwerfen sind, so kann man sie doch nicht unbedingt empfehlen, da durch ihre Anwendung die Pflanzen nicht nur verstümmelt werden und dadurch ihr schönes Ansehen verlieren, sondern auch leicht in krankhafte Zustände verfallen, wie nicht anders zu erwarten.

Künstliche Dünge- und Geheimmittel, durch welche die Cactuspflanzen ein kräftiges Wachsthum erlangen und zu willigem und reichem Flor angeregt werden sollen, giebt es nicht, wie schon früher nachgewiesen worden. Schliesslich mag jedoch die interessante Methode des englischen Gärtners Green*), die leicht blühenden Phyllocacten und Cereen zu kultiviren, Erwähnung finden, da sie durch Anwendung eines Composts (Mischung von Erde und Dünger) und berechneten Wechsel der Temperatur ebenfalls den Zweck verfolgt, den Pflanzen einen reicheren Flor abzugewinnen.

Der Compost, welchen er anwandte, bestand aus gleichen Theilen leichter, sandiger Wiesen- oder Gartenerde und Taubenmist, dazu noch ein Dritttheil Schafdünger. Diese Substanzen wurden innig vermischt und ein Jahr lang der Einwirkung der Luft und des Frostes ausgesetzt. Vor dem Gebrauche wurde dieser Mischung noch ein Dritttheil sandige Heideerde beigemengt. Green setzte übrigens die Pflanzen zu allen Jahreszeiten um, sobald sie dessen bedurften.

Die jungen Pflanzen erzog Green vom Februar bis Juli in einem warmen Blumenhause bei einer Temperatur von etwa + 10—12° R.; später brachte er sie in ein gegen Süden gelegenes Kalthaus, wo sie viel Luft und wenig Wasser erhielten. Die Pflanzen, welche im folgenden September blühen sollten, wurden in der ersten Decemberwoche in ein Treibhaus gestellt und anfangs (die ersten 10—12 Tage) nur sparsam, bei zunehmendem Wachsthum aber allmählich reichlicher begossen. Vom Anfang des Februar an bekamen die Pflanzen hier nicht eher Wasser, als bis die Erde ganz ausgetrocknet war, wodurch sie in einen gewissen Ruhezustand versetzt und die jungen Triebe im Wachsthum gehemmt wurden und in Folge dessen reifen konnten. Zu Anfang des März wurden die Pflanzen wieder ins Kalthaus auf einen schattigen Platz gestellt. Hier blieben sie bis zum Juni trocken stehen, wurden dann ins Warmhaus zurück versetzt und so behandelt, wie oben angegeben worden. Pflanzen, die im August blühen

*) Transactions of the Horticultural Society of London, Second Series Vol. 1. 6. V. pag. 401. Loudon's Gardener's Magazine, Aug. 1836, pag. 431.

sollten, wurden während der ersten Woche des Januar ins Warmhaus gebracht und ebenso wie die für den September bestimmten behandelt, nur dass sie 14 Tage später ins Kalthaus und eine Woche früher ins Warmhaus zurück kamen.

Starke, blühbare Exemplare brachte Green zu Ende des Januars ins Warmhaus, wo sie in der Mitte des März ihre Blumen entwickelten. Nach dem Abblühen schnitt er die meisten alten Triebe ab, welche Blumen getragen hatten, worauf die Pflanzen regelmässig eine entsprechende Anzahl junger Triebe für das nächste Jahr erzeugten. Wurden solche beschnittene Pflanzen zur besseren Reife des Holzes 10—12 Tage im Warmhause gehalten, nachher aber wie gewöhnlich ins Kalthaus gebracht, so blüheten sie im October zum zweiten Male. Hatte man die Pflanzen erst in der Mitte des Februar ins Warmhaus gestellt, so kamen sie zu Ende des April daselbst zur Blüthe und entwickelten dann unter dem oben angeführten Verfahren im November einen zweiten Flor.

Green hat dieses Kulturverfahren, so viel bekannt, nur bei Phyllocactus phyllanthoïdes (dem Cactus speciosus der englischen Gärtner), Cereus speciosissimus und den von beiden abstammenden Hybriden in Anwendung gebracht. Die Pflanzen, welche er den 21. Mai 1833 der Horticultural Society in vollem Flor vorstellte, waren 2 Jahre alt und es war unter ihnen ein Cereus speciosissimus mit 72, hybridus Jenkinsonii mit 194 und Phyllocactus phyllanthoïdes mit 200 Blumen geschmückt! Diese blühenden Pflanzen sollen, wie sich nicht anders erwarten lässt, von aussergewöhnlicher Schönheit gewesen sein, und die Gesellschaft erkannte dem Green'schen Kulturverfahren die Banks'sche Preismedaille zu. Green hat durch seine Kulturweise sogar schon an einjährigen Exemplaren des Phyllocactus phyllanthoïdes und des hybridus Jenkinsonii 90—100 vollkommen ausgebildete Blüthen gezogen!

Ein Urtheil darüber, was von der Green'schen Kulturmethode zu halten sei, ist deshalb nicht zulässig, weil sie in Deutschland noch zu wenig geprüft ist. Vielleicht hat man eine solche Prüfung nicht einmal der Mühe werth erachtet, da sich das Verfahren, wie es scheint, ausschliesslich auf nur wenige Arten bezog, welche auch ohne diesen Mehraufwand an Zeit und Mühe mit Blumen nicht zu geizen pflegen, wenn man sie gleich allen anderen Arten in Heideerde pflanzt, im Sommer reichlich, im Winter wenig giesst, von Mitte Mai bis Ende September mit den Töpfen in ein schattig gelegenes Sandbeet im Freien einsenkt und im Kalthause bei + 4—5^0 R. überwintert. Bei dieser Behandlungsweise treten im März Blüthenknospen in grosser Menge auf. Will man sie dann etwa 4—6 Wochen früher in Blüthe haben, so darf man sie nur in ein Warmhaus oder in einen mässig warmen Kasten bringen, wo sich die Blumen in kurzer Zeit bald vollkommen ausbilden. Wie die meisten übrigen Cactus-Arten, so entwickeln auch diese leichter blühenden Arten und Hybriden ihre Blüthenknospen eher bei niedriger, als bei hoher Temperatur, weil bei der ersteren das Gesammtwachsthum der Pflanze nicht angeregt wird, daher die Blüthenbildung ungehindert vor sich gehen und die Pflanze alle Kräfte darauf verwenden kann, wogegen in einer hohen Temperatur sich gewöhnlich nur Zweige auf Unkosten der Blüthenknospen aubilden; ja es tritt sogar häufig der Fall ein, dass, wenn man die hier besprochenen Cactus-Arten mit noch zu wenig entwickelten Blüthenknospen in zu hohe Temperatur bringt, die letzteren den mit Macht austreibenden Zweigen den Platz räumen müssen und daher bald abfallen. Es ist deshalb gerathen, mit der Anwendung hoher Temperatur so lange zu warten, bis die Blüthenknospen so gross geworden, dass man mit Sicherheit auf ihre Weiterentwickelung rechnen darf.

Auf die Düngung der Cacteen zurückkommend, wollen wir zu bemerken nicht unterlassen, dass auch Dr. Wilhelm Neubert, wie er im Deutschen Magazin für Garten- und Blumenfreunde 1880 berichtet, von einer Verpflanzung Nachts blühender Cereen in grössere Töpfe mit gedüngter Erde bewundernswürdige Erfolge erzielte, indem nicht nur ausserordentlich viele und prächtig entwickelte Blumen auftraten, die sich zum Theil schon 1—1½ Stunde vor Sonnenuntergang öffneten, sondern die so behandelten Individuen auch so zahlreiche Früchte ansetzten, wie er solches seit 50 Jahren nicht erlebt hatte. Endlich gelangten die Früchte schon im Herbst zur Vollreife, während sie sonst erst im nächsten Sommer zur Reife zu kommen pflegen. Als Dünger benutzte Neubert concentrirten Pflanzennährstoff von Eduard Rüdiger in Nordhausen und das Düngepulver von Platz u. Sohn in Erfurt.

Weniger der Wichtigkeit als der Vollständigkeit wegen muss ich endlich noch einige Worte über die künstliche Verzögerung der Anthese des Cereus grandiflorus sagen. Bekanntlich gehört dieser berühmte Kerzencactus nebst Cereus nycticalus, spinulosus u. a. zu den Nocturnen (Nachtblühern), und um seine prachtvollen, vanilleduftenden Blumen im Glanze der Sonne beobachten zu können, kam man auf den Gedanken, das Aufbrechen derselben durch sehr niedrige Temperatur während der Nacht zu verhindern und die Pflanze auf diese Weise bei Tage zum Blühen zu bringen. Das Verfahren bestand darin, dass man die Pflanze mit der zum Aufblühen bereiten Knospe in einem Eiskeller auf Stroh stellte. Die Entfaltung der Knospe wurde, wie leicht erklärlich, durch die in dem Lokale herrschende kalte Lnft verhindert. Brachte man nun die Pflanze bei anbrechendem Tage aus der Eisluft in eine wärmere Temperatur, so entfaltete sich die Blume in kurzer Zeit, zumal wenn sie dem Sonnenschein ausgesetzt wurde. Nur bei trübem Himmel und an regnerischen, kühlen Tagen wollte sie sich nicht recht erschliessen.

Dieses Experiment ist mehrmals mit dem gewünschten Erfolge wiederholt worden, aber stets zum grössten Nachtheil für die Gesundheit der Pflanze, welche bekanntlich auf Jamaika und den Kariben, in Mexiko in der heissen Provinz Veracruz zu Hause ist.

Wem aber die Gesundheit seiner Pflanzen lieb ist, der kann ein anderes, sehr einfaches und bewährtes Verfahren einschlagen, durch welches man die Blumen des Cereus grandiflorus ebenfalls noch bei Tage entfaltet sehen kann, ohne das blühende Exemplar dadurch zu gefährden. Hat man nämlich ein Exemplar im Warmhause, dessen Blumenknospen so weit ausgebildet sind, dass man mit Gewissheit ihre Entfaltung für nächste Nacht voraussehen kann, so muss man vom Mittag an das Haus mit Läden zusetzen und verfinstern; auf diese Weise lässt sich die Blüthe des Cereus grandiflorus gleichsam betrügen, denn sie öffnet sich dann in der Regel 2—3 Stunden früher, als gewöhnlich, also ungefähr in der Zeit von 4 bis 6 Uhr Nachmittags, und man kann sie nach Entfernung der Läden noch lange im vollen Glanze der sinkenden Sonne bewundern.

Ob diese Mittel bei allen Nachts blühenden Cereen sich anwenden lassen, wage ich nicht zu behaupten, weil ich noch nicht Gelegenheit gehabt, Versuche deshalb anzustellen; denn leider entwickeln die meisten dieser Cereus-Arten ihre prachtvollen Blumen selbst in hohem Alter nur selten.

11. Originalpflanzen.

Von der Zeit an, wo die Cacteen in die Mode kamen, ungefähr in der Mitte der dreissiger Jahre, strebten eifrige Sammler vorzugsweise nach Originalpflanzen, und wohl von keiner anderen Pflanzenfamilie, die Orchideen ausgeschlossen, hat man dem Vaterlande so viele Originale entführt, als von Cacteen, die sich so bequem verpacken und versenden lassen. Anfangs war es vielleicht nur das Bestreben, mächtige, ausgewachsene Exemplare zu besitzen, da man sich lange genug mit den aus Amerika eingeführten Samen und mit Stecklingen hatte begnügen müssen; später wieder, wo die in Europa erzogenen Pflanzen zum Theil dieselbe Grösse erreicht hatten, welche die Originalpflanzen im Vaterlande erreichen können, wurde es zur Ehrensache, jeder Sammlung, je nach dem Ver-Vermögen ihrer Besitzer, eine grössere oder geringere Anzahl von Originalpflanzen einzuverleiben. Auf diese Weise kam man in Europa in den Besitz einer so ungeheuren Anzahl von Original-Cacteen, dass diese wohl ziemlich das Drittheil sämmtlicher Sammlungen von Bedeutung bildeten, wie die in jeder Beziehung reichen Sammlungen des Fürsten Salm auf Schloss Dyck, des Herrn von Monville in Rouen, der botanischen Gärten zu Berlin und München u. a. zur Genüge bewiesen haben. Auch jetzt wieder bereichern sich grössere Sammlungen, wie die der Handelsgärtnereibesitzer Haage & Schmidt und Fr. Ad. Haage jun. in Erfurt, Jahr für Jahr durch Cacteen, über welchen noch wenige Monate zuvor die Tropensonne brütete.

Es lässt sich Manches für, Manches aber auch gegen die Einführung von Originalpflanzen sagen. Zunächst muss zugegeben werden, dass die Wissenschaft dabei nur gewinnen kann, indem bei stärkeren, vielleicht gar ausgewachsenen Individuen die ihrer Art zukommenden spezifischen Merkmale sich schärfer ausgeprägt darstellen, als bei noch jugendlichen oder erst halb entwickelten Pflanzen, deren Identität oft lange zweifehaft bleibt. Andererseits aber erfolgt die Aufnahme von Originalpflanzen in die Sammlungen oft unter sehr unerfreulichen Umständen, durch welche die gehofften Vortheile verkümmert werden.

Die meisten Cactus-Arten haben auf vaterländischen Standorten rübenartige, feste, senkrecht in die Erde gehende Haupt- oder Herzwurzeln, z. B. Echinocactus Cumingii, centeterius und die meisten dünnrippigen (Stenogoni), wie Echinocactus phyllacanthus, coptonogonus u. a., Mamillaria longimamma, uberiformis, Schiedeana, Ottonis, cornifera u. a. Viele Cereen machen im Vaterlande sogar ellenlange, an der Basis des Stammes bis 4 cm starke Wurzeln, mit denen sie in die Ritzen des Felsengesteins eindringen und sich befestigen. Die oft 12—18 m hohen Säulen-Cereen können sich nur auf diese Weise aufrecht erhalten, denn ob sie gleich den Winden eine geringe Fläche darbieten, so würden sie doch bald von denselben gestürzt werden, wenn nicht ihre starken, tiefgreifenden holzigen Wurzeln den Körper festhielten. Es ist daher zu vermuthen, dass viele derselben in tieferem Boden vorkommen. Auf der langen Reise aber, welche sie zurückzulegen haben, ehe sie in die Hände des Cultivateurs gelangen, sterben ihnen gewöhnlich die rübenartigen fleischigen Wurzeln ab, schrumpfen ein oder vertrocknen und werden holzig, namentlich bei älteren Individuen. Solche saftlose, abgestorbene Wurzeln müssen gleich nach Ankunft der Pflanzen mit einem scharfen Messer völlig entfernt werden, denn sie beleben sich niemals wieder, sondern gehen meist unmittelbar in Fäulniss über, die sich sehr bald der ganzen Pflanze mittheilt. Viele amerikanische Sammler kennen diesen Umstand recht gut und schneiden deshalb schon am Fundorte die Wurzeln ganz glatt weg, worauf sie die Pflanzen, nachdem die Wunde gut abgetrocknet, in trockener Verpackung absenden.

Es scheint zwar beim ersten Blick gewagt zu sein, beim Empfange solcher mit Wurzeln versehener Originalpflanzen letztere sofort von dem Körper derselben zu trennen, und es bleibt immer Aufgabe des denkenden Cultivateurs, aus dem Zustande der ganzen Pflanze überhaupt zu bestimmen, ob solches geschehen könne oder nicht, indess ist es bei stark beschädigten oder verholzten Wurzeln älterer Pflanzen gewöhnlich der einzige Weg, diese vom Verderben zu retten. Uebrigens erzeugen sich fast nie aus den Seitenflächen dieser rübenartigen Wurzeln neue Faser- oder Saugwurzeln, nur in äusserst seltenen Fällen aus den untersten Theilen derselben, sondern fast immer nur aus der unteren dem Wurzelstande zunächst liegenden Fläche des Pflanzenkörpers selbst. Man hat Beispiele, dass an älteren Originalpflanzen die starken Wurzeln abgebrochen und beschädigt, jedoch merkwürdigerweise noch ganz frisch waren, sie wurden daher nur glatt geschnitten, so dass sie noch eine Länge von 4—6 cm behielten, und nach Abtrocknung der Wunde eingepflanzt. Doch bald begannen die Wurzelstumpfe von der Schnittfläche aus in Fäulniss überzugehen und wurden so mürbe wie faules Holz, und um zu verhüten, dass die ziemlich schnell überhand nehmende Fäulniss sich nicht noch weiter ausbreite, musste man eilen, die Wurzelstumpfe zu entfernen, worauf sich aus der unteren Fläche des Körpers junge Wurzeln entwickelten und freudig fortwuchsen.

Man braucht kein grosser Pflanzenphysiolog zu sein, um behaupten zu können, dass die Abtrennung der Hauptwurzel bei den Original-Cacteen der Natur dieser Pflanzen widerstreben müsse. Die rübenartige Wurzel gehört entschieden zur Individualität vieler Cactus-Arten, was schon daraus hervorgeht, dass hier erzogene Samenpflanzen vieler Arten ungemein starke Wurzeln machen, die in Betreff ihrer Dimensionen in fast gar keinem Verhältniss zum übrigen Theile der Pflanze stehen. Durch das Abschneiden der Wurzeln erleidet die Natur der Pflanzen unzweifelhaft einen harten Stoss, jedoch gebieten es die Umstände, so und nicht anders zu verfahren. Sollten sich daher unter ankommenden noch bewurzelten Original-Cacteen Individuen befinden, deren Wurzeln sich völlig gesund und fleischig erhalten haben, wie dies bei jüngeren Pflanzen bisweilen wohl der Fall ist, so darf die unter anderen Umständen unerlässliche Verstümmelung durchaus nicht in Anwendung kommen, sollte es auch nur deshalb sein, um den Pflanzen eine leicht verhängnissvoll werdende starke Verwundung zu ersparen.

Die Original-Cacteen erfordern übrigens auch in jeder anderen Hinsicht eine äusserst delicate Behandlung, namentlich in Bezug auf dass Begiessen. Geht man von dem sehr richtigen Grundsatze aus, dass nur bei vollkommenem Wurzelvermögen ein kräftiger Gesundheitszustand und mit diesem ein gedeihliches Wachsthum statt haben könne, so sind wohl fast alle Original-Cacteen als Patienten zu betrachten; denn so viel bisher bekannt ist, erlangen sie niemals ihr eigenthümliches Wurzelvermögen wieder. Eine Folge davon ist, dass ihr Wuchs, der ohnedies wegen der meist holzigen Beschaffenheit ihres Körpers immer nur langsam vorwärts schreitet, dadurch nur noch mehr gehemmt wird, daher kann die Pflanze trotz ihrer oftmals gigantischen Körpergrösse nicht so viel Feuchtigkeit verarbeiten, als die viel kleineren, in Europa erzogenen, aber vollständig bewurzelten Individuen, und ein geringes, kaum bemerkbares Uebermass von Feuchtigkeit, welches bei einer vollkommen bewurzelten Pflanze vielleicht nur als eine mässige Anfeuchtung gelten würde, wird ihr sofort tödlich. Bringt man nun noch mit in Anschlag, dass die Originalpflanzen auf dem Transporte oft kaum sichtbare Beschädigungen, z. B. durch Insekten, erleiden, die endlich nach ihrer Uebersiedelung die Ursache eines baldigen Todes werden, so darf man sich gar nicht wundern, wenn die schönsten und kräftigsten Original-Cacteen bei der sorgfältigsten Pflege oft plötzlich zurückgehen und absterben. Es ist zu beklagen, dass auf diese Weise schon viele Species abgestorben sind, die in ihrer Art in Europa nur ein oder ein paar Mal vorhanden waren und die noch dazu auch im Vaterlande nicht häufig vorzukommen scheinen. Sie sind uns ganz und gar verloren gegangen, und es wird vielleicht noch lange dauern, ehe wir in Europa wieder in den Besitz des Verlorenen gesetzt sein werden. In die Verlustliste gehören unter anderen Mamillaria polytricha *S.*, viele Melocacten, z. B. Melocactus mamillariaeformis *S.*, Echinocactus orthacanthus *L.* et *O.* und viele andere Formen, die noch nicht benannt und bestimmt waren und von welchen man jetzt in den Sammlungen botanischer Gärten zum Andenken nur noch die Skelette aufbewahrt.

Man sieht hieraus, wie misslich die Kultur der kostspieligen Original-Cacteen ist, und wir werden noch manche Erfahrung zu machen haben, ehe es uns gelingt, grössere Exemplare derselben für längere Zeit, als bisher geschehen, in unseren Sammlungen zu erhalten, denn die bis jetzt gemachten Erfahrungen reichen noch lange nicht aus. Die Hauptursache des Misslingens aller bisherigen Kulturversuche liegt unstreitig in der Schwierigkeit, das eigenthümliche Wurzelvermögen der Originalpflanzen wieder herzustellen und mit

Naturell derselben ins Gleichgewicht zu setzen, eine Aufgabe, die zu lösen den Cultivateuren wohl zunächst liegen dürfte. Ausserdem halte ich es für unbedingt nothwendig, dass uns die amerikanischen Sammler fernerhin mit den Verhältnissen des Standortes und Bodens jeder eingeführten Pflanze genau bekannt machen, denn man darf annehmen, dass der Verabsäumung dieses Punktes die eben beklagten Misserfolge wenigstens theilweise zuzuschreiben sind. Ein Beispiel hierzu liefert Echinocactus turbiniformis, der im Vaterlande unmittelbar auf Thonschiefer steht und an den Felsenwänden wie angeklebt erscheint. Die ersten Sendungen (1836 und 1839) dieser merkwürdigen Pflanze gingen zum grössten Theil verloren, weil man damals ihren eigenthümlichen Standort nicht kannte, wogegen sie jetzt in den meisten Sammlungen zu finden ist und daselbst reichlich blüht.

Eine specielle Anweisung zur Kultur der Originalpflanzen zu geben, finde ich nicht für nothwendig, da diese im Allgemeinen dieselbe Behandlung verlangen, die für alle übrigen Cacteen früher vorgeschrieben worden ist, nur erfordern sie dabei von Seiten ihres Pflegers grössere Vorsicht und strengere Aufmerksamkeit. Hauptsache ist es, sie zur Wurzelbildung zu nöthigen. Am besten pflanzt man sie zu diesem Zwecke, nachdem die durch Abtrennung der Wurzeln verursachten Wunden an der Sonne vollkommen abgetrocknet sind, in ganz trockene Erde so flach als möglich ein, bringt sie dann in einen lauwarmen, dunstfreien Kasten unter Glas, besprengt die Erde darin nur im höchsten Nothfalle mit etwas Wasser und giebt wenig Luft, aber jederzeit volle Sonne. Haben sich Wurzeln gebildet, was in der Regel erst nach langer Zeit geschieht, dann können die bisherigen kärglichen Wasserportionen schon etwas vergrössert werden, aber immer nur mit der grössten Vorsicht, denn auch fortan bedürfen sie Schutz gegen Feuchtigkeit, die unter allen Umständen ihr grösster Feind ist. Einer der schwierigsten Punkte ist die Behandlung der Originalpflanzen bei der Ueberwinterung. Hierbei thut ununterbrochen die strengste Aufmerksamkeit noth und was ich für alle in Europa erzogene Individuen verworfen habe, Unterhaltung bei Trockenheit und hohen Wärmegraden, kann für Original-Cacteen nur gutgeheissen werden, da das die einzige Bedingung ist, unter welcher diese an Kraft zurückgekommenen glücklich durch die rauhe Jahreszeit zu bringen sind. Ueber die Aufbewahrung der erst im Spätsommer oder Herbst ankommenden Originalpflanzen ist das Nöthige bereits im 3. Abschnitt angezeigt worden.

Vor allen Dingen hüte man sich, Originalpflanzen zu schneiden, da diese Operation nur sehr selten gelingt. Die Pflanzen sind gewöhnlich so verholzt, dass Kopfstecklinge oft Jahre lang stehen, ehe sie Wurzeln bilden, ja in den meisten Fällen sogar hartnäckig die Bewurzelung versagen und endlich plötzlich der Fäulniss verfallen. Auch die Unterlagen geben wenig Ersatz, denn theils ihre holzige Beschaffenheit, theils ihr missliches Wurzelvermögen hindert sie, so reichlich junge Sprossen hervorzutreiben und auszubilden, als man wohl erwarten könnte. Unterlagen des Pilocereus senilis geben jährlich oft nur einen Sprössling und zwar nur dann, wenn man den vorjährigen abgetrennt hatte.

Schliesslich möge hier noch eine Bemerkung Platz finden, die zwar älteren Cactusfreunden nichts Neues sagt, wohl aber jüngeren Sammlern. Man ist nämlich bisweilen so glücklich, auf neu ankommenden Originalpflanzen reife Früchte oder Samen zu finden, welche sich zwischen die Warzen oder in die Furchen der Körper gequetscht haben, und es ist daher sehr wichtig, dass man aus der Heimath ankommende Cacteen einer genauen Untersuchung unterwirft. Ebenso ist es oft gelungen, an den Resten todt angekommener Cacteen Samen aufzufinden, welche die auf der Reise verunglückten Arten bald und leicht ersetzten. Auch erzählt Dr. Pfeiffer, dass die Art einiger todt angelangter Original-Cacteen dadurch gerettet worden sei, dass die Ueberreste der Pflanzen und der Staub und Bodensatz der Kisten sorgfältig gesammelt und ausgesäet wurden.

12. Krankheiten der Cacteen.

Gleich vielen anderen Kulturgewächsen sind die Cacteen manchen Krankheiten unterworfen, welche theils durch Insekten und Würmer, durch vernachlässigte Wunden u. s. w. veranlasst werden, theils in Folge einer widernatürlichen Behandlung auftreten.

Kann von einer vollkommenen Heilung der Pflanzenkrankheiten, etwa einige bei Gehölzen vorkommende Krankheitsformen ausgenommen, überhaupt nicht viel die Rede sein, da die nächsten Ursachen des Siechthums meistens wenig gekannt sind, so würde es geradezu Vermessenheit sein, eine Anleitung zur Heilung von Cactuskrankheiten geben zu wollen, welche in der Regel erst dann erkannt werden, wenn sie bereits ihren Höhepunkt erreicht haben und der Untergang des Organismus besiegelt ist.

Da wir nun eine sehr unvollkommene Kenntniss der Entstehungsursachen und des Wesens der Cactuskrankheiten haben und Heilung derselben unsicher, wenn nicht unmöglich ist, so müssen wir uns darauf beschränken, Alles fern zu halten, woraus sich ein Siechthum entspinnen könnte, wie schädliche Thiere, Verletzungen aller Art u. s. w., und die Cacteen so naturgemäss kultiviren, wie möglich. Hierdurch werden wir uns im Allgemeinen ihr freudiges Gedeihen sichen, wenn es auch nicht in unserer Macht steht, jeden krankmachenden Einfluss abzuwehren, selbst nicht durch die aufmerksamste und zweckmässigste Kultur.

Hiernach wird man in diesem Abschnitte nicht Aufzählung Wunder wirkender Heilmittel erwarten dürfen, sondern sich mit einer Darstellung der bis daher beobachteten Cactuskrankheiten begnügen.

1. Die Stammfäule, durch welche das saftreiche Zellgewebe angegriffen und zerstört wird. Man schreibt die Entstehung dieser verheerenden Krankheit gewöhnlich gedüngter Erde, zu reichlichem Giessen bei gering entwickelter Wurzel-

thätigkeit u. s. w. zu. Nach Lebert und Cohn ist eine dem Kartoffelpilze nahe stehende Pilzform, Peronospora cactorum, die Ursache der Stammfäule.

Die Stammfäule ist entweder eine allgemeine oder eine örtliche. Erstere beginnt entweder an der Basis des Körpers und verbreitet sich nach dem Scheitel, oder sie nimmt ihren Anfang am letzteren und schreitet nach der Basis des Stammes hinab. In dem ersten Falle muss man sogleich den Kopf in möglichst weiter Entfernung von der krankhaft ergriffenen Stelle abtrennen; ist die Achse nicht bereits von der Fäulniss bis ziemlich zum Scheitel hinauf ergriffen, wie sehr oft der Fall, so kann man auf diese Weise wenigstens den Kopfsteckling retten, den man dann behandelt, wie im 7. Abschnitte angegeben ist. Sollte eine solche Operation mitten im Winter nöthig werden, wo die Sonnenstrahlen nicht hinreichend sein würden, die Schnittfläche des Kopfstecklings auszutrocknen, so stellt man denselben mit der Schnittfläche unten in einen leeren Blumentopf, setzt diesen auf den Ofen, lässt ihn dort so lange stehen, bis die Wunde ganz abgetrocknet ist, und bewahrt ihn dann in derjenigen Weise auf, die im 3. Abschnitte für die zu spät angekommenen Originalcacteen vorgeschlagen wurde. Im anderen Falle, wenn nämlich zuerst der Scheitel von der Fäulniss ergriffen wird, ist die Pflanze meist rettungslos verloren. Nur selten lässt sich durch sofortiges Wegschneiden des faulenden Scheitels die Unterlage retten und noch zur Stecklingsproduktion benutzen, denn gewöhnlich erstreckt sich die Ansteckung von oben herab bis an den Wurzelhals. Ist jedoch die Unterlage noch brauchbar, so trockne man die Schnittfläche nach erfolgter Operation behutsam mit Löschpapier ab und setze sie dann, wenn es Sommerzeit, heissen Sonnenstrahlen aus, im Winter aber bestreue man sie mit Kohlen-, Kreide- oder Gipspulver.

Die allgemeine Stammfäule ist übrigens in allen Fällen eine der bedenklichsten Krankheiten, zumal wenn sie im Winter eintritt; sie endet sehr oft mit der gänzlichen Zerstörung der ergriffenen Pflanze, weil man sie, wegen ihrer oft räthselhaft schnellen Verbreitung, leider immer erst dann bebemerkt, wenn Achse und Zellgewebe bereits von der begonnenen Fäulniss angesteckt sind, was sich aus der mehr oder minder gelb- oder rothbraunen Färbung beider sehr leicht beurtheilen lässt.

Die örtliche Stammfäule besteht aus kleinen faulen Flecken, die sich einzeln, hier und da, auf der Oberfläche des Cactuskörpers zeigen, öfter von selbst vertrocknen, oft aber auch gleichsam unter sich fressen und in das Innere des Körpers eindringen. Sie müssen daher sogleich mit einem scharfen Messer ausgeschnitten werden, worauf man die Schnittwunde mittelst eines starken glühenden Drahtes ausbrennt.

Eine eigenthümliche Art örtlicher Fäulniss zeigt sich bisweilen an den zu tief gepflanzten Stecklingen mehrerer Cereus-Arten, namentlich bei Cereus Martianus, grandiflorus, hyb. Mallisoni u. a., bei denen das Fleisch des in der Erde stehenden Theiles oft mehrere Centimeter lang und länger abfault, so dass bloss die holzige, ebenfalls verdorbene Achse stehen bleibt, bis endlich die Fäulniss an einem gewissen Punkte von selbst eine Grenze findet und verschwindet, worauf dann an der vernarbten Wunde sehr bald junge Wurzeln erscheinen. Bei manchen Opuntien, z. B. bei Opuntia leucotricha und Tuna, tritt oft dieselbe Erscheinung bei gesunden, bewurzelten Pflanzen auf, aber in etwas anderer Weise, indem nämlich einzelne Glieder von der Spitze bis auf das Dritttheil oder die Hälfte herab faulen, worauf der angegriffene Theil plötzlich eintrocknet und nach dem Abfallen eine völlig vernarbte Stelle hinterlässt, neben welcher bald neue Glieder hervortreiben.

Die Wurzelfäulniss entsteht vermuthlich aus denselben Ursachen, wie die Stammfäule, von gedüngter Erde, unpassender Erdmischung und Ueberfluss an Feuchtigkeit. Insbesondere werden solche Pflanzen von ihr heimgesucht, deren Erde durch Mangel an Wasserabzug nach und nach versauert ist oder die in einer Moorerde-Mischung vegetiren müssen.

Wenn die Pflanze ein welkes, kümmerliches Ansehen erhält, wobei sich oftmals noch die Blumenknospen ausbilden, aber kurz vor der Entfaltung plötzlich welken und abfallen, dann kann man mit ziemlicher Sicherheit auf das Vorhandensein von Wurzelfäulniss schliessen. Sichere Rettung ist bei dieser Krankheit möglich, denn selbst wenn sich bei der Untersuchung nicht eine einzige gesunde Wurzel vorfinden sollte, so hat man doch noch keinen Verlust zu befürchten, weil nach dem Abschneiden der schadhaften Wurzeltheile die Pflanze sehr bald neue gesunde Wurzeln erzeugt, besonders wenn man sie in eine stark mit Kohlenlösche gemischte Erde bringt. Sollte indess zugleich der Wurzelhals von der Fäulniss etwas mit angegriffen sein, so darf man nur nebst den Wurzeln auch noch ein Stück von der Basis des Körpers selbst wegschneiden und diesen nach Abtrocknung der Wundfläche wieder einpflanzen. Wurzelkranke Pflanzen sind übrigens im Allgemeinen wie Stecklinge zu behandeln.

3. Rost- oder Brandflecken sind Symptome eines Siechthums, dessen Entstehungsursache gänzlich unbekannt ist. Die gelbbraunen oder braunen Flecken werden allenthalben auf der Oberhaut des Körpers sichtbar, erstrecken sich bis tief in das Zellgewebe des Körpers hinein und bekunden die völlige Desorganisation desselben. Weder das Ausschneiden der rostigen Stellen, noch das Ausbrennen der Wunde bringt Hülfe und in der Regel geht die Pflanze verloren. Bleibt sie aber nach der Operation leben, was äusserst selten geschieht, dann vegetirt sie nur noch eine kurze Zeit als siecher Krüppel.

4. Der Grind zeigt sich bei einzelnen Cacteen, z. B. bei Cereus strigosus, Echinopsis multiplex und ähnlichen hellgrünen Arten, sehr oft. Er besteht in kleinen, dunkelbraunen Schülferchen, die man beim ersten Anblick ihrer Gestalt und Farbe wegen leicht für Schildläuse halten könnte; sie sitzen nur in der Oberhaut des Körpers fest und dringen nie in das Fleisch ein. Sie lassen sich daher mit einem Federmesser sehr leicht entfernen. Die Ursache ihrer Entstehung ist mir nicht bekannt.

5. Die Grausucht ist eine Krankheit, die Förster nie an seinen eigenen Cacteen, wohl aber an vielen aus anderen Sammlungen zu beobachten Gelegenheit hatte. Die Pflanze verliert in kurzer Zeit ihr glänzendes Grün und bedeckt sich mit einem grauen oder braungrauen Ueberzuge; ihr Wachsthum scheint zwar dadurch gehemmt, jedoch bleibt sie gesund und conservirt sich den Winter über leidlich. Mit Beginn des nächstfolgenden Frühjahrs ist die Krankheit gewöhnlich überstanden, die Pflanze treibt dann freudig aus und zwar in ihrer früheren natürlichen Farbe. Von nun an bleibt sie gesund, der graue Ueberzug verschwindet zwar am unteren Theile des Körpers nie ganz wieder, aber dennoch zeigt jede ihrer Neubildungen das natürliche glänzende Grün.

Die Ursache dieser Krankheit ist jedenfalls in dem zum Begiessen angewendeten Wasser zu suchen, welches vielleicht kalkhaltig oder eisenhaltig war. Von einem Insekte wenigstens kann diese Missfärbung nicht herrühren, da Förster auf keiner der von ihm beobachteten grausüchtigen Pflanzen die Spur eines solchen, trotz guter Augenbewaffnung, wahrnehmen konnte.

6. Die Bleichsucht, eine Krankheit von eigenthümlichem Verlaufe. Die Pflanze nimmt eine krankhaft-bleiche Farbe an und hört auf zu wachsen, sogar die Waffen scheinen dünner zu werden; endlich, oft erst nach einem Jahre, erhält der Körper ein wassersüchtiges Ansehen und geht dann bald in Fäulniss über. Sehr oft wird dabei der Körper in Folge der Zerstörung der Achse hohl.

Ein Heilmittel gegen diese Krankheit ist nicht bekannt. Zum Glück kommt sie nur selten vor, auch scheinen vorzugsweise nur junge Individuen davon befallen zu werden. Man hat sie bisher nur an Echinopsis multiplex, Cereus strigosus, Echinocactus Ottonis und Linkii beobachtet.

7. Sonnenbrand. Bei vielen grosswarzigen Mamillarien, z. B. Mamillaria magnimamma, Scheerii, Ludwigii u. a., wenn sie noch im Hause stehen, färbt sich besonders ihm Frühjahre,

wenn nach anhaltend trüber Witterung plötzlich warmer Sonnenschein eintritt, die der Sonne zugekehrte Seite dunkel-rothbraun, so dass es scheint, als wolle Fäulniss eintreten. Die Krankheit ist jedoch niemals bedenklich; stellt man die Pflanze mit der von den Sonnenstrahlen afficirten Seite so, dass dieselben nicht mehr darauf einwirken können, so verliert sich die unnatürliche Färbung sehr bald.

Bei dieser Gelegenheit muss ich darauf aufmerksam machen, dass man rasch und üppig gewachsene Individuen, die eine Zeit lang im Schatten gestanden haben, niemals sogleich heftigen Sonnenstrahlen aussetzen, sondern sie nur nach und nach an die Sonne gewöhnen darf. Handelt man gegen diese Regel, so bekommen die Pflanzen leicht brandige Flecken, die nicht nur nie wieder schwinden, sondern oft sogar in den zerstörenden Rost ausarten; häufig gehen auch die Scheitel oder Spitzen solcher Pflnnzen verloren. Aus demselben Grunde ist es sogar bei der Ueberführung der Pflanzen ins Freie gerathen, sie mit derselben Seite gegen das Sonnenlicht zu stellen, mit der sie vorher demselben zugekehrt werden.

8. Von der Runzelkrankheit werden nur die Opuntien, ausnahmsweise jedoch auch einige Cereus-Arten heimgesucht. Sie kann nur dann vorkommen, wenn die Pflanzen während des Sommers unter Glas gehalten und nicht den Einflüssen der Witterung ausgesetzt worden sind. Hält man solche verzärtelte Pflanzen ein Zeit lang trocken, wie dies namentlich im Winterquartiere gar nicht zu vermeiden ist, und giebt man ihnen dann plötzlich Wasser, so schrumpfen bei den Opuntien die Glieder, bei den Cereen die Spitzen in kurzer Zeit ein und werden runzelig, und wenn man nicht bald Hülfe schafft, so werden sie wassersüchtig, fallen endlich der Fäulniss anheim und sind verloren.

Zum Glück fällt das eigenthümliche Welkwerden der Glieder schon frühzeitig auf; stellt man dann die kranke Pflanze in ein lauwarmes, dunstfreies, mässig sonniges Beet, im Winter in das Warmhaus, und hält man sie daselbst trocken, so erholt sie sich bald wieder. Förster hat dadurch die meisten Runzelkranken gerettet, sogar dann, wenn die Krankheit schon so weit vorgeschritten war, dass die Glieder zu faulen begannen, rettete er wenigstens noch den Hauptstamm.

9. Die Gelbsucht befällt nur die Phyllocacten und scheint mit der Runzelkrankheit eine und dieselbe Ursache zu haben. Die Zweige werden welk, endlich bleichgelb und faulen zuletzt. Merkwürdig ist es, dass diese Krankheit selten alle, sondern immer nur einzelne Zweige einer Pflanze ergreift. Am häufigsten wird Phyllocactus Ackermanni von der Gelbsucht heimgesucht, wenn er während des Sommers unter Glas gehalten, mithin verzärtelt wurde; dann gehen gewiss im nächsten Frühjahre die schönsten Blüthenzweige verloren. Ein sicheres Rettungsmittel ist nicht bekannt; Trockenhalten hilft wohl zuweilen, hindert aber selten den theilweisen Fortgang der Krankheit.

10. Die Rothsucht ist eine Krankheit der zierlichen Epiphyllen, die vom übermässigen Begiessen, von versauerter oder unpassender Erde, oder auch davon entsteht, dass man die Pflanzen heftigen Sonnenstrahlen exponirt oder wohl gar in rauhen Sommern ins Freie stellt. Die Glieder wachsen nicht mehr, werden welk und färben sich purpurroth, und wenn man nicht bald Hülfe schafft, so schrumpfen sie endlich ganz und gar zusammen.

Wenn nicht auch Wurzelfäulniss mit dieser Krankheit verbunden ist, so ist das Heilmittel bald gefunden; warme Temperatur, schattiger Standort, Verpflanzung in reine Heide- oder Lauberde und ein gemässigteres Begiessen helfen dann den Pflanzen bald wieder auf. Ist aber zu gleicher Zeit Wurzelfäulniss vorhanden, so ist nur noch Rettung für die Zweige derselben zu finden, wenn man sie zu Stecklingen benutzt; ein Stamm mit faul gewordenem Wurzelhalse ist verloren.

Wer übrigens die Epiphyllen hinsichtlich der Erde, des Begiessens, des Temperaturgrades und der Beschattung so behandelt, wie sie es als Halbschmarotzer lieben und wie dies in den Abschnitten 1—3 und 6 vorgeschrieben wurde, der wird nie die Rothsucht an seinen Pflanzen wahrnehmen.

11. Der Schwamm ist ein Auswuchs, den man bisher nur an einigen Mamillaria-Arten, z. B. bei Mamillaria tentaculata, beobachtet hat, von grauweisser Farbe, unregelmässiger, höckeriger Gestalt, fast einem Schwamme ähnlich und oft so gross, wie die Pflanze selbst, bisweilen dieselbe an Grösse sogar noch übertreffend. Sein Entstehen hat er jedenfalls einem Insektenstiche oder irgend einer anderen Verwundung zu verdanken, wodurch sich zufälligerweise die Zellengefässe auf einem Punkte zusammendrängen, in welchem sich dann die Organe zur Knospenbildung auf eine monströse Weise vereinigen und so in eine Missbildung auswachsen. Die Pflanze ist unter solchen Umständen gewöhnlich verloren, da sich alle ihre Kräfte auf den Auswuchs concentriren, und ein Abtrennen desselben vom Pflanzenkörper meist nur momentan hilft, indem die Missbildung immer wieder von neuem ansetzt.

13. Feinde der Cacteen und Mittel dagegen.

Auch die Cacteen haben ihre Feinde, theils Thiere, welche sich von ihrem Fleische und Safte nähren oder die Erde durchlöchern und dadurch die Wurzeln verderben, theils fremdartige Substanzen, die eine nachtheilige Einwirkung auf ihre Gesundheit äussern. Der Cultivateur muss daher wie ein umsichtiger Feldherr stets darauf bedacht sein, die Feinde auf die erfolgreichste Weise abzuhalten, zu vertilgen oder in die Flucht zu schlagen. Bei einigen dieser Feinde lässt sich der Sieg leicht, bei andern dagegen desto schwerer erringen, da die fast zahllosen Mittel, sie zu bekämpfen, unter verschiedenen Umständen meist eine eben so verschiedene, mehr oder minder günstige, Wirkung zeigen.

Unter den Thieren gehören zu den gefährlichsten Feinden der Cacteen:

1. Die Mäuse, welche das Cactusfleisch für etwas ganz

Delicates zu halten scheinen, denn sie verschonen selbst die stachlichsten Arten nicht und benagen die Pflanzen so rücksichtslos, dass diese oft ganz zerstört werden. Ein ganz besonderes Lieblingsfutter ist ihnen Rhipsalis salicornioides, die sie sich aus der grössten Sammlung aussuchen.

Den Platz, wo man die Cacteen aufbewahrt, vor den Mäusen sorglich zu schützen, ist höchstens im Winter ausführbar, im Sommer aber, wo die Pflanzen in Kästen oder unmittelbar im Freien stehen, rein unmöglich.

Am besten bleibt daher immer die Anwendung von giftigen Substanzen, von Arsenik oder pulverisirten Krähenaugen (Nux vomica), von welchen man beim Gebrauche eine kleine Portion unter Weizenmehl oder Fett mischt. Es ist jedoch gerathen, das Vergiftungsmittel nur an solchen Stellen auszulegen, zu denen andere Thiere oder näschige Kinder nicht hingelangen können. Ein sehr gutes Vertreibungsmittel, welches jederzeit die trefflichsen Dienste leistet, ist der Moschusbeutel; derselbe vertreibt, in Stückchen zerschnitten und hier- und dorthin vertheilt, die kleinen Ungeheuer aus der ganzen Umgebung, denn den starken Moschusgeruch fliehen sie wie die Pest. Zum Ueberfluss kann man noch gute Fallen aufstellen, die auch das ihrige zur Verminderung dieser Thiere beitragen.

2. Die Blattläuse sind zu bekannt, als dass es noch der Beschreibung bedürfte; bekannt ist auch die ungeheure Vermehrung dieser Kerfe und der bedeutende Schaden, den sie den Pflanzenbeständen zufügen.

Für die Cacteen sind sie weniger von Nachtheil, als für andere Pflanzen, da sie sich meist nur an den Blättern der Peirescien und an den Blüthen der Phyllocacten, Cereen und Echinopsen zeigen, namentlich dann, wenn diese sich in der eingeschlossenen, verdorbenen Luft eines Prellkastens oder Warmhauses befinden. Man kann sie hier, wegen ihrer geringen Anzahl, vermittelst eines weichen Pinsels sehr schnell und leicht entfernen. Nur bei grossen mit zahlreichen Blattlauskolonien bedeckten Peirescien wird es manchmal nöthig, die

Tabaksräucherung anzuwenden, durch welche sie in kurzer Zeit getödtet werden. Auch hat in diesem Falle das Niederlegen der Pflanzen ins thaufeuchte Gras, einige Tage hinter einander wiederholt, oft gute Dienste gethan.

Als ein vortreffliches Mittel, die Blattläuse auf im Wachsthum begriffenen Cacteen zu vertilgen, hat sich in neuerer Zeit das Petroleum bewährt. Man überstreicht damit die mit jenen Saftsaugern besetzten Stellen und wäscht diese nach kurzer Zeit mit lauwarmem Wasser ab. Für beide Manipulationen bedient man sich eines weichen Pinsels.

3. Die Schildläuse (Coccus) und Schildträger (Aspidiotus), Schmarotzer-Insekten, die sich zu jeder Jahreszeit bisweilen in grosser Menge auf Orangen, Ananas, Oleander, Kaffeebäumen und anderen exotischen Pflanzen einfinden und diesen durch Entziehung des Saftes sehr empfindliche Nachtheile zufügen. Die Weibchen sind meist flügellos und sitzen fast unbeweglich auf der einmal eingenommenen Stelle; gewöhnlich sterben sie nach Absetzung ihrer Brut und dienen dann den zahlreichen Eiern als eine hülsenartige Decke, andere Arten dagegen umhüllen ihre Eier bloss mit einem weissen Wollflöckchen.

Unter den vielen Arten dieser beiden Gattungen leben folgende als Schmarotzer auf Cacteen:

Die Cactus-Schildlaus, Coccus cacti, die bekannte Cochenille, von welcher Eingangs die Rede gewesen ist. Sie lebt besonders auf mehreren Opuntia-Arten, z. B. Opuntia coccinellifera, Tuna, Nopalilla u. a. m., geht aber im Nothfalle auch an Cereen. Das Weibchen ist erbsengross, dunkelbraun, dick weiss bestäubt, das Männchen dunkelroth, mit weissen Flügeln. Sie vermehrt sich in unserem Klima nur langsam und kann deswegen nicht zu den eigentlichen Feinden der europäischen Sammlungen gezählt werden, denn wenn ihr auch unsere Treibhaustemperatur bisweilen so günstig ist, dass sie auf einzelnen Opuntien, auf denen man sie bisweilen absichtlich pflegt, in ihrer Vermehrung etwas überhand nimmt, so dass sie sich nach Zerstörung der Wohnpflanze über alle benachbarte Cacteen (namentlich auch über Cereen) verbreitet und sie beschädigt, so kennt man doch kein Beispiel, wo man sie nicht durch Herabsetzung der Temperatur alsbald hätte vertilgen können. Ein Beweis mehr für ihre Seltenheit und folglich auch für ihre Unschädlichkeit sind die hohen Preise, für welche sie früher in den Cacteen-Verzeichnissen mancher Handelsgärtner angeboten wurde, in denen dann zu lesen war: „Opuntia coccinellifera cum Cocco cacti," d. h. mit lebenden Insekten!

Die Kaffee-Schildlaus, Coccus adonidum, unterscheidet sich von anderen Arten dadurch, dass das einer Kellerassel ähnliche, röthliche, dicht weiss bestäubte Weibchen bis zuletzt seine Beweglichkeit behält. Sie ist leider in unseren Warmhäusern sehr gemein und findet sich namentlich auch oft auf Cacteen, besonders auf Mamillaria flavescens, vivipara, simplex, parvimamma, chrysacantha u. a. häufig ein. Gruppenweise sitzen diese Thiere, den Saugschnabel tief in das fleischige Zellgewebe ihrer Nährpflanzen eingeschlagen. Die mikroskopisch kleinen Jungen bleiben einige Tage in der Wolle, von der sie von ihrer Geburt an umgeben sind, kriechen dann umher und gelangen leicht auf benachbarte Pflanzen.

Die Mamillarien-Schildlaus, Coccus Mamillariae, ist der vorigen ähnlich, doch das Männchen kleiner und dunkler, das Weibchen gewölbter, mehr nackt, ungeschwänzt, schmutziggelb, weiss bereift, mit einzelnen kurzen Borsten besetzt. Dieses Thier lebt in grossen Colonien an Mamillaria-Arten, die durch sie in kurzer Zeit getödtet werden. Das befruchtete Weibchen setzt sich fest, legt seine in dichtes Wollgewebe gehüllten gelben Eier und stirbt.

Der Cactus-Schildträger, Aspidiotus Echinocacti, ein allbekanntes Insekt, welches mit seinen kleinen, harten, länglichen, braunen oder gelblichen Schildern ausser Myrten, Orangen und vielen anderen Pflanzen auch Echinocacten (ganz besonders Echinocactus Ottonis), Cereen, Phyllocacten und Opuntien oft in ungeheurer Menge bedeckt.

Alle diese Thiere, mit Ausnahme der Cochenille, sind den Pflanzen, auf denen sie leben, weit gefährlicher, als die Blattläuse, besonders sind die Schildträger, die unter den kleinen, festklebenden Schildern, womit die Pflanzen oft gleich einer Rinde dicht bedeckt sind, leben und die Säfte aussaugen, äusserst verderblich. Es sind sogar Fälle vorgekommen, wo Coccus adonidum und Aspidiotus Echinocacti in Cacteensammlungen sich so beispiellos vermehrt hatten, dass kein Mittel dagegen in Anwendung gebracht werden konnte und dass die Pflanzen deshalb sammt und sonders vernichtet werden mussten. Diesen Schmarotzern gegenüber befinden wir uns hauptsächlich deshalb in einer sehr ungünstigen Lage, dass ihnen auch nicht einmal durch einen niederen Temperaturgrad das Handwerk gelegt werden kann; denn obgleich sie demselben warmen Klima entstammen, dem die Pflanzen, auf welchen sie leben, entführt worden sind, so halten sie doch sogar einen weit höheren Kältegrad aus, als die Pflanzen selbst, und wenn diese der Frost bereits vernichtet hat, sind jene oft erst erstarrt oder haben im ungünstigsten Falle ihr Leben mit der Pflanze zugleich geendet.

Die Vertilgung der Schildläuse ist eine schwierige Aufgabe und wird am sichersten durch behutsames Abkratzen mittelst eines Hölzchens, durch Abbürsten und sorgfältiges Ablesen bewirkt. Diese Arbeiten müssen stets an einem besonderen, von jeder Pflanzensammlung abgelegenen Orte ausgeführt, die abgelesenen Insekten sorgfältig gesammelt und verbrannt, die Pflanzen nach der Reinigung mit einer Abkochung schlechten Tabaks gewaschen und etwas später mit reinem Wasser gespritzt werden. Leider ist dieses Mittel nur bei den wenigsten-Cactus-Arten anwendbar, weil bei den übrigen die dicht verwebten und anliegenden Stacheln es verhindern, mit dem Holze oder Pinsel zu dem eigentlichen Sitze der Schildläuse einzudringen. Uebrigens ist die Reinigung der Cacteen mit dem Pinsel oder Holze nicht nur eine langweilige, sondern sogar eine schwierige Arbeit, da die Schildläuse oft so fest zwischen den mit Stacheln bewaffneten Höckern und Warzen sitzen, dass sie bei manchen Cactus-Arten ohne Verletzung des Pflanzengewebes gar nicht herauszubringen sind. Deshalb empfiehlt Ed. Sello (Gartenzeitung von Otto und Dietrich, Jahrg. 1840) ein Verfahren, das in Jac. Makoy's (Lüttich) reicher Sammlung üblich und von ausgezeichneter Wirkung war, nämlich folgendes:

An einem heiteren, sonnigen Tage nimmt man die von schädlichen Insekten befallenen Pflanzen, bedeckt die Erde, um die Ausspülung derselben zu verhüten, mit einem Tuche und spritzt dann mittelst einer kräftigen, feinlöcherigen Handspritze mit reinem, nicht zu kaltem Wasser und lässt dabei den Wasserstrahl recht kräftig auf die Pflanzen wirken. Durch das Anprallen des Wassers werden nun die ruhig sitzenden Insekten bald aufgestört und endlich nebst allem Schmutze von den Pflanzen abgespült, ohne dass letzteren ein Nachtheil daraus erwächst. Zur Vertilgung der Schildläuse ist jedoch dieses Verfahren noch nicht ausreichend, denn diese haften auf der Oberhaut der Pflanzen viel zu fest, um selbst durch den kräftigsten Wasserstrahl entfernt werden zu können. Um daher auch diese zu beseitigen, ist es nöthig, die Pflanzen einige Stunden vor dem Abspritzen in einen starken Tabaksabsud zu tauchen, welcher natürlich nicht in die Erde des Topfes eindringen darf. Hierdurch werden die Schildläuse getödtet und durch nachmaliges starkes Abspritzen entfernt. Die so behandelten Pflanzen sind im Sonnenschein schnell abzutrocknen. Grössere Exemplare von Cereen, Opuntien, Phyllocacten und Peirescien erfordern, wie sich von selbst versteht, mehr Mühe und Aufmerksamkeit.

Manche Cultivateure bestreuen die verlausten Pflanzen mit pulverisirtem Schwefel, der denselben jedoch für längere Zeit nicht nur ein sehr unangenehmes Ansehen giebt, sondern auch ihrer Gesundheit eben nicht zuträglich und noch dazu von keiner durchschlagenden Wirkung ist. Von sonstigen Mitteln empfiehlt Taschenberg in seiner Entomologie für Gärtner und Gartenfreunde das Abpinseln mit 35gradigem Spiritus, womit man den Pflanzen nicht schadet, Ueberstreichen mit Kalkmilch, wie auch Schwefelätherdampf. Die Anwendung dieses letzten Mittels ist jedoch nur für kleinere Pflanzen anwendbar. Man sperrt diese mit ihren Töpfen durch eine Glasglocke von der umgebenden Luft ab und giesst dann 6—8 Tropfen Aether darunter aus.

Wer übrigens seine Cacteen nicht durch unmässige Wärme und durch lange eingeschlossene Luft verzärtelt, sie im Sommer in's Freie stellt, dabei fleissig reinigt, in die passende Erde pflanzt und in jeder anderen Hinsicht angemessen behandelt, der wird weit weniger mit diesen lästigen Insekten zu kämpfen haben. Uebrigens rathe ich jedem Sammler, wenn er neue Pflanzen erhält, gleichviel ob Original- oder in europäischen Gewächshäusern erzogene Pflanzen, sie vor der Einverleibung in die Collection genau zu untersuchen, ob sie etwa mit Schildläusen behaftet sind. Es fehlt nicht an Beispielen, dass durch eine einzige neu eingeführte unreine Pflanze ganze grosse Collectionen mit Läusen bevölkert wurden und zu Grunde gingen.

4. Die Milbenspinne oder rothe Spinne, Gamasus telarius, ein äusserst kleiner, kaum sichtbarer, aber eben deshalb um so gefährlicherer Feind, der in unzählichen Mengen zu jeder Jahreszeit erscheint und seine unwillkommene Gegenwart durch gelbe und rothgelbe Pünktchen auf der Oberfläche der Pflanze zu erkennen giebt. Das Thier lebt vom Safte der Pflanzen, überzieht die ganze Oberfläche derselben mit einem sehr zarten Gespinste, unter welchem die nur als kleine, weisse Pünktchen sichtbare Brut verborgen ist, und vermehrt sich mit kaum glaublicher Schnelligkeit. Am raschesten verbreitet sich die Milbenspinne in Mistbeeten und Warmhäusern, besonders wenn bei grosser Wärme keine oder unzureichende Luft zugelassen wird und mithin die Atmosphäre des eingeschlossenen Raumes ausgetrocknet ist. In Häusern, in denen die Luft durch

Wasserdämpfe und fleissiges Lüften feucht erhalten wird, ist weniger von diesem gefährlichen Feinde zu fürchten. Im Freien kommt die Milbenspinne nicht sehr häufig und dann nur bei sehr heisser, trockener Jahreszeit vor. Sie scheint übrigens die Mamillarien, und unter diesen besonders Mamillaria longimamma, simplex, vivipara, parvimamma, chrysacantha, flavescens u. a. am häufigsten heimzusuchen.

Da dieser verheerende Pflanzenfeind sich so rasch verbreitet, so ist mit den Versuchen zur Rettung der von ihm befallenen Pflanzen durchaus keine Zeit zu verlieren, wenn sie gelingen sollen; denn ganz kurze Zeit nach der Einwanderung der Milbenspinne stockt das Wachsthum der Pflanzen, sie nehmen eine krankhaft-bleiche Farbe an, kommen von Tag zu Tag immer mehr von Säften und trocknen endlich fast zusammen, weil die gierige Schmarotzerbrut sich beinahe stündlich mehrt. Eine wichtige Vorsichtsmassregel ist die, dass man die Pflanze, auf welcher man zuerst den Feind entdeckt, sogleich von den übrigen Pflanzen trennt und erst nach sorgfältiger Reinigung mit diesen wieder vereinigt.

Alle bisher gegen die Milbenspinne empfohlene Mittel reichen nicht aus, den Feind mit einem Male aus dem Felde zu schlagen. Eins der zuverlässigsten haben wir jedoch glücklicherweise in der vom vormaligen Hofgärtner Bosse empfohlenen Schwefelräucherung, die fast immer die gewünschten Dienste geleistet hat. Die Anweisung dazu ist folgende: Man nehme schwarzen Schwefel, vermische ihn mit so viel Kalk und Wasser, dass er zu einer dünnen Salbe wird, mit der man die erwärmten Röhren, Kanäle und Oefen, in Mistbeeten sehr heisse Eisen überstreicht. Dieses Mittel wird, so oft der Anstrich trocken geworden, so lange wiederholt, bis der ganze Raum mit einem starken Schwefeldunste angefüllt ist. Selten wird man nöthig haben, das Mittel nach ein-, höchstens zweimaliger sorgfältiger Anwendung zu wiederholen. Sind nicht alle, sondern nur einzelne Pflanzen von der Milbenspinne befallen, so versteht es sich von selbst, dass man diese in einem kleinen verschlossenen

Raume, z. B. in einer umgekehrten, luftdichten Kiste, für sich behandelt.

Ein ähnliches sehr einfaches Mittel, welches von einigen erfahrenen Cacteenfreunden angelegentlich empfohlen worden ist, besteht darin, dass man 12—16 Kannen Wasser mit $^1/_4$ Kilo pulverisirtem Schwefel mischt und die Mischung so lange herumrührt, bis das Wasser eine blassgelbe Farbe annimmt. Mit diesem Wasser bespritzt man die inficirten Pflanzen wöchentlich drei- bis viermal so lange, bis sich keine Spinne mehr zeigt, worauf man die Pflanzen mit frischem, reinem Wasser überspritzt. Dieses Mittel soll nicht allein die Milbenspinne vom Grunde aus vertilgen, sondern auch die Schildläuse.

Das beste Mittel gegen die Milbenspinne bleibt aber immer fleissige Zuführung frischer Luft und öfter wiederholtes Ueberspritzen, besonders Abends, denn Feuchtigkeit ist ihrem Emporkommen durchaus hinderlich; dass man jedoch Letzteres nicht übertreiben darf, wenn man die Gesundheit der Pflanzen nicht anderweit gefährden will, versteht sich wohl von selbst. Erlaubt es die Witterung, die inficirten Pflanzen ins Freie zu stellen, wenn es auch nur den Tag über geschehen könnte, so verliert sich der Feind gewöhnlich sehr bald von selbst, nur bei sehr trockener, warmer Witterung will er immer nicht sogleich weichen.

5. Die Kellerassel, Oniscus Asellus, ist ein sehr bekanntes Insekt und einer der grössten Cacteenfeinde, der oft schweren Schaden anrichtet. Er stellt besonders den jungen Sämlingen eifrig nach und ist im Stande, in Zeit von 12 bis 16 Stunden die zarte Aussaat eines ganzen Topfes zu zerstören. Auch die grösseren Exemplare der weichen Mamillarien, namentlich die gelbstacheligen, verschont er nicht und hölt sie oft vollständig aus, sodass nur noch Haut und Stacheln übrig bleiben. Leider hält sich dieser gefährliche Feind an allen schattigen, warmen und etwas feuchten Orten oft in zahlloser Menge auf, in den Häusern und Kästen sowohl, wie auch im Freien.

Unter allen Mitteln, dieses Thier abzuhalten oder zu vertilgen, haben sich folgende am meisten bewährt. Wenn man Cacteen in Kästen hält, so darf man sie nur mit den Töpfen auf eine 3—5 cm hohe Schicht Kohlenlösche stellen; in dieser kommen Kellerasseln nicht nur sehr selten vor, sondern sie hält auch zugleich die Regenwürmer ab. Ein anderes, aber sehr kostspieliges Mittel, ebenfalls nur für Kästen anwendbar, ist der Kampfer, vor dessem Geruche alle Insekten fliehen. — Wenn man ausgehöhlte Kürbisse, Rüben, Möhren oder Kohlrabi, Schweinsklauen, hohle Knochen und ähnliche hohle Dinge auslegt, so verkriechen sie sich als Nachthiere bei Tagesanbruch darin und können dann mit leichter Mühe gefangen und getödtet werden. Gewöhnlich versammeln sie sich auch unter den Blumentöpfen, besonders wenn diese einen etwas hohlen Boden haben, und die jüngere Brut hält sich gern in den vom Begiessen entstandenen Rissen der Erdoberfläche auf, namentlich wo sich die Erde von der Topfwand losgegeben hat, woselbst man sie ebenfalls aufsuchen, fangen und tödten muss.

6. Die Kohlraupe, die Raupe des Kohlweisslings (Pontia brassicae), gehört ebenfalls zu den Cactusfeinden, jedoch nur zu den minder gefährlichen. Sie frisst gern die Blumen der im Freien stehenden Mamillarien an, und um zu denselben zu gelangen, scheut sie sich nicht, zwischen den Stacheln hindurch oder darüber hinweg zu kriechen. Manche Raupe spiesst sich jedoch bei dieser Wanderung an den Waffen und büsst dann freilich ihr Leben ein. Ein sorgfältiges Absuchen ist das beste Mittel, diesen Cactusschädiger zu beseitigen.

7. Die zweiundzwanzigfüssige Larve der Rosenblattwespe (Tenthredo rosae), unter dem Namen der grünen Rosenraupe allgemein bekannt. Sie lebt auf Rosensträuchern, an deren Blättern sie oft arge Zerstörungen anrichtet, und findet sich im Freien bisweilen auch auf Cereus coccineus, speciosissimus und dessen Hybriden, so wie auf Opuntia brasiliensis und allen Phyllocacten ein, deren junge Triebe und Spitzen

sie ganz besonders zu lieben scheint und häufig vernichtet. Auch hier hilft nur ein fleissiges Nachsehen und Absuchen.

8. Die Schnecken. Die Nackt- oder Egelschnecken sowohl wie die Gehäuseschnecken gehen gern auf die jüngeren Cactuspflanzen, um sie zu benagen. Am zudringlichsten und schädlichsten zeigt sich jedoch die kaum $2\,^1/_2$ cm lange, weissgraue Garten- oder Ackerschnecke (Limax agrestis), die sich oft ungeheuer vermehrt und gern an dunkeln, feuchten Orten, in Moos, Rasen und unter Steinen aufhält. Will man sie einfangen, so darf man nur Stücke von zerhackten Kürbissen, süssen Aepfeln oder Möhren, oder Malzträber des Abends auslegen; am frühen Morgen kann man sie dann in grosser Anzahl aufsammeln und tödten. Ist sie nicht in allzu grosser Anzahl vorhanden, so kann man sie einzeln absuchen, doch muss man dies Nachts beim Scheine einer Laterne thun, denn sie verlässt ihre Schlupfwinkel nur Abends oder sehr früh am Morgen, am Tage aber nur dann, wenn nach einem warmen Regen der Himmel bedeckt bleibt. Am häufigsten zeigt sie sich im Mai.

9. Der Regenwurm (Lumbricus terrestris) wird den Cacteen nur dann nachtheilig, wenn er in die Blumentöpfe kriecht, da er die Erde nicht nur durchlöchert und dadurch die Wurzeln aus ihrer natürlichen Lage bringt, sondern sie auch mit seinem Schleime verunreinigt, wodurch endlich der Abzug der Feuchtigkeit gehindert wird. Das sicherste Mittel, den Regenwürmern das Eindringen zu verwehren, besteht darin, dass man die Töpfe auf eine etwa 5 cm hohe Lage Kalkschutt, Kohlenlösche, Coaksasche oder Braunkohlenabgang stellt; in diesen Substanzen zeigt sich nie ein Regenwurm.

Sind bereits Regenwürmer in einen Topf eingedrungen, so kann man sie bisweilen dadurch herausbringen, dass man an die Topfwand klopft, worauf sie bald auf der Erdoberfläche erscheinen, weil ihnen jede Erschütterung höchst zuwider ist. Sicherer bleibt es jedoch immer, eine von Regenwürmern belästigte Pflanze sofort umzusetzen.

Andere thierische Pflanzenfeinde, z.B. Ameisen, Tausendfüssler (Julus und Scolopendra), Ohrwürmer und andere übergehe ich hier, da sie den Cacteen bisher gar keinen, oder doch kaum merklichen Schaden zugefügt haben.

Zum Schlusse möchte ich Cacteenfreunden den Rath geben, Spinnen niemals aus dem Bereiche ihrer Sammlungen zu verscheuchen, denn sie leisten als Raubthiere in der Vertilgung unserer Feinde sehr wichtige Dienste, indem sie eine Menge Kellerwürmer und anderes schädliche Ungeziefer morden und uns dabei nicht den geringsten Schaden thun; dasselbe gilt von den Raubwespen und Raubkäfern, zu welchen letzteren auch der bekannte Marien- oder Sonnenkäfer (Coccinella septempunctata mit ihren Verwandten) gehört, deren Larven sich besonders gern von Blatt- und Schildläusen nähren. Zu gleichem Zwecke hegt man in Orchideenhäusern, die wegen mangelhafter Zuführung frischer Luft ein Tummelplatz für alle Arten schädlichen Ungeziefers sind, die Salamander und Laubfrösche, welche die Schaben, Schnecken, Regenwürmer etc. in grosser Menge vertilgen; sollte dieses Mittel nicht auch für Cacteenhäuser anwendbar sein? Allerdings müsste dann vorher eine besondere Einrichtung getroffen und den rüstigen Kämpfern bei ihrem Vertilgungskriege das Leben so angenehm wie möglich gemacht werden, denn der Salamander z. B. kriecht gern auf bemoostem Gestein umher, und der Laubfrosch sitzt bekanntlich am liebsten auf Blättern.

Unter den sonstigen Unzuträglichkeiten, welche einer gedeihlichen Cacteenkultur im Wege sind, steht der Rauch obenan. Derselbe verstopft die Poren der Körperoberfläche, welche der Pflanze als Respirationsorgane dienen, und kann dadurch die Ursache zu mancherlei Krankheiten werden; am nachtheiligsten wirkt der Steinkohlenrauch. Auf welche Weise der Rauch vermieden werden kann, muss Jeder selbst zu ermessen wissen. — Einen noch verderblicheren Einfluss äussern die sauern und scharfen Dämpfe, mit welchen die Atmosphäre in der Nähe von Fabriken und Manufacturen geschwängert ist, und es ist gar nicht selten, dass die Pflanzen davon zu Grunde gehen. — Dieselben Nachtheile, die den Cacteen aus dem Rauche erwachsen, führt auch der Staub mit sich. Abgesehen davon, dass er dem Ansehen hellstacheliger Arten nachtheilg wird, schadet er den Cacteen während der Ruhezeit wenig oder gar nichts, aber während der Vegetationsperiode ist er ihnen vom grössten Nachtheile; deshalb müssen die Pflanzen solcher Sammlungen, welche in der Nähe staubiger Strassen aufgestellt sind, fleissig durch Ueberspritzen gereinigt werden.

Der Vollständigkeit wegen sind schliesslich noch zwei Pflanzenfeinde anzuführen, die schon früher erwähnt wurden, Moos und Flechten. Beide überziehen oft die Erdoberfläche der Töpfe, bilden endlich eine borkenartige Kruste und halten die Feuchtigkeit zu lange an, weil sie die Ausdünstung hemmen. Gewisse Bestandtheile der Erde und des zum Begiessen verwendeten Wassers scheinen dem Auftreten und der Verbreitung dieses Ueberzugs ganz besonders günstig zu sein, denn er lässt sich bei der sorgfältigsten Pflege nie ganz verhindern, weshalb der aufmerksame Cultivateur um so mehr dahinter her sein und die Erde in den Töpfen fleissig reinigen und bisweilen auflockern muss. Den Aussaaten ist dieser Ueberzug am verderblichsten und von diesen noch dazu am schwierigsten zu entfernen. Bei einer Erdmischung, der man gewaschenen Sand und Kohlenlösche beigemengt hat, ist der Moos- und Flechtenüberzug nur selten zu fürchten.

14. Etiquettiren, Verpacken und Versenden der Cacteen.

Zur Bezeichnung der zahlreichen Cactus-Arten bedient man sich der bekannten, durch den Handel verbreiteten Etiquetten aus astreinem Fichten- oder Tannenholze. Ihre Grösse muss den Dimensionen der zu bezeichnenden Individuen entsprechen. Man reibt der glatten, für den Namen bestimmten Fläche mittelst des Fingers weisse oder hellgelbe Oelfarbe ein und schreibt dann mit einem weder zu weichen noch zu harten, recht schwarzen Bleistifte sogleich den Namen in die noch nasse Farbe. Diese Art der Bezeichnung ist die bequemste, schnellste und wohlfeilste und bleibt, wenn die Schrift nicht anhaltender Nässe ausgesetzt wird, so lange deutlich, als das Holz dauert, da die auf nasse Oelfarbe geschriebene Bleistiftschrift sich mit der letzteren gleichsam vereinigt.

Die zweite Art, die Etiquettehölzer mit Namen zu versehen, ist um etwas Weniges kostspieliger, aber nichts desto weniger bequem und der ersteren vorzuziehen. Nach derselben werden die Etiquetten mit hellgelber Oelfarbe gestrichen, gut getrocknet und dann mit recht schwarzer, etwas dicker Tinte mittelst einer breitschnabeligen Stahlfeder mit dem Namen beschrieben. Ist die Schrift trocken, so wird sie zweimal mit Copallack überzogen, durch welchen Ueberzug sie dann gegen Luft und Nässe vollkommen geschützt ist. Die Anfertigung dieser lackirten Etiquetten geht sehr rasch von statten; man kann in einem Tage eine grosse Menge derselben anfertigen, und sie übertreffen wegen ihrer tiefschwarzen, scharfen Schrift an Zierlichkeit die gewöhnlichen Namenhölzer. Die Tinte, deren man sich dazu bedient, muss wo möglich eine starke Portion Blauholzextract enthalten, weil sie dadurch die Eigenschaft erhält, sich im Laufe der Zeit immer tiefer einzuätzen; wenn dann endlich der Lack längst verwittert ist, so steht doch noch die Schrift.

Um die Etiquetten gegen das Abfaulen zu schützen, behandelt man sie in folgender Weise: In 10 Liter kochenden Wassers löst man $^1/_2$ kg Kupfervitriol auf und stellt die zu behandelnden Hölzer in diese Flüssigkeit soweit ein, als sie in den Boden kommen sollen. Nach 24 Stunden nimmt man sie aus der Beize heraus und lässt sie soweit abtrocknen, dass sie sich nicht mehr nass anfühlen, und stellt sie in ähnlicher Weise für 24 Stunden in ein Gefäss mit einer gesättigten Lösung frisch gebrannten Kalks in Wasser. Nachdem sie wieder trocken geworden, können sie zur Verwendung kommen. Aus Fichtenholz bereitete und in der angegebenen Weise behandelte Namenhölzer zeigten sich, nachdem sie 3 Jahre lang im Boden gesteckt hatten, noch gänzlich unverändert und gesund. Die in Blumentöpfe eingesteckten Etiketten dieser Art äusserten keinerlei nachtheiligen Einfluss auf die Pflanzen. Es ist selbstverständlich, dass man die Nummerhölzer und Etiquetten mit diesen Flüssigkeiten ganz übergiessen kann, um auch die über dem Boden stehenden Theile gegen die Einwirkung der Feuchtigkeit zu schützen.

Wer für Zierlicheres und Haltbareres etwas mehr aufwenden mag, bediene sich der Zink-Etiquetten. Diese werden etwa in Form der Holz-Etiquetten und in angemessener Grösse aus Zinkblech geschnitten. Zum Schreiben bedient man sich einer kurzschnabelig geschnittenen Federpose und einer Flüssigkeit, welche aus einer bis zum spezifischen Gewicht von 1,080 verdünnten Lösung von Kupferchlorid besteht. Der Kupfergehalt dieser Flüssigkeit wird durch die Zinkplatte als feines metallisches Kupferpulver angezogen, welches in dieser feinen Vertheilung tiefschwarz erscheint, während die frei gewordene Säure sich mit dem Zink zu Chlorzink verbindet, das nach dem Trocknen der Schrift als grauer Ueberzug auftritt, aber durch Reiben leicht zu beseitigen ist. Um der Schrift langjährige Dauer zu sichern, überzieht man die Platte mit weissem, fettem Copallack. Sogenannte Zinktinte zum Beschreiben der Etiquetten, sowie Tinte zum Beschreiben der Holzetiquetten findet man fast in allen handelsgärtnerischen Verzeichnissen angeboten.

Für weit von einander wohnende Cacteensammler, die sich gegenseitig die ihnen fehlenden Arten mittheilen wollen, so wie für Handelsgärtner, welche Cacteensammlungen unterhalten, ist die Verpackung und Versendung der Cacteen ein sehr wichtiges Geschäft, welches, wenn es von Erfolg sein soll, mit der grössten Sorgfalt und Genauigkeit ausgeführt werden muss. Es kommt bei der Versendung Alles darauf an, dass die Pflanzen an dem Bestimmungsorte so gesund und wohlerhalten ankommen, wie sie abgegangen sind, und es ist daher nöthig, sie so zu verpacken, dass sie weder durch Reibung und Quetschung, noch durch Stossen auf dem mitunter langen Transporte beschädigt werden können.

Die einfachste und sicherste Verpackungsmethode ist folgende. Nachdem man die Pflanze aus dem Topfe genommen und alle Erde aus den Wurzeln geschüttelt hat, umwickelt man letztere mit trockenem, weichem Moose und befestigt dieses mit einem Bastfaden. Dieselbe Emballage, oder in Ermangelung des Mooses eine aus Werg, bekommt die Pflanze, wenn sie zu den härteren Arten gehört; zarte Arten dagegen werden besser in rohe Baumwolle eingewickelt oder mit dieser gleichsam völlig umsponnen. Dann wird die so emballirte Pflanze, nachdem ihr vorher das Namenholz beigelegt worden ist, noch in weiches Packpapier eingehüllt und in die auf dem Boden und an den Seiten mit weichem, trockenem Moose ausgefütterte Transportkiste gelegt. Uebrigens vergesse man nicht, den Raum zwischen den einzelnen Pflanzen dicht mit Moos auszufüttern, sie bekommen dadurch nicht nur eine festere Lage, sondern sie conserviren sich auch während des Transportes weit sicherer, weil jedes Packet für sich liegt und nicht mit anderen in Berührung kommt; namentlich können sie sich dann nicht so leicht gegenseitig mit ihren oft mächtigen Stacheln verwunden, was trotz der Umhüllung jeder einzelnen Pflanze dennoch bisweilen vorfällt, wenn die Pflanzen nicht durch eine Moosschicht getrennt sind und durch diese in einer ausreichend festen Lage erhalten werden. Zur Ausfüllung der Zwischenräume ist auch Kohlenlösche vorgeschlagen worden, doch liegen für die Anwendbarkeit dieses Materials sichere Zeugnisse noch nicht vor. Auf diese einfache Weise verpackt, halten die Cacteen einen sehr weiten Transport aus, weil die Pflanzen aus Mangel an Luft nicht ausdünsten können; es sind Beispiele vorgekommen, dass auf diese Art verpackte Originalpflanzen ein gutes halbes Jahr unterwegs gewesen und dennoch vollkommen gut erhalten angekommen sind.

Es versteht sich übrigens von selbst, dass die zur Versendung bestimmte Pflanzen oder Stecklinge keine frischen Wunden haben dürfen und dass das Verpackungsmaterial vollkommen trocken sein muss. Aus diesem Grunde ist es gut, wenn man die zu transportirenden Pflanzen einige Tage vor der Absendung nicht mehr begiesst, sondern vollkommen austrocknen lässt. In dem enggeschlossenen, noch dazu mit Emballage ausgefüllten Raume der Kiste ist ein einziger Tropfen Feuchtigkeit den Pflanzen weit gefährlicher, als im Bereich der freien Luft Uebermass beim Begiessen. Dass die zum Transport bestimmte Kiste deshalb fugenfrei und gegen den Zutritt aller Feuchtigkeit wohlverwahrt sein muss, brauche ich wohl kaum zu erwähnen.

Die beste Versendungszeit für Cacteen fällt zwischen Mitte April und Mitte October; eine frühere oder spätere Versendung bleibt jederzeit gewagt.

Sobald man einen Transport Cacteen erhält, hat man vor allen Dingen die Wurzeln zu untersuchen und alle schadhaft gewordenen, mögen sie nun faul, vertrocknet oder blos gequetscht sein, wegzuschneiden. Nur diese an den Wurzeln verschnittenen Pflanzen müssen vor dem Einpflanzen einige Stunden im Schatten und an der Luft an ihren Wunden abtrocknen, allen übrigen, gut erhalten gebliebenen Pflanzen ist es dienlicher, sie sogleich nach ihrer Ankunft in Töpfe einzupflanzen und dann in einen lauwarmen, dunstfreien Kasten dicht unter Glas zu stellen, woselbst sie volle Sonne und wenig Luft erhalten, aber anfangs einige Tage lang mit allem Giessen verschont werden müssen. So behandelt bewurzeln sie sich in kurzer Zeit. Ueber die Behandlung der aus Amerika eingetroffenen Originalpflanzen ist bereits das Nöthige angemerkt worden.

15. Geräthschaften und Werkzeuge.

Ohne mich bei den für alle Pflanzenkulturen unentbehrlichen Vorrichtungen, wie Mistbeetkästen mit den dazu gehörigen Fenstern, Läden, Lufthölzern, Schattendecken u. s. w.

aufzuhalten, will ich hier nur eine Uebersicht derjenigen Geräthschaften und Werkzeuge geben, mit denen ein eifriger Cacteenzüchter, um allen vorkommenden Fällen begegnen zu zu können, jederzeit versehen sein muss. Dahin möchten nun vor allen anderen folgende zu zählen sein:

1. Töpfe. Die Wahl derselben ist für das Gedeihen unserer Pfleglinge weniger gleichgültig, als Manche glauben mögen. In Betreff der Form der Töpfe ist zu bemerken, dass diese am Boden etwas enger sein müssen, als oben, etwa im Verhältnisse von 3 : 4 oder $4^1/_2$, ihre Wände gerade und vollkommen glatt, lieber zu dünn, als zu stark sein. Sehr vortheilhaft ist es, besonders bei kleineren Töpfen, wenn der aussen etwas concave Boden einen einige Centimeter hohen Rand hat, etwa wie bei einer Kaffetasse, und dieser an drei oder vier Stellen durchschnitten ist. Durch diese Einrichtung wird der Abzug des überflüssigen Wassers aus dem Erdballen befördert und die Ansammlung des abgezogenen verhütet.

Von oft unterschätzter Wichtigkeit ist die Beschaffenheit der Abzugslöcher der Töpfe, die leider von den Töpfern immer so klein ausgestochen werden, dass sie sich nachmals bald verstopfen, wodurch Versäuerung des Erdreichs und Wurzelfäulniss herbeigeführt werden. Die Abzugslöcher müssen durchaus, den Dimensionen der Töpfe angemessen, mindestens 15—25 mm weit sein. Töpfe von 5—10 cm oberer Weite erhalten deren nur eins, grössere aber nach Verhältniss drei bis fünf. Die Abzugslöcher dürfen übrigens innen keinen Grat haben, und müssen daher von innen nach aussen durchbohrt worden sein. Töpfe, an welchen man die Abzugslöcher nicht im Boden, sondern dicht über demselben unten in der Wand angebracht hat, sind aus leicht begreiflichen Gründen ganz unpraktisch und verwerflich.

Die besten Töpfe für Pflanzen überhaupt und besonders für Cacteen sind thönerne, mässig hart gebrannte. Glasirte, sowie Porzellan- und Fayençe-Töpfe, die von eleganten Blumenfreunden so häufig angewendet werden, sind nicht nur kostspielig, sondern beeinflussen auch die in ihnen unterhaltenen Pflanzen sehr ungünstig, theils weil die Wände keinen Wasserdunst durchlassen, deshalb die Feuchtigkeit zu lange in der Erde anhalten und somit, wenn man nicht recht vorsichtig giesst, sehr leicht zur Wurzelfäulniss Veranlassung geben, theils weil sie im Sommer oft so sehr erhitzt werden, dass die zarten, der Topfwand dicht anliegenden Wurzeln unvermeidlich verbrennen. Wer aber dennoch solche Töpfe in Gebrauch nehmen will, der möge doch beachten, dass je dichter die Masse derselben ist, desto öfterer die Oberfläche der Erde darin aufgelockert, und um so stärker auch der Boden über den Abzuglöchern mit zerstossenen Scherben etc. bedeckt werden muss, damit wenigstens Verdünstung und Abfluss der Feuchtigkeit bis zu einem gewissen Grade gesichert sei. All zu hart gebrannte Töpfe dürfen bei der Cacteenkultur ,ebenfalls nicht in Anwendung kommen, da sie dieselben Nachtheile mit sich führen. Sogar unter den porösen, nicht zu hart gebrannten giebt es oft einige, die weit schwerer austrocknen, als die übrigen, wenn sie auch mit derselben Erde gefüllt sind; gewöhnlich liegt der Fehler darin, dass sie zu dicke Wände haben, und es giebt dann keinen besseren Rath, als die Pflanze sogleich in einen andern Topf zu versetzen und den schwer austrocknenden auf der Stelle zu zerschlagen.

Die Form der Töpfe richtet sich im Ganzen nach dem Wuchse und dem Wurzelvermögen der verschiedenen Cactus-Arten. Wo man flache Töpfe, d. h. Töpfe mit niedriger Wand in Anwendung bringen kann, da darf man es nicht unterlassen, denn die Wurzeln der meisten Cacteen breiten sich gern in der Nähe der Oberfläche aus und gehen erst dann mehr in die Tiefe, wenn der obere Raum völlig ausgefüllt ist. Man bedient sich dieser flachen Töpfe nicht nur für jüngere Individuen aller Cactus-Arten, sondern auch für ältere Mamillarien, Melocacten, Echinocacten, Echinopsen und ähnliche Formen; nur für alte, mit langen, rübenartigen Wurzeln versehene Echinocacten und Mamillarien, sowie für alle hochgewachsene

Cereen, Phyllocacten, Rhipsaliden, Epiphyllen, Opuntien und Peirescien wendet man diejenige Topfform an, die für alle andere Pflanzen allgemein gebräuchlich ist. Man lasse sich diese flachen Töpfe in sieben verschiedenen Grössen anfertigen, nämlich nach altem Masse:

a)	2	Zoll	hoch	mit	2	Zoll	oberen Durchmesser;
b)	2	„	„	„	2½	„	„ „
c)	2½	„	„	„	3	„	„ „
d)	3	„	„	„	4	„	„ „
e)	4	„	„	„	5	„	„ „
f)	4½	„	„	„	6	„	„ „
g)	6	„	„	„	8	„	„ „

Die letzte Sorte ist nur für sehr grosse Exemplare der Kugelformen bestimmt. — Für alle Töpfe ist die kreisrunde Form nicht nur die zierlichste sondern auch die zweckmässigste, da bei solcher die Feuchtigkeit sich gleichmässiger vertheilt und gleichmässiger ausdünstet. Für grosse Opuntien indessen mit plattgedrücktem Stamme lassen sich Töpfe mit etwas ovalgezogenem Rande, wobei jedoch der Boden kreisrund bleiben muss, noch vortheilhafter benutzen, als kreisrandige, weil man dann in dem Oval für den breiten Stamm der Pflanze eher einen passenden Mittelpunkt gewinnt. Auch sind schon Töpfe mit viereckig-gedrücktem Rande, aber rundem Boden, in Vorschag gebracht, aber meines Wissens noch nie angewendet worden; ich bezweifle auch, dass sie wegen ihrer unschönen, winkeligen Form, die sicher auch mancherlei Nachtheile für die Pflanzen haben muss, je in Aufnahme kommen werden.

Sollte der eine oder der andere Cacteenfreund noch keine flachen Töpfe besitzen oder sie nur schwer erlangen können, so kann er sich allenfalls dadurch helfen, dass er in die gewöhnlichen hochwandigen Töpfe beim Versetzen der Pflanzen eine viel höhere Scherbenlage bringt, als man in der Regel zu thun pflegt. Sind aber die Abzugslöcher der Töpfe zu klein, so lassen sich diese mit einem kleinen, eisernen Hammer durch mässiges, mehrmals wiederholtes Aufschlagen sehr leicht vergrössern.

2. Saat- oder Stopfnäpfe, die zum Aussäen, Piquiren und für die Stopfer ganz unentbehrlich sind. Sie dürfen nicht mehr als 15—20 cm im Durchmesser haben, da sie sonst unbequem zu behandeln sind; übrigens können sie entweder mit senkrechten Wänden versehen oder auch, wie die Töpfe, am Boden etwas enger sein als oben. Die Wand muss 6—8 cm Höhe und der Boden 5—7 grosse Abzugslöcher haben. In jeder andern Hinsicht gilt für die Saatnäpfe dasselbe, was bereits über die Töpfe gesagt worden ist.

3. Die Glasglocken dienen zum Bedecken wurzellos gewordener Pflanzen und der Stecklinge empfindlicherer Arten. Unter ihrer Anwendung bewurzeln sich die Stecklinge rascher und sicherer, wie im 7. Abschnitte gezeigt worden. Sie müssen so flach als möglich sein, damit sie nur einen kleinen Luftraum einschliessen, und oben, um den Abzug feuchten Dunstes zu sichern, eine kleine Oeffnung haben. Sie können von verschiedener Höhe und Weite vorräthig sein, weil sich immer ihre Weite nach der der Näpfe oder Töpfe richten muss, so dass zwischen der Glocke und dem Topfrande noch ein kleiner Raum unbedeckt bleibt, um die Stecklinge allenfalls auch ohne Abnahme der Glocken begiessen zu können. Die besten Glocken sind die von weissem Glase, stehen aber im Preise doppelt so hoch, als die von gewöhnlichem grünen Flaschenglase.

In Ermangelung passender Glasglocken habe ich die Stecklinge auch oft mit umgestülpten Blumentöpfen, aus welchen ich vorher den Boden geschlagen hatte, bedeckt und auf die Oeffnung eine Glastafel gelegt. Für die Stecklinge der meisten Cacteen-Arten braucht man übrigens nicht einmal eine Glockenbedeckung, da sie sich ohnedies leicht bewurzeln.

4. Eine Anzahl runder Glastafeln zur Bedeckung der Aussaaten und der piquirten Sämlinge. Der Same keimt unter einer solchen Bedeckung, welche die allzurasche Verdunstung der Bodenfeuchtigkeit verhindert, leichter, und piquirte Pflänzchen bewurzeln sich früher und sicherer; auch werden

die schlimmen Kellerwürmer, welche bekanntlich unter den Cacteensämlingen oft grosse Verwüstungen anrichten, durch die Glasbedeckung vom Eindringen abgehalten.

5. Zwei Drahtsiebe, das eine zum Durchsieben der Erde mit Maschen von ungefähr 95 mm, das andere zum Durchsieben trockenen Lehms mit Maschen von nur 65 mm Weite. Um die Siebböden gegen Rost zu schützen, ist es vortheilhaft, sie dick mit Bernsteinlack zu überziehen.

6. Mehrere Giesskannen von verschiedenen Grössen. Die kleineren müssen mit an der Spitze stumpfwinklig gebogenen, abnehmbaren Rohren und feinlöcherigen Brausen versehen sein. Letzterer bedient man sich beim Ueberspritzen; ihre Scheibe muss etwas gewölbt sein, weil in diesem Falle die feinen Wasserstrahlen sich freier ausbreiten. Brausen mit flacher Scheibe haben dagegen den Vortheil, dass bei ihrer Anwendung staubig gewordene oder sonstwie beschmutzte Pflanzen besser gereinigt werden.

Zum Ueberspritzen und Abwaschen der Pflanzen bedient man sich übrigens statt der Brausen mit noch grösserem Vortheile der schon mehrerwähnten einfachen Handpatentspritzen, welche im Handel allgemein verbreitet sind.

7. Verschiedene Messer, die immer scharf erhalten und deshalb auf einem mit Zinnasche und Seife bestrichenen Streichriemen fleissig abgezogen werden müssen. Man braucht wenigstens vier Sorten Messer, nämlich ein gewöhnliches Gartenmesser (Hippe) zu allerlei Gebrauche, ein Oculirmesser, mit welchem sich die Cacteen am bequemsten pfropfen lassen, ein Federmesser, zu verschiedenen subtilen Operationen geeignet, und endlich ein dolchähnlich geformtes Messer, mit 15—25 cm langer, etwa 2 cm breiter, dünner, rundspitziger Klinge zum Schneiden der Kopfstecklinge.

Will man sehr starke Cactus-Individuen durchschneiden, die oft eine dicke Rinde und eine stark verholzte Achse haben, oder muss man mächtige Originalpflanzen operiren, so bedient man sich dazu am besten einer sogenannten Laubsäge.

8. Eine Scheere von 10—12 cm Länge, um das in den Saatnäpfen emporgeschossene Unkraut ausschneiden zu können; wollte man letzteres mit den Fingern herausziehen, so würde man in Gefahr gerathen, zugleich die zarten Sämlinge mit heraus zu reissen.

9. Ein stählernes Zängelchen (Pincette), für den Cacteen-Cultivateur ein äusserst wichtiges Werkzeug, denn es dient nicht nur zum bessern Anfassen der zarten Sämlinge beim Verstopfen, so wie zum Auszählen der Blumentheile und Stachelbündel beim Untersuchen und Bestimmen der Pflanzen, sondern es ist auch zum Ausziehen der in die Hände oder gar unter die Nägel eingedrungenen Stacheln und Borsten, womit die meisten unserer Pfleglinge reichlich begabt sind, vortrefflich zu gebrauchen.

10. Eine Lupe (Suchglas) ist für den Cacteenfreund ebenfalls unentbehrlich, theils beim Untersuchen und Bestimmen der Pflanzen, theils um die mit unbewaffneten Auge kaum bemerkbaren Schönheiten mancher Cacteen (Mamillaria Schiedeana, Pelecyphora aselliformis, vieler Echinocacten u. a. m.) besser beobachten zu können. Lupe und Pincette müssen immer zur Hand sein.

11. Ein Thermometer nach Reaumur darf bei einer Cacteensammlung durchaus nicht fehlen.

12. Verschiedene andere Gegenstände, wie Borstenpinsel, weiche Bürstchen zum Reinigen der Pflanzen von Ungeziefer, feine Haarpinsel, zum Aufnehmen des Blüthenstaubes bei der künstlichen Befruchtung, Etiquetten, Stäbe und kleine Spaliere, Bast und Wollenfäden, einige Mäusefallen, Piquierhölzer und endlich einige Korkkästen für diejenigen Schmarotzer-Cacteen, mit welchen man den obern Raum des Hauses oder die Wände zieren will.

Mit diesen hier aufgezählten Gegenständen reicht man bei der Cacteen-Kultur vollkommen aus.

II. Abtheilung.

Beschreibung der Cacteen

nach ihren

Abtheilungen, Zünften, Gattungen und Arten.

Vorbemerkung.

In dem ersten einleitenden Abschnitte ist eine kurze Geschichte der Cacteenkunde gegeben und sind in derselben die in der Nomenclatur und Synonymik eingerissene Verwirrung und ihre Ursachen erörtert worden. Wie sehr auch der Bearbeiter bemüht gewesen ist, die bei der Abwicklung des Knäuels ihm zwischen die Finger kommenden Knoten zu lösen, so ist ihm dies doch nur in verhältnissmässig wenigen Fällen möglich gewesen und muss Klärung noch mancher dunkler Punkte der Zukunft überlassen bleiben.

Andererseits sind in neuerer Zeit manche neue Cactusarten in Originalpflanzen oder in Samen eingeführt, neue Varietäten und Blendlinge erzogen worden, über welche sich in Gartenschriften entweder gar keine oder nur dürftige und für eine Monographie unbrauchbare Nachrichten finden. In anderen Fällen stimmen Originalbeschreibungen neuer oder auch älterer Arten so wenig mit den von mir beobachteten lebenden, anscheinend formvollendeten Pflanzen, dass es mir unmöglich war, einen Ausweg aus diesem Widerstreit zu finden, und ich mich verpflichtet erachtete, mich lieber an die Originalbeschreibungen, als an die Autopsie zu halten.

Unter solchen Umständen muss man es dem Herrn Verleger Dank wissen, wenn er sich erbietet, eine **Sammelstelle** einzurichten, an welche Seitens der Cacteencultivateure aus Beruf oder Neigung, die sich für dieses Buch interessiren, jede Nachricht einzuliefern sein würde, welche sich auf abweichende Beobachtungen und Erfahrungen im Bereiche der Cacteen, wie auf Novitäten jeder Kategorie (neu eingeführte Arten oder Formen, Kulturvarietäten, Blendlinge u. s. w.) beziehen.

Dieselben sollen bearbeitet und nach einigen Jahren in den Druck gegeben und das Heft als Nachtrag den Besitzern dieses Buches zu ermässigtem Preise abgelassen werden.

Die Aufsammlung und Bearbeitung solcher Nachrichten übernimmt der Generalsecretär **Th. Rümpler** in Erfurt.

Möchten Alle, welche sich für die wunderbare Welt der Cacteen interessiren, diesem Aufrufe zur Mitarbeiterschaft freundliche Beachtung schenken!

Endlich sei noch bemerkt, dass sich für Anfänger in der Cacteenkultur am Schlusse der Cacteenbeschreibung kleine Sortimente der schönsten, in der Kultur nicht schwierigen, sowie der besten leichtblühenden Arten und Formen zusammengestellt finden.

Die Cacteen im Allgemeinen.

Die Cacteen sind fleischige Holzgewächse und in ihrem Habitus so ausserordentlich mannichfaltig, wie fast keine andere Pflanzenfamilie.

Sie erscheinen in ihrer Gestalt bald als einfache, kugelige, ellipsoïdische, ei-, birn-, kreisel- oder keulenförmige, gerippte, höckerige oder warzige Körper (z. B. Melocactus, Echinocactus, Echinopsis, Mamillaria etc.), — bald als hohe, schlanke, kerzenähnliche oder säulenförmige, eckige, einfache oder verästelte Stämme (Pilocereus und die Cerei columnares) — bald als Massen auf einander gesetzter eckiger, kugeliger, lang-cylindrischer oder platter, oft blattartiger Zweigglieder (z. B. Rhipsalis, Epiphyllum, Phyllocactus, Opuntia, die Cerei articulati und radicantes u. s. w.), — bald als förmlich ausgebildete blättertragende Sträucher und Bäume (Peirescia).

Die Oberfläche des Körpers ist bald mehr, bald weniger glänzend, bald chagrinartig punktirt, meist heller oder dunkler grün, seltner grau-, kupfer-, braun- oder schwarzgrün, noch seltener aber schwarzrothgrün. Bei manchen Arten ist sie mit hechtblauem oder seegrünem Reife überzogen oder auch wohl mit weissem, mehlartigem Staube bedeckt. Von einigen Cacteen hat man zierliche Spielarten mit gemalter Körperfläche erzeugt (Mamillaria tentaculata picta, Echinopsis turbinata picta, Cereus triangularis pictus etc.), welche sich aber durch Stecklinge nur schwer vermehren lassen.

Die Consistenz des Körpers ist fleischig, denn seine ganze Masse besteht aus einem saftreichen, mit einer Epidermis (Oberhäutchen) bedeckten Zellgewebe. Nur im höheren Alter bilden sich zwischen dem Zellgewebe Holzfasern, wodurch die Masse sich nach und nach verdichtet und endlich in wirkliches Holz verwandelt. Die Körper und Stämme bejahrter Cacteen verlieren daher mit dem Alter fast ihre ursprüngliche Gestalt und mit dieser die Furchen und Kanten, sie werden dann rund und ihre Rinde verkohlt gleichsam, bräunt sich und reisst auf, wie wir solches bei alten Bäumen wahrnehmen. Alle Cacteen besitzen übrigens gleich anderen Succulenten einen ziemlich dicken Rindenkörper und eine feste, mit einer sehr geringen Zahl von Spaltöffnungen (Rindenporen) versehene Epidermis, weshalb die Ausdünstung bei ihnen nur sehr langsam von statten geht und sie lange bei Kraft bleiben können, ohne Nahrung von Aussen aufzunehmen. So wie sie aber langsamer ausdünsten, so nehmen sie auch langsamer das Wasser auf, als andere Gewächse, und nur wenn ihr Zellgewebe erschlafft oder leer geworden ist, saugen sie die gebotene Flüssigkeit schneller auf, daher auf das Begiessen der Cacteen ganz besondere Aufmerksamkeit und Sorgfalt zu verwenden ist.

Die Central-Achse (der Kern) des Cactuskörpers ist faserig, bei älteren Individuen hart und wie bei allen andern Pflanzen stets cylindrisch. Sie durchzieht den Körper vom Wurzelhalse bis zum Herzen. Das letztere bezeichnet man in der Kunstsprache mit dem Namen Nabel und die Umgebung desselben, d. i. die Spitze des Körpers, nennt man den Kopf oder Scheitel.

Die Wurzeln der Cacteen haben eine im Vergleich mit dem sehr dicken und schwammigen Hauptkörper ziemlich dünne, holzige Achse. Sie sind sich übrigens in ihrer äusseren Bildung ziemlich gleich und bestehen in der Regel aus 3—5 oder mehr verhältnissmässig starken Hauptwurzeln, die zu einer grösseren oder geringeren Anzahl von Neben- oder Faserwurzeln verästelt sind. Nur bei manchen Arten, namentlich von Echinocacten und Mamillarien, die im Vaterlande auf tieferem Boden vorzukommen pflegen, scheint die Wurzel hinsichtlich der Grösse mit dem Umfange des Pflanzenkörpers zu concurriren; denn diese Arten haben eine einzige (seltner mehrere)

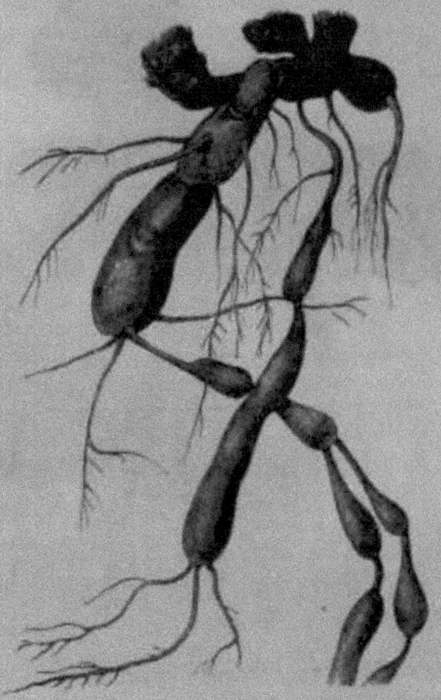

Fig. 10. Opuntia filipendula.

rübenförmige, fleischige, starke und lange Haupt- oder Herzwurzel mit nur wenigen Nebenwurzeln. — Bei manchen Cactus-Arten entwickelt sich das Wurzelvermögen unter entsprechender Pflege ungemein kräftig, z. B. bei vielen Mamillarien und Opuntien, die in freien Boden gepflanzt oft ellenlange, saitenartige Wurzeln treiben. Bei einzelnen Arten verdicken sich die Wurzeln knollenförmig in der Weise der Spiraea filipendula, z. B. bei Opuntia filipendula; bei anderen entwickelt sich die ganze Wurzel in Form einer Knolle, wie bei Opuntia macrorrhiza. — Die Stelle des Cactuskörpers, an welcher sämmtliche Wurzeln ihren Ursprung nehmen, nennt man den Wurzelhals. Bei Stecklingen können die Wurzeln den dicken Rindenkörper meistens nicht durchdringen, auch sind sie nur selten

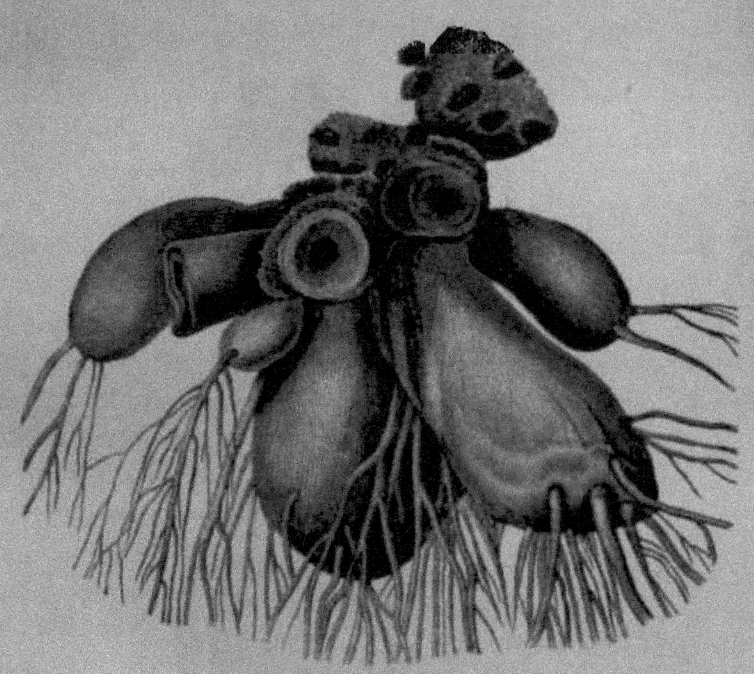

Fig. 11. Opuntia macrorrhiza.

im Stande, die zu hart vernarbte Wunde von der Centralachse aus zu durchbrechen, und kommen daher gewöhnlich seitlich zwischen Holz und Rinde hervor; nur bei wenigen Cereen- und Opuntien treten sie auch zugleich oder ausschliesslieh seitwärts unmittelbar aus der Rinde heraus. Aus dieser Ursache haben die aus Stecklingen erzogenen Individuen nur selten, die aus grossen Kopfstecklingen erzogenen aber sogar niemals einen normalen Wurzelhals, was iedoch ihrem Gedeihen in keiner Weise Eintrag thut.

Manche Cacteen, z. B. die Cerei radicantes, die Rhipsaliden und Phyllocacten, erzeugen aus ihren Stämmen und Zweigen Luftwurzeln, welche ihren Ursprung aus der Centralachse nehmend die ganze Dicke der Rinde durchbrechen und niemals aus oder unter dem Stachelpolster, sondern vielmehr aus den durch die Kanten gebildeten Furchen (Cerei radicantes) oder auf den flachen Seiten der Stämme und Zweige (Rhipsaliden und Phyllocacten) entspringen. Sie sind weisslich oder gelblich, glatt, lang und dünn und meist einfach, seltener ästig und bilden sich, wenn sie die Erde erreichen können oder in dieselbe gebracht werden, zu wirklichen Wurzeln aus. An den gegliederten Rhipsaliden, den Epiphyllen und einigen Opuntien erscheinen ebenfalls häufig kräftige Luftwurzeln, welche aber stets nur aus den Gelenken der Glieder, nie aus den Seiten derselben hervortreten.

Blätter fehlen den meisten Cactus-Arten. Wirklich ausgebildete, flache, genervte, bisweilen 10—12 cm lange und 5—6 cm breite, alljährlich regelmässig abfallende Blätter haben nur die Peirescien; an sie schliessen sich die Opuntien mit ihren kleinen, nur 2—10 mm langen, fast cylindrischen, oft pfriemlichen Blättern, die von sehr kurzer (oft kaum ein paar Tage langer) Dauer sind, weshalb man sie nur an den jüngsten Trieben beobachten kann; den Beschluss machen endlich die Rhipsaliden, wenn man die an den Stachelpolstern stehenden, kleinen, oft kaum bemerkbaren Schuppen für eine Andeutung von Blättern nehmen will. Allen übrigen Cacteen fehlen sie durchaus. Das Parenchym (Zellgewebe) scheint bei dieser merkwürdigen Pflanzenfamilie einzig und allein auf die Ausbildung des Körpers verwendet zu werden und so ist dieser auf Unkosten der Blätter in mannichfacher Gestaltung fleischig angeschwollen.

Die Augen oder Knospen der Cacteen, aus welchen theils Blüthen, theils junge Triebe (Sprossen) hervorkommen, nennt man Lebensknoten oder Areolen, Stachelpolster, Stachelkissen, oder auch wohl Scheiben. Wir wählen als den passendsten den

Namen Stachelpolster. Sie sitzen entweder auf der Spitze der Warzen und Höcker und in den Achseln (Axillen) derselben (bei Mamillaria und Pelecyphora) oder nur in den Achseln (bei Anhalonium prismaticum) oder auf der Schärfe

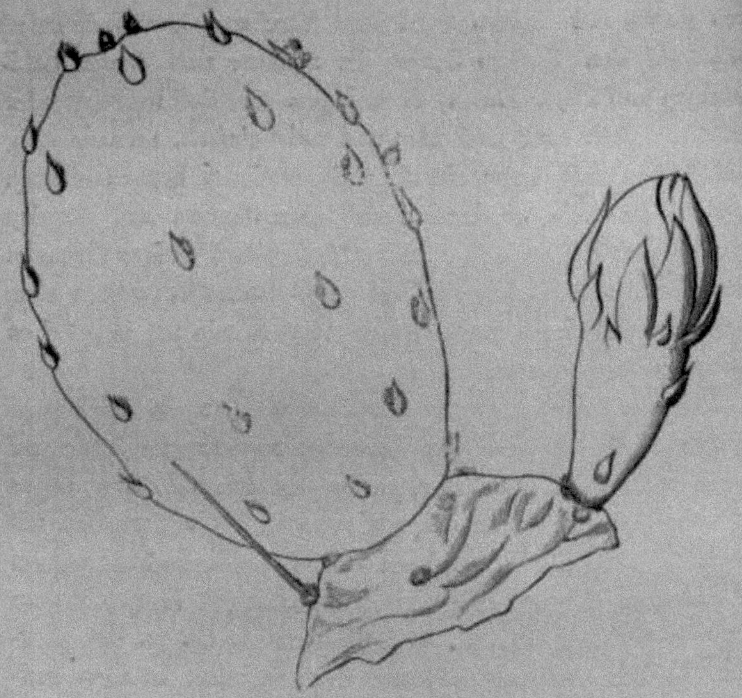

Fig. 12. Opuntia vulgaris, Stengelglied.

der hervorspringenden Kanten (bei Echinocactus, Echinopsis, Cereus u. s. w.) oder in den Kerben der blattartig-geflügelten Zweige (bei Rhipsalis und Phyllocactus) oder an der Spitze der Glieder (bei Epiphyllum und den gegliederten Rhipsaliden), oder sie sind endlich auf der ganzen Fläche der Glieder vertheilt (bei Opuntia). Bei allen Cacteen, die Epiphyllen und gegliederten Rhipsaliden ausgenommen, stehen die Stachelpolster stets abwechselnd und sind sonach spiralförmig geordnet. Auch bei den Peirescien stehen sie so, wie bei andern Holzpflanzen die alternirenden Knospen.

Von der grossen Anzahl von Stachelpolstern, mit welchen jeder Cactuskörper gleichsam übersäet ist, sieht man in der Regel verhältnissmässig nur wenige derselben in offener Thätigkeit; der volle Lebensreiz scheint bei der Mehrzahl zu schlafen, bis er durch irgend eine Ursache (z. B. durch Abstutzen des Scheitels) geweckt wird, wie bei Bäumen, nachdem sie gefällt worden, aus dem in der Erde verbleibenden Stumpfe Knospen sich entwickeln, welche seit langen Jahren, vielleicht schon von der ersten Jugend an, im Schlafe verharrten. In derselben Weise lassen sich auch sehr viele Echinocacten und Säulen-Kerzencacten zum Sprossen nöthigen. Manche Stachelpolster treten sogar unter keinerlei Umständen in Lebensthätigkeit, was zur characteristischen Eigenthümlichkeit mehrerer Cactusformen gehört. So treiben z. B. die sämmtlichen Areolen der Melocacten (Melocactus meonacanthus und amoenus ausgenommen) und der Mamillaria simplex niemals aus, weshalb diese Formen nur durch Samen fortgepflanzt werden können; so bringen die auf den Warzenspitzen stehenden Stachelpolster der Mamillarien nur bei wenigen Arten Sprossen hervor und die auf den Höckerspitzen sitzenden Stachelpolster des Anhalonium pulvilligerum und der Pelecyphora aselliformis scheinen in dieser Hinsicht ebenfalls unthätig zu sein. Auch die plattgliederigen Opuntien treiben meist nur aus den auf dem Rande, und die rundgliederigen aus den an der Spitze vertheilten Stachelpolstern ihre Blüthen und Sprossen. Dagegen ist bei der Mehrzahl der Cacteen die Lebensthätigkeit der Stachelpolster im Allgemeinen eben so gross, wie bei den Knospen anderer Pflanzen, denn es bildet sich bei den meisten Arten an Stelle eines nach Erzeugung einer Blüthe erloschenen Lebensheerdes solcher Art sogleich ein anderer, der dann aber keine Blüthe, sondern einen Spross hervortreibt. Eine Ausnahme hiervon machen die bereits angeführte Mamillaria simplex und die meisten Melocacten, welche verschwundene Areolen nicht ersetzen, selbst aus denjenigen nicht sprossen, die eine Blüthe erzeugt haben. Bei manchen Cacteen dagegen ist die Reproduktionsfähigkeit der Sprossen bildenden Stachelpolster ungewöhnlich stark; ein Beispiel hierzu liefern Echinopsis multiplex und turbinata, die sich nach jedesmaligem Ausputzen mit Sprossen wieder ganz und gar überdecken, und viele Echinocacten, deren Unterlagen oft sogar auf der Schnittfläche, jedoch dann stets aus der abgestutzten Centralachse eine Menge von Sprossen treiben. — Näheres über die Eigenschaften der Stachelpolster der verschiedenen Cactus-Gattungen wird später in der Beschreibung derselben angeführt.

Die Gestalt und Bedeckung der Stachelpolster zeigt im Allgemeinen sehr wenig Verschiedenheit. Bald mehr, bald weniger hervorstehend, sind sie in der Jugend stets mit einem weichen Filz aus äusserst zarten, kurzen Haaren bedeckt. Bei sehr vielen Cactusarten sind die Filzpolster im jugendlichen Alter auch noch von Zottenhaaren, Wolle oder Flockenwolle eingehüllt, welche Bekleidung sich aber in der Regel sehr bald verliert. Auch der Filz des Polsters verliert sich bei den meisten Arten im spätern Arten theilweise, oft aber auch ganz, und die Stachelpolster werden dann völlig entblösst, in welchem Zustande man sie nackt nennt.

Die Gestalt und Bedeckung der Achsel-Areolen, die nur bei den Gattungen Mamillaria, Anhalonium, Melocactus und Pelecyphora vorkommen, ist im Ganzen genommen ziemlich dieselbe, doch sind sie bei mehrern Cactusarten mit sehr langer Wolle oder mit Borsten, auch wohl mit beiden zugleich mehr oder minder dicht bedeckt. Diese Bedeckung erscheint bei manchen Arten erst im Alter, bei andern aber schon in der Jugend und verschwindet in späterer Zeit wieder. Der charakteristische Schopf der Melocacten ist stets von einem aus den Achsel-Areolen entstehenden dichten, langen Woll- und Borstengemisch überkleidet.

Bei den meisten Cactusarten trägt jede Areole, die Achsel-Areole ausgenommen, an ihrer Basis ein Waffenbündel, durch welches gleichsam das fehlende Blatt repräsentirt und die Areole zugleich zu einem Waffenträger wird. Diese Waffen sind unstreitig die grösste und schönste Zierde der Cacteen und möchten wohl bei keiner andern Pflanzenfamilie in Form, Grösse, Anzahl, Stellung, Richtung, Consistenz und Färbung so verschiedenartig auftreten, wie bei dieser. Sie erscheinen bald als Stacheln, bald als Borsten, bald als Haarstacheln oder Haarborsten wie bei Pilocereus senilis, ja sogar als Seidenhaare, wie bei Mamillaria Schiedeana, alle aber nehmen ihren Ursprung nur aus der Rinde des Körpers und sind sonach wahre Stacheln und nicht Dornen, da der Holzkörper an ihrer Bildung keinen Antheil hat, wie bei dem Schlehenstrauche.

Fast bei allen Cactusarten sind die Waffen einfach, nur bei einigen kommen sie bisweilen, wenigstens in ihrer Jugend, federig oder ästig vor, z. B. bei Mamillaria pusilla und Schiedeana, und bei Echinocactus Melmsianus endet der obere Stachel eines jeden Bündels sogar in 3 Spitzen. Sehr verschieden sind die Cactus-Waffen hinsichtlich ihrer Grösse; bald erscheinen sie als kaum sichtbare Borsten, bald als mächtige, haken- oder nagelförmige Stacheln. Pöppig erwähnt in seiner Reise eines ästigen Säulen-Kerzencactus, dessen Stacheln 30 cm Länge hatten. Bei manchen Cactusarten, z. B. vielen Echinocacten, ist bisweilen ein Theil der Stacheln nicht ausgebildet und diese sind oft nur als kaum wahrnehmbare Rudimente vorhanden; nennt man abortivische Stacheln.

Bei sehr vielen Cactusarten unterscheiden wir je nach der Stellung Rand- oder Radialstacheln und Mittel- oder Centralstacheln. Jene stehen am Rande des Stachelposters, sind oft kleiner, schwächer und anders gefärbt, als diese, stehen häufig strahlenförmig nach allen Seiten gerichtet und sind oft der Pflanze mehr oder weniger angedrückt. Eine und dieselbe Art variirt nicht selten in der Zahl der Stacheln, und häufig schlagen Mittelstacheln fehl oder sind bei vielen Arten überhaupt nicht vorhanden. Bei einer grossen Anzahl von Arten, vorzugsweise der Gattung Echinocactus, sind die Stacheln nach Länge und Stärke so kräftig entwickelt und erreichen zugleich eine so grosse Festigkeit, dass sie dadurch fast unnahbar werden, wie die Abbildung eines Rippenfragments von Echinocactus polycephalus erkennen lässt.

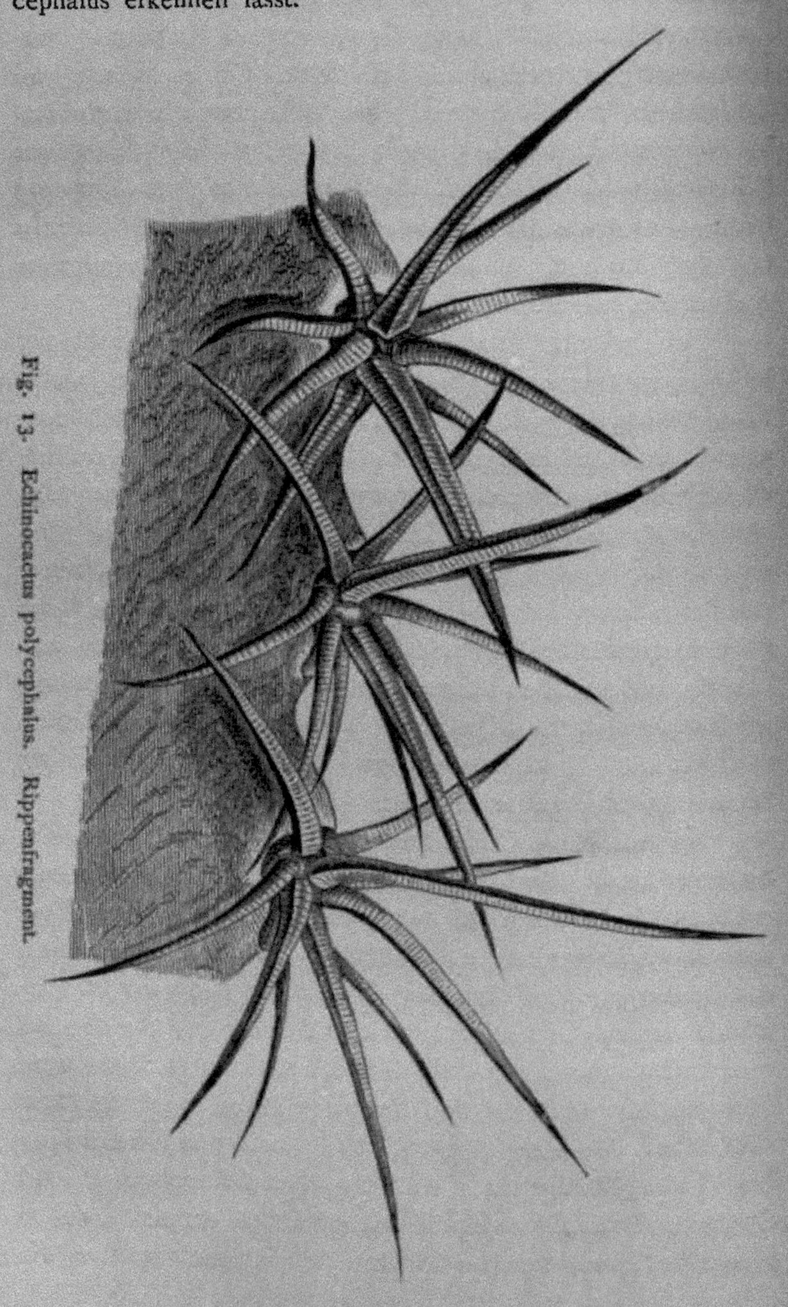

Fig. 13. Echinocactus polycephalus. Rippenfragment.

Weil die Waffen auf Unkosten der fehlenden Blätter hervorgegangen zu sein scheinen und wahrscheinlich die Rudimente derselben bedeuten, so sind viele Cacteenfreunde zu der irrthümlichen Ansicht gekommen, als hätten sie gleich diesen den Athmungsprozess zu ermitteln. Sie haben vielmehr für die Cacteen keine andere Bedeutung, als die einer Schutzwehr, deren das fleischige, von Saft strotzende Gewebe des Cactuskörpers so sehr bedarf. Zugleich aber sind sie eine der schönsten Zierden dieser seltsamen Gewächse und geben echten Pflanzenfreunden vielfach Gelegenheit zu interessanten Beobachtungen und Studien. Bei vielen Cacteen zeigt die Bewaffnung in den verschiedensten Stadien der Entwickelung und je nach dem Alter eine ganz verschiedene Form, wie beispielsweise bei Cereus Greggii α. cismontanus. Uebrigens sind nicht alle Cactus-

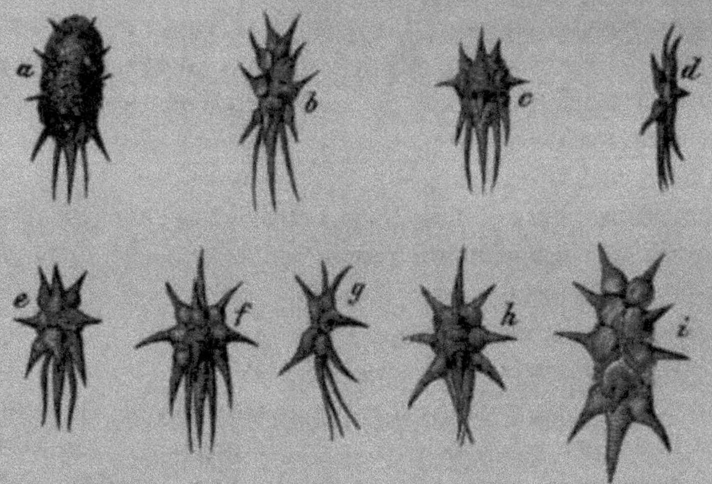

Fig. 14. Cereus Greggii, Waffenbündel verschiedenen Alters.

Arten mit Waffen ausgerüstet. Einige, z. B. Anhalonium prismaticum, die Epiphyllen und Rhipsaliden, sind jederzeit waffenlos oder die Waffen werden durch eine zarte Behaarung ersetzt; andere, die Phyllocacten, haben nur in der frühesten Jugend unter ihren Stachelpolstern eine spärliche Borstenbewaffnung, die sich jedoch sehr bald verliert. Auch bei einigen Opuntien,

z. B. Opuntia clavarioïdes, vulgaris, coccinellifera, crassa, parvula u. s. w. sind die Stachelpolster nur mit zahlreichen, ungemein kleinen Borstchen besetzt, die an älteren Gliedern oft ganz verschwinden; höchst selten zeigt sich zwischen diesen Borsten ein einzelner Stachel.

In dem Blüthenstande der Cacteen herrscht im Allgemeinen sehr wenig Regelmässigkeit. Nur bei den Melocacten sind die Blüthen jederzeit auf einem warzigen cylindrischen oder konischen Schopfe gesammelt, und bei den Mamillarien bilden sie meist um den Scheitel herum einen Gürtel, bei allen übrigen Cactusarten dagegen stehen sie einzeln und zerstreut. In allen Fällen aber sind die Blüthen gewöhnlich seitenständig, selten endständig. Ans jeder Blüthen-Areole entspringt übrigens nie mehr als eine Blüthe.

Die Cacteenblüthe ist im botanischen Sinne stets eine Blüthenhülle (perigonium, perianthium) und besteht aus mehreren Kreisen blumenblattartig gefärbter Blätter, deren äussere als sepaloidische (Sepalen) und deren innere als petaloidische (Petalen) unterschieden werden. Die Cacteenblüthen sind stets zwitterig und zeigen sich in Gestalt, Grösse und Farbe sehr verschieden. Entweder sind die Perigonblätter zu einer mehr oder minder lange Röhre verwachsen oder sie sind von der Basis aus frei und bilden dann eine radförmige Blüthe; bei vielen Arten ist der Saum des Perigons während der Anthesis (d. i. das Offensein der Blume oder das eigentliche Blühen) ausgebreitet, bei andern öffnet er sich nur halb, wodurch dann die Blüthe ein glocken- oder trichterförmiges Ansehen erhält. Bei manchen Arten, z. B. bei Echinocactus pumilus, öffnen sich die Blüthen wenig oder gar nicht. Viele Cacteenblüthen haben in Länge und Durchmesser nur 2—3 mm, andere 15 bis 25 cm und mehr. Viele Arten öffnen ihre Blumen nur im Sonnenscheine, einige nur Vormittags, andere nur in der Nacht nicht nur in unseren Gewächshäusern, sondern auch in ihrer Heimath, und noch andere zu jeder Tageszeit; bei einigen dauern sie nur wenige Stunden, bei vielen aber auch einige

Fig. 15. Langröhrige Blüthe des Cereus Landbeckii, der Länge nach durchschnitten, nebst Frucht.

Tage, eine gewisse Zeit im Wechsel sich schliessend und wieder entfaltend (meteorisch).

Unstreitig gehören die Blüthen vieler Cacteen zu dem Schönsten, was die Pflanzenwelt in dieser Art aufzuweisen hat. Die

Fig. 16. Kurzröhrige Blüthe von Echinocactus Emoryi.

menschliche Sprache ist viel zu wortarm, um die üppige Pracht einer Blume, wie wir sie an Cereus grandiflorus, speciosissimus, setaceus u. a. m. bewundern, in ihrer ganzen Herrlichkeit schildern zu können! Von unendlicher Mannichfaltigkeit sind die Farben, in welcher die Cactusblüthen prangen: blendendes Weiss, Pomeranzen-, Schwefel- und Goldgelb, Lila, Hellviolett, Purpurroth, Incarnatroth, Rosa, Hochroth, Scharlachroth, Blutroth etc. in vielfältigen Nüancen. Die rothen Farben sind oft so brennend, dass sie das Auge kaum zu ertragen vermag, oft noch mit einem bläulichen Metallglanz überflogen, z. B. bei Cereus speciosissimus, der ihre Pracht unendlich erhöht. Bei manchen Arten hauchen die Blumen auch einen kräftigen, oft fast betäubenden, vanilleähnlichen Wohlgeruch aus.

Die Blüthezeit der Cacteen ist nicht bei allen Arten eine und dieselbe. Die meisten blühen in dem Zeitraume von Ende Mai bis August und September, wenige früher, manche jedoch auch später, z. B. viele Rhipsaliden und die Epiphyllen, deren Blüthezeit erst im November und December beginnt. Nach dem Verblühen fällt das Perigon entweder ab, wie bei den Mamillarien, oder es bleibt noch eine lange Zeit in vertrocknetem Zustande auf der Spitze der Frucht sitzen, wie bei den Cereen und Phyllocacten.

Eine interessante Eigenschaft vieler Cactusarten ist die Reizbarkeit (Irritabilität) der Staubfäden. Die geringste Berührung mit einem spitzen, harten Körper veranlasst sie, sich rasch nach den Griffel der Blüthe hinzubewegen und sich demselben dicht anzulegen. Diese Erscheinung wird bei Mamillarien, Malacocarpus-Arten, Echinocactus Ottonis und seinen Varietäten und bei Opuntien beobachtet. Bei Mamillaria loricata will Palmer in Versailles gesehen haben, dass die mit der Spitze eines Bleistiftes berührten Staubfäden sich nach dem Perigon hin zurücklegten, um langsam wieder in ihre frühere Stellung zurück zu kehren. Bei einem blühenden Phyllocactus Ackermanni sah Förster, als er zum Zwecke der Befruchtung Blüthenstaub auf die Narbe gebracht, nicht nur die Lappen langsam sich derselben zuneigen, sondern auch die Perigonblätter ziemlich rasch sich zurück- und der Röhre anlegen.

Es scheint übrigens und ist physiologisch sehr erklärlich, dass die Periode der Reizbarkeit die Zeit sei, in welcher die künstliche Befruchtung mit dem sichersten Erfolge vorgenommen werden kann.

Die Frucht ist eine breiartig-fleischige, einfächerige, vielsamige Beere von länglicher, oft keulenförmiger, eiförmiger, kugeliger oder feigenförmiger Gestalt, bisweilen gerippt und kantig, entweder glatt oder schuppig, auch wohl borstig oder stachelig, und von Farbe weiss, gelb, orangegelb, rosenroth, carminroth, scharlachroth, purpurroth, violettroth, gelbgrün, grünbraun oder schwärzlich. Bei einigen Gattungen ist sie an der Spitze mehr oder weniger stark genabelt, wie bei den

Fig. 17. Frucht von Opuntia Emoryi.

Opuntien, bei anderen stark bewaffnet oder mit rauhen Schuppen besetzt, andere dagegen sind mit den welken Resten des Perigons gekrönt. Die Früchte sämmtlicher Cacteen sind essbar und haben meist einen höchst angenehmen säuerlich-süssen Geschmack, weshalb sie im Vaterlande nicht nur das Hauptnahrungsmittel der Indianer sind, sondern ihnen auch von Vögeln und Insekten begierig nachgestellt wird. In unserem Klima erreichen sie jedoch niemals die vollständige Reife, die sie zum Genuss tauglich macht. Die rothen Früchte vieler Cacteen (namentlich der Opuntien) haben die merkwürdige Eigenschaft, dass sie genossen den Urin roth färben. — Manche Cactusarten setzen bei uns im Kulturstande sehr leicht von selbst zahlreiche Früchte an, andere dagegen nur nach vorgenommener künstlicher Befruchtung.

Fig. 18. Frucht von Echinocactus Lecontei.

Ueber die Constitution der Cactusfrucht hat Dr. Engelmann in den Memoiren der Akademie von Saint-Louis (Missouri) einige sehr interessante Mittheilungen veröffentlicht. „Man weiss, bemerkt er daselbst, dass die Früchte dieser Pflanzenfamilie im Allgemeinen saftig sind und das Fleisch unmittelbar unter der Haut liegt und das Innere von einer saftigen Masse erfüllt ist, in welcher die Samen eingebettet sind. Bei gewissen Arten ist es das Parenchym, welches vorwiegt, bei

14*

anderen ist es der Fruchtbrei, endlich giebt es auch lederartige Früchte. Aber bei allen ist der Griffel während der ganzen Dauer der Blüthe mit sehr dünnen und zarten Haaren bedeckt, welche von dem Momente der Befruchtung an auffallend stärker werden, und zu gleicher Zeit strotzt das Zellgewebe des Organs von Feuchtigkeit. Jede Zelle zerreisst oder löst sich ab, so dass endlich die Samen, wie bemerkt, in einer fast flüssigen Masse schwimmen, kaum dass sie noch mit einigen sehr fein zarten Gefässen mit der Fruchtwand zusammen hängen."

Fig. 19. Frucht von Cereus polyacanthus.

Eine eigenthümliche Erscheinung ist das Sprossen der Früchte einiger Opuntia-Arten. Hierüber berichten Gartendirector Otto und Dr. A. Dietrich in der Allgemeinen Gartenzeitung 1843: „Bei mehreren Opuntien, z. B. O. monacantha, polyantha und Salmiana, welche jährlich reichlich blühen und Früchte tragen, entspringen aus und auf den Spitzen mancher Früchte neue Zweige oder Glieder, und zwar nicht einzeln, sondern zu 4—6 und mehr, die dann theils um den Scheitel herum stehen, theils etwas seitwärts gerückt sind. In diesem Jahre (1843) bilden sich sogar auf den Früchten, die aus den Blüthen des vorigen Jahres entstanden sind, ausser den Zweigen neue Blüthen, so dass auf einer alten Frucht der Opuntia polyantha 5—6 völlig ausgebildete Blüthen hervorkommen, die bereits geöffnet sind (August), theils in kurzem sich öffnen werden. Die 6 grossen Blüthenknospen auf den Früchten der Opuntia polyantha bedecken den Scheitel derselben so dicht, dass, wenn sie alle zu gleicher Zeit sich öffnen, der Raum kaum ausreichen dürfte, sie zu fassen. Eine solche Frucht gleicht einem kleinen Blüthenkopfe, dessen Blumen über den Rand hinausragen.

„Auch auf den Früchten der Opuntia Salmiana kommt diese Erscheinung vor, denn es haben sich auf scheinbar reifen, rothgefärbten Früchten zu verschiedenen Malen geöffnete Blüthen gezeigt, was der Pflanze ein eigenthümliches Ansehen giebt. Die auf den Früchten entstehenden Zweige brechen indess bei der leisesten Berührung ab und fallen zu Boden; dann entspringen aber wieder neue Zweige aus denselben rothgefärbten Früchten und auch Blumen, die, im Fall sie vor der Entwicklung abgebrochen werden, noch im Zimmer hinter einem sonnigen Fenster zur Ausbildung kommen.

„Schneidet man diese zweigtreibenden Früchte auf, so findet man in ihnen keine ausgebildeten Samen, sondern in einer kurzen schmalen Höhle liegen die unbefruchteten Samenknospen wie kleine leere Hüllen oder Puppenhäute ausgeschlüpfter Insekten. Aeusserlich aber sind diese Früchte von den normal entwickelten nicht verschieden und bestehen aus dem mit der verwachsenen Kelchröhre umgebenen, angeschwollenen Fruchtknoten mit den fehlgeschlagenen Samenknospen. Auch getrennt von der Mutterpflanze scheinen diese Fruchtansätze dieselbe Vegetationskraft zu haben, als sässen sie noch am alten Stamme. Wir erhielten vor mehreren Jahren eine Frucht von Opuntia monacantha aus Cuba, aus deren Mitte sich ein neuer Zweig (oder Glied) entwickelte, welcher sich wieder naturgemäss verästelt hat, so dass jetzt eine ganz normale Pflanze von 60 cm Höhe daraus entstanden ist. Die Unterlage oder den Stamm bildet die alte Frucht, die jetzt zwar holzig geworden, dessen ungeachtet aber noch gut zu erkennen ist. Ob diese nun ebenfalls unvollkommen sei, d. h. keinen reifen Samen enthalte, können wir nun freilich nicht wissen.

„Die Erscheinung der sprossenenden Früchte ist freilich nicht neu, da wir sie schon früher an mehrern Opuntien beobachtet haben, allein allgemein bekannt ist sie keineswegs, weshalb wir sie im Interesse der Pflanzenphysiologie hiermit veröffentlichen."

Ganz dieselbe Erscheinung beobachtete Turpin an verschiedenen Opuntien auf St. Domingo. Auch Förster besass eine Opuntia Salmiana, aus deren schon rother Beere eine grosse Menge von Zweiggliedern hervorsprosste, so wie eine junge Opuntia polyantha, die sich mit Blüthenknospen förmlich bedeckte, welche zwar in ihrer fernern Entwickelung zurückblieben, dagegen später aus dem Fruchtknoten vollkommene Zweigglieder trieben.

Ueber das Lebensalter, welches die Cacteen erreichen, sind nur wenig Angaben vorhanden. Eine der interessantesten und sichersten Nachweisungen giebt uns Deleuze (Histoire du Muséum d'histoire naturelle etc. p. 306), indem er uns von dem im Jardin du Roi zu Paris befindlichen Riesen-Exemplare des Cereus peruvianus Folgendes berichtet. Er wurde im Jahre 1700 durch Hatton, Professor der Botanik zu Leyden, an Fagon geschickt und von diesem im Jardin du Roi gepflanzt. Damals hatte er nur eine Höhe von 4 Zoll und 2 Zoll Durchmesser, er wurde aber bald so gross, dass im Jahre 1713 sein Stamm sich über das Glashaus, in dem er gepflanzt war, erhob, und man genöthigt war, seinen Scheitel mit einem glühenden Eisen auszubrennen, um sein Wachsthum zu hemmen; doch hinderte ihn diese Procedur keineswegs, seitwärts Sprossen zu treiben. Im Jahre 1717 gab A. de Jussieu in den Memoiren der Akademie der Wissenschaften eine Beschreibung und Zeichnung dieses Riesen-Cactus; er war damals 23 Fuss hoch und hatte 7 Zoll im Durchmesser. Man beschloss, ihn mit einem Glassbehältniss zu umgeben, das man in dem Masse, als er grösser wurde, erhöhte. So weit Deleuze. Später berichtet uns Turpin (Observations sur la famille des Cactées etc. 1831), dass dieses Pracht-Exemplar nunmehr eine Höhe von 40 Fuss und unten einen Durchmesser von 8—10 Zoll erreicht habe. Es ist zu bedauern, dass man von der ferneren Existenz dieses Cereus peruvianus bisher nichts weiter vernommen hat.

Nimmt man an, dass diese Pflanze bei ihrer Ankunft im Jardin du Roi mindestens 2 Jahr alt gewesen ist, so ergiebt sich daraus für sie bis zum Jahre 1831 ein Alter von 133 und, vorausgesetzt dass sie noch lebt, bis zum laufenden Jahre von 187 Jahren!

Schliessen wir von der ungeheuren Grösse, die so viele Cacteen auf vaterländischem Boden erreichen, und der sich mit der Zeit vollziehenden Verholzung ihrer Stämme auf die Lebensdauer, so möchte man überhaupt wohl für viele derselben ein ziemlich hohes Lebensalter annehmen können.

Es ist kaum glaublich, welche Grösse manche Cacteenstämme in ihrer Heimath erreichen. Cereus Moritzianus, resupinatus, variabilis, Royeni, virens, serpentinus, tetragonus u. a. m. erreichen eine Höhe von 4—7 m und bilden förmliche kleine Wälder. Viele Arten der Cereus-Gruppen, der Articulati und Radicantes, die man im Vaterlande unter dem allgemeinen Namen Pitahaya begreift, erklettern als Halbparasiten die höchsten Baumgipfel und hängen von da zum Erdboden hernieder. Dasselbe thun einige Phyllocacten, und Phyllocactus latifrons, der sich nicht auf Bäumen ansiedelt, wie die meisten seiner Verwandten, legt sich nach v. Karwinski's Berichte mit seinen handbreiten Verzweigungen in einer Breite von 4—5 m über die Felsen hinweg. Auch unter den Opuntien giebt es Arten von riesenhaftem Wuchse; so erreichen Opuntia brasiliensis und cylindrica eine Höhe von 6 m und erstere einen Durchmesser von 3—6 cm, die zweite einen solchen von 7—10 cm. Dabei zeigt der Stamm der O. cylindrica keine Spur von Gliederung, so dass man sie fast für eine Ceree halten könnte. Aber die Riesen unter den Cacteen sind unstreitig Cereus peruvianus, Pilocereus senilis und Pilocereus Columna, deren Säulengestalten auf heimathlichem Boden bei 58—60 cm Durchmesser zu einer Höhe von 14—15 m emporstreben. Man denke sich einen Pilocereus senilis von dieser Stärke und Höhe mit einem 30—60 cm langen Schopfe und den zahllosen weissen Haaren! Wem drängt sich bei Betrachtung solcher lebender Riesensäulen nicht unwillkürlich die Frage auf: wie alt mögen diese wohl sein, wie viele Jahrhunderte haben sie schon schwinden sehen? -- Von Cereus peruvianus besitzen übrigens auch verschiedene europäische Sammlungen mächtige Exemplare, die in ihrer Höhe den vaterländischen fast gleichkommen.

Auch die Peirescien sollen ziemlich ansehnliche Dimensionen erreichen.

In demselben Verhältnisse, in welchem die Säulen- und Gliederformen der Cacteen in ihrem Vaterlande zu mächtiger Höhe aufwachsen, thun dies die Rundformen, und unter diesen vorzugsweise die Echinocacten. Wenn uns (allerdings ungenannte) Reisende erzählen, dass einige Echinocacten einen so bedeutenden Umfang gewännen, dass ein Reiter ihrer obersten Blüthen kaum ansichtig werden und sich leicht hinter ihnen verbergen könne, so ist das nicht unwahrscheinlich, da andere, sehr glaubhafte Männer, welche das Cacteenland bereisten, uns ähnliche Wunderdinge berichten. So fand v. Karwinski in Mexico Stämme von Echinocactus ingens von $1^1/_2$—2 m Höhe und Durchmesser, weshalb er ihm auch den Beinamen ingens (d. h. ungeheuerer) gab. So sandte Deppe während seines Aufenthaltes in Mexiko im Jahre 1826 dem botanischen Garten in Berlin ein Exemplar des Echinocactus platyacanthus von 47 cm Höhe und 58 cm Durchmesser, welches 100 kg wog, aber leider bald nach der Ankunft starb. K. Ehrenberg in Berlin, welcher so viele seltene und neue Cacteen in die europäischen Gärten eingeführt hat, war im Besitze eines vollkommen regelmässig gewachsenen Echinocactus platyacanthus, der fast eine grosse Halbkugel bildete und ein Gewicht von 350 bis 375 Pfund hatte. Er besass eine dunkelgrüne, gesunde Farbe und war nur an der Basis verholzt. Nach Ehrenbergs Versicherung finden sich in Mexiko Riesen dieser Species von $1^1/_2$—3 m Höhe und von einem entsprechenden Durchmesser, welche nach unten hin die Stacheln verloren haben und nur oberhalb noch eine kräftige Vegetation zeigen; doch alsdann fehlt denselben das gesunde grüne Ansehen, und sie gleichen eher abgestorbenen ungeheuren Eichenstumpfen. Echinocactus Mirbelii erreicht nach Deschamps im Vaterlande (Mexiko) eine Höhe von $1^1/_3$—$1^1/_2$ m bei einem Durchmesser von 30 cm. — Der Kaufmann Wegener in Stralsund besass einige Originalpflanzen von Echinocactus hystrichacanthus, welche 42 cm Durchmesser hatten. Ob die Echinopsen, Melocacten und Mamillarien in der Heimath eine auffallende Grösse erreichen, darüber ist noch nichts bekannt geworden, denn jene berühmte 100 kg schwere Original-Mamillarie, welche der Herzog von Bedford besass, war jedenfalls ein Echinocactus platyacanthus.

Eine englische Zeitschrift vom Jahre 1839 berichtet darüber Folgendes: „In der grossen Cacteensammlung des Herzogs von Bedford zu Woburn Abbey befindet sich unter anderen auch eine höchst merkwürdige Mamillarie von so ausserordentlichen Dimensionen, dass sie 2 Centner wiegt; es erforderte die vereinigten Kräfte von 8 Indianern, sie zum Wagen zu schaffen, auf welchem sie aus der Entfernung von 100 Meilen bis nach Mexiko gebracht wurde. Die Blüthen dieses riesenhaften Cactus sind gelb, und nachdem er auf den Wagen gebracht war, zeigten sich mehrere aufgehende Knospen; die Frucht ist schmackhaft, aber Scheiben der grünen Pflanze selbst werden zu Confect bereitet, das fast wie eingemachte Citronen schmeckt."

Aber auch in unserer Zeit finden sich in den Gewächshäusern, vorzugsweise in England, noch Cactusriesen verschiedener Art. So besitzt J. T. Peacock in Sudbury-House, welcher eine berühmt gewordene Sammlung von Succulenten unterhält, zwei Pflanzen des „Zahnstocher-Cactus" (Echinocactus Visnaga), deren stärkste einen Durchmesser von 8 Fuss 6 Zoll engl. hat und fast 5 Ctr. wiegt.

In Gardeners' Chronicle 1845 beschreibt Hooker ein in Kew befindliches Monster-Exemplar von Echinocactus Visnaga mit einem Gewichte von 713 Pfd. engl., von einer Höhe von $4^1/_2$ Fuss und einem Durchmesser von 8 Fuss 7 Zoll etwa 1 Fuss über der Basis.

Wahrhaft wunderbar ist auch die Lebenszähigkeit der Cacteen. In dieser Beziehung ist ein Versuch bemerkenswerth, den mein nun verewigter Freund J. Beer in Wien anstellte. Er pflanzte ein kleines, nur $2^1/_2$ cm hohes Exemplar von Echinopsis Eyriesi in ein Glas, das er dann mittelst eines eingeschliffenen Glasstöpfels und mit Fett hermetisch verschloss. Im ersten Jahre wuchs der Cactus freudig fort und nahm merklich an Gewicht zu.

Im zweiten Jahre zeigten sich Pteris serrulata und Nephrodium molle im Glase und füllten den inneren Raum fast ganz aus, nichtsdestoweniger wuchs der Cactus weiter und wurde 6 cm lang.

Im dritten Jahre vertrockneten die Farne, aber eine andere kräftige cryptogamische Vegetation überzog als grüne Masse die innere Glaswand dergestalt, dass im Herbst von dem Cactus nichts mehr zu sehen war. Dennoch nahm er in diesem Jahre um $2^1/_2$ cm zu, wurde verhältnissmässig schwerer und trieb sogar einen Zweig.

Vom fünften bis siebenten Jahre hörte nach und nach alle fremde Vegetation auf, wahrscheinlich in Folge der Abnahme der Feuchtigkeit; die innere Glaswand erschien trocken und die verdorrten Reste der früher im Glase vegetirenden Pflänzchen lagen auf dem Cactus und am Boden des Glasgefässes.

Im achten Jahre hatte die Pflanze den Glasstöpfel erreicht und berührte ihn mit ihren Stacheln.

Im Frühling des neunten Jahres (1851) endlich drückte der Cactus energisch gegen den Stöpfel und hatte ihn nach wenigem Tagen (am 27. April), obgleich er sehr gut verwahrt gewesen, in die Höhe gehoben. Der Scheitel der Pflanze erschien von dieser gewaltigen Anstrengung völlig zerdrückt. An diesem Tage wuchs der Cactus um mehr als 1 cm. Besonders bemerkenswerth erschien bei diesem Versuche die mehr als zehnfache Zunahme des Gewichtes der Pflanze in dem so kleinen geschlossenen Raume.

Von der wunderbaren Lebenszähigkeit der Cacteen giebt es der Beispiele nicht wenige. So berichtete Pepin der Pariser Gartenbaugesellschaft, wie er vor 8 Jahren von Cereus peruvianus einen Zweig abgebrochen, der, obwohl er frei ohne Feuchtigkeit und Erde in einem Zimmer aufbewahrt wurde, am Leben blieb, ja in jedem Jahre neue Wurzeln von ein- bis zweijähriger Dauer erzeugte.

Bei Phyllocactus phyllanthoides bemerkt man bisweilen, dass junge Sprossen auf vergilbten und vertrockneten älteren Trieben Jahre lang frisch und kräftig sich erhalten. An einem von Opuntia Ficus indica abgeschnittenen Stücke entwickelte sich nach 6 Monaten eine Blüthe und brachte ein Jahr darauf eine reife Frucht, während welcher Zeit dasselbe Stengelfragment neue Triebe erzeugte.

Es sind bis jetzt über 900 Cactusarten bekannt geworden, ob aber alle echte, gute Arten, möchte wohl zu bezweifeln sein. Denn gleich vielen anderen Pflanzengattungen haben auch die meisten Gattungen der Cacteen, wenigstens eine grosse Anzahl von Arten derselben, eine entschiedene Neigung, zahlreiche Spielarten (Varietäten) und Uebergangsformen hervorzubringen, und so möchte sich im Laufe der Zeit die jetzt existirende ungeheure Artenzahl mindestens auf die Hälfe reduciren, wenn bei dem wieder erwachten Interesse an dieser Gewächsfamilie ihrem Studium neuer und noch grösserer Eifer, als vormals, zugewendet werden wird.

Für die Nomenclatur der Cacteen ist in den vierziger Jahren durch bedeutende Botaniker, wie Fürst Salm, Dr. Pfeiffer, v. Martius, Link, Otto, Lemaire, Scheidweiler, Zuccarini u. a., sehr viel geschehen, und es ist nicht zu leugnen, dass die Wissenschaft dadurch gewonnen hat, ob sie aber auf festere Grundlagen gestellt worden ist, steht dahin. Denn noch immer ist die Namenverwirrung gross, was namentlich die kaufenden Cacteenfreunde gar oft zu ihrem Nachtheile erfahren, wenn sie eine und dieselbe Art vielleicht unter 2—3 verschiedenen Namen erhalten. Es bleibt demnach noch Manches zu wünschen übrig und es kann noch lange Zeit vergehen, ehe die Kenntniss der Cacteen zu einen gewissen Abschluss gebracht sein wird.

Für die Bestimmung neuer Cacteen lassen sich meiner Ansicht nach keine streng begrenzten Regeln aufstellen. Eine genaue Kenntniss der bereits vorhandenen guten Arten, gesunde Urtheilskraft und ein gewisser Takt, der die Ausnahmen der vorhandenen Regeln jederzeit sicher aufzufassen und zu verwenden weiss, ist hinreichend, eine zweifelhafte Art zu bestimmen und ihr den entsprechenden Platz anzuweisen. Erfahrenen Cultivateuren brauche ich wohl nicht erst zu bemerken, dass man mit dem Bestimmen sich nicht an zu jugendliche Exemplare wagen darf, da bei fast allen Arten Cacteen das Nestkleid, wenn ich mich so ausdrücken darf, von ihrem späteren Habitus oft himmelweit abweicht. Fast derselbe Fall ist es mit solchen Pflanzen, die nicht naturgemäss im Sommer im Freien und im Winter bei niederen Temperaturgraden kultivirt werden; sie verlieren oft so viel von ihrem ursprünglichen Habitus, dass sie kaum wieder zu erkennen sind. Werden aber neue Species nach Originalpflanzen bestimmt, so ist dies in der Diagnose genau zu bemerken, da namentlich alte, verholzte Original-Cacteen von ihren in Europa erzogenen Nachkömmlingen im Ansehen meist abweichen, wodurch dann die Beschreibung auf die letzteren nicht mehr passen würde.

Es liegt ausser dem Bereiche meines Planes, wegen der Wahl der Namen neuer Cacteen die sämmtlichen Grundsätze der botanischen Glossologie citiren zu wollen, dennoch aber kann ich nicht umhin auf einen Uebelstand aufmerksam zu machen, der zu unzähligen Verwechselungen Anlass gegeben hat. Ich meine das Bezeichnen neuer Arten mit solchen Namen, die den Namen älterer Arten oft ziemlich gleich lauten. Beispiele davon sind in Menge vorhanden, ich will nur einige anführen: Mamilliaria acicularis und aciculata — M. ancistracantha, anancistria, ancistrata, ancistrina und ancistroïdes — M. clava und clavata — M. coronaria und coronata — M. crinita und crinigera — M. decipiens und deficiens — M. pyrrhacantha, pyrrhocentra und pyrrhochracantha — Echinocactus hystrichacanthus und hystrichocentrus — Cereus Gladiator und gladiatus — Opuntia polyacantha und polyantha — Opuntia rubescens und rufescens u. s. w. Um allen Missverständnissen zu begegnen, sollte man dergleichen ähnlich klingende Trivialnamen beim Benennen neuer Arten zu vermeiden suchen, um so mehr, da viele derselben eine kaum abweichende, oft auch sogar eine und dieselbe Bedeutung haben, mithin jede charakteristische Bezeichnung, die doch so viel als möglich durch Trivialnamen ausgedrückt werden soll, verloren geht.

Die übergrosse Anzahl von Arten hat es nöthig gemacht, die Cacteenfamilie, die früher nur eine aus 4—5 Gruppen bestehende Gattung bildete, in Zünfte (Unterordnungen) und Gattungen einzutheilen. Die Zunft (Tribus) und Gattung (Genus) werden im Allgemeinen nicht nur nach der Blüthe und ihren Theilen, der Frucht und den Cotyledonen, sondern auch von ihrer übrigen körperlichen Beschaffenheit bestimmt. Die Unterscheidungs-Merkmale der Arten (Species) dagegen sind in der Form und Färbung des Körpers, sowie in der Beschaffenheit der Axillen und Furchen, der Warzen, Höcker und Kanten, der Stachelpolster und Stacheln hinsichtlich ihrer Form, Farbe, Bekleidung, Stellung, Richtung, Grösse, Zahl und ihres gegenseitigen Verhältnisses zu einander gegeben. Die Arten jeder Gattung sind, je nach der Bedürfnis in Sectionen, Gruppen und Sippen zusammengestellt.

Die von Dr. Pfeiffer aufgestellte systematische Reihenfolge der Cacteen-Gattungen nach ihren natürlichen Verwandtschaften*) ist originell und war zu ihrer Zeit ganz vortrefflich, kann aber nicht mehr genügen, weil sich die Anzahl der damals von Dr. Pfeiffer aufgeführten Cacteen-Arten um mehr als noch einmal so viel vermehrt hat. Zum Glück sind uns seit der Zeit zwei neue meisterhafte systematische Zusammen-

---

*) Vergl. Dr. L. Pfeiffer, Enumeratio diagnostica Cactearum etc. p. 4. — und Desselben Beschreib. und Synonymik der Cacteen etc. p. 3.

Zünfte und Ga

- **Mit röhrigem Perigon (*Tubuliflorae*)**
  - Blattlos
    - Fruchtknoten eingesenkt, glatt
      - Blumen aus den Achseln der Höcker . . . .
        - Höcker den Sta umgebend .
      - Blumen aus einem besonderen Schopfe . . .
        - Höcker zu Ripp schmolzen .
    - Fruchtknoten frei hervortretend, schuppig, selten glatt
      - Blüthen aus Areolen tragenden Höckern, welche meist zu Rippen verschmolzen sind.
        - Blüthen auf dem Stammes. Röh kurz . . .
        - Blüthen seitlich, Perigonröhre
      - Blüthen aus seitlichen Kerben oder aus dem Ende blattartig verbreiterter Glieder . . . . . .
        - Perigonröhre lan ganz glatt .
- **Mit radförmigem Perigon (*Rotatiflorae*)**
  - Mit Schuppen
    - Fruchtknoten frei hervortretend, vom welk gewordenen Perigon gekrönt
      - Blüthen meistens seitlich. Stengel gliederar verbreitert oder rund oder eckig . . .
  - Mit Blättern
    - Fruchtknoten frei hervortretend, das welkende Perigon abwerfend
      - Blüthen seitlich. Stamm fleischig oder halb und verästelt oder gegliedert, mit zusamm oder cylindrischen Gliedern. Blätter mehr pfriemlich, abfallend . . . .
      - Blüthen endständig oder an der Spitze des S gesammelt, oft etwas gestielt. Stengel strauch meistens flach, abfallend oder dauernd .

ilie.

n Grunde häutig verbreitert, oben dreiseitig zu-	1. *Anhalonium.*	1. Zunft *Melocacteae.*
en stumpf, knorpelig gesägt	2. *Pelecyphora.*	
ehr oder weniger zitzenförmig, an der Spitze r Stacheln tragenden Areole	3. *Mamillaria.*	
. . . .	4. *Melocactus.*	
Perigons dünn. Staubgefässe den Schlund ver- nd. Beeren glatt	5. *Discocactus.*	2. Zunft *Echinocacteae.*
Perigons dick, sehr kurz. Beeren glatt, saftig, weich	6. *Malacocarpus.*	
r kurz, mit Wolle und vielen sehr kleinen n besetzt	7. *Astrophytum.*	
k, bisweilen etwas verlängert. Beeren schuppig	8. *Echinocactus.*	
re cylindrisch. Staubgefässe ihr bis zum Rande hsen, den Schlund verschliessend	9. *Leuchtenbergia.*	3. Zunft *Cereastreae.*
hterförmig. Staubgefässe zweireihig, theils frei, em weiten Schlund angeheftet	10. *Echinopsis.*	
s glocken- oder keulenförmig, wenig verlängert; ässe ihr etagenweise angeheftet, um Vieles kürzer, herausragende Griffel	11. *Pilocereus.*	
trichterförmig, sehr oft mit Stacheln besetzt. ässe frei, fast bis zum Rande reichend . . .	12. *Cereus.*	
g oder sehr kurz, mit Schuppen oder Stacheln. ässe sehr zahlreich, stufenweise geordnet, am mit der Röhre leicht verwachsen, dann frei. n Länge fast gleich oder länger	13. *Echinocereus.*	
n, bisweilen sehr lang; äussere Perigonblätter nförmig, innere zahlreich, in verschiedener Weise itet. Aeussere Staubfäden dem Schlunde ange- , innen stufenweise kürzer	14. *Phyllocactus.*	4. Zunft *Phyllocacteae.*
; Schlund bisweilen schief. Aeussere Perigon- erbreitert, gefärbt, die innern, 8 an der Zahl, lattartig. Befruchtungswerkzeuge lang heraus-	15. *Epiphyllum.*	
; äussere Perigonblätter linienförmig, gefärbt, —5, zusammen geneigt. Staubgefässe und Griffel lossen	16. *Disisocactus.*	
gonblätter rosenförmig ausgebreitet. Beeren glatt, rmig	17. *Rhipsalis.*	5. Zunft *Rhipsalideae.*
igonblätter aufrecht, offen. Beeren Areolen kugelrund	18. *Pfeiffera.*	
igonblätter aufrecht, offen. Beeren halb ein- glatt, birnförmig	19. *Lepismium.*	
. . . .	20. *Opuntia.*	6. Zunft *Opuntieae.*
. . . .	21. *Peirescia.*	7. Zunft *Peiresciae.*

stellungen der Cacteenfamilie dargeboten worden von Männern, die sich stets als eifrige Forscher und tiefe Denker bewährten, die eine von Lemaire, die andere von dem Fürsten Salm. Für gegenwärtiges Werk wurde die letztere gewählt, weil sie die einfachste und natürlichste, und dabei dennoch die umfassendste ist, wie die synoptische Zusammenstellung auf den beiden vorhergehenden Seiten zeigt.

Man wird bemerken, dass in der Synopsis 21 Gattungen angenommen sind. Lemaire nimmt deren sogar 30 an, ausser den hier aufgestellten noch die Gattungen Coryphantha, Aporocactus, Cleistocactus, Schlumbergera, Hariota, Cactus, Tephrocactus, Nopalea und Consolea. Die auf dieselben vertheilten Arten sind Angehörige älterer Gattungen und wurden auf Grund mehr oder weniger bedeutender Unterscheidungsmerkmale abgetrennt. Sie sind, mit Ausnahme von Lemaire's Astrophytum, in Deutschland noch nicht anerkannt worden, und ich halte es deshalb für gewagt, sie unseren Gattungen einzureihen, doch sollen sie bei der Besprechung derjenigen, welche für sie das Material geliefert, wie billig Erwähnung finden. Dasselbe wird der Fall sein mit der Salm-Dyck'schen Gattung Nopalea, welche meines Wissens ebenfalls in keinem neueren deutschen Cacteenverzeichnisse angenommen worden ist.

Ebenso gewagt würde es sein, wenn wir, was Einige für nothwendig erachten, die in unserer Synopsis angenommenen 21 Gattungen auf eine geringere Zahl reduciren wollten. Zwar geben wir gern zu, dass eine solche Reduction vor dem Forum der Wissenschaft sich rechtfertigen lassen werde, halten jedoch dafür, dass zu dieser Zeit, wo man sich für die Cacteenkunde wieder zu interessiren beginnt und die Freude an Cacteen im Zunehmen begriffen ist, jede weitere Verwirrung in der Nomenclatur vermieden werden müsse. Die Zukunft wird hierüber entscheiden.

Die natürliche Familie der Cacteen umfasst zunächst die Arten, welche Linné in seinem Sexual-Systeme (12. Klasse, I. Ordnung) in der Gattung Cactus zusammenstellte. Obgleich die Anzahl der damals bekannten Arten sehr gering war, so fühlte doch schon Linné die Nothwendigkeit, diese Gattung in 4 Sectionen einzutheilen, nämlich: Echinomelocacti (die runden Formen, welche Persoon später Melocacti nannte), Cerei erecti (die aufrechtstehenden gestreckten), Cerei repentes (die kriechenden gestreckten), und Opuntiae (die gedrückt-gliederigen). Berücksichtigt man die damaligen Verhältnisse und die geringe Artenzahl, so darf man sich nicht wundern, dass den kriechenden Cereen Rhipsalis Cassytha und fasciculata, sowie den Opuntien Rhipsalis Swartziana, Phyllocactus Phyllanthus, und Peirescia aculeata und portulacaefolia (die jedoch Persoon später in eine 5. Section: Peresciae, brachte) zugetheilt und endlich noch die neu hinzu gekommene Rhipsalis salicornioïdes in die Opuntia-Gruppe hineingezwängt wurde. Später, als man immer mehr neue Arten kennen lernte, die grösstentheils von Miller und Lamarck beschrieben wurden, und man mit der Gattung selbst bekannter wurde, fand man, dass die vorhandenen Sectionen nicht ausreichten, und bildete neue dazu. Haworth war der erste, welcher die Sectionen zu eigenen Gattungen erhob und drei neue dazu bildete, nämlich: Cactus (später von De Candolle Melocactus genannt), Mamillaria und Rhipsalis. Fast zu gleicher Zeit bildete Miller die Gattung Peirescia und Hermann für die sämmtlichen geflügelten Arten die Gattung Epiphyllum; viel später aber wurde von Link und Otto die Gattung Echinocactus aufgestellt. Was aber in neuern Zeiten zur Begründung neuer Gattungen von Link, Fürst Salm, Pfeiffer u. A. Rühmliches gethan worden, ist so bekannt, dass ich mich nicht weiter darüber auszulassen brauche.

In dem natürlichen Systeme wurde die Gattung Cactus L. von Jussieu neben die Gattung Ribes, welcher sie in der Fructification am nächsten steht, gestellt und mit dieser zu einer Ordnung (Cacti) vereinigt. Nach De Candolle's meisterhafter Umgestaltung des natürlichen Systems wird sie unter dem Namen der Cacteae mit vollem Rechte zu einer selbstständigen

Familie erhoben, welche als 89. Ordnung zwischen die Ficoideen (Mesembianthemum, Aizoon etc.) und Grossularieen (Ribes) gestellt ist, zu welchen letzteren die Peirescien den natürlichen Uebergang bilden.

Der Ordnungs- oder Familien-Charakter der Cacteen ist folgender:

Perigon dem Fruchtknoten angewachsen, verwelkt auf der Frucht bleibend oder abfallend, vielblätterig; Perigonblätter ungleich, zwei- oder mehrreihig-spiralförmig gestellt, über dem Fruchtknoten entweder zu einer mehr oder minder verlängerten Röhre verwachsen, nur nach oben frei und daselbst einen ausgebreiteten oder aufrecht-abstehenden Saum bildend (Cacteae tubuliflorae) oder gleich von dem Fruchtknoten aus ziemlich frei entwickelt und dann sich ausbreitend, eine radförmige Blume darstellend) (Cacteae rotatiflorae), die äusseren sepalenähnlich, nach innen allmählich zarter werdend und endlich petalenähnlich. — Staubgefässe zahlreich, mehrreihig, dem Perigon angewachsen; Staubfäden fadenförmig, bisweilen reizbar; Antheren (Staubbeutel) schaukelnd, auf der Innenseite der Länge nach zweifächerig aufspringend. Fruchtknoten einfächerig; Samenhalter (Placenten) der Fruchtwand angewachsen, drei oder mehrere, verdoppelt; Samenknospen ziemlich zahlreich, horizontal-gegenläufig. — Griffel einfach, cylindrisch, dünn, hohl oder markig, mehr oder minder der Länge nach gestreift; Narben so viel als Wand-Placenten, lineal, ausgebreitet, entweder büschelig oder spiralförmig gehäuft, oder lappig, an der Vorderseite blatterig. — Beere glatt oder von den angewachsenen Perigonblättern schuppig, borstig oder Stacheln tragend, an der Spitze genabelt, nackt oder mit dem verwelkten Perigon gekrönt, einfächerig, mit breiartig-fleischiger Masse angefüllt. — Samen ziemlich zahlreich, anfangs durch die wandständigen, nervenförmigen Placenten seitlich angeheftet, später in dem breiartigen Fleische vertheilt, klein, kugelig oder länglich, aufgeblasenfingerfömig; Samenschale fast knochenhart, glänzend, grubig, meist schwarz, seltener bräunlich oder gelblich, am Nabel mit einem grossen, blassen Umkreis; Eiweiss fehlend oder sehr spärlich. — Embryo (Keimling) gerade, keulenförmig oder fast kugelig oder gekrümmt; Cotyledonen (Samenlappen) frei, blattartig oder zu einem eiförmigen, ausgerandeten Körper verwachsen, das Keimwürzelchen nach dem Nabel gerichtet.

A. Röhrenblüthige Cacteen.

(Cacteae tubuliflorae.)

Merkmale der Abtheilung. Perigonblätter vielreihig, zu einer mehr oder weniger langen Röhre zusammenschliessend, an der Basis mit einander verwachsen und nur gegen den Schlund hin frei, wo sie einen mehr oder weniger ausgebreiteten Saum bilden. Stamm ohne normal entwickelte Blätter.

Erste Zunft.

Melocacteae, Melonencactusartige.

Blüthen aus den Achseln der warzenförmigen Stachelpolster des Stammes oder eines besonderen Schopfes (cephalium) auf dem Scheitel desselben, von mittler Grösse, röhrig, mit kurzer, glatter Röhre und abstehendem Saume. Beere anfangs eingesenkt, nach der Reife hervor stehend, länglich, glatt, mit dem welken Perigon gekrönt.

Fleischige, cylindrische, kugelige oder halbkugelige, höckerige Pflanzen. Die Höcker tragen die Stachelpolster und sind entweder deutlich abgesetzt, von verschiedener Form, den Körper spiralig umgebend, oder fliessen zu Längsrippen zusammen.

I. Anhalonium *Lem.* — Aloëcactus.

Geschichte. Als 1839 Deschamps grosse und zahlreiche Cactussammlungen einführte, befand sich darunter kein einziges Anhalonium. Aber noch in demselben Jahre schickte Henry Galeotti an Van der Maelen in Brüssel mehrere Individuen einer Art dieser Gattung (Anhalonium prismaticum). Bald darauf sah Ch. Lemaire einige dieser Pflanzen in der Monville'schen Sammlung und nannte die Gattung, der sie angehörten, Anhalonium (von ἄν, ohne, und ἀλώνιον, Polster), weil sie, wie er meinte, dieses Organs entbehrten. Eine spätere Untersuchung aber überzeugte ihn, dass er sich übereilt hatte, denn an anderen, vielleicht an einem anderen Standorte gesammelten Pflanzen entdeckte er Spuren von Stachelpolstern, sogar vollständige, wiewohl im Erlöschen begriffene Organe solcher Art. Bei der Untersuchung zahlreicher, aus Samen erzogener Pflanzen endlich zeigten sich vollkommen entwickelte, wenn auch bald wieder verschwindende Stachelpolster. Später eingeführte Arten derselben Gattung entbehrten ebenfalls dieses Organes nicht. Es trifft somit der von Lemaire der Gattung beigelegte Name nicht zu und mit Recht fragt man sich, warum es keinem der bedeutenderen Cacteenkundigen gelungen ist, ihn durch eine passendere Bezeichnung ausser Cours zu setzen. Scheidweiler's Ariocarpus d. i. Wollfruchtcactus und Karwinski's Stromatocactus d. i. Breitwarzencactus sind nicht weniger unglücklich gewählte Gattungsnamen.

Gattungscharakter. Perigonröhre weit-glockig, dick, glatt, über den Fruchtknoten hinaus verlängert. Perigonblätter zahlreich, zweireihig, stark verwachsen. Staubgefässe zahlreich, mit sehr dünnen Fäden, der Röhre stufenweise angewachsen, kürzer als der Saum. Griffel gefurcht, röhrig, oben trichterförmig erweitert. Narbe achtstrahlig, Strahlen linien-lanzettförmig, abwärts gebogen, am Rande zurückgerollt. Fruchtknoten anfangs eingesenkt. Beere frei, länglich, glatt, etwas eckig, längere Zeit mit dem welkenden Perigon gekrönt. Samen fast nierenförmig. Samenblätter kugelig, spitz.

Ausschliesslich mexikanische Pflanzen, die höchsten Felsengebirge bewohnend, mit dicker, rübenförmiger, selten etwas verzweigter Wurzel, oben mit sehr dicken, spiralig zu Rosetten geordneten, am Grunde breiten, blattartig-flachen, halb stengelumfassenden, weiterhin verdickten, dreiseitig - prismatischen oder deltaförmig-abgestumpft-eingedrückten, spitzen, harten

Höckern, welche oben eine wollige Furche haben oder an der Spitze Stachelpolster tragen. Letztere kurzfilzig, mit einigen sehr kurzen, rasch wieder verschwindenden Borstenstacheln. Axillen mit langer, bleibender Wolle besetzt, aus welcher die Blüthen hervortreten.

Die Tracht ist im Allgemeinen die der Haworthia retusa, wodurch der deutsche Gattungsname „Aloëcactus“ gerechtfertigt erscheint.

1. Anhalonium prismaticum *Chr. Lem.*, Prismen-Aloëcactus.

Synonyme. Anhalonium retusum *S.*, Mamillaria aloides *Monv. Cat.*

Galeotti entdeckte diese merkwürdige Pflanze 1838 in den Spalten der Porphyrfelsen bei San Luis-Potosi 2300—3400 m über dem Meere.

Wurzel nach Grösse und Länge fast einer Runkelrübe vergleichbar, nur wenig über den Boden hinaustretend und aus dem Wurzelhalse einige Wurzelfasern in die Erde senkend. Axillen dicht aneinander gepresst, reichlich mit langer, bleibender, seidenartiger, gelblich-weisser Flockenwolle besetzt. Höcker graulich-blassgrün, mit sehr zahlreichen, weissen, sehr feinen Punkten, die unter der dicken, pergamentartigen, durchsichtigen Haut spiralig angeordnet sind, in der Jugend dreiseitig-primatisch, später am Grunde blattartig-flach, oben fast gewölbt, unten dreiseitig, mit stumpfen Kanten, von denen die unterste krummschnabelig ausläuft, oben mit einer wolligen Furche, bis 2 1/2 cm lang und halb so breit. Blüthen einzeln aus den Axillen, gross, fast geruchlos, aussen röthlich, innen weiss, mit linien-lanzettförmigen, weichstachelspitzigen, an der Spitze feingezähnelten Blättern. Staubbeutel lebhaft orangegelb. Griffel weiss, kräftig, trichterfömig, mit acht dicken, warzigen, zurückgekrümmten Narbenlappen. Die mehr als 5 cm breiten Blumen öffnen sich bei Sonnenschein gegen

10 Uhr Morgens und schliessen sich bei Sonnenuntergang und haben eine mehrtägige Dauer.

Beeren weisslich-rosenroth, über 2 $^1/_2$ cm lang, in Gestalt und Grösse denen einiger Echinocacten, z. B. Echinocactus corynodes, ähnlich, an der Spitze breit genabelt. Samen zahlreich, schwarz, vielgrubig, in der Form denen der Melocacten ähnlich.

Der Durchmesser der Rosette mit ihren spiralig geordneten Höckern wechselt zwischen 12 und 15 cm und ihre Höhe zwischen 6 und 8 cm. Der Höcker 2—3 $^1/_4$ cm lang und an der Basis 3 $^1/_2$ und 4 cm breit.

2. Anhalonium elongatum *S.*, Langwarzen-Aloëcactus.

Synonyme: Anhalonium pulvilligerum *Chr. Lem.*, Mamillaria pulvilligera *Monv. Cat.*

Wahrscheinlich ebenfalls von Galeotti eingeführt, aber schon lange wieder aus den Sammlungen verschwunden.

Hauptwurzel derjenigen des A. prismaticum ähnlich. Höcker der Rosette viel länger als bei diesem, oben nicht flach, sondern aufgetrieben-convex, etwas mehr von einander abstehend, unten gekielt-eckig, graugrün, in der Form an Larochea perfoliata erinnernd, und auf der äussersten Spitze oben mit einem kleinen linealen, dauernden Stachelkissen und reichlicher Wolle besetzt. Oberhaut ebenso krustenartig und durchsichtig. Blüthen noch nicht beobachtet.

3. Anhalonium areolosum*) *Ch. Lem.*, Stachelpolster-Aloëcactus.

Eine sehr schöne Art, welche ebenfalls von Galeotti eingeführt sein soll, aber ebenfalls längst wieder verschwunden ist und noch nicht wieder eingeführt worden zu sein scheint.

*) Es ist ganz natürlich, dass in Folge des unpassenden Gattungsnamens auch dieser Trivialname bedeutungslos geworden ist.

Lemaire beschreibt sie nach einem todten, aber noch vollkommen wohl erhaltenen Exemplare.

Wurzelstock wahrscheinlich wie bei A. prismaticum. Höcker gross und kräftig, sehr dick, oben an den Seiten abgerundet-convex, scharfkielig unten, mit verschmälerter, rundlicher Spitze und hier unter dem Stachelpolster in eine harte Schwiele endigend. Stachelpolster gross, länglich, dauernd, selbst noch bei den ältesten Individuen vorhanden. Stacheln zahlreich, zweireihig, mehrere in der Mitte, alle rudimentär, aber deutlich. Blüthen und Früchte nicht bekannt.

4. Anhalonium sulcatum *S.*, Furchen-Aloëcactus.

Synomyme. Anhalonium Kotschoubeyanum *Chr. Lem.*, A. fissipedum *Monv. Cat.*, Stromatocactus Kotschoubey *Karw.*

Den vorigen Arten ziemlich ähnlich, aber vollkommen zwergwüchsig. Höcker sehr klein, dachziegelig sich deckend, fast dreireihig, blattartig am Grunde, kaum dreiseitig oder vielmehr rundlich unten, oben mit einer tiefen Längsfurche, welche sie in zwei gleiche Hälften theilt und mit einem dauernden, reichlichen, flockigen Filz gefüllt ist, jeder 7—8 mm lang.

Die ganze Pflanze ist graulich, mit knorpeliger Oberhaut, wie die übrigen Arten. Man hat die Höcker mit Hammelfüssen verglichen. Lemaire hat weder Blüthen noch Früchte gesehen. Die ersteren sollen roth und sehr gross sein.

Es scheint, dass in den Kulturen nur zwei Individuen dieser Art existirt haben, welche aus Mexiko eingeführt wurden, das eine in der Collection des bekannten Cacteenfreundes Cels, das andere in der des Fürsten Kotschoubey, eines der ausgezeichnetsten Beförderer des Gartenbaus.

5. Anhalonium Engelmanni *Chr. Lem.*, Engelmann's Aloëcactus.

Nomenclatur. Nach Dr. George Engelmann in St. Louis, Missouri, dem berühmten Cacteenkenner und Sammler und gelehrten Verfasser der Cacteae of the Boundary in United States and Mexican Boundary Survey.

Synonym. Mamillaria fissurata *Engelm.*

Diese Art wächst auf sandigen, kalkigen Hügeln bei den Fairy Springs, nicht weit von der Mündung des Pecos und zwischen diesem Flusse und dem San Pedro, höher hinauf auf Felsen am Rio grande, und blüht dort im September und October.

Wurzelstock dick, rübenförmig, einfach gedrückt-kugelig oder platt, am oberen Ende dicht behaart. Höcker am Grunde breit und flach, dann dick, dreieckig, unbewaffnet, oben und unten glatt oder gegen den gekerbten Rand hin rauh, oben von einer tiefen wolligen Mittelfurche und zwei kahlen seitlichen Furchen durchzogen und durch Querfurchen in viele unregelmässige, eckige Warzen getheilt. Blüthen auf dem Scheitel aus langer, seidenartiger Wolle, mit kurzer Röhre. Aeussere Perigonblätter (Sepalen) gegen 20, die unteren linienlanzettförmig, ganzrandig, fleischig, weisslich, die oberen spatelförmig, fein gespitzt; innere Abschnitte (Petalen) gegen 12, spatelförmig, gegen die stumpfe, mit einem Weichstachel versehene Spitze hin fast ganzrandig oder gefranst, rosenroth, alle ausgebreitet. Narbenstrahlen 5—10, aufrecht-abstehend. Beeren eirund, blassgrün, von dichter Wolle umkleidet.

Der Durchmesser der Rosette beträgt nicht über 8—10 cm, der der Blüthe 4 cm.

6. Anhalonium Williamsii *Lem.*, Williams' Aloëcactus.

Nomenclatur. Dem englischen Reisenden in Bahia C. H. Williams zu Ehren benannt.

Synonym. Echinocactus Williamsii *Lem.*

Vaterland nicht bekannt. Körper aus dicker, rübenförmiger Wurzel, niedrig, graugrün, nach der Basis hin runzelig, im oberen Theile gedrückt, kugelig, höckerig. Höcker breit, undeutlich polyedrisch, in 10 Rippen zusammenfliessend.

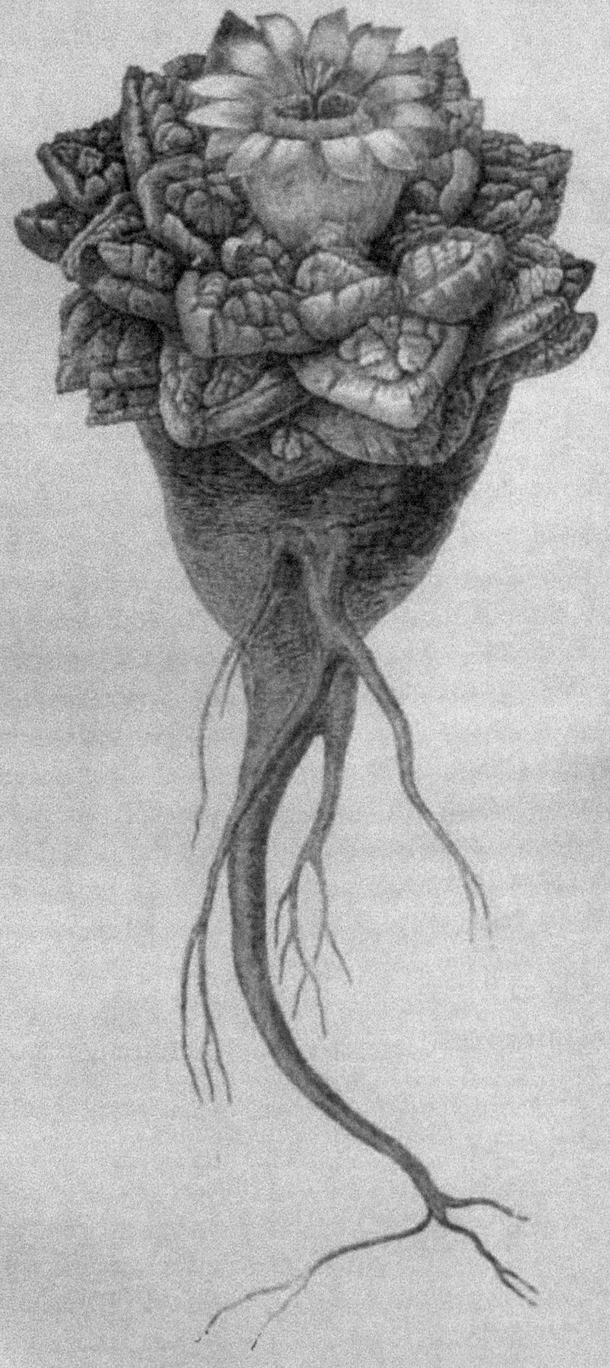

Fig. 20. Anhalonium Engelmanni.

Stachelpolster weitläufig gestellt (11—18 mm), waffenlos, mit aufrechten, dichten, aschgrauen Wollbüscheln besetzt.

Wurzel spindelförmig. Körper 5 cm hoch und 5—6 cm dick, mit genabeltem Scheitel, aschgraugrün, oben gehöckert, unten in Folge der Verwachsung der Höcker cylindrisch, dann runzelig, graulich-rothgelb. Die Höcker bilden bei jungen Pflanzen 5—6 Rippen, welche mit der Zeit sich abflachen und endlich am ältesten Theile des Stammes ganz schwinden.

Blüthen im Mai und Juni, einzeln, klein, mit wenigen Perigonblättern, die äusseren an der Spitze leicht zurückgebogen, die inneren steif, ganzrandig, spitz, blassrosa, aussen mit einer dunkleren Mittellinie bezeichnet. Staubgefässe gelb. Griffel kürzer, mit einer dreitheiligen gelblichen Narbe.

Kultur.*) Die Anhalonien sind ziemlich schwierig zu kultiviren und selbst junge, aus Samen erzogene Pflanzen gehen leicht zurück, wenn sie eine gewisse Grösse erreicht haben.

Alle übrigen Cacteen gedeihen in unseren Kulturen, selbst im Norden, ziemlich gut. Warum schlagen die Anhalonien allein so schlecht an? Einiges Licht auf diese Frage werfen die natürlichen Standortsverhältnisse dieser Arten. Alle wachsen auf hohen Bergen, auf den Vorsprüngen der Kalkfelsen u. s. w. Hier dringen sie mit ihren langen, rübenförmigen Wurzeln tief ein. Das Klima ist in Folge der Nähe des Oceans ein gemässigtes. Diesen Verhältnissen in der Kultur bis zu einem gewissen Grade Rechnung zu tragen, ist nicht unmöglich, und das einzige Hinderniss, das einer erfolgreichen Kultur im Wege steht, ist die lange Zeit, welche zwischen dem Sammeln der Pflanzen an ihren natürlichen Standorten und ihrer Ankunft in Europa verstreicht; dauert doch die Reise oft 5—6 Monate. Natürlich verlieren sie während dieser Zeit den grössten Theil ihres Zellenwassers und das Rhizom schrumpft zusammen und vertrocknet, und so kommen sie, zum Theil auch in Folge einer sorglosen Verpackung, halbtod an und sterben, ohne Verständniss

---

*) Nach Lemaire.

behandelt, in kurzer Zeit ab. Man hat geglaubt, die Rosetten dicht über dem Rhizom abschneiden und als Stecklinge behandeln zu müssen, aber das Resultat war stets ein Misserfolg.

Gelangt man durch günstige Umstände in den Besitz noch frischer Individuen, so pflanze man ihr Rhizom bis oben in eine lehmig-sandige, mit Scherbenstückchen und feingestampftem Kalk gemischte Erde, in enge, mit gutem Wasserabzuge versehene Gefässe, deren Höhe der Länge der Rhizome entspricht, und senkt diese in ein gutes lauwarmes, gegen die Sonne geschütztes Beet ein und lasse sie hier, bis sie angewachsen sind. Sind sie bei guter Gesundheit, so hält man die Aloëcacten in einem auf drei Seiten der Luft zugänglichen Fensterkasten mit einer grossmaschigen Schattendecke. Im Winter dagegen unterhält man sie in einem guten temperirten oder besser halbwarmen Hause auf einer hoch angebrachten, luftigen Tablette. Die Anzucht aus Samen weicht in keiner Weise von der für alle Cacteen vorgeschriebenen Methode ab.

II. Pelecyphora *Ehrenb.*, Beilcactus.

Nomenclatur. Von πέλεκυς Beil, und φέρω, ich trage die Höcker gleichen nämlich in der Form den im alten Rom gebräuchlichen Henkerbeilen, welche, in Ruthenbündel (fasces) gebunden, von den Lictoren den Machthabern als Zeichen der Strafgewalt vorgetragen wurden. Der Name ist nicht besonders gut gewählt.

Da bis jetzt nur eine einzige Art bekannt ist, so dürfen wir uns in Hinsicht der Gattungsmerkmale darauf beschränken, sie in die Art-Beschreibung aufzunehmen.

Pelecyphora aselliformis *Ehrenb.*, Asselcactus.

In Mexiko einheimisch, zuerst 1839 von Ehrenberg beobachtet und 1843 in der botan. Zeitung von Mohl und Schlechtendal beschrieben; eine sehr gute Abbildung findet sich in der Illustration horticole 1858.

Stamm einfach oder mehrköpfig, kugelig oder länglich-kugelförmig, leicht eingedrückt und auf dem Scheitel kaum genabelt, graugrün. Warzen in schief (von der Rechten zur

Fig. 21. Pelecyphora aselliformis.

Linken) aufsteigenden Reihen, am Grunde verbreitert, vierseitig, seitlich leicht zusammengedrückt, flach, die schmalen Kanten nach unten zu abgerundet, oben mit einem knorpeligen, geraden oder gebogenen, flachen, in der Mitte kahnartig vertieften

Schildchen, welches mit zwei Reihen horizontaler, fast bis an den Rand angewachsener, dann abstehender, durch eine Längsfurche getrennter Zähne (Stacheln!) bedeckt ist. In ihrer Bildung erinnern diese Schildchen lebhaft an die Kellerassel (Oniscus murarius). In jeder Reihe stehen etwa 25 solcher Zähnchen. Achsel und Seiten der Höcker am Scheitel und dieser selbst mit seidenartiger Wolle besetzt. Blüthen achselständig, mit nackter Röhre; die Perigonblätter kaum vierreihig, ganzrandig, lanzettförmig, weichstachelspitzig; von den beiden blumenblattartigen Reihen sind die Blätter der äusseren länger und weiss, die der inneren lebhaft rosenroth, im Abblühen in Violett übergehend. Staubgefässe zahlreich, ausgebreitet, kürzer als der Saum, mit reich-orangegelben Staubbeuteln. Narbe mit 3—4 weissen Strahlen. Die Blumen öffnen sich am Morgen oder auch wohl Nachmittags 2 Uhr und dauern zwei oder Tage, schliessen sich aber sofort, wenn sich der Himmel mit Wolken bedeckt.

Die Frucht, eine längliche, oben spitze, wenig samige Beere, ist tief in das Fleisch des Stammes eingesenkt und erhebt sich nicht bei der Reife, wie dies bei den Mamillarien und anderen Cacteen geschieht. Die nierenförmigen Samen treten einzeln aus der aufgesprungenen Beere heraus und bleiben zwischen den Zähnchen und in der Wolle hängen.

Die von Lemaire in der Illustration hort. gegebene, von uns nachgebildete Figur stellt eine dreiköpfige Pflanze in natürlicher Grösse dar. Der Hauptkopf trug 12, im Verhältniss zu den geringen Dimensionen dieses Cactus grosse Blumen und Knospen und auch die Nebenköpfe standen in Blüthe.

Varietät. Pelecyphora aselliformis β pectinifera *Hort.* unterscheidet sich von der Normalform durch verlängerte, kammförmige, mit den Spitzen freie, schneeweisse, zwischen die der benachbarten Warzen hineingreifende Zähne. Eine ausgezeichnet schöne Form.

Kultur. A. Tonel in Gent, bei dem Lemaire diese Pflanze beobachtete, unterhält sie im Sommer im Topfe im

Freien vor einer nach Süden gelegenen Mauer. Im Winter nimmt er sie in das temperirte Haus und weist ihr einen Platz auf einer recht sonnigen und luftigen Tablette an. Das von ihm angewandte Erdreich ist Damm- und Lauberde, zu gleichen Theilen innig mit einander gemischt. Auch sonst hat man nicht über schwierige Kultur zu klagen gehabt.

Man erzieht den Asselcactus mit Leichtigkeit aus Samen, wenn man so glücklich ist, solchen zu erhalten, sonst aus den an der Basis des Stammes sich erzeugenden Sprossen, doch ist dies eine sehr delikate Anzuchtweise, welche eben so viele Vorsicht, wie Wachsamkeit erfordert, um Fäulniss zu verhüten und die Bewurzelung der Stecklinge zu befördern.

III. Mamillaria *Haw.*, Warzencactus.

Gattungs-Charakter. Die Röhre des Perigons an der Basis fast zusammengeschnürt, über den Fruchtknoten hinaus fortgesetzt, glatt; Perigonblätter 10—30, mehrreihig, die äusseren kürzer, sepaloïdisch, die inneren petaloïdisch, aufrecht-abstehend oder zuweilen auswärtsgekrümmt-ausgebreitet. Staubgefässe mehrreihig, der Perigonröhre angewachsen. Griffel fadenförmig, über die Staubgefässe hinausragend; Narbe mit 3—8 strahligen oder kopfförmig zusammengeneigten linealen oder kurzen, rundlichen Lappen. Beere glatt, länglich oder keulenförmig, anfangs mit dem verwelkten Perigon gekrönt. Cotyledonen verwachsen, klein, spitz.

Körper mehr oder minder kugelig, keulenförmig oder cylindrisch, einfach oder sprossend, bisweilen rasenbildend, fleischig, bei vielen Arten (namentlich in den Gruppen der Subsetosae und Angulares) einen dicken, weissen, milchähnlichen Saft enthaltend, der sich an der Luft gallertartig verdichtet, blattlos, mit mehr oder minder erhabenen, einer Brustwarze (Mamilla) vergleichbaren Höckern dicht besetzt, welche in zwei regelmässigen, sich kreuzenden Spirallinien stehen, (von denen die eine etwas steiler ansteigt, als die andere), an der Basis durch gegenseitige Pressung oft 4 seitig erscheinen und auf oder an der Spitze Filz,

Wolle, Borsten und Stacheln tragen, auch bei einigen Arten oberseits mit einer mehr oder minder tiefen, oft wolligen bisweilen Drüsen tragenden Furche versehen sind. Der Scheitel ist einfach, nur bei wenigen Arten zwei- oder dreiköpfig, bisweilen sogar wiederholt. Die Achseln oder Axillen, d. h. die zwischen 3 oder 4 Warzen befindlichen Zwischenräume, sind im unblühbaren Stande nackt oder wollig, bei manchen Arten auch mit steifen, weissen oder gelblichen Borsten versehen, sobald aber die Blüthen hervortreten wollen, verschwindet dieser Unterschied, und die jungen Achseln überkleiden sich dann bei sämmtlichen Arten mit einem Wollbüschel. — Die Stachelpolster oder Areolen stehen theils in den Achseln und sind dann waffenlos, theils auf dem Gipfel der Warzen dicht über dem Waffenbündel. Aus den Achsel-Areolen treten die Blüthen und in der Regel später die Sprossen hervor. Bei manchen Arten indess (z. B. M. glochidiata, Wildiana, pusilla, Karwinskiana etc.) entspringen die letztern nicht nur aus den Achseln, sondern auch aus dem Gipfel der Warzen, und bei einigen wenigen Arten (z. B. M. parvimamma, vivipara, pycnacantha etc.) nehmen sie ihren Ursprung stets nur aus einer am Warzengipfel befindlichen Furche. Mamillaria simplex ist meines Wissens noch die einzige Art, bei welcher sämmtliche Areolen unthätig sind und niemals oder doch nur in höchst seltenen Fällen (und dann sind es immer die Areolen der Axillen) Sprossen austreiben. — Das Herz oder der Nabel des Scheitels erhält bei reichstacheligen Mamillaria-Arten mit Beginn des neuen Wachsthums durch die lebhaftere Färbung der jungen Rand- oder der Mittelstacheln oder beider zugleich immer ein eigentümliches Colorit, welches oft schon beim flüchtigen Anblick ein sicheres Merkmal für die Art abgiebt.

Die Blüthen entspringen nie aus den Waffenbündeln der Gipfel-Areolen, sondern nur aus den Achseln der jungen Warzen, und stehen einzeln oder in horizontalen Kreisen oder in einem mehrreihigen Gürtel um den Scheitel herum; einige

Arten, z. B. M. simplex und die meisten Stelligerae blühen auch ausserdem aus den Axillen älterer Warzen und die Blüthen stehen dann von dem Scheitel bis zur Mitte des Körpers herab. Sie sind in der Regel klein, ausgebreitet etwa 12—24 mm breit, nur bei den Gruppen der Longimammae und Aulacothelae grösser und dann denen der grossblumigen Echinocacten ziemlich ähnlich, jedoch wird einer etwaigen Verwechselung durch ihren Achselstand entschieden vorgebeugt. Die schmalen, spitzen Perigonblätter haben ziemlich gleiche Färbung und sind meist dunkler oder heller rosen- oder purpurroth, jedoch bei einigen Arten auch blutroth, citron-, schwefel- oder schmutziggelb, schmutzig- oder reinweiss. Die Blüthen aller Arten sind geruchlos und ihre Dauer erstreckt sich meist auf einige Tage, wobei sie sich jedoch des Nachmittags allemal schliessen und erst des Morgens wieder öffnen; an trüben Tagen bleiben die Blüthen der meisten Arten geschlossen. Die Blüthen mancher Mamillaria-Arten breiten während des Aufblühens ihre Perigonblätter sternförmig aus, andere dagegen öffnen sich kaum und erscheinen dann fast glockig oder trichterförmig.

Die Beeren sind saftig, bis $2^1/_2$ cm lang, meist karminroth, seltener scharlachroth oder orangegelb, bisweilen auch anfangs röthlich-weiss, zuletzt karminroth werdend, und mit einer Menge kleiner schwarzer, brauner, braungelber oder gelblicher Samenkörner angefüllt. Sie reifen entweder noch in demselben Jahre oder treten, wie das sehr oft der Fall ist, erst im folgenden Frühjahre aus der Tiefe der Achseln hervor. Dieser eigenthümliche Umstand giebt den Schlüssel zu jener unbegreiflicherweise auch von Dr. Pfeiffer (Allgem. Gartenztg. 1836, p. 258) verbreiteten Sage: „Dass an den ohne Blumen oder Früchte (?) aus dem Vaterlande gekommenen Original-Mamillarien, noch ehe sie anfangen, neue Wurzeln zu treiben, wenn sie nur mit der feuchten Erde in Berührung gebracht werden, in grosser Schnelligkeit Beeren hervorkommen, bei einigen Arten in grosser Menge, namentlich bei M. Karwinskiana und centrispina." Da jedoch diese Beeren guten keimfähigen Samen enthielten, so müssen nothwendiger Weise schon in der Heimath Blüthen vorhanden gewesen und befruchtet worden, die Frucht also bei Ankunft der Pflanzen bereits in der Anlage entwickelt gewesen sein. Diese Sache ist demnach sehr leicht zu erklären. Der Fruchtknoten der Mamillarien ist ziemlich tief in die Achseln versenkt und entwickelt sich erst lange Zeit nach der Befruchtung zur Beere, wenn daher bei Original-Mamillarien die vertrockneten Reste des Perigons durch den Transport sich abgestossen haben, so ist auch ein scharfes Auge nicht immer im Stande, ohne Lupe die Andeutung eines geschwängerten Fruchtknotens zu erkennen, ja oft ist auch die Bewaffnung des Auges nicht ausreichend und man ist genöthigt, eine oder zwei der zunächst stehenden Warzen vorsichtig abzulösen, um die zukünftige Frucht wahrzunehmen.

Die Mehrzahl der Mamillaria-Arten ist in Mexiko einheimisch, nur wenige kommen südlicher, z. B. auf den westindischen Inseln und in Columbia (La Guayra, Caracas etc.) vor; in dem übrigen Südamerika aber, namentlich in Brasilien, Chile, Peru u. s. w., scheinen sie den bisher erlangten Nachrichten zufolge gar nicht oder vielleicht sehr selten vorzukommen; wenigstens wird für Mamillaria fulvispina als Vaterland Brasilien angegeben. Sie finden sich daselbst meist an mehr oder minder schattigen Orten, zwischen vereinzeltem, niedrigem Gebüsch, auf kurzrasigen Stellen, wo eine sandig-lehmige, jedoch nahrhafte Erde lagert, entweder einzeln oder ganze Strecken rasenartig überziehend. In Mexiko kommen die Mamillarien nur in der gemässigten und der kalten Region bis zu 3500 m über dem Meere vor.

I. Gruppe. Longimammae — Langwarzige.

Körper kurz, bei jüngeren Pflanzen fast fehlend. Warzen beinahe wurzelständig, cylindrisch, sehr lang, aufrecht-sparrig, an der Seite stumpf. Axillen wollig oder nackt. Stacheln gerade, weichhaarig; Randstacheln 4—8, dünn; Mittelstacheln 1—3, stärker oder nicht vorhanden. Blüthen gross, gelb, nur im Sonnenscheine vollkommen geöffnet.

Die zu dieser Gruppe gehörigen Arten lassen sich sehr leicht durch Warzenstecklinge vermehren.

1. Mamillaria uberiformis *Zucc.*, Zitzen-Warzencactus.

Vaterland Mexiko, wo sie von Karwinski auf mit Gebüschgruppen besetzten Prairien bei Pachuca (1800—2000 m über dem Meere) in Gesellschaft von Mamillaria pycnacantha, gladiata, uncinata und mehreren Echinocacten aufgefunden wurde. Körper eiförmig, fast kugelig, einfach, niedrig (10 cm hoch bei 12 cm im Durchmesser). Axillen nackt. Warzen glänzend dunkelgrün, verlängert-eiförmig, dick, nach der Spitze zu verschmälert, von den Seiten her etwas gedrückt. Stachelpolster fast nackt. Stacheln 4, selten einer mehr oder weniger, kreuzständig, steif, fast gleich lang, in der Jugend gelblich, an der Spitze hornfarbig, später durchaus bräunlich-grau, weichhaarig. Mittelstacheln fehlen. Bei jungen Individuen finden sich oft 5—6 weisse Stacheln vor.

Blüthen im Juni und Juli, gegen 5 cm lang, völlig erblüht 4 cm im Durchmesser. Perigonblätter nach oben verbreitert, zugespitzt, goldgelb, aussen etwas grünlich. Staubfäden weiss mit gelben Antheren, den gelben Griffel spiralig umschliessend. Narbe mit 5—8 zurückgebogenen Lappen.

Von der ihr ähnlichen M. longimamma ist diese Art durch das viel dunklere Grün, die ganz nackten Axillen, die dickeren und stumpferen Wärzen, die geringere Anzahl von Stacheln und die fehlenden Mittelstacheln unterschieden.

Varietäten. 1. Mamillaria uberiformis β hexacentra *S.* (Syn. M. longimamma β hexacentra *Berg.*, M. hexacentra O.).

Stamm fast säulenförmig, einfach, niemals sprossend, freudiggrün. Axillen in der Jugend weissfilzig. Warzen zusammengedrückt, cylindrisch, an der Spitze convex. Stachelpolster fast nackt, spärlich graufilzig. Randstacheln 6, steif, gerade, grau. Mittelstacheln fehlen.

2. M. uberiformis γ major *Hort.*, in jeder Beziehung entwickelter, als die Stammform.

3. M. uberiformis δ variegata *Hort.*, eine schöne gelbbunte Varietät. Die gelben Flecken sind unregelmässig vertheilt und von verschiedener Grösse.

Fig. 22a. Mamillaria longimamma.

Ausser diesen finden sich in den Gärten noch var. Jacobiana und melaena als unbedeutende Abweichungen von der Normalform in Blüthe und Bewaffnung.

2. Mamillaria longimamma *DC.*, Langwarzencactus.

In Mexiko einheimisch. Körper einfach, bisweilen am Grunde sprossend, eiförmig oder etwas cylindrisch. Axillen wollig. Warzen hellgrün, abstehend, länglich-eirund, fast kegelförmig, sehr stumpf, gegen 5 cm lang, an der Basis 2 cm breit. Stachelpolster filzig. Stacheln ziemlich biegsam, rauh

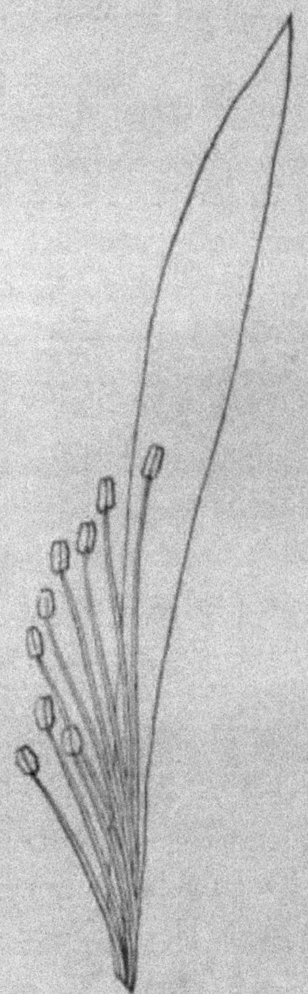

Fig. 22b.
Mamillaria longimamma, Perigonblatt.

behaart, in der Jugend weisslich, an der Spitze braun, später ganz bräunlich-grau. Randstacheln 7—10, ausgebreitet. Mittelstacheln 1—3, kaum etwas länger.

Der Körper wird 15 cm hoch bei einem Durchmesser von 10—12 cm.

Blüthen im Juni und Juli, ziemlich gross, bis 4 cm lang

und vollkommen aufgeblüht ebenso breit, mit linienförmigen, spitzen, citrongelben, aussen röthlichen Perigonblättern. Sie gehen nur in voller Sonne auf. Staubfäden gelb, mit dottergelben Antheren, den von der fünf- oder sechslappigen Narbe gekrönten Griffel spiralig umschliessend. Narbenlappen dick, stumpf.

1. M. longimamma *β* congesta *Hort.* (Syn. var. compacta *Hort.*?), Körper einfach. Warzen zahlreicher, gedrängt, graugrün. Randstacheln immer 7. Mittelstachel immer 1.

2. M. longimamma *γ* gigantothele *Berg.* (Syn. M. gigantothele *Hort.*), Warzen länger (bis $6^1/_2$ cm), cylindrisch.

3. M. longimamma *δ* luteola *Hort.*, Warzen von gelblichgrüner Farbe, sonst wie die Normalform.

Mamillaria longimamma sprosst sehr spät und giebt selten keimfähigen Samen, lässt sich aber sehr leicht durch Warzenstecklinge vermehren.

3. Mamillaria alpina *Mart.*, Alpen-Warzencactus.

Synonym. Mamillaria laeta *Meinsh.*?

Von Karwinski aus der mexikanischen Provinz Oaxaca eingeführt. Körper kugelig, mit der Zeit verlängert-cylindrisch. Warzen schmutzig-graugrün, mit vielen sehr kleinen weissen Punkten dicht übersäet, oben etwas eingedrückt und in der Mitte mit einer Längsfurche, abstehend-aufrecht oder aufrecht, an der stumpfen Spitze einen kleinen weissfilzigen Stachelpolster tragend, mit 8—10—12 dünnen, in der Jugend fast wachsgelben, später gelbweissen, in einer Ebene strahligen oder etwas niedergedrückten, mit bald abfallenden weissen Haaren besetzten Borsten von der Länge der Warzen.

Blüthen zahlreich, 3 cm breit; Sepalen lanzettförmig, spitz, schmutzig-grün; Petalen zurückgebogen, ausgebreitet, strohgelb-weiss, zahlreich, aufrecht. Staubbeutel safrangelb. Griffel länger als die Staubgefässe, mit einer fast grünen vierlappigen Narbe.

4. Mamillaria laeta *Hort.*, Hellgrüner Warzencactus.

Vaterland unbekannt. Körper fast kugelig. Axillen schwach wollig. Warzen länglich-eirund, etwas nach innen gekrümmt, sehr abstehend, hellgrün. Stachelpolster gross, rund. Randstacheln 9—10, horizontal ausgebreitet, in der Jugend weiss, später gelblich. Mittelstacheln 1—2.

Blüthen wie bei Mamillaria uberiformis.

5. Mamillaria sphaerica *Dietr.*, Kugel-Warzencactus.

Vaterland Texas, in der Nähe des Meeres bei Corpus-Christi. Körper fast kugelrund, 5 cm in Durchmesser, später durch Vertrocknung der unteren Warzen einen kleinen Stamm bildend. Axillen nur spärlich mit Wolle besetzt. Warzen fleischig, 13—17 mm lang, hellgrün. Stachelpolster fast nackt, schief aufgesetzt. Randstacheln 12—14, weisslich, etwa 8 mm lang. Mittelstachel 1, gelblich, kürzer als jene.

Diese Art blüht sehr leicht und reichlich. Blüthe sehr gross, gelblich.

Diese Art ist der M. longimamma nahe verwandt. Mamillaria globosa einiger Sammlungen steht der Form nach der M. sphaerica sehr nahe und ist vielleicht nur eine Varietät derselben. Randstacheln meistens nur 10, borstenförmig, fein und biegsam, strahlig, fast horizontal abstehend, gelblich, weiss behaart, an der Basis bräunlich, 1 1/2 cm lang, Mittelstacheln 1—2, kürzer, stärker und etwas dunkler.

Blüthen gelblich.

2. Gruppe: Crinitae — Langbehaarte.

Stamm fast kugelig oder cylindrisch, an der Basis sprossend. Warzen cylindrisch, aufrecht, gedrängt, oben bisweilen mit einer kleinen Furche. Stacheln sehr oft weich behaart, die äusseren mehr oder weniger zahlreich, seidenartig oder haarförmig, weiss, die inneren steifer, gefärbt, ein Centralstachel meist hakenförmig gebogen. Blüthen weiss, rosa oder rothgelb.

6. Mamillaria zephyranthoides *Schdw.*, Zephyrblumen-Warzencactus.

Nomenclatur. Galeotti, der diese ausgezeichnete Art ntdeckte, hielt sie, als er sie zum ersten Male aus einiger Entfernung erblickte, für eine Zephyranthes oder Zephyrblume (Familie der Amaryllideen).

Synonym. Mamillaria Fennelii *Hpfr.*

In der mexikanischen Provinz Oaxaca zu Hause, wo sie n der kälteren Region, 2400 m über dem Meeresspiegel, vorkommt.

Stamm einfach, gedrückt-kugelig, dunkel-graugrün. Axillen schmal. Warzen auf dem Rücken abgeflacht, am Ende etwas zugespitzt und schräg abgestutzt, aufrecht, dicht gedrängt, sehr lang, die unteren so sehr verlängert, dass sie mit den oberen eine ebenstraussartige Fläche bilden, aus der die Mittelstacheln wie kleine Spitzen hervorragen. Stachelpolster sehr klein, in der Jugend mit reichlicher weisser, langer Flockenwolle, später mit kurzem fahlen Filze bedeckt. Stacheln weichhaarig; Randstacheln 12—18, haarförmig, gerade, weiss, aufrecht-ausgebreitet, strahlig, ineinander verwebt; Mittelstacheln 2—4, selten nur 1, stärker und länger, mehrere davon oder alle an der Spitze hakig gebogen, in der Jugend gelblich, später an der Spitze purpurroth.

Blüthen im Mai und Juni, zahlreich, 3 cm lang, 4 cm im Durchmesser. Perigonblätter lanzettlich, weiss, die äusseren unterseits bräunlich, die inneren mit fleischfarbigem Mittelstreifen. Staubfäden am Grunde grün, oben roth. Staubbeutel orangefarbig. Narbenstrahlen 8, gelblich-grün.

In den Sammlungen sieht man meistens Individuen dieser Art von 4 cm Höhe und $2^1/_2$ cm Durchmesser, doch soll die Pflanze in ihrem Vaterlande verhältnissmässig sehr bedeutende Dimensionen erreichen, und der frühere Handelsgärtner Fennel in Cassel besass eine Originalpflanze von einer Grösse, wie er sie noch bei keiner Mamillaria wahrgenommen hatte.

Unsere Pflanze gewinnt ein besonderes Interesse dadurch,

dass die Warzenspitzen in einer ziemlich ebenen Fläche stehen, wodurch sie das Ansehen einer Blüthendolde erhält.

7. Mamillaria Wrightii *Engelm.*, Wright's Warzencactus.

Nomenclatur. Von Engelmann seinem Freunde Charles Wright gewidmet, dessen unermüdlichem Forschungseifer die Botanik viele Entdeckungen in der Flora Mexikos verdankt.

Vaterland Neumexiko, in der Nähe der Kupferminen bei El Paso, am oberen Pecos, östlich von Santa Fé. Stamm kugelig oder gedrückt, am Grunde verkehrt-kegelförmig, einfach, 4 cm bis fast noch einmal so hoch. Axillen nackt. Warzen stielrund,

Fig. 31. Mamillaria Wrightii.

13 mm lang. Randstacheln etwa 12, weiss, die 3—5 oberen etwas stärker, an der Spitze bräunlich, die seitlichen etwas länger, die untern dünner. Mittelstacheln meistens 2, gespreizt, hakenförmig gebogen, dunkelbraun, jenen an Länge fast gleich.

Blüthen seitenständig, $2^1/_2$ cm lang und eben so viel im Durchmesser; äussere Sepalen 13, dreieckig, etwas stumpf, gewimpert, die 8 inneren spitz; Petalen 12, linien-lanzettförmig, zugespitzt, grannig, hellpurpurn, wie auch die inneren Sepalen. Beere fast $2^1/_2$ cm lang, eirund-kugelig, saftig, purpurroth, von den Resten des Perigons gekrönt.

8. Mamillaria isabellina *Ehrenb.*, Gelbstachel-Warzencactus.

Vaterland Mexiko. Stamm halbkugelig, länglich, $6^1/_2$ cm im Durchmesser bei 10 cm Höhe. Axillen kurzwollig. Warzen eirund, eirund-kegelförmig, unten vierseitig, oben etwas schief abgestuzt, gelbgrün. Stachelpolster eirund, mit kurzer, gelblicher Wolle. Randstacheln 20—22, ausgebreitet, strahlig, sehr ungleich, die oberen sehr dünn, haarförmig, $2^1/_2$ mm lang, die unteren borstenförmig, stärker und länger (bis 11 mm), hellgelb, dann weisslich. Mittelstacheln 7—9, kräftig, fast pfriemenförmig, gerade, spitz, von ungleicher Länge, 6—7 strahlig ausgebreitet (11 mm lang), oder 2 im Centrum länger (15 mm), isabellfarbig, grünlich-gelb, strohgelb, bräunlich-gelb, die längeren im Colorit dunkler.

Angaben über die Blüthen fehlen, wie bei Ehrenberg gewöhnlich.

9. Mamillaria decipiens *Schdw.*, Trug-Warzencactus.

Nomenclatur. Der Name decipiens bezieht sich auf Verwechselungen, zu welchen diese Art Anlass gegeben.

Synonym. Mamillaria glochidiata var. inuncinata *Lem.*

Vaterland Mexiko. Stamm kugelig oder halbkugelig, gewöhnlich 8—10 cm hoch und breit, später am Grunde sprossend und kleine Rasen bildend. Axillen mit einzelnen weissen

Borsten. Warzen anfangs stumpf-dreikantig, schief abgestutzt, dunkelgrün, am Grunde weisslich. Stachelpolster spärlich mit weisser Wolle besetzt. Randstacheln 8—12, selten mehr, horizontal, strahlend, gelblich-weiss. Mittelstacheln 3—4, nur wenig stärker, nadelförmig, unregelmässig abstehend, rothbraun, an der Basis gelblich.

Blüthen von August bis December, $2^1/_2$ cm lang, wenig ausgebreitet, weisslich, Perigonblätter mit breitem purpurfarbigen Mittelstreifen. Staubbeutel gelblich. 4—6 Narbenstrahlen. Junge Individuen blühen sehr reichlich.

Eine nur wenig abweichende Form dieser Art ist Mamillaria deficiens *Hort.* (Syn. M. ancistria *Lem.*, M. ancistroides β inuncinata *Lem.*). Sie unterscheidet sich nur durch dunkler gefärbte, mit der Spitze nach dem Scheitel gerichtete Warzen und stets durch 3 Mittelstacheln, von denen die beiden oberen vollkommen senkrecht stehen.

10. Mamillaria picta *Meinsh.* Buntstachel-Warzencactus.

Vaterland Mexiko, Rio blanca. Körper kugelig oder verkehrt-eiförmig. Axillen sparsam mit gekräuselten Borsten besetzt. Warzen gedrängt, cylindrisch, etwas schief abgestutzt, dunkelgrün. Stachelpolster klein, bald nackt. Stacheln behaart; Randstacheln stets 12, strahlig ausgesperrt, 8 obere und seitliche gerade, an der Basis knotig, verdickt, gelb, nach der Mitte weisslich, zur Spitze schwarzpurpurn, 4 untere länger, etwas gekräuselt, durchsichtig-weiss; Mittelstacheln 1, selten 2, gleich den oberen, äusseren, aber etwas kräftiger und mehr braun, gerade, aufrecht.

Von Mamillaria decipiens durch die Form der Stacheln unterschieden, durch die Gestalt des Körpers der M. Schelhasei sehr nahe tretend.

Blüthen grünlich-weiss. Narbe mit drei ausgebreiteten Lappen.

11. Mamillaria Guilleminiana *Lem.*, Guillemin's Warzencactus.

Nomenclatur. Nach Dr. Guillemin benannt, Arzt und Botaniker, † 1842 in Montpellier.

Vaterland unbekannt. Körper fast cylindrisch, am Scheitel platt gedrückt, bis 10 cm hoch und bis 8 cm breit, reichlich sprossend. Axillen am Scheitel in Folge des dichten Standes nackt, weiter unten mit reichlicher, langer, weisser Flockenwolle, welche an Originalpflanzen sogar die Warzen überragt und endlich schwindet, um 4—6 kürzeren, sparrigen, weissen Borsten Platz zu machen. Warzen graulich-grün, kegelförmig, fast cylindrisch, stumpf, aufrecht, oben etwas gewölbt, unten gekielt, am Grunde durch Pressung vierseitig. Stachelpolster eiförmig, klein, mit weisslichem Filz besetzt, bald aber nackt. Randstacheln 7—12, vollkommen strahlig, ungleich, sehr steif, klein, gelblich, unten braun, später schwärzlich. Mittelstacheln 1—3, gleich, kaum länger, aber etwas stärker, 1—2 nach oben und 1 nach unten gerichtet, gerade, in der Jugend gelblich-weiss, rothbraun gespitzt, später grau, an der Spitze schwärzlich.

Blüthen von August bis October, 2 $^1/_2$ cm lang, schmutzigweiss, die petaloidischen Perigonblätter mit breitem braungrünen Mittelstreifen, lanzettlich, die sepaloidischen breiter. Antheren gelblich, die sechslappige Narbe gelblich-weiss.

Eine sehr schöne und ausgezeichnete Species.

12. Mamillaria vetula *Mart.*, Matronen-Warzencactus.

Nomenclatur. Vetula genannt wegen der in einander verwebten greisgrauen Borsten, in demselben Sinne wie M. senilis.

In Mexiko einheimische Art, wo sie von Karwinski bei San José del Oro auf Felsen, etwa 4000 m über dem Meeresspiegel, in Gesellschaft der Mamillaria supertexta gefunden wurde.

Stamm cylindrisch oder eiförmig, seitlich sprossend, Axillen fast nackt. Warzen glänzend dunkelgrün, kegelförmig. Stachelpolster mit spärlichem Filze besetzt, fast nackt. Randstacheln erst 25–30, später bis 50 und dann wie in einander verwebt, weiss, borstenartig, sternartig strahlend. Mittelstacheln 1—3, stärker, aufrecht, braun.

Perigon cylindrisch-glockenförmig, mit lanzettförmigen, spitzen, lebhaft citrongelben, aussen der Länge nach von einem dunkelbraunrothen Mittelstreifen durchzogenen Blättern. Die kurzen Staubgefässe mit gelblichen Antheren. Griffel fünfstrahlig, weisslich. Blüthezeit von October bis December.

Der Stamm ist 10—18 cm hoch bei 5—7 cm Durchmesser.

Varietät. Mamillaria vetula β major *S.* (Syn. M. grandiflora *Hort.* — nicht *Otto*) unterscheidet sich von der Art durch grössere Blumen.

13. Mamillaria Schelhasei *Pr.*, Schelhase's Warzencactus.

Nomenclatur. Benannt nach dem Handelsgärtner A. Schelhase in Cassel, welcher eine reiche Cacteensammlung unterhielt.

Vaterland: Mexiko. Die erste Sendung, erhielt Dr. Pfeiffer in Cassel durch Ehrenberg aus Mineral del Monte,.

Stamm fast kugelig, an der Basis sprossend, bis 12 cm hoch. Axillen sehr spärlich weissfilzig. Warzen oberhalb walzlich, dunkelgrün, an der Basis blasser, sehr stumpf-vierseitig. Stachelpolster ziemlich nackt, an der Spitze der Warzen eingesenkt. Randstacheln 15—20, dünn, borstenförmig, weiss, sternförmig ausgebreitet, kürzer als die Warzen. Mittelstacheln 3, von denen 2 aufrecht-ausgebreitet, nur wenig steifer als die Randstacheln, gerade, am Grunde gelblich oder weisslich, röthlich gespitzt, der dritte stärker, länger, mit der Spitze hakig nach oben gekrümmt, heller oder dunkler purpurbraun.

Blüthen zahlreich, 1½ bis fast 2 cm lang und breit; Perigonblätter weiss mit rothem Mittelstreifen. Staubbeutel gelblich-weiss. Griffel etwas länger, als die Staubgefässe, mit fünflappiger Narbe.

Von der ihr nahestehenden Mamillaria glochidiata ist diese

Art durch den aufwärts gekrümmten Haken und dadurch unterschieden, dass sie niemals einen Rasen bildet, sondern an der Basis nur mehrere kleine, kugelige Sprossen erzeugt.

Varietät: Mamillaria Schelhasei β sericata *S.* (Syn. M. Scheidweileriana *O.*, M. glochidiata β purpurea *Schdw.*, M. glochidiata sericata *Lem.*).

Fig. 32. Mamillaria Schelhasei.

Nähert sich der M. glochidiata durch die Neigung zur Rasenbildung und durch einen hakig gekrümmten Mittelstachel, so dass es zweifelhaft ist, ob sie nicht besser zu dieser, als zu M. Schelhasei zu stellen sein möchte.

In Mexiko einheimisch. Warzen cylindrisch, nach der Spitze etwas verschmälert, von dunklerem Grün. Randstacheln sehr zahlreich, sehr fein, schneeweiss, fein behaart, länger als die Warzen. Mittelstacheln 4, kürzer, steifer, am Grunde goldgelb, purpuroth gespitzt, die drei seitlichen gerade, abstehend- ausgebreitet, der vierte, mittlere aufrecht, dunkler, sanft gebogen und an der Spitze hackig nach unten gekrümmt.

Blumen mit denen der Species übereinstimmend, jedoch mit dunklerem Mittelstreifen. Blüthezeit Mai bis August.

14. Mamillaria Grahami *Engelm.*, Graham's Warzencactus.

Nomenclatur. Von Engelman nach dem Oberst J. D. Graham benannt, Mitglied des topographischen Instituts der Ver. Staaten, mit dessen Beihülfe viele der Engelmann'schen Species gesammelt wurden.

Vaterland Mexiko, in den gebirgigen Gegenden von El Paso, am Gila und Colorado. Körper kugelig, im Alter oft eiförmig, einfach oder am Grunde ästig, $2^1/_2$—4 cm hoch bei etwas geringerem Durchmesser. Axillen nackt. Warzen eiförmig, mit breiterer Basis, im Alter von etwas korkiger Textur. Stachelpolster kreisrund oder etwas eiförmig. Randstacheln 15—30, weiss, oft an der Spitze rothgelb, kahl oder behaart, die oberen kürzer, die seitlichen länger. Mittelstachel 1, stärker, länger, hakenförmig, oft noch zwei gerade, gespreizt, alle schwarzroth, am Grunde blasser.

Blüthen seitlich unter dem Scheitel, hochroth; Sepalen etwa 13, linienförmig-länglich, stumpflich, gewimpert; Petalen ebensoviel, die äusseren weichstachelspitzig, die inneren stumpf oder eingedrückt. Narbe mit 6—8 langen, fadenförmigen, halbaufrechten Lappen. Beere eiförmig, grün (?), von dem vertrockneten Perigon gekrönt.

15. Mamillaria Hermanni *Ehrenb.*, Hermann's Warzencactus.

Nomenclatur. Nach einem Pflanzenfreunde, dem Assessor A. W. Hermann in Berlin, benannt.

Vaterland: Mexiko. Stamm ellipsoidisch, fast keulenförmig, bis 12 cm hoch bei 6—7 cm Durchmesser. Axillen mit kurzer Wolle besetzt, bald nackt. Warzen lang, dünn, eirund-kugelförmig, unten vierseitig, oben schief abgestutzt, dunkelgrün. Stachelpolster bald nackt. Stacheln haarförmig, lang, gerade, strahlig abstehend; Randstacheln 16—22, von oben nach unten an Länge zunehmend, die oberen etwas über 4 mm, die unteren 13 mm lang, gelblich oder weisslich; Mittelstacheln 5—8, länger und stärker, 22 bis 26 mm lang, gerade, braun.

Blüthen finden sich nicht beschrieben.

Varietät. Mamillaria Hermanni β flavicans *S.* (Syn. M. auricoma *Ehrenb.*), nur durch hellgelbe Stacheln unterschieden.

Ich war längere Zeit im Zweifel, ob diese Varietät wirklich Ehrenberg's M. auricoma darstelle. Aber ein mir von Herrn Fr. Ad. Haage jun. in Erfurt zur Verfügung gestelltes Exemplar bestätigte diese Annahme. Die hellgelbe, eigentlich grünlich-gelbe Farbe der Stacheln tritt vorzugsweise in der Nähe des Scheitels und bei den über dem letztern schopfartig zusammengedrängten Stacheln deutlich hervor. In allem Uebrigen stimmt diese Varietät mit M. Hermanni überein.

16. Mamillaria plecostigma *Meinsh.*, Randnarben-Warzencactus.

Von Karwinski in Mexiko gesammelt. Stamm cylindrisch, sprossend. Axillen nackt, später mit gekräuselten Borsten besetzt. Warzen cylindrisch, an der Spitze schief abgerundet. Stachelpolster unter der Spitze, schwach filzig. Randstacheln 16—20, borstenartig, sternförmig ausgebreitet, kürzer als die Warzen, weiss. Mittelstacheln 3 bis 4, anfangs schwefelgelb, später bräunlich, die 2—3 oberen (fast seitlichen) abstehend, gerade, ein unterer gerade aufrecht, an der Spitze hakig.

Blüthen gross, glockig; Sepalen schmutzig-purpurbräunlich, am Rande mehr oder weniger gelblich, die äusseren kleiner, lanzettförmig, die inneren nahe an die Petalen reichend, letztere länglich-linienförmig, an der Spitze stumpf, abgerundet, stachelspitzig, fleischfarbig-weiss, mit einer schmutzig-braunen Mittellinie bezeichnet. Narbe vier- bis fünflappig, jeder der kurzen, eirunden Lappen an den Rändern umgeschlagen, nicht flach, wie bei den übrigen Arten dieser Gruppe.

Varietät. Mamillaria plecostigma β minor, die Warzen kürzer, halb so dünn und die Blüthen um die Hälfte kleiner.

Diese Art steht der M. Schelhasei sehr nahe, ist aber durch die gelbe Farbe der Mittelstacheln auf den ersten Blick zu unterscheiden, von M. Wildiana durch den dickeren, weniger reich sprossenden Körper und die zahlreicheren und dickeren Stacheln, ganz besonders aber durch die Grösse der Blüthen und die abgerundet-stumpfen, feinspitzigen Petalen.

17. Mamillaria Wildiana *Pfr.*, Wild's Warzencactus.

Nomenclatur. Dem verstorbenen Medizinal-Assessor Wild in Cassel, einem intelligenten Pflanzenfreunde, zu Ehren benannt.

Synonym. M. glochiditaa var. aurea *Hort.*

Vaterland Mexiko. Stamm cylindrisch-kugelig, am Grunde stark sprossend, aber doch nicht eigentlich rasenbildend. Axillen rosenroth, wollig und borstig. Warzen schlank, verlängert, stumpf, cylindrisch, dunkelgrün, an der Basis stark verschmälert, röthlich. Stachelpolster nur in der Jugend mit kurzem weissen Filze besetzt. Randstacheln 8—10, feinborstig, weiss, strahlend, ausgebreitet, fast so lang wie die Warzen. Mittelstacheln 4, ziemlich steif, weich behaart, die drei seitlichen gerade, ausgebreitet, gelb, der vierte, mittlere aufrecht, stärker, viel kürzer als die Warzen, goldgelb, an der Spitze hakig abwärts oder auch etwas seitlich gekrümmt, alle später schmutzig braun.

Blüthen von Ende März bis August, zahlreich in einem Gürtel um den Scheitel stehend, kaum $1^1/_2$ cm lang und entfaltet ebenso breit, ähnlich denen der M. pusilla. Perigonblätter schmutzig weiss, fast durchsichtig, grünlich überhaucht und mit einem bräunlichen Mittelstreifen. Antheren sehr blassgelb. Narbe vier- bis fünfstrahlig. Beere umgekehrt-kegelförmig, bräunlich-roth.

Varietäten. S. Mamillaria Wildiana β rosea, unterscheidet sich nur durch die blassrosenrothen Blumen.

2. M. Wildiana γ compacta *Hort.* ist nur durch gedrängteren Stand der Warzen unterschieden.

3. M. Wildiana δ cristata *Hort.* (Syn. var. monstruosa *Cels.*), Körper hahnenkammartig verbildet.

18. Mamillaria Bocasana *Poselg.*, Bocas-Warzencactus.

Vaterland Texas, auf der Sierra de Bocas zwischen Steinen. Körper fast kugelrund, $2^1/_2$—$3^1/_2$ cm im Durchmesser, oft vielköpfig. Axillen nackt. Warzen dicht stehend, dünn, von frischem, hellem Grün. Stachelpolster schief aufgesetzt. Randstacheln sehr zahlreich, 9—11 mm lang, sehr fein haarförmig, seidenartig, schneeweiss, etwas in einander geflochten. Mittelstachel 1, bis $6^1/_2$ mm lang, an der Spitze hakenförmig gekrümmt, bräunlich.

Blüthen habe ich noch nicht beobachtet, auch finden sich über diese in der Allgemeinen Gartenzeitung (Jahrg. 1853), der die Diagnose entnommen ist, keine Angaben.

19. Mamillaria aurorea *Ehrenb.*, Aurora-Warzencactus.

Vaterland Mexiko. Körper kugelig, halbkugelig, länglich oder säulenförmig, 5—7 cm lang bei einem Durchmesser von 4—5 cm. Axillen mit kurzer weisser Wolle und einigen geraden oder gekräuselten Borsten. Warzen kurz, eirund-kegelförmig, an der Basis vierseitig, oben schief abgestuzt, dunkelgrün, mit weissen Punkten, welche sich dem bewaffneten Auge als kleine Wollbüschel darstellen. Stachelpolster eirund, in der Jugend mit kurzer weiser Wolle. Stacheln borstenförmig, fein, strahlig; Randstacheln 20—24, fast haarförmig, gerade, nach unten an Länge zunehmend, weiss, durchscheinend; Mittelstacheln 6—8, auch 9, etwas stärker, als jene, und länger, sechs derselben 13—15 mm, zwei oder drei 21—26 mm lang, der unterste gewöhnlich der längste und 1—3 an der Spitze hakenförmig gekrümmt, feuerroth, am Grunde heller, oder nur die längsten feuerroth, die übrigen weiss und nur roth gespitzt.

Die Blüthen finden sich nirgends beschrieben.

20. Mamillaria glochidiata *Mart.*, Widerhaken-Warzencactus.

Synonyme. Mamillaria glochidiata alba *Hort.*, M. criniformis β albida *DC.*, M. ancistroides *Lehm.*

Vaterland Mexiko. Karwinski fand sie noch an der Grenze der kalten Region, in Gesellschaft der M. mystax, 2400—2600 m über dem Meeresspiegel. Niedrig, mit zahlreichen eiförmigen Sprossen dichte Rasen von 15—20 cm Durchmesser und 8—13 cm Höhe bildend. Axillen kaum wahrnehmbar, mit sehr vergänglicher Wolle und mit Borsten besetzt. Warzen lebhaft glänzend-hellgrün, etwas schief abgestutzt. Stachelpolster kurz-weisswollig, schief angesetzt. Randstacheln 8—20, von der Länge der Warzen oder wenig länger, borstenartig, sehr fein, sternförmig ausgebreitet. Mittelstacheln 2—5, steifer, gelb, später bräunlich, einer im Centrum aufrecht, stärker, an der Spitze hakig nach unten gekrümmt, die übrigen seitlich, ausgebreitet abstehend, vollkommen gerade.

Blüthen Mai bis August, zahlreich, 13—18 mm lang. Perigonblätter weiss, aussen mit einem röthlichen oder rothen Mittelstreifen. Staubbeutel grünlich-gelb. Griffel mit einer gelblichen, meist vierstrahligen Narbe. Beere keilförmig, scharlachroth.

Varietät. Mamillaria glochidiata β rosea *Labour.* (Syn. M. criniformis α rosea *DC.*, M. criniformis *Dietr.*) Nur wenig abweichende Form, welche sich durch kugelrunde Sprossen, dünnere, an der Spitze gleichmässig abgerundete Warzen, genau in der Mitte der Warzenspitze stehende Stachelpolster, eine geringere Anzahl von Randstacheln, grössere Blühwilligkeit und durch die lebhafte Rosafärbung der Blüthe unterscheidet.

21. Mamillaria multiceps *S.*, Vielkopf-Warzencactus.

Vaterland Mexiko. Körper länglich-kugelförmig, 8 bis 18 cm lang, am Grunde und oben stark sprossend. Axillen weiss, borstig. Warzen aufrecht, gedrängt, eirund-kegelförmig, glänzend-grün. Stachelpolster in der Jugend weissfilzig, bald nackt. Randstacheln seidenartig-borstig, zahlreich, sehr abstehend, gebogen, weiss. Mittelstacheln 6—7, strahlig ausgebreitet, bisweilen mit 1 im Centrum, alle dünn, rothgelb.

Blüthen gelb, mit am Grunde grünlicher Röhre und wenigen Sepalen; Petalen 10—12, gedrängt, aufrecht, zurückgebogen, breit-lanzettförmig, etwas stumpf, am Rande gewimpert, blassgelb, mit einer schmutzig-rothen Mittellinie. Staubgefässe zahlreich, zusammengeneigt, mit weissen Fäden und gelben Antheren. Griffel über letztere hinausragend; Narbe mit 6—7 aufrechten, spitzen, gelben Lappen.

Meinshausen in St. Petersburg führt in der Allgemeinen Gartenzeitung 1858 mehrere Varietäten an, welche sich theils durch die Höhe des Stammes und die mehr oder weniger zahlreichen Sprossen, theils durch die Farbe der Stacheln unterscheiden, nämlich:

1. Mamillaria multiceps β humilis *Meinsh.* (Syn. M. parvissima *Karw.)*, in Mexiko, Victoria, einheimisch, mit niedrigem, nur 5—6 cm hohem Stamme mit ausserordentlich zahlreichen Sprossen, welche einen mehr als 30 cm breiten Rasen bilden.

2. M. multiceps γ perpusilla *Meinsh.* (M. perpusilla *Meinsh.*), Stamm und Aeste sehr klein, nur 2½—5 cm hoch, mit dickeren, eiförmigen Warzen und blasseren, schmutzig-weissen Stacheln.

3. M. multiceps δ grisea *Meinsh.* (M. caespititia *Hort. DC.*), Stämme stärker, Warzen etwas länger, mehr gedrängt stehend. Mittelstacheln gelblich-weiss, an der Spitze purpurröthlich.

22. Mamillaria crinita *DC.*, Haar-Warzencactus.

Vaterland Mexiko. — Niedrig, kaum 5 cm hoch bei 5 cm Durchmesser, kugelig, gedrückt, am Grunde kärglich sprossend. Axillen nackt. Warzen schlank, nach oben etwas verschmälert, an der Spitze abgerundet, dunkelgrün. Stachelpolster etwas eingesenkt, kaum wahrnehmbar mit etwas bräunlicher Wolle besetzt. Randstacheln 15—20, weisslich, sehr dünn, borstenförmig, fast strahlig. Mittelstacheln 4—5, länger, steifer, an der Basis zwiebelig verdickt, anfangs gelb, dann bräunlich, die 3—4 seitlichen gerade, ziemlich ausgebreitet, einer in der Mitte aufrecht, dunkler, an der Spitze hakig nach unten gekrümmt.

Blüthen von Mai bis Juli, fast 2 cm lang, gelblich-weiss, am Grunde röthlich oder grünlich schimmernd. Staubbeutel und die fünfstrahlige Narbe gelblich. Eine alte, viel kultivierte Art!

Von der nahe verwandten M. Wildiana unterscheidet sich unsere Art durch die Blüthen, durch die Mittelstacheln, besonders auch durch die nach oben verschmälerten Warzen.

23. Mamillaria pusilla *DC.*, Zwerg-Warzencactus.

Synonyme. Mamillaria stellata *Haw.*, M. stellaris *Hort.*, Cactus pusillus *DC.*, C. stellatus *B. Cab.*, C. stellaris *Lin.* Eine der ältesten Arten, aus Westindien stammend. Niedrig, kugelig, mit vielen halbkugeligen Sprossen dichte, breite Rasen bildend. Axillen etwas zottig. Warzen schlank, graugrün. Stachelpolster zottig. Randstacheln 12—20, weiss, haarförmig, theils gerade, theils gekräuselt und haarig-gefiedert. Mittelstacheln 4—6, weisslich-gelb, steif, gerade, weich behaart.

Blüthen von Mai bis August, sehr zahlreich, viel länger als die Warzen; Perigonblätter gelblich, mit rosenrothem Mittelstreifen; Antheren und die fünfstrahlige Narbe gelb. Beeren sehr dünn, $2^1/_2$ cm lang, scharlachroth, im Winter zu Tage tretend.

Varietäten. Mamillaria pusilla β major *Pfr.*, mit eiförmigem, fast ganz einfachem Körper. Warzen etwas länger, auch die Stacheln, und die Blumen etwas grösser. Selten geworden!

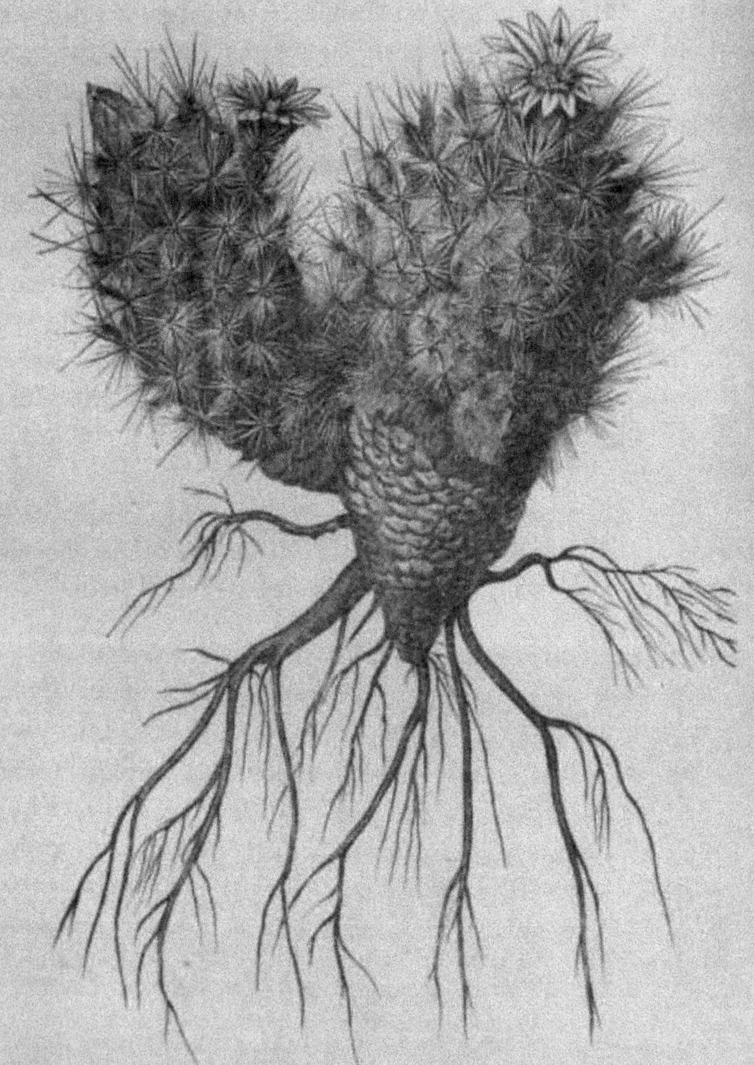

Fig. 25. Mamillaria pusilia γ texana.

M. pulsilla γ texana *Engelm.*, in Mexiko einheimisch, nach Poselger am unteren Rio Grande gemein. Kopf bis $6^1/_2$ cm hoch und 4 cm im Durchmesser, durch zahlreiche Sprossen dichte Rasen bildend. Warzen dunkelgrün. Axillen ganz mit Wolle bedeckt, die mit mehreren groben, gedrehten Borsten vermischt ist. Randstacheln haarfein, die ganze Pflanze wie mit grober Wolle einhüllend, wenn auseinandergezogen oft 18 mm lang. Mittelstacheln schlanker, aber steif und stechend, hei jungen Individuen weisslich, schwarz gefleckt, bei kräftigeren am Grunde gelb, nach oben braun und an der Spitze schwarz.

Blumen etwas über 20 mm lang. Perigonblätter schmutzig-gelblich-weiss, in der Mitte mit einem röthlichen Streifen.

24. Mamillaria eximia *Ehrenb.*, Ausgezeichneter Warzencactus.

Vaterland Mexiko. Stamm länglich, säulenförmig, 7—10 cm hoch bei 5 cm Durchmesser. Axillen mit kurzer Wolle und feinen haarförmigen, kurzen Borsten. Warzen kurz, eirund-kegelförmig, oben etwas schief abgestutzt, an der Basis vierseitig, nach vorn in die Länge gezogen, dunkelgrün. Stachelpolster anfangs weisswollig, später nackt und goldgelb. Stacheln strahlig, in zwei Reihen, in der äusseren 20—22, haarförmig, sehr fein, gerade, kurz, durchschimmernd-weiss, in der inneren 16—18, borstenförmig, fein, von diesen 10—12 von ungleicher Länge, die oberen dünner und kürzer, als die übrigen ($6^{1}/_{2}$—$8^{1}/_{2}$ mm), die unteren etwas stärker und länger ($8^{1}/_{2}$—13 mm), weiss. Mittelstacheln 4—6, weiss mit röthlicher Spitze, ein längerer (13—17 mm) und der längste (20—21 mm) anfangs feuerroth, später verblassend.

Über die Blüthe finden sich keine Angaben.

25. Mamillaria granulata *Mnsh.*,*) Körner-Warzen-cactus.

Von Karwinski auf seiner zweiten Reise in Mexiko ge-

*) Nach Wochenschrift für Gärtnerei und Pflanzenkunde, von K. Koch und Fintelmann 1858.

sammelt und an den botanischen Garten in St. Petersburg gesandt.

Niedrige, kugelige, 5—6 cm im Durchmesser haltende sprossende, Rasen bildende Pflanze. Axillen mit feinen, gekräuselten, weissen Borsten besetzt, die viel länger sind als die Warzen. Letztere fast aufrecht, länglich-eiförmig, an der Spitze schief abgestutzt, dunkelgrün, unter der Lupe fein gekörnelt, bis 14 mm lang und halb so dick. Stachelpolster unter der Spitze, fast rund, nur in der Jugend filzig, nur etwa 1 mm breit. Randstacheln 18—20, weisslich, sehr fein, zum Theil gekräuselt, am Grunde schmutzig- gelb. Mittelstacheln gewöhnlich 6, unter einander wenig verschieden, stärker, kräftiger, gerade, steif, an der Basis schmutzig-gelb und mehr oder weniger knollig verdickt, an der Spitze etwas purpurröthlich.

Diese wie es scheint sehr seltene Art wird als der Mamillaria pusilla nahe verwandt bezeichnet. Ich selbst habe sie zu sehen noch keine Gelegenheit gehabt.

26. Mamillaria barbata *Engelm.*, Bart-Warzencactus.

Vaterland Mexiko. Stamm einfach, kugelig, gedrückt. Axillen nackt. Stacheln strahlend, mehrreihig, sehr zahlreich. Randstacheln 40, haarförmig, weiss. Mittelstacheln 10—15, etwas stärker, fahl, ein einziger aufrecht, hakig gekrümmt, braun. Blüthen nicht bekannt. Beeren länglich, grün, von den Resten des Perigons gekrönt.

Diese interessante Art scheint nicht sehr verbreitet zu sein. Beschreibung nach Dr. Engelmann's Cacteae of Boundary etc.

3. Gruppe: Heteracanthae — Verschiedenstachelige.

Körper kugelig oder cylindrisch, oft säulenförmig, einfach oder sprossend, oft mit zwei- oder dreiköpfigem Scheitel, an alten Individuen in zwei oder drei Theile zerfallend. Axillen nackt oder wollig. Warzen kegelförmig oder cylindrisch. Stacheln doppelgestaltig, die Mittelstacheln in Form und Färbung von den Randstacheln verschieden, letztere dünn, borstenartig, strahlend, erstere 1—12, stärker, gerade oder gekrümmt, sehr selten fehlend.

1. Sippe. Polyacanthae — Vielstachelige.

Körper cylindrisch. Axillen nackt. Stacheln gerade. Randstacheln sehr zahlreich, borstenförmig, weisslich, ausgebreitet oder fast aufrecht. Mittelstacheln 6—12, kaum steifer, bunt.

27. Mamillaria spinosissima *Lem.*, Stacheligster Warzencactus.

Synomym. Mamillaria polycentra Berg.

In Mexiko einheimisch. Körper einfach, säulenförmig, stark, schwarzgrün. Axillen nur in der Jugend mit sehr weniger weisser Wolle. Warzen klein, kegelförmig-eirundlich, gedrängt und dadurch an der Basis vierkantig. Stachelpolster in der Jugend weisswollig, später nackt. Randstacheln 16 bis 25, kurz, weisslich, steif, strahlig, fast aufrecht, ineinander verwebt, Mittelstacheln 8—12—15, doppelt so lang, stärker, pfriemlich, aufrecht, weisslich, die jüngern an der Spitze fuchsroth-braun.

Blüthen den ganzen Sommer hindurch, kleiner, als die der M. senilis, aber ähnlich gefärbt, mit spitzen, nach aussen gebogenen Perigonblättern und rosenrothen Staubfäden. Beeren birnförmig, roth.

Eine durch zierliche Form und schöne Färbung der jungen Stacheln ausgezeichnete Art, welche in den Sammlungen meistens durch Individuen von 10—15 cm Höhe und 8 cm Durchmesser repräsentirt ist, aber aus Mexiko in Originalpflanzen von 30 cm Höhe und 7 cm Durchmesser eingeführt wurde.

Varietäten. 1. Mamillaria spinosissima β flavida *S.* (Syn. M. polyacantha *Ehrenb.*), Stacheln glänzend goldgelb.

2. M. spinosissima γ rubens *S.* (Syn. M. polyactina *Ehrenb.*), die Stacheln haben ein viel intensiveres Roth, als bei der Normalform.

3. M. spinosissima δ brunnea *S.* (Syn. M. Uhdeana *S.*, M. caesia *Ehrenb.*), Warzen gedrängter und Stacheln steifer, als bei der Normalform und von kastanienbrauner Farbe.

28. Mamillaria micromeris *Engelm.*, Kleinwarzen-cactus.

Nomenclatur. M. micromeris scheint Mühlenpfordt's M. microthele nahe zu stehen, die sich aber durch ihren rasenartigen Wuchs und die 1—2 Mittelstacheln unterscheidet. Der Trivialname bezieht sich auf die Kleinheit nicht nur der Warzen, sondern aller Theile der Pflanze.

Vaterland. Mexiko, von El Paso bis zum San Pedro, auf kahlen Stellen auf Bergen oder Abhängen, nur auf Kalkstein, nie in der Porphyr-Region.

Klein, kugelig, am Scheitel gedrückt, einfach oder — wiewohl sehr selten und wahrscheinlich nur nach einer Verletzung — verästelt, gewöhnlich $1^1/_2$—$2^1/_2$ cm im Durchmesser. Warzen sehr klein, im eigentlichsten Sinne warzenförmig, dicht gedrängt, im Alter die Stacheln abwerfend, was dann der Basis der Pflanze ein eigenthümliches, warziges Ansehen giebt. Stachelpolster in der Jugend mit langer flockiger Wolle besetzt. Stacheln sehr zahlreich, mehrreihig, sehr klein und zart aschgrau, die Pflanze dicht bedeckend, auf den unteren Warzen erwachsener Pflanzen gegen 20, fast gleichlang (nur wenig über 2 mm), strahlig, auf den Warzen gegen den Scheitel hin bei blühenden Pflanzen 30—40, sternförmig ausgebreitet, die oberen 6—8 zwei oder drei Mal länger, gegen die Spitze hin keulenförmig, spitz, mit eben so langen wolligen Haaren gemischt, auf dem Scheitel einen kleinen Büschel bildend, welcher die Blüthen und Früchte einschliesst und theilweise verhüllt. Werden die längeren Stacheln älter (vielleicht nach dem 2. und 3. Jahre), so bricht der obere Theil ab und sie sind dann nicht länger als die übrigen.

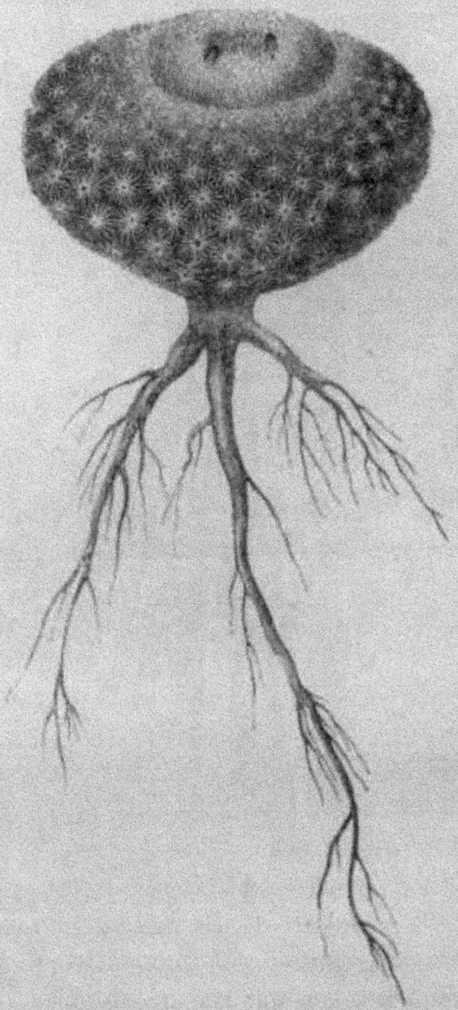

Fig. 20. Mamillaria micromeris.

Blüthen sehr klein, von nur $6\frac{1}{2}$ mm Durchmesser, mit 3—5 Sepalen und 5 weisslichen oder ganz leicht gerötheten

Petalen, mit 2 oder 3 mal so vielen Staubgefässen und einem Griffel mit dreilappiger Narbe. Beere 9—13 mm lang, keulenförmig, roth.

Upper side down

Fig. 27. Mamillaria micromeris, Stachelpolster.

Varietät. Mamillaria micromeris β Greggii *Engelm.* grösser, mit etwas längeren kugelig-eiförmigen Warzen und zwei bis dreireihigen steifen Stacheln, von denen die 5—7 innere tsärker, die 15—18 äusseren etwas länger, alle aber strahlig. Bei oberflächlicher Betrachtung dieser niedlichen Art glaubt man eine Pelecyphora vor sich zu haben.

29. Mamillaria Wegeneri *Ehrenb.*, Wegener's Warzencactus.

Nomenclatur. Nach Th. Wegener, einem Kaufmanne in Stralsund benannt, welcher eine umfassende Cacteensammlung unterhielt.

Synonym. Mamillaria castanoides *Lem.*

In Mexiko einheimisch und 1841 eingeführt. Stamm einfach, kugelig oder halbkugelig, 10 cm hoch bei gleichem Durchmesser. Axillen weissfilzig. Warzen grün, kegelförmig, kurz, dick, am Grunde breit und fast vierkantig, die jüngeren vom Stachelpolster nach aussen mit einer stumpfen Kante. Stachelpolster oval, die jüngeren weissfilzig. Randstacheln 20—24, viel länger als die Warzen, aufrecht-abstehend, gelblich, goldgelb, weisslich, grauweiss oder gelb und weis gescheckt, an der Spitze oder ganz und gar braunröthlich. Mittelstacheln 4—6, kaum länger und stärker, gelb, grauweiss, rothbraun oder nur rothbraun gespitzt. Blume nicht beobachtet.

Diese sehr zierliche Art erreicht eine Höhe und einen Durchmesser von 10 cm. Von ihr findet sich in den Gärten auch eine hahnenkammartig verbildete Form (var. cristata).

30. Mamillaria Poselgeriana *Hge. Cat.*, Poselger's Warzencactus.

Nomenclatur. Dem bekannten Cacteensammler H. Poselger in Berlin zu Ehren benannt. Schon vom 14. Lebensjahre an kultivirte er mit Leidenschaft Cacteen und blieb dieser seiner Passion treu bis zu seinem vor einigen Jahren erfolgten Tode. Die Beschreibung von ihm in Mexiko gesammelter und in Europa eingeführter Arten findet sich in der Allgemeinen Gartenzeitung Jahrg. 1853.

Vaterland Mexiko. Körper fast kugelig. Axillen mit weisser Flockenwolle besetzt. Warzen kegelförmig, mattdunkelgrün. Stachelpolster weissfilzig, später nackt. Mittelstacheln 4, an der Basis verdickt, braun, im Alter weisslich, braun gespitzt (die des Scheitels purpurbraun), fast ins Kreuz gestellt, etwas abstehend, der untere der längste (gegen $1\frac{1}{2}$ cm). Randstacheln 14—16, kurz, die 5 unteren länger, die oberen um Vieles kürzer, alle feinborstig, weiss, strahlig.

Blüthen Ende Juni und im Juli, in mehreren Kreisen um den Nabel gestellt, roth.

Eine durch düsteres Colorit und braune Bewaffnung sehr ins Auge fallende Art.

31. Mamillaria Schmerwitzii *Hge.*, Schmerwitz' Warzencactus.

Nomenclatur. Einem eifrigen Cacteensammler, Herrn von Schmerwitz, Gutsbesitzer auf Schloss Schmerwitz (Provinz Sachsen) zu Ehren benannt.

Vaterland Mexiko, von wo sie Friedrich Adolph Haage jun. in Erfurt von Droege, Kaufmann und Gärtner in Mexiko, empfing. Körper kugelig, etwas gedrückt, stark genabelt, 10 cm Durchmesser bei 9 cm Höhe. Axillen nackt. Warzen kurz-kegelförmig, spiralig von links nach rechts, hellgrün. Stachelpolster auf der Warzenspitze, rund, weissfilzig, später nackt. Randstacheln 16—18, strahlig, gelblich, 4—5 mm lang. Mittelstacheln 4, nach oben, unten und beiden Seiten hin gebogen, gelblich-weiss, der obere der längste ($1\frac{1}{2}$ cm), am oberen Theile des Körpers alle oberen wölbig über Scheitel und Nabel herübergebogen, braun.

Eine durch regelmässigen Bau und die Art der Verstachelung ausgezeichnete neue Art.

Blüthen im Juni und Juli, zu den kleineren ihrer Art gehörig, zahlreich in einem Kreise um den Scheitel gestellt; Sepalen schuppenförmig, bräunlich-roth, Petalen lebhaft dunkelroth. Staubfäden carmoisin mit weisslichen Antheren. Griffel mit carmoisinrother, vierlappiger Narbe.

32. Mamillaria sanguinea *Hge.*, Blut-Warzencactus.

Vaterland Mexiko, von wo die Handelsgärtnerei Fr. Ad. Haage jun. in Erfurt sie von Droege in Stadt Mexiko in Originalpflanzen erhielt. Stamm länglich-eiförmig, etwas keulenförmig, 12 cm hoch, bei 8 cm Durchmesser. Axillen nackt. Warzen kegelförmig, ziemlich gedrängt, weisslich-grün. Stachelpolster kaum etwas filzig. Randstacheln 18—20, regelmässig strahlend, mattweiss; Mittelstacheln 8, nur wenig länger, aber etwas stärker, an der Basis zwiebelig verdickt, bräunlich, sonst weiss mit schwarzbrauner Spitze, gespreizt, gerade, steif, die des Scheitels dunkel blutroth, der Pflanze, vorzugsweise jungen Individuen, ein schönes Ansehen verleihend.

Fig. 28. Mamillaria sanguinea.

Blüthen im Juni und Juli, zahlreich, in einem Kreise um den Scheitel herum geordnet, glockenförmig. Petalen hell-carminroth, mit dunklerem Mittelstreifen, mit lang ausgezogener Spitze, oben wimperig gerandet; Sepalen viel kleiner, mehr schuppenförmig, bräunlich. Staubfäden hellcarmoisinroth mit weisslichen Antheren. Narbe gelb, sechslappig. Beere $1^1/_2$ cm lang, keulenförmig, roth.

Diese schöne neue Art verdient recht häufig kultivirt zu werden.

33. Mamillaria Seegeri *Ehrenb.*, Seeger's Warzencactus.

Nomenclatur. Nach Moritz Seeger, einem früheren Cacteenfreunde in Leipzig, benannt.

Vaterland Mexiko. Stamm säulenförmig. Axillen weisswollig, mit weissen, die Warzen überragenden Borsten. Warzen eirund-kegelförmig, kräftig, unten vierflächig, oben schief abgestutzt, gelbgrün. Stachelpolster eiförmig, in der Jugend mit kurzer Wolle. Randstacheln 24, borstenförmig, kräftig, durcheinander gebogen, die unteren gerade, abstehend, von oben nach unten an Länge zunehmend, $5^1/_2$ bis 9 mm lang, schwefelgelb, etwas bestäubt. Mittelstacheln 2—4, stark, pfriemenförmig, meistens 3, kammartig in einer Reihe, ungleich lang, einer, zwei oder drei 9—15 mm lang, der zweite, der dritte oder der vierte etwas nach unten gerichtet und fast 22 mm lang, gerade oder an der Spitze hakenförmig gekrümmt, gelbbraun, ins Röthliche spielend, bestäubt.

Varietäten. 1. Mamillaria Seegeri β gracilispina *S.* (Syn. M. hepatica *Ehrenb.*), alle Stacheln dünner, Randstacheln gegen 20, Mittelstacheln 3—6, rosa-leberbraun in der Jugend, Körper 15 cm hoch bei 8 cm Durchmesser.

2. M. Seegeri γ pruinosa *S.* (Syn. M. pruinosa *Ehrenb.*), Warzen gedrängter, Randstacheln viel zahlreicher, mit einander sich mischend. Mittelstacheln 6—9, gelblich, kurz, kaum 6 mm lang.

34. Mamillaria pretiosa *Ehrenb.*, Kleinod-Wazencactus

Synonym. Mamillaria spinosisima *Lem.* nach Salm.

Vaterland Mexiko. Stamm säulenförmig, 12—15 cm bei 5—10 cm Durchmesser. Axillen kurz-weisswollig. Warzen eirund-kegelförmig, kurz, an der Basis vier- bis sechsseitig, oben schief abgestutzt, dunkelgrün. Randstacheln 22—26, sehr fein, abstehend, von ungleicher Länge, die oberen etwa 9 mm, die unteren etwas länger, durchschimmernd-weiss Mittelstacheln 10—12, borstenförmig, etwas stärker al jerre, von fast gleicher Länge, strahlig-abstehend, dunkelroth, hellroth, feuerroth, fuchsroth, braunroth, weiss mit rothen Spitzen, in der Jugend rosa mit rothen Spitzen, in dieser Stachelfärbung in der That ein Kleinod unter den Mamillarien.

Ueber Blüthen finde ich nichts angegeben.

Von obiger Species findet sich in einigen Sammlungen, z. B. in der des Handelsgärtners Hildmann in Berlin, eine hahnenkammförmig verbildete Varietät (var. cristata).

35. Mamillaria senilis *Lodd.*, Greisenhaupt-Warzen-cactus.

Vaterland unbekannt. Stamm ellipsoidisch-säulenförmig, 2 dcm hoch bei 5 cm Durchmesser, in höherem Alter an der Basis sprossend. Axillen nackt. Warzen dick, dicht gedrängt, abgestumpft, hellgrün, glänzend. Stachelpolster mit weissem Filz besetzt. Stacheln alle weiss; Randstacheln sehr zahlreich, haarförmig, biegsam, aufrecht-abstehend. Mittelstacheln 4—6, etwas stärker, der oberste und der unterste hakig gebogen.

Blüthen klein. Aeussere Perigonblätter (Sepalen) lanzettlich, in der Mitte braun, an den Rändern grünlich, sehr schmal, mit senkrecht auf dem Rande stehenden weisslichen Haaren, innere (Petalen) schmaler, zahlreich, in der Mitte hellbräunlich-rosa, am Rande grünlich. Staubfäden an der Basis grün, nach oben rosa, mit schwefelgelben Antheren. Narbe die Staubgefässe überragend, fünflappig, grün.

Eine durch die Art ihrer Bestachelung hochinteressante Art. Sie verlangt den trockensten Platz im temperirten Hause, verträgt im Winter noch weniger Wasser, als die Mamillarien im Allgemeinen, und scheint überhaupt sehr empfindlich zu sein.

Der Fürst Salm-Dyck zieht zu dieser Art als Varietäten Mamillaria Haseloffi und Linkeana, welche aber von ihr verschieden und als gute Arten charakterisirt sind.

36. Mamillaria Haseloffi *Ehrenb.*, Haseloff's Warzen-cactus.

Nomenclatur. Wer dieser Haseloff gewesen, wird von Ehrenberg nicht angegeben, wahrscheinlich ein mit ihm in Verbindung stehender Cacteenfreund.

Synonym. Mamillaria senilis β Haseloffi *S.*

Vaterland Mexiko. Stamm halbkugelig, kugelig oder länglich, 5—7 cm dick und fast eben so hoch. Axillen mit kurzer Wolle besetzt. Warzen gedrängt, eirund-kegelförmig, länglich, an der Basis vierseitig, oben schief abgestutzt, hell- oder gelbgrün. Stachelpolster eirund mit kurzer weisser Wolle. Stacheln borstenförmig, lang, fein, gerade, fast strahlig, gelblich-weiss, halb durchscheinend; Randstacheln 20 bis 22, von oben nach unten an Länge zunehmend, die oberen 4 mm lang, die unteren fast 9 mm; Mittelstacheln 6, länger und stärker, gerade, strahlig, die 5 oberen 13—17 mm, der unterste 22—28 mm lang, elfenbeinweiss, anfangs an der äussersten Spitze hellbraun, später ganz weiss.

Blüthen denen der Mamillaria spinosissima ähnlich, aber kleiner.

37. Mamillaria Linkeana *Ehrenb.*, Linke's Warzen-cactus.

Nomenclatur. Nach August Linke in Berlin, vormals einem ausgezeichneten Sammler und Kenner von Cacteen, benannt.

Synonym. Mamillaria senilis γ Linkei *S.*

Vaterland Mexiko. Stamm kugelig, länglich, keulen-, säulen- oder walzenförmig. Axillen kurzwollig. Warzen lang, abstehend, eirund-kegelförmig, stumpf-vierkantig, vorn mit abgerundeter Kante, oben schief abgestutzt, dunkelgrün. Stachelpolster eiförmig, mit kurzer weisser Wolle. Stacheln zahlreich, haarförmig oder feinborstig, lang, gerade, strahlig; Randstacheln 20—22, von ungleicher Länge, von oben nach unten an Länge zunehmend, die oberen nur etwas über 2 mm die unteren mehr als 5 mal so lang, durchscheinend-weiss; Mittelstacheln 6—9, strahlig, gerade, ungleich-lang, 4—6 wenig stärker, als die Randstacheln, weisslich, an der Spitze bräunlich, 9—15 mm lang, 2—3 etwas stärker und 26—30 mm lang, bräunlich, an der Basis heller, später alle weiss.

Blüthen ähnlich wie bei Mamillaria spinosissima.

38. Mamillaria sphaerotricha *Lem.*, Haarkugel-Warzencactus.

Synonym. Mamillaria candida *Schdw.*

Aus Mexiko, San Luis de Potosi, eingeführt 1840 von Galeotti. Stamm fast kugelig, genabelt, hellgrün, mit cylindrischen, stumpfen Warzen. Axillen mit nur wenigen weissen Borsten. Stachelpolster klein, gewölbt, mit weisslichem Filz. Stacheln dicht gedrängt, borstenartig, steif, sehr zart, glänzend-weiss, durchscheinend, in der Jugend rosenroth, mit schwärzlicher Spitze. Randstacheln in sehr grosser Zahl, strahlig, mit einander sich mischend und durcheinander geflochten, so dass der Kopf einer aus weissen Haaren zusammengewickelten Kugel ähnlich ist. Mittelstacheln 6—10—12, etwas steifer, aufgerichtet, sparrig.

Blumen länger, als die Warzen, blass-fleischfarbig. Perigonblätter aufrecht, fleischfarbig; Staubfäden blassrosenroth, die kleinen Antheren goldgelb. Griffel länger als die Staubgefässe, mit sechs lanzettförmigen, aufrechten, purpurnen Strahlen.

Varietät. Mamillaria sphaerotricha *β* rosea *S.*, die Mittelstacheln schlanker und doppelt so lang als die übrigen, mit rosenrother Spitze. Sie scheint wieder verschwunden zu sein.

Diese hochinteressante Species erreicht eine Höhe von 5 cm und einen etwas grösseren Durchmesser.

2. Sippe. Leucocephalae — Weissköpfige.

Körper kugelig oder cylindrisch, bisweilen hoch, zweitheilig. Axillen weisswollig. Warzen klein, sehr gedrängt stehend. Randstacheln borstenförmig, sehr zahlreich, kurz, weiss, strahlig ausgebreitet, den Körper ganz bedeckend. Mittelstacheln 1—6, steifer, sehr kurz oder verlängert, sehr selten fehlend.

Blumen weisslich oder purpurroth.

39. Mamillaria Schiedeana *Ehrenb.*, Schiede's Warzencactus.

Nomenclatur. Nach Dr. Wilh. Jul. Schiede benannt, Arzt und Reisender in Mexiko, geb. in Kassel, † 1836 in Mexiko.

Synonym. Mamillaria sericata *Lem.*

Eingeführt 1838 aus Mexiko, Mineral del Monte, dort in Humus über Kalkgestein etwa 1800 m über dem Meere bei einer mittleren Temperatur von etwa + 15° R. vegetirend.

Stamm einfach oder sprossend, kugelig, dunkelgrün, am Scheitel gedrückt, oft zweitheilig. Axillen stark wollig. Warzen cylindrisch, dicht gegeneinander gedrückt, an der Spitze verschmälert. Stachelpolster filzig, eingesenkt. Stacheln in sehr grosser Menge, in mehrfach übereinander stehenden Reihen, dicht gedrängt, horizontal, strahlend, dünner und feinborstiger als bei irgend einer andern bekannten Art, seidenartig, haarig-gefiedert, an den Spitzen fast immer in sehr zarte, wollige, flockige Haare endigend, weisslich, am Grunde gelb, die jüngeren gelb und goldgelb. Diese reizende Art erreicht in den Kulturen nur eine Höhe von 3—6 cm, während sie im Vaterlande bis 10 cm hoch wird. Ihre eigenthümliche Bestachelung verleiht ihr das Ansehen eines Fruchtköpfchens des Löwenzahns (Taraxacum officinale).

Blüthen meistens von September bis December, sehr zahlreich, 18—21 mm lang, wegen des dichten Standes der Warzen wenig ausgebreitet. Perigonblätter 15—20, schmallinienförmig, zugespitzt, schmutzig-weiss, die sepaloidischen mit einem braunpurpurnen oder röthlichen Mittelstreifen bezeichnet. Staubfäden sehr kurz; Antheren klein, blassgelb.

Griffel länger, mit einer vier- bis fünflappigen blussgelben Narbe.

Obgleich diese Pflanze sehr reichlich blüht und Früchte bringt, von denen manche einige keimfähige Samen enthalten. so ist es doch bisher kaum gelungen, aus ihnen Pflanzen zu erziehen. Indessen lässt sich M. Schiedeana äusserst leicht durch Sprossen vermehren, welche sich bald bewurzeln.

40. Mamillaria lasiacantha *Engelm.*, Flaumstachel-Warzencactus.

Vaterland Neu-Mexiko, westlich vom Pecos. auf niedrigen Kalkhügeln, zwischen Kräutern. Körper kugelig oder etwas eiförmig, nur 20—25 mm hoch und 15—20 mm im Durchmesser, ganz von zahlreichen weichen, flaumhaarigen Stacheln verhüllt. Axillen nackt. Warzen cylindrisch, hellgrün, nur etwa 4 mm lang, in 8 oder 13 spiraligen Reihen. Stachelpolster in der Jugend weisswollig. Stacheln 40 bis 80, mehrreihig, alle strahlig, an Länge sehr ungleich, kurz, borstenförmig, weiss, gerade oder nur ein weniges zurückgekrümmt, gewimpert-flaumhaarig oder kahl.

Blüthen im April und Mai, seitlich, klein, $1^1/_2$ mm lang, voll erblüht von demselben Durchmesser. Sepalen 13, stumpf, die äusseren weichstachelspitz; Petalen 13, fast in einem einzigen Kreise, länglich, stumpf oder ausgerandet, weiss, mit einer rothen Mittellinie. Griffel gelblich, die kurzen Staubgefässe weit überragend, mit 4—5 gelblich-grünen Lappen. Beere verlängert-keulenförmig, scharlachroth.

Eine sehr niedliche Art, welche der Mamillaria Schiedeana sehr nahe steht, die aber viel grösser ist, grössere Warzen hat, in den Axillen sehr wollig ist und deren blassgelbe Stacheln das Ansehen dcr Rohseide haben und einen seidenen Büschel bilden.

Varietät. Mamillaria lasiacantha β denudata *Engelm.*, mit grösserem Körper und einer grösseren Zahl längerer, fast kahler Stacheln.

41. Mamillaria Humboldtii *Ehrenb.*, Humboldt's Warzencactus.

Nomenclatur. Nach dem berühmten Naturforscher Alexander von Humboldt benannt.

Vaterland Mexiko, wo sie auf Kalkfelsen vorkommt. Stamm fast kugelig, etwas platt. Axillen mit Borsten besetzt. Warzen cylindrisch, hellgrün, dicht gedrängt. Stachelpolster gelbwollig. Randstacheln sehr zahlreich, in mehreren Reihen, borstenförmig, sehr fein, milchweiss, ausgebreitet und strahlig, mit einander sich mischend, die Pflanze ganz und gar überdeckend, auf dem Scheitel sogar dicht mit einander verwebt. Mitteltacheln fehlend und hauptsächlich dadurch von M. sphaerotricha unterschieden.

Blüthen $1^1/_2$ cm im Durchmesser, über die Stacheln tretend, mit hellcarmoisinrothen Perigonblättern und eben solchen Staubfäden; Staubbeutel dunkelgelb. Griffel rosenroth, länger, mit kleiner, grüner, zweilappiger Narbe.

Diese höchst zierliche Species wird $2^1/_2$ cm hoch bei etwas grösserem Durchmesser.

42. Mamillaria crucigera *Mart.*, Kreuz-Warzencactus.

Synonym. Mamillaria cubensis *Zucc.*

In Mexiko einheimisch, in gemässigten Regionen, z. B. bei Zimapan, in Gesellschaft von M. inuncta, Echinocactus leucacanthus und vielen Säulen-Cereen.

Stamm cylindrisch oder verkehrt-eiförmig, auch zwei oder dreiköpfig, bisweilen sprossend. Axillen flockenwollig. Warzen sehr klein, kegelförmig, von zartestem Grün, nur 4 mm lang und 5 mm im Durchmesser. Randstacheln borstenförmig, weiss, fast alle von gleicher Länge, strahlend. Mittelstacheln 4, sehr selten und nur an jüngeren Warzen 5—6, kreuzweise gestellt, platt aufliegend, gelblich oder bräunlich.

Blüthen im Mai und Juni, klein, mit lanzettlichen, spitzen, horizontalen, zurückgebogenen, purpurrothen Perigonblättern.

Staubgefässe zahlreich, etwas länger als die Perigonröhre, mit goldgelben Staubbeuteln. Griffel länger, purpurn, mit 4 kreuzförmig gestellten Lappen.

Diese zierliche Art erreicht eine Höhe von etwas über 6 cm, in ihrem Vaterlande eine solche von 15 cm.

43. Mamillaria supertexta *Mart.*, Überwebter Warzencactus.

Vaterland Mexiko, nahe bei San-José del Oro, in Gesellschaft der M. vetula, fast 4000 m über dem Meeresspiegel, in der kalten Region. Stamm kugelig oder länglich-eiförmig, in letzterem Falle bis 15 cm hoch bei 6—7 cm Durchmesser, einfach. Axillen mit sehr langer Wolle, aus welcher be älteren Individuen oft nur die Spitzen der Stacheln herausragen. Warzen kegelförmig, grün. Stachelpolster in der Jugend gelbwollig, bald nackt. Randstacheln 16—18, strahlig, die seitlichen länger, ziemlich steif, schneeweiss. Mittelstacheln 2, kurz, steif, etwas platt, nach oben und nach unten gerichtet, bräunlich, am Grunde weiss, schwärzlich gespitzt.

Blüthen im Juni und Juli, nur bis 12 mm lang; Perigonblätter rosenroth, mit einem dunkleren Mittelstreifen. Staubfäden weiss, Antheren gelb. Griffel mit fünf- bis sechsstrahliger goldgelber Narbe.

Varietäten. 1. Mamillaria supertexta β tetracantha *S.*, hat stets 4 ins Kreuz gestellte Mittelstacheln.

2. M. supertexta γ caespitosa *Monv.* (var. compacta *Schdw.*), am Grunde sprossend, die Warzen gedrängter und der Körper deshalb dichter eingewebt.

3. M. supertexta δ dichotoma *S.*, Mühlenpfordt's M. polycephala, mit kräftigerem, zweitheiligem Stamme, dicken, fast graugrünen, dichter stehenden Warzen, feineren Randstacheln und 5—6 Mittelstacheln.

Hierher oder nach Salm-Dyck zu M. acanthoplegma gehört auch die von Karl Ehrenberg in Berlin im Sommer 1849 aus Mexiko eingeführte Mamillaria splendens, eine der zahlreichen Übergangsformen, welche damals ohne vorausgegangene, allerdings sehr schwierige Sichtung als eben so viele verschiedene Arten verbreitet wurden. Wir geben die Diagnose, wie sie in der Allgemeinen Gartenzeitung 1849 enthalten ist.

Stamm kugelig, länglich, walzenförmig, 5—15 cm hoch, 5—8 cm stark, mit etwas eingedrücktem Scheitel, einfach und mehrköpfig. Axillen sehr wollig, später nackt. Warzen kurz, eirund-kegelförmig, unten vierseitig, gedrängt, hellgraugrün. Stachelpolter eirund, anfangs mit kurzer weisser oder gelblicher Wolle, dann nackt und goldgelb, später grau. Randstacheln 22—28, kurz, borstenförmig, fein, fächerförmig ausgebreitet, die oberen kürzer, als die unteren, letztere etwas abstehend, schneeweiss, milchweiss oder gelblich. Mittelstacheln 1—4 (an derselben Pflanze), stärker und länger, gerade oder sanft gebogen, $6^1/_2$—11 mm lang. Ist nur einer vorhanden, so steht dieser nach oben, von zweien steht einer nach oben und einer gerade aus oder etwas nach unten gerichtet; vier stehen über das Kreuz, wobei die beiden seitlichen etwas kürzer sind, als die übrigen. Von derselben Färbung als die Randstacheln. Manche sind schwarzbraun gespitzt.

44. Mamillaria Schaeferi *Fen.*, Schäfer's Warzencactus.

Nomenclatur. Nach den vormaligen Obercontroleur Schäfer in Lemgo, einem eifrigen Cacteensammler, benannt.

Vaterland Mexiko. Stamm länglich-kugelförmig, 12 cm hoch bei 10 cm Durchmesser. Axillen mit vieler weisser Wolle. Warzen graugrün, an der Basis vierseitig, $6^1/_2$ mm lang, bei fast gleicher Stärke. Stachelpolster in der Jugend gelblich, später weiss. Randstacheln zahlreich, borstenförmig, mit einander sich mischend, 5 mm lang, in der Jugend glänzend-strohgelb, später weiss. Mittelstacheln 4, etwa kürzer, steif, kreuzständig, abstehend, in der Jugend goldgelb, später bräunlich.

Blüthen von Juni bis September, carminroth, zahlreich, etwa 11 mm im Durchmesser. Die Knospen sind mit dichter weisser Wolle bedeckt.

45. Mamillaria Stueberi *Foerst.*, Stüber's Warzencactus.

Nomenclatur. Von Senke in Leipzig aus Samen erzogen und von Förster nach seinem Freunde Dr. Stüber dortselbst, einem gewiegten Kenner der Cacteen, benannt. Woher der Same gekommen, ist unbekannt.

Körper kugelrund. Axillen in der Jugend weisswollig, später fast nackt. Warzen kegelförmig, hellgraugrün. Stachelpolster in der Jugend reichlich mit weisser Wolle besetzt, später ziemlich nackt. Randstacheln 12—14, nur 7—8 mm lang, weisslich, strahlig ausgebreitet, zierlich verstrickt, kaum gebogen, die obersten die kürzesten. Mittelstacheln 2, länger (bis 13 mm), in der Jugend rothbraun, an der Spitze dunkler, später schmutzig-gelblich, braun gespitzt, einer nach oben gerichtet, etwas gebogen, einer nach unten, gerade.

Blüthe nicht bekannt.

Das grösste Exemplar dieser von Förster beschriebenen Art war 8 cm hoch bei eben so grossem Durchmesser.

46. Mamillaria acanthoplegma *Lehm.*, Flechtstachel-Warzencactus.

Synonym. Mamillaria geminispina *DC.*

Vaterland Mexiko, wo sie Karwinski nebst mehreren Varietäten in den kalten Regionen der Provinz Oaxaca auf festem Thonboden sammelte. Stamm anfangs fast kugelig, später säulenförmig, einfach. Axillen wollig. Warzen erst mehr von einander abstehend, dann gedrängter, kurz, eirund-kegelförmig. Stachelpolster weisswollig, bald nackt. Randstacheln 20—24, dünn, borstenförmig, strahlig ausgebreitet, von allen Seiten sich mit einander verwebend, die ganze Oberfläche der Pflanze verhüllend. Mittelstacheln 2, gerade, stärker, weiss, an der Spitze schwärzlich, der eine nach oben, der andere nach unten gerichtet.

Blüthen, wenn vollkommen entfaltet, 12—13 mm breit, von mehrtägiger Dauer, im Mai. Perigonblätter linienförmig, zurückgebogen, bläulich-purpurroth. Staubbeutel gross, schwefelgelb. Narbe vier- bis sechslappig, schwefelgelb.

Diese durch ihr dichtes Stachelgewebe so interessante und durch ihre regelmässige Form ausgezeichnete Pflanze wird bis 20 cm hoch bei dem halben Durchmesser und blüht schon in der Jugend reichlich. Indessen ergeben sich in Folge der Art der Kultur oft so grosse Verschiedenheiten in der Bestachelung, dass Exemplare verschiedener Sammlungen einander oft kaum ähnlich sind.

47. Mamillaria Dyckiana *Zucc.*, Dyck's Warzencactus.

Synonym. Mamillaria acanthoplegma leucocephala *Monv.*

Nomenclatur. Dem Fürsten Joseph von Salm-Reifferscheid-Dyck, einem der ausgezeichnetsten Cacteenforscher seiner Zeit und Besitzer einer der grössten Sammlungen (Cacteae in Horto Dyckensi cultae 1849) zu Ehren benannt.

Vaterland Mexiko. Stamm einfach, fast cylindrisch. Axillen wollig. Warzen kurz, fast kegelförmig, gedrängt, graugrün. Stachelspolster in der Jugend mit fahlgelber Wolle, später nackt. Randstacheln 16—20, borstenförmig, steif, durchscheinend weiss, sehr ausgebreitet, regelmässig strahlend, weniger dicht mit einander verstrickt. Mittelstacheln 2, der eine nach oben, der andere nach unten gerichtet, beide länger und stärker als die anderen, hornfarbig, roth gespitzt.

Blüthen denen der M. acanthoplegma ziemlich ähnlich, im Mai und Juni.

Die Pflanze scheint nur bis $6^1/_2$ cm hoch zu werden bei einem Durchmesser von 5 cm. Sie blüht schon lange vor der Zeit, wo sie diese Dimensionen erreicht hat. Ob bloss eine Form von M. acanthoplegma? Ihr Vorhandensein ist durch keins der mir zur Verfügung stehenden Handelsverzeichnisse nachgewiesen.

48. Mamillaria microthele *Muehlenpf.*, Kurzwarzencactus.

Synonym. Mamillaria compacta *Hort.*

Vaterland wahrscheinlich Mexiko. Körper graugrün, von den Stacheln ganz überstrickt, mit der Zeit vielköpfig. Warzen sehr klein, dicht gedrängt, fast gleichmässig dick, kegelförmig-cylindrisch. Randstacheln 22—24, borstenförmig, etwas über 4 mm lang, weiss, der Pflanze dicht angedrückt. Mittelstacheln 1—2, nur halb so lang, weiss, der obere gerade ausgestreckt, der andere nach unten gerichtet. Blüthen weiss, in einem Kranze um den Scheitel herum gestellt; Sepalen mit einem röthlich-gelben Mittelstreifen. Beeren roth.

Als Varietät zieht Salm-Dyck zu dieser Art die in Frankreich kultivirte Mamillaria Brongniarti, welche mit ihr in allen Stücken übereinstimmt und sich nur durch einen einfachen Körper unterscheidet.

49. Mamillaria elegans *DC.*, Zierlicher Warzencactus.

Synonym. Mamillaria supertexta *Hort.*

In Mexiko, Provinz Oaxaca, einheimisch, in der kalten Region, in Gesellschaft der Mamillaria acanthoplegma auf festem Thonboden.

Einfach, länglich-kugelig oder verkehrt-eiförmig. Axillen nackt. Warzen oval, graugrün. Stachelpolster in der Jugend filzig, später fast nackt. Randstacheln 20—30, borstenförmig, ziemlich steif, fein, strahlig, weiss. Mittelstacheln meistens 2, einer nach oben, einer nach unten gerichtet, selten nur 1 oder 3, noch seltener 4, und in diesem Falle in kreuzförmiger Stellung, nur wenig länger, steif, aufrecht, schwarz, am Grunde weiss.

Blüthen nicht beobachtet.

Diese schöne Pflanze wird etwa 10 cm hoch bei etwa 8 cm Durchmesser.

Es scheint, als wenn statt obiger Art und unter ihrem Namen de Candolle's var. globosa kultivirt wird, welche sich durch ihre vollkommenere Kugelform auszeichnet. Hierher rechnet Salm-Dyck auch die von Ehrenberg 1844 eingeführte M. Klugii, die sich von M. elegans durch einen etwas gedrückten Körper, oben kegelförmige, am Grunde stumpf-vierseitige Warzen und eine etwas andere Färbung der Mittelstacheln unterscheidet. Diese Form scheint ziemlich selten geworden zu sein. Die von Ehrenberg eingeführten Originalpflanzen hatten eine Höhe von 12 $^1/_2$ cm und einen Durchmesser von etwas weniger als 8 cm.

Fig. 29. Mamillaria Haageana.

50. Mamillaria Haageana *Pfr.*, Haage's Warzencactus.

Nomenclatur. Nach dem 1866 verstorbenen verdienstvollen Handelsgärtner Friedrich Adolph Haage jun. in Erfurt, einem gewiegten Cacteencultivateur, benannt, dessen Sammlung, auf seinen Sohn vererbt, noch heute des Guten und Schönen Vieles einschliesst.

Synonyme. Mamillaria Perote *Hort.*, M. diacantha nigra.

In Mexiko einheimisch und dort bei Perote (Flecken im Staate Veracruz) aufgefunden, 1835 eingeführt. Fast kugelig, im Alter etwas keulenförmig, nur etwa $3^1/_4$ cm hoch und breit. Axillen wenig wollig. Warzen klein, dicht gedrängt, durch Pressung am Grunde vierseitig, graugrün. Stachelpolster fast nackt. Randstacheln 20, borstenförmig, kurz, strahlig, weiss. Mittelstacheln 2, steif, sehr dünn, länger, ganz schwarz.

Blüthen klein, kaum länger als die Warzen, lebhaft carminrosa, von Mai bis Juli.

In jeder Beziehung eleganter als M. elegans.

51. Mamillaria leucocentra *Berg.*, Weissstachel-Warzencactus.

In Mexiko einheimisch. Kopf eiförmig, einfach, im Vaterlande gegen 12 cm hoch und breit. Axillen weisswollig. Warzen eiförmig, klein, gedrängt, freudig-grün. Stachelpolster in der Jugend reichlich weissfilzig, später nackt. Randstacheln zahlreich, borstenförmig, von fast gleicher Länge, weiss, strahlig, in einander verstrickt, die ganze Oberfläche der Pflanze bedeckend. Mittelstacheln 5—6, länger, stärker, steif, gerade, pfriemlich, rein weiss, an der Spitze brandroth; der unterste länger als die anderen, 12—15 mm lang und leicht zurückgekrümmt.

Blüthen lebhaft carminrosa, etwas über die Borsten des Stachelpolsters hinaus tretend, von der angenehmsten Wirkung, von April bis Juni.

52. Mamillaria Parkinsonii *Ehrenb.*, Parkinson's Warzencactus.

Nomenclatur. Dem englischen Botaniker und Apotheker Parkinson zu Ehren benannt.

Vaterland. In Mexiko bei San Onofre und in Mineral del Doctor auf Kalkfelsen. Sehr kräftige, im Alter häufig dichotomische (zweitheilige) Pflanze. Axillen schwach-wollig. Warzen kräftig, eiförmig, graugrün. Stachelpolster in der Jugend weissfilzig, aber bald nackt. Randstacheln ungemein zahlreich, borstenförmig, lang, weiss, fast zweireihig, strahlig. Mittelstacheln 4—5, sehr weiss, gerade, steif, braun gespitzt, der unterste mehr ausgebreitet, niedergelegt, stärker, fast 30 mm lang, alle an der Basis fahl-gelb.

Blüthen noch nicht beobachtet.

Förster hielt diese Mamillaria nur für eine Form der M. leucocentra; doch unterscheidet sie sich von dieser durch den im Alter zweitheiligen Kopf, die an der Basis und an der Spitze verschieden gefärbten Mittelstacheln und den untersten derselben, welcher fest angedrückt erscheint.

53. Mamillaria dealbata *Dietr.*, Weiss-Warzencactus.

Synonym. Mamillaria Peacocki *Hort. angl.*

Vaterland nicht bekannt. Stamm kräftig, cylindrisch. Axillen fast nackt. Warzen sehr stark, fast zusammengepresst, schief abgestutzt, graugrün. Stachelpolster anfangs weissfilzig, bald nackt. Randstacheln 24—26, sehr dünn, fast aufrecht, strahlig, schneeweiss. Mittelstacheln 2, sehr kräftig, weiss mit brauner Spitze, der obere, kürzere aufrecht, der untere längere flach, herabgebogen.

Blüthen nicht bekannt.

Von der ihr ähnlichen Mamillaria Parkinsonii unterscheidet sich diese Art durch ihre 2 Mittelstacheln.

54. Mamillaria Meissneri *Ehrenb.*, Meissner's Warzencactus.

Nomenclatur. Dem vormaligen Rathsassessor August Meissner in Delitzsch, einem intelligenten Pflanzenfreunde, zu Ehren benannt.

Von Ehrenberg aus Mexiko eingeführt. Stamm cylindrisch, mehr oder weniger eingedrückt, sprossend. Axillen mit langer Wolle besetzt. Warzen pyramidal, stumpf-viereckig, lang und schmal, hellgrün. Stachelpolster eirund, spitz, in der Jugend wollig. Randstacheln 16—22, borstenartig, fein, etwas abstehend, weisslich. Mittelstacheln 2, gerade, etwas stärker, fast gleich lang, einer nach oben, einer nach unten gerichtet, hellbraun mit dunklerer Spitze.

Die Ehrenberg'schen Originalpflanzen waren $12^1/_2$ cm hoch bei $2^1/_2$—7 cm Durchmesser.

Salm-Dyck nimmt diese Art als Form von Mamillaria acanthoplegma.

55. Mamillaria Kunthii *Ehrenb.*, Kunth's Warzencactus.

Nomenclatur. Nach Dr. Karl Sigismund Kunth benannt, Professor der Botanik zu Berlin, † 1850.

Von Ehrenberg zugleich mit der vorigen Art aus Mexiko eingeführt. Stamm halbkugelig, kaum etwas gedrückt. Axillen wollig und borstig. Warzen pyramidenförmig, an der Basis vier-, oben fünftheilig, stumpf, dunkel-graugrün. Stachelpolter länglich, anfangs wollig. Randstacheln 20, sehr klein, ungleich lang, weisslich. Mittelstacheln 4, stark, gerade oder etwas gebogen, der oberste der längste, schmutzigweiss, braun oder schwarz gespitzt.

Die Ehrenberg'sche Originalpflanze war 5 cm hoch bei 8 cm Durchmesser.

56. Mamillaria bicolor *Lehm.*, Zweifarbiger Warzencactus.

Synonym. Mamillaria geminispina *Haw.*

Vaterland Texas, häufig auf den Kalkhügeln am Rio grande. Stamm einfach, gedrückt-eiförmig oder cylindrisch, an den Seiten sprossend. Axillen stark wollig. Warzen klein, kegelförmig, graulich-blassgrün. Stachelpolster reichlich mit weisser Wolle besetzt. Randstacheln 16—20, sehr dünn, borstenförmig, zurückgekrümmt-strahlig, glänzend weiss. Mittelstacheln 2, seltener auf einzelnen Warzen 3 oder 4, steif, länger, der oberste meistens der längste (13—22 mm), einwärts gekrümmt, glänzend weiss, an der Spitze schwarz.

Blüthen im Juni und Juli, klein, etwa 2 cm lang, bläulich-purpurn, denen der Mamillaria acanthoplegma ähnlich. Narbe fünfstrahlig.

Diese Art erreicht eine Höhe von 8—30 cm und einen Durchmesser von 5—8 cm.

Varietäten. 1. Mamillaria bicolor β longispina *S.* (Syn. M. nivea *Wendl.*, M. Toaldoae *Lehm.*, M. eburnea *Miq.*), stets mit 4 rothbraun gespitzten Mittelstacheln, von denen der oberste der längste, bis 3 cm lang ist. Alle Mittelstacheln umhüllen den Körper wie mit einem stehenden Netze.

2. M. bicolor γ cristata *S.* (M. daedalea *Schdw.*, M. nivea β cristata *Hort.*), eine 1836 aus Mexiko eingeführte hahnenkammförmige Monstrosität mit meistens borstenförmigen Stacheln und niedrigem, breit gezogenem Körper, dessen schmale Scheitelkante dergestalt hin und hergebogen ist, dass das Gebilde bei älteren Individuen einer unregelmässig zusammengewickelten Schlange nicht unähnlich ist. Förster sah Originalpflanzen dieser Form von mindestens 28—30 cm Durchmesser.

3. M. bicolor δ nobilis *Foerst.* (Syn. M. nobilis *Pfr.*), Stamm lang-cylindrisch, im höheren Alter an den Seiten sprossend. Axillen weissfilzig. Warzen kegelförmig, graugrün. Stachelpolster in der Jugend dicht-weissfilzig. Randstacheln zweireihig, weiss, 16—18 in der äusseren Reihe, sehr fein, strahlig, 6—7 in der inneren Reihe, steifer. Ein einziger sehr langer weisser, fuchsroth gespitzter Mittelstachel.

Originalpflanzen haben oft eine Höhe von 18 cm Höhe bei einem Durchmesser von 7—8 cm.

Wie sehr die Cacteen, unter diesen die Mamillarien und besonders unsere M. bicolor auch in ihrem Vaterlande zu variiren geneigt sind, geht aus einem Berichte H. Poselger's in der Allgemeinen Gartenzeitung (Jahrg. 1853) hervor. Dieser eifrige Cacteenforscher fand auf den Kalkbergen in der Nähe des Rio grande jene Mamillarie in grosser Menge, darunter eine Reihe interessanter Varietäten. Die Grösse der Pflanzen wechselte zwischen 4 cm Höhe bei fast 8 cm Durchmesser und 16 cm Höhe bei 4 cm Durchmesser, die Länge der Mittelstacheln zwischen 2 mm und $2^1/_2$ cm und darüber und ihre Anzahl zwischen 1 und 4. Zwischen diesen Extremen fanden sich alle nur denkbare Uebergänge. Er fand auch eine sehr interessante zweiköpfige Pflanze, an der der eine Kopf Stacheln von $6^1/_2$ mm, der andere von 21 mm Länge hatte. Auch die var. cristata traf er bisweilen an. Sie wird dort Visnaga Vibora genannt und ist stets von einem Kranze regelmässig gewachsener Sprossen eingefasst.

57. Mamillaria formosa *Schdw.*, Wohlgestalteter Warzencactus.

Vaterland unbekannt. Körper einfach, flach und kugelig, fast keulenförmig, mit eingedrücktem Scheitel, milchend. Axillen mit weisser, flockiger Wolle besetzt. Warzen gedrängt, in spiraliger Anordnung, undeutlich viereckig, hellgrün sehr glatt, mit der Zeit weiss punktirt. Stachelpolster nackt. Randstacheln 20—22, ziemlich steif, sternförmig ausgebreitet, weiss. Mittelstacheln 6, sternförmig, nadelartig, am Grunde verdickt, in der Jugend fleischfarbig, an der Basis und an der Spitze schwarz, später ganz schwarz, schliesslich grau.

Blüthen roth, mit lanzettförmigen Perigonblättern. Griffel und Staubfäden scharlachroth.

Geht nicht selten als Mamillaria crucigera, von welcher sie sich aber durch einen einfachen, nicht im Alter zwei- oder dreiköpfigen Stamm, durch stärkere Warzen und 5—6 längere und weniger horizontal ausgebreitete Mittelstacheln unterscheidet.

Blüthen von Juni bis August, einzeln zwischen den Warzen rings um den Scheitel herum, kaum 9 mm lang und ausgebreitet $1^1/_2$ cm im Durchmesser, mit wenigen, eirund-lanzettlichen, spitzen, bräunlichen, mit einem schmutzig-rothen Mittelstreifen bezeichneten Sepalen und 12—16 lanzettförmigen, spitzen Petalen mit breitem carmoisinrothen, seitlich verwischten Mittelstreifen. Staubgefässe halb so lang wie die Petalen, mit carmoisinrothen Fäden und gelben Staubbeuteln. Griffel fast eben so lang, hellcarmoisinroth, die Narbe mit 4 ziemlich dicken, keilförmigen, gelblich-weissen Lappen.

Varietäten. 1. Mamillaria formosa β laevior *Monv.* (Syn. M. formosa β microthele *S.*), Warzen kleiner. Mittelstacheln immer 4, kreuzständig, länger als bei der Normalform, anfangs schwarz, dann grau.

2. M. formosa γ discipula *Monv.*, Randstacheln länger und stärker. Mittelstacheln 2, selten 4, sehr kurz, pfriemlich, sehr dick, mit schwarzer Spitze, später gegen die Spitze weisslich-grau.

3. M. formosa δ gracilispina *Monv.*, Rand- und Mittelstacheln feiner, nadelartig, ohne verdickte Basis.

3. Sippe. Chrysacanthae — Goldstachelige.

Stamm kugelig oder verlängert-cylindrisch, einfach oder zwei- bis dreiköpfig, bei alten Individuen auch dicho- oder trichotomisch. Mittelstacheln 2—6, aufrecht, gerade oder etwas gekrümmt, gelblich, goldgelb oder rothglänzend. Randstacheln borstenförmig, strahlig, ausgebreitet, bleicher, selbst weisslich. Blüthen, soweit bekannt, purpurroth, heller oder dunkler nuancirt.

58. Mamillaria rhodantha *Lk. et O.*, Rosen-Warzencactus.

Synonyme. M. lanifera *Haw.*, M. floribunda *Hook.*, M. atrata, aurata, aurea, hybrida *Hort.*

In Mexiko einheimisch. Stamm lang-cylindrisch, zuletzt mehrköpfig. Axillen mit Wolle und Borsten. Warzen kegelförmig, dunkelgrün. Stachelpolster weisszottig. Randstacheln 16—20, weiss. Mittelstacheln 4—6, steif, weiss oder gelblich, schwarz gespitzt, etwas gekrümmt, bisweilen noch ein kürzerer, genau in der Mitte (var. centrispina).

Blumen sehr zahlreich, klein, noch nicht 2 cm im Durchmesser, kaum aus den Stacheln herausragend, mit linienförmigen, kaum ausgebreiteten, an der Spitze kurz zweizähnigen. lebhaft purpurrothen Perigonblättern. Antheren gelb. Griffel mit vier- bis fünfstrahliger, purpurrother Narbe. Blüthezeit Juli bis September. Beeren etwa 2 cm lang, cylindrisch, bläulich-scharlachroth.

Diese allen Cacteenfreunden wohlbekannte Art erreicht eine Höhe von 30—45 cm und einen Durchmesser von 8 bis 10 cm. Sie ist in hohem Grade zur Variation geneigt, und es würden sich aus den verschiedenen Sammlungen mit Leichtigkeit 25 und mehr Varietäten zusammen suchen lassen, welche im Colorit der Stacheln mehr oder weniger abweichen und zusammen ein interessantes Farbenbild darstellen würden.

Von manchen Cacteenkennern werden sogar mehrere Arten, wie M. Pfeifferi und Odieriana, von ihr abgeleitet.

Varietäten. 1. Mamillaria rhodantha β Andreae *O.*, Stamm niedrig, mehrköpfig. Warzen kleiner und dünner. Stacheln steifer und kürzer, gelb, seltener bräunlich, braun gespitzt.

2. M. rhodantha γ neglecta *O.* (Syn. M. rhodantha γ prolifera *Pfr.*). Stamm fast cylindrisch, aus den Axillen nach allen Seiten sprossend, oft zweiköpfig. Stachelpolster zottig. Randstacheln nur 12—16, sehr fein. Mittelstacheln goldgelb, gekrümmt.

3. M. rhodantha δ sulphurea *S.* (Syn. M. sulphurea *Först.*). Stamm eiförmig, etwas gedrückt. Axillen in der Jugend weisswollig. Warzen gelblich-grün, eirund-kegelförmig. Stacheln gleichfarbig, anfangs lebhaft schwefel-, später dunkelgelb. Randstacheln 16—24, borstenförmig, abstehendstrahlig. Mittelstacheln 6, seltener 7 oder 8, etwas stärker

und länger. Die Pflanze erreicht eine Höhe von 10 cm bei etwas geringerem Durchmesser.

Blüthen von August bis October, $2^{1}/_{2}$ cm lang, lebhaft dunkelrosenroth; Antheren gelblich. Narbe vierlappig, dunkelrosenroth.

4. M. rhodantha ε ruficeps *S.* (Syn. M. ruficeps *Lem.*, M. rhodantha rubra *Hort.*, M. tentaculata *Pfr.*), Stamm meist platt-kugelig. Warzen hellgrün. Randstacheln 16—18, sehr klein, ungleich lang, durchscheinend, weisslich. Mittelstacheln 6—8, fast strahlig, an Länge ziemlich gleich, sehr steif, gerade, ganz fuchsroth.

5. M. rhodantha ζ cristata *Hort.*, mit hahnenkammförmig verbildetem Scheitel, wahrscheinlich die von Senke in Leipzig aus var. Andreae erzogene var. monstrosa.

59. Mamillaria lanifera *S.*, Woll-Warzencactus.

Cactus capillaris. Coulter.

Synonym. Mamillaria rhodantha Celsii *Lem.*

Vaterterland Mexiko. Stamm cylindrisch, aufrecht, auch in höherem Alter einfach. Axillen borstig. Warzen gedrängt, kegelförmig, graugrün. Stachelpolster rund, weisswollig. Randstacheln sehr dünn, haarförmig, ausserordentlich zahlreich, strahlig-abstehend, gekräuselt, weiss, den Körper der Pflanze ganz bedeckend. Mittelstacheln 4, kaum 9—13 mm lang, kreuzständig, aufrecht-abstehend, steif, gerade, blassstrohgelb, der untere etwas länger.

Die den Sommer hindurch auftretenden Blüthen sollen purpurroth sein und wenige spitze Petalen besitzen.

Diese Art ist von M. rhodantha ganz verschieden.

60. Mamillaria tomentosa *Ehrenb.*, Filziger Warzencactus.

In Mexiko einheimisch und von Ehrenberg in Berlin 1849 eingeführt. Stamm säulenförmig. Axillen mit Wolle und Borsten. Warzen eirund, schief abgestutzt, hellgrün.

Stachelpolster fast auf der Warzenspitze, oval, die jüngsten reichlich mit weisslichem Filze bedeckt, die älteren nackt. Randstacheln gegen 20, borstenförmig, weisslich-strohgelb, 4 bis 6 mm lang, die unteren länger als die übrigen, alle strahlig und mit einander sich mischend. Mittelstacheln 4, kreuzständig, selten weniger oder mehr, 9—11 mm lang, an der Basis strohgelb, oben rothgelb, steif, der oberste länger, aufrecht, der unterste der längste (18—20 mm), blasser, sehr abstehend und zurückgebogen.

Der Stamm erreicht eine Höhe von 10—13 cm und einen Durchmesser von 8—12 cm; er wird von den Randstacheln und der Wolle der Axillen vollständig bedeckt.

Die Blüthen finden sich nirgends beschrieben; sie sollen carmin-rosenroth sein.

61. Mamillaria punctata *Labour.*, Punkt-Warzen-cactus.

Vaterland unbekannt. Stamm einfach, cylindrisch, graugrün. Axillen reichlich weisswollig. Warzen kegelförmig, mit vielen kleinen, weissen Punkten übersäet. Stachelpolster an der Spitze der Warzen, reichlich mit weisser, lang andauernder Wolle besetzt. Randstacheln 20, borstig, weiss, strahlig, etwas über 4 mm lang. Mittelstacheln 6, stärker und länger ($6^1/_2$ mm), bräunlich-gelb, an der Spite gelb.

Weiter wird von dieser Species nichts berichtet.

62. Mamillaria Pfeifferi *Booth.*, Pfeiffer's Warzen-cactus.

Nomenclatur. Vom Handelsgärtner J. Booth in Hamburg dem um die Cacteenkunde wohlverdienten Arzte und Botaniker Dr. Ludwig Pfeiffer in Kassel (siehe auch Pfeiffera) zu Ehren benannt.

Synonyme. Mamillaria rhodantha ε aureiceps *S.*, M. aureiceps *Lem.*

In Mexiko, (Mineral del Monte) einheimisch. Stamm kugelig, später länglich, sprossend und zweiköpfig. Axillen reichlich mit kurzer weisser Wolle und einzelnen gedrehten, blassgelben Borsten besetzt. Warzen kegelförmig, an der mit Wolle verhüllten Basis fast elliptisch. Stachelpolster in der Jugend mit kurzem Filze bedeckt. Randstacheln 25 und mehr, sehr gedrängt, fast gerade, etwas steif, goldgelb. Mittelstacheln 6, sehr selten 7, und der siebente dann genau im Centrum, gekrümmt, strahlig ausgebreitet, länger, anfangs braun gefleckt, dann goldbraun, einer der oberen aufwärts gekrümmt und etwas länger.

Blumen sehr zahlreich, im Sommer, vom Scheitel bis fast zur Mitte des Stammes, klein, nicht über die Warzen hinausreichend, deshalb kaum geöffnet, weisslich-grün. Beeren grünlich.

Originalpflanzen dieser ausgezeichnet schönen Art sind meistens 12—15 cm hoch bei gleichem Durchmesser.

Von den ähnlichen M. chrysacantha und fuscata unterschieden durch die schöne goldgelbe Färbung, die Stärke der Stacheln und die characteristischen Borsten der Axillen.

63. Mamillaria Odieriana *Lem.*, Odier's Warzencactus.

Nomenclatur. Nach dem Banquier James Odier in Paris, einem bekannten Pflanzenliebhaber, der in seinem Garten in Bellevue auch eine grosse Cacteensammlung unterhielt. Von ihm führen auch die Odier-Pelargonien ihren Namen.

Vaterland Mexiko. Stamm kugelig, später länglich, zwei- oder vierköpfig, genabelt. Axillen wollig. Warzen kegelförmig, am Grunde zusammengedrückt, von sehr hellem Grün. Stachelpolster in der Jugend mit kurzer weisser Wolle. Stacheln sehr zahlreich, sehr gedrängt, fast verflochten. Randstacheln 20—25, klein, ungleich lang, nach dem Stamme zu gekrümmt, von sehr hellem Goldgelb. Mittelstacheln stets

4, viel stärker, viel länger, in verschiedener Richtung gekrümmt, gleich lang, pfriemlich, rothbräunlich.

Blüthen den ganzen Sommer hindurch, violett, purpurroth, zu dem Farbentone der Stacheln stimmend.

Diese sehr schöne Art wird 8—10 cm hoch bei 5—8 cm Durchmesser. Sie steht der M. rhodantha nahe.

Varietäten. 1. Mamillaria Odieriana β rigidior *S.*, mit aufrechten, steiferen, kürzeren (13—17 mm) Stacheln.

2. M. Odieriana γ rubra *Ske.* mit schön rothen Stacheln.

3. M. Odieriana var. cristata *Hort.*, eine schöne Form mit hahnenkammförmig-monströser Scheitelkante.

Diese alte, sehr willig wachsende Art variirt in der Färbung der Stacheln so sehr, dass manche Sammlungen 20 und mehr Varietäten enthalten.

64. Mamillaria flava *Ehrenb.*, Gilb-Warzencactus.

Vaterland Mexiko. Stamm säulenförmig, 7 cm hoch bei 5 cm Durchmesser. Axillen mit kurzer Wolle und einzelnen sehr langen Borsten. Warzen kräftig, eirund oder eirund-kegelförmig, unten vierseitig, oben abgestutzt, gelbgrün. Stachelpolster eirund, erst gelbwollig, dann nackt und gebräunt. Randstacheln 20—22, borstenartig, kräftig, fächerförmig ausgebreitet, die unteren etwas abstehend, die oberen kürzer als die unteren, bis 8 mm lang, schwefelgelb. Mittelstacheln 4, nadel- oder pfriemenförmig, stark, steif, spitz, gerade, fast kreuzständig, der untere, längste (11 mm) abwärts gerichtet, der obere kürzer, die beiden seitlichen noch kürzer, goldgelb oder schwefelgelb mit brauner Spitze.

Wie immer, so giebt auch hier Ehrenberg nichts über die Blüthen an, sei es, weil er sie noch nicht beobachtet, sei es, weil man damals Cacteenblüthen, wenigstens denen der Mamillarien, keinen grossen Werth beimass.

Nach dem Fürsten Salm gehört M. flava als Varietät zu M. tomentosa.

65. Mamillaria eriacantha *O.*, Wollstachel-Warzencactus.

Synonyme. Mamillaria cylindracea *DC.* (?), M. cylindrica *Hort.*, M. eriantha *Hort.*

In den Gebirgen Mexikos zu Hause. Stamm einfach, verlängert-cylindrisch. Axillen wollig. Warzen gedrängt, kegelförmig, zugespitzt, hellgrün. Stachelpolster mit zarter, weisser Wolle bedeckt. Randstacheln 20—24, borstenförmig, gelblich. Mittelstacheln 2, einer nach oben, einer nach unten gerichtet, gerade, steif, weichbehaart, goldgelb.

Blumen klein und unansehnlich, ausgebreitet, mit linienförmigen, strohfarbigen Perigonblättern, gelben Antheren und vierstrahliger Narbe. Blüht im Juni, aber nur selten. Beeren anfangs blassrosenroth, dann orangegelb, keulenförmig.

Diese Species wird 20—30 cm hoch bei einem Durchmesser von 5—7 cm.

66. Mamillaria Zepnickii *Ehrenb.*, Zepnicki's Warzencactus.

Nomenclatur. Nach dem früheren Handelsgärtner Zepnick in Frankfurt a. M. benannt.

In Mexiko zu Hause. Stamm cylindrisch-kugelig, mehrköpfig. Axillen wollig. Warzen dunkelgrün, kegelförmig, an der Spitze schief abgestumpft, unten mit einer stumpfen Kante. Stachelpolster anfangs wollig, eirund, spitz, in eine Furche ausgehend, welche oft bis zur Hälfte der Warze hinabreicht und aus der 1—2 grade, weisse, durchsichtige Borsten hervorstehen. Randstacheln 16—20, borstenförmig, weisslich, durchsichtig, von ungleicher Länge, abstehend. Mittelstacheln 2—4, stark, schwach gebogen, anfangs violett, später gelblich, braun gespitzt, der oberste der längste, der mittelste, wenn vorhanden, der kürzste.

Die Pflanze erreicht eine Höhe von 12 cm bei 7 cm Durchmesser.

Blüthen sehr klein, dunkel-carminroth.

67. Mamillaria suaveolens *Hort.*, Wohlriechender Warzencactus.

Aus mexikanischem Samen erzogen. Körper kugelrund, nur 4 cm hoch bei gleichem Durchmesser. Axillen in der Jugend weisswollig. Warzen sehr gedrängt, klein, eiförmig, dunkelgrün. Stachelpolster in der Jugend schwach filzig. Randstacheln 13—15, klein, borstenförmig, angedrückt, weisslich, später braungelb. Mittelstacheln 4, braun, nach oben gebogen.

Eine hübsche, aber wie es scheint, sehr langsam wachsende Art. Der Trivialname bezieht sich doch wohl auf die duftenden Blüthen, die aber sich nirgends beschrieben finden.

68. Mamillaria chrysacantha *Hort. berol.*, Goldstachel-Warzencactus.

Aus Mexiko. Stamm fast kugelig, einfach. Axillen nackt. Warzen kegelfömrg, grün. Randstacheln 15—18, goldgelb. Mittelstacheln 4, stärker, der oberste, längste (13 mm) braun, fast gerade, aufrecht, die übrigen braungelb, abstehend.

In Blüthe und Blüthezeit stimmt diese schöne 10 bis 15 cm hohe und dicke Mamillaria mit M. fuscata überein.

69. Mamillaria fuscata *Hort. berol.*, Braunstachel-Warzencactus.

Stamm platt-kugelig, einfach. Axillen nackt. Warzen kegelförmig, an der Basis vierseitig, dunkelgrün. Randstacheln 25—28, dünn, hellbraun. Mittelstacheln 6, stärker, tiefbraun, der oberste stark nach dem Scheitel hin gekrümmt.

Blumen von Mai bis Juli, in einem mehrreihigen Gürtel um den Scheitel herum, nur wenig über 1 cm lang, mit lanzettförmigen, spitzen, purpurrothen Perigonblättern, lebhaft gelben Antheren und mit fünf- bis sechsstrahliger, fleischfarbiger Narbe.

Diese Art unterscheidet sich von der ihr ähnlichen M. chrysacantha durch die braune Farbe und die grössere Anzahl der Stacheln, wie auch durch ihre Stellung und Richtung, indem sie sich bei den im Freien kultivirten Individuen dergestalt anlegen, dass man diese, ohne sich zu stechen, in die Hand nehmen kann, was bei M. chrysacantha nicht ungestraft geschieht.

70. Mamillaria flavicoma *Hort.*, Gelbkopf-Warzencactus.

Vaterland unbekannt. Körper kugelrund, genabelt. Axillen etwas weisswollig. Warzen kegelförmig, lebhaft grün. Stachelpolster etwas filzig. Mittelstacheln meistens 6, schwach gebogen, nach allen Seiten hin gerichtet, steif, 12 bis 15 mm lang, der oberste der längste, die jüngeren gelb, an der Basis etwas bräunlich. Randstacheln 22—24, feinborstig, strahlig, gelb, später weiss.

Blüthen in einem mehrreihigen Gürtel um den Scheitel gestellt, roth.

In der Sammlung von Fr. Ad. Haage jun. in Erfurt. Das hier beschriebene Exemplar war 8 cm hoch bei gleichem Durchmesser. Der schöne gelbe Nabel verleiht dieser Art ein sehr hübsches Ansehen.

71. Mamillaria amoena *Hpfr.*, Angenehmer Warzencactus.

Vaterland unbekannt. Stamm kräftig, verkehrt-eirund, fast säulenförmig. Axillen nur wenig wollig. Warzen kräftig, fast viereckig-eiförmig, an der Spitze abgerundet, graulich-hellgrün. Stachelpolster mit weissem, bald abfallendem Filz. Randstacheln 16, borstenartig, sehr dünn, kurz und wenig bemerkbar, Mittelstacheln 2, nadelartig, steif, gelb, der obere länger, nach oben gebogen.

Der Stamm erreicht eine Höhe von 10 cm bei gleichem

Durchmesser. Bei jüngeren Individuen variirt die Zahl der Mittelstacheln zwischen 3 und 4, aber bei zunehmendem Alter nehmen sie immer den normalen Charakter an, 2 Mittelstacheln, der eine unter dem andern stehend.

Blüthen von Mai bis Juli, lebhaft rosenroth, mit chromgelben Narbenlappen und Staubfäden.

72. Mamillaria columbiana *S.*, Columbia-Warzencactus.

Vaterland Columbien. Stamm cylindrisch, einfach. Axillen wollig. Warzen gedrängt, eirundlich-kegelförmig, weiss punktirt. Stachelpolster in der Jugend wollig, später mit einem braunen Filz besetzt. Randstacheln 18—20, borstenartig, strahlig, weiss. Mittelstacheln 4—5, fast von gleicher Länge, aufrecht-abstehend, steif, goldgelb, an der Basis knotig verdickt.

Blüthen scheinen noch nicht beobachtet zu sein.

Abgesehen vom Vaterlande unterscheidet sich diese Species von Mamillaria eriacantha durch einen schwächeren Stamm, durch die dickeren Warzen, die kräftigeren Rand- und die 4—5 glatten nicht behaarten Mittelstacheln.

73. Mamillaria ovimamma *Lem.*, Ei-Warzencactus.

Vaterland unbekannt. Körper länglich-kugelförmig, mit gedrücktem Scheitel, freudig-grün und glänzend. Axillen mit reichlicher weisser, später grauer Flockenwolle besetzt, welche am Scheitel am dichtesten, fast schopfartig gehäuft und hier mit etlichen gekrümmten, schwärzlich-rothen Borsten gemischt ist. Warzen konisch-eiförmig, sehr stumpf, unten undeutlich eckig. Stachelpolster anfangs sehr wollig, später nackt. Randstacheln 8—9, ziemlich aufrecht, fast strahlig, klein, an Lange ungleich, die 2—3 oberen um ein weniges stärker, pfriemlich, röthlich, die 2 seitlichen dünner, als diese, gelblich, die 3 untern etwas stärker und länger, als die seitlichen, weissbräunlich. Mittelstacheln nur einer, so lang wie die oberen Randstacheln, röthlich, pfriemlich, ausgestreckt. Alle Stacheln an der Spitze schwärzlich, endlich ganz aschfarbig.

Diese hübsche, aber wie es scheint sehr selten gewordene Art wird 10 cm hoch und hat dann 12 cm im Durchmesser.

Blüthen noch nicht beobachtet.

Var. brevispina unterscheidet sich von dieser Art durch nichts, als durch kürzere Stacheln. Ihr dürfte daher, wie auch Fürst Salm bemerkt, Lemaire's Mamillaria oothele identisch sein.

74. Mamillaria acicularis *Lem.*, Nadel-Warzencactus.

Vaterland Mexiko. Körper fastkugelig, genabelt. Axillen mit weisser Flockenwolle. Warzen hellgraugrün, eirund-kegelförmig, stumpf, mit rautenförmiger Basis. Stachelpolster sehr klein, eirund, mit bald abfallender Wolle. Stacheln ziemlich steif, aufrecht, sehr schlank, nadelartig, blass-goldgelb später unten bräunlich. Randstacheln 11—12, davon 7 gerade, fast gleich lang, strahlig, und 4—5 obere sehr klein. Mittelstacheln 1, ebenfalls nadelartig, ausgestreckt, mehr röthlich-gelb, an der Spitze braun, $2^1/_2$ cm lang.

Die Blüthen sollen von lebhaft carmoisinrother Farbe sein.

Eine sehr schöne Art, die jedoch sehr selten geworden zu sein scheint.

75. Mamillaria rutila *Zucc.*, Gelbröthlicher Warzencactus.

Synonym. Mamillaria Eugenia *Schdw.*

In Mexiko, in der kalten Region, an grasigen Abhängen, etwa 2750 m über dem Spiegel des Meeres. Stamm kugelförmig, einfach. Axillen fast nackt. Warzen gedrängt, kegelförmig, dunkelgrün. Stachelpolster in der Jugend filzig. Randstacheln 14—16, weiss, die obersten viel kürzer. Mittelstacheln 4—6, bis 13 mm lang, steif, gespreizt, etwas gekrümmt, bräunlich-roth, am Grunde hornfarbig, der unterste sehr lang.

Blüthen im Juli und August, in mehreren Kreisen um die Scheitel herum, fast 1 1/2 cm lang und purpurroth. Sepalen lanzettförmig, stumpflich, die oberen beinahe bis zur Spitze der Blume reichend, matt-purpurroth. Petalen etwa 20, in zwei Reihen, in der äusseren Reihe weniger zahlreich, lebhaft purpurroth, lanzettförmig, ganzrandig, an der Spitze kurz zweispaltig, mit einem längeren und einem kürzeren Zahne. Staubgefässe viel kürzer, als der Griffel, bogenförmig nach innen gewendet, mit hellpurpurrothen Staubfäden und gelben Staubbeuteln. Griffel fast so lang, wie das Perigon, hellpurpurroth, mit einer vierlappigen dunkleren Narbe.

Varietät. Mamillaria rutila *β* pallidior *S.*, mit blasseren Stacheln.

Die Pflanze wird bis 13 cm hoch und stark.

76. Mamillaria pyrrhochracantha *Lem.*, Ockerstachel-Warzencactus.

Vaterland unbekannt. Stamm gedrückt-kugelig, stark genabelt, auf dem Scheitel schopfartig mit dichter, weisser seidenartiger Flockenwolle besetzt. Axillen seidenartig-wollig bald aber nackt. Warzen kegelförmig, stumpf, oben gegen die Spitze hin angeschwollen, dunkelgrün. Stacheln sehr steif, schwach nach oben gekrümmt, wie zu einem Büschel verlängert, fahlroth. Randstacheln 8, halb aufgerichtet, fast strahlend, die oberen viel kürzer. Mittelstacheln 4, im Kreuz stehend, ausgestreckt, länger, besonders der unterste (18—19 mm), pfriemlich.

Vor etwa 35—40 Jahren gehörten der Sippe der Chrysacanthae noch andere Arten oder wenigstens als Arten betrachtete Formen an, wie Mamillaria auricoma *Dietr.* und M. obvallata *O.*, welche aber, aus den in der Allgemeinen Gartenzeitung von Fr. Otto und Alb. Dietrich (Jahrg.

1846) gegebenen Beschreibungen zu schliessen, nur geringfügige Variationen von M. rhodantha und Oliveriana gewesen sein können. Aus diesem Grunde scheint man sie ganz aufgegeben zu haben, wenigstens habe ich sie in Sammlungen, deren Studium mir vergönnt gewesen oder von denen mir Kataloge vorgelegen haben, nicht mehr auffinden können.

4. Sippe. Discolores — Verschiedenfarbige.

Körper kugelig, einfach oder sprossend, oder cylindrisch, aufrecht. Randstacheln borstenförmig, zahlreich, strahlig, weiss. Mittelstacheln 2—6, gerade oder gekrümmt, roth fahlgelb oder schwärzlich, der oberste bisweilen hakig.

Blumen röthlich, rosa oder purpurroth.

77. Mamillaria vivipara *Haw.*, Sprossen-Warzen-cactus.

Synonym. Cactus viviparus *Nutt.*

Einheimisch auf den nordwestlichen Ebenen längs dem oberen Missouri und dem Yellowstone bis zu den schwarzen Hügeln (Black Hills) hinauf und zum Felsengebirge. Niedrige einfache, gewöhnlich aber reichlich nach allen Seiten hin sprossende und dichte Rasen bildende Pflanze. Die Sprossen entstehen stets an der Basis der auf den Warzen befindlichen behaarten Furche, während sie bei M. calcarata aus dem oberen Theile der Furche dicht unter den Stacheln hervorkommen. Randstacheln 12—20, steif, weiss, oft braunroth gespitzt. Mittelstacheln 4, von denen drei aufwärts und einer, der stärkste und kürzeste, abwärts gerichtet ist, bisweilen aber weniger, öfter mehr, selbst bis 8.

Blumen auf dem Scheitel, im Verhältniss zu den geringen Dimensionen der Pflanze gross, gegen 4 cm lang und, wenn Nachmittags 1 Uhr geöffnet, noch breiter, mit 30 oder mehr Sepalen und 25—40 Petalen, jene zart gewimpert und zurück gebogen, diese schmal, zugespitzt, ganzrandig oder am Grunde gewimpert, purpurroth. Staubfäden weisslich oder purpurröthlich, stets auf dem Grunde der Perigonröhre, mit orangegelben Antheren. Griffel lang hervorstehend, mit fünf- bis zehnlappiger purpurner Narbe. Beeren durch das fortgehende Wachsthum des Scheitels der Pflanze in seitliche Stellung gelangend, bis fast 2 cm lang, blassgrün.

78. Mamillaria radiosa *Engelm.*, Strahlstachel-Warzencactus.

Einheimisch im nördlichen Theile Neu-Mexikos und bei Santa Fé. Körper eirund oder fast kugelig, einfach oder kaum sprossend. Warzen stielrund, mit leichter Furche, die jüngeren an der Basis der Furche wollig. Stachelpolster in der Jugend weissfilzig. Randstacheln 12—20, strahlig, borstenförmig, weisslich, die oberen länger und stärker. Mittelstacheln 3—6, die oberen länger und stärker, als jene, der unterste dick, vorgestreckt, rothgelb, purpurn gefleckt.

Blüthen scheitel-, zuletzt seitenständig. Sepalen gegen 25, linien-lanzettförmig, spinnenfüssig gewimpert, mit der Spitze zurückgebogen; Petalen eben so viele, linienförmig, zugespitzt, ganzrandig oder die äusseren an der Basis gewimpert. Narbe mit 5—10 stumpfen, abstehenden purpurnen Lappen. Beere eiförmig, grün, von dem welken Perigon gekrönt.

Engelmann betrachtet M. radiosa als Unterart von M. vivipara, mit der sie, wie es scheint, durch viele Zwischenformen zusammhängt.

Varietäten. 1. Mamillaria radiosa *β* neomexicana *Engelm.* Körper eiförmig oder etwas cylindrisch, oft an der Basis sprossend. Randstacheln weisslich, gegen 30 (20—40), Mittelstacheln 6—9 (3—12), unten weisslich, dann purpurn und an der Spitze schwärzlich.

Blüthen grösser.

Diese Varietät wurde im westlichen Texas und in den südlichen Theilen Neu-Mexikos, auch am oberen Pecos und in Sonora gesammelt. Der Körper ist 5—10 cm hoch bei $2^1/_2$—6 cm Durchmesser. Die Zahl und Länge der Stacheln variirt je nach dem Grade der Entwicklung der Pflanzen.

Fig. 30. Mamillaria radiosa neomexicana.

2. M. radiosa texana *Engelm.*, im westlichen Theile von Texas zu Hause, die grösste der Radiosa-Formen, mit eiför-

mig-cylindrischem, nahezu einfachem Körper. Letzterer bis 12 cm hoch. Randstacheln 20—30, weisslich, brandschwärzlich gespitzt; Mittelstacheln 4—5, gelb oder rothgelb.

Blüthen im Mai und Juni, grösser, völlig ausgebreitet bis 6 cm im Durchmesser, mit 40—50 sepaloidischen und 30—40 petaloidischen Perigonblättern. Narbenlappen 7—9.

79. Mamillaria caespitita *DC.*, Rasen-Warzencactus.

Synonym. Mamillaria nitida *Schdw.*

Schon lange durch De Candolle's Beschreibung bekannt, aber erst seit 1837 durch van der Maelen aus Mexiko (Provinz Oaxaca, 2500 m über dem Meeresspiegel) eingeführt. Pflanze kugelig, am Grunde sprossend, einen dichten Rasen bildend und in dieser massenhaften Anhäufung von eigenthümlichem, aber sehr hübschem Ansehn. Axillen nackt, nach der Blüthe reichlich mit langer Wolle besetzt. Warzen eiförmig, lebhaft grün, glänzend. Stachelpolster spärlich weissfilzig, endlich ziemlich nackt. Stacheln steif, in der Jugend durchsichtig und weiss, später etwas gelblich, ausgewachsen perlgrau. Randstacheln 9—22, gerade, bisweilen etwas gebogen. Mittelstacheln 1—2, länger, aufrecht, gerade.

Blumen von mir nocht nicht beobachtet. Nach Lemaire's Angabe sind sie purpurröthlich.

Die Sprossen sind oft $2^1/_2$ cm hoch und dick und stehen dicht zusammengedrängt. Der von ihnen gebildete 12—15 cm breite Rasen fällt in Folge des glänzenden Grüns der Warzen und der weissen durchsichtigen Stacheln sehr angenehm in das Auge.

80. Mamillaria crebrispina *DC.*, Haufstachel-Warzencactus.

Synonyme. Mamillaria coronata *Schdw.*, M. polychlora *Schdw.*

In Mexiko, San-Luis de Potosi, aber nach Galeotti sehr selten. Von rasenartigem Wuchs, der Stamm nur 5—10 cm hoch bei $2^{1}/_{2}$ cm — 4 cm Stärke, eiförmig oder cylindrisch. Axillen nackt. Warzen eirundlich-kegelförmig, etwas nach unten gekrümmt, kurz, dicht gedrängt, hellgrün, später blassgelblichgrün. Stachelpolster mit wenigem Filz besetzt, fast nackt. Randstacheln 16—25, schneeweiss, später durchscheinend, den Körper überstrickend, später sich mit einander verwebend. Mittelstacheln 3—8, steif, staker, gerade aufrecht-abstehend, anfangs pommeranzenfärbig und kürzer, später purpurbraun und eben so lang, wie jene. Die auf dem Scheitel stehenden jungen Stacheln — äussere blendend-weiss, innere orangeroth — gleichen in dieser Verbindung der Haarkrone einer Composite und verleihen der Pflanze ein eigenthümlich schönes Ansehn.

81. Mamillaria arizonica *Engelm.*, Arizona-Warzencactus.

In Arizona, Mexiko, einheimisch, wovon sie den Namen trägt. Körper länglich-eirund, später seitlich sprossend. Axillen nackt. Warzen länglich-eirund, nach oben etwas verjüngt, saftgrün. Stachelpolster gross, rund, schwachweissfilzig, später nackt. Mittelstacheln 4—5, einer im Centrum, von den übrigen, abstehenden umgeben, unten hell, nach oben bräunlich. Randstacheln 20—25, strahlig, mit einander sich mischend, im Alter den Körper ganz überstrickend, borstenförmig, weiss.

Eine der schönsten Mamillaria-Formen.

Blüthen sind noch nicht beobachtet.

82. Mamillaria Celsiana *Lem.*, Cels' Warzencactus.

Nomenclatur. Nach Jacques Martin Cels benannt, Freund und Pfleger des Gartenbaues und der Botanik in Paris. † 1806.

Aus Mexiko. Fast kugelige, ziemlich säulenförmige, sehr kräftige Pflanze. Axillen mit schmutzig-weisser Wolle besetzt.

Warzen kegelförmig, stark, ziemlich gedrängt, grün. Stachelnpolster klein, in der Jugend mit vieler weisser, bald abfallender Wolle. Randstacheln 24—26, fast von gleicher Länge, sehr schlank, durchscheinend weiss. Mittelstacheln 6, selten 7, länger, steif, matt-fahlgelb, später etwas aschfarbig, der oberste vertikal, stärker, an der Spitze gekrümmt.

Blumen röthlich. Beeren grünlich.

Der Körper dieser Art erreicht eine Höhe von 10—12 cm bei einem Durchmesser von 6—7 cm.

In manchen handelsgärtnerischen Verzeichnissen wird M. Celsiana mit M. Muehlenpfordtii *Foerst.* identificirt.

83. Mamillaria chlorantha *Engelm.*, Grünlich blühender Warzencactus.

See plate - figure 33 - page 328.

Vaterland Mexiko. Stamm eirund, später cylindrisch, an der Basis sprossend. Axillen nackt, hellgrün. Warzen abstehend, länglich-eirund, gefurcht, dunkelgrün, der untere Theil der Furche mit Wolle besetzt. Stachelpolster gross, kreisrund, weissfilzig, die ältesten nackt. Mittelstacheln 4, gerade, abstehend, weiss, in der Jugend braun gespitzt, im Alter mehr gespreizt, 1—3 cm lang. Randstacheln 15 bis 16, schneeweiss, 1—2 cm lang, angedrückt.

Eine neue, noch wenig verbreitete, ausgezeichnet schöne Art. Doch sind die Blüthen in Deutschland wahrscheinlich noch nicht beobachtet, finden sich auch nirgends beschrieben.

84. Mamillaria discolor *Haw.*, Wandelfarben-Warzencactus.

Synomyme. Mamillaria depressa *DC.*, M. pseudomamillaris *S.*, M. prolifera *Pfr.*, Cactus Spinii *Colla*.

In der heissen Region Mexikos zu Hause. Körper mehr oder weniger kugelig, im Alter oft an der unteren Hälfte sprossend. Axillen kaum etwas filzig. Warzen dick, eirund-kegelförmig, graugrün. Stachelpolster fast nackt.

Randstacheln 16—20, borstenförmig, abstehend, weiss. Mittelstacheln 4—7, stärker, ziemlich steif, gerade oder schwach nach aussen gekrümmt, bei vollkräftigen Individuen verschieden gefärbt, im Freien dunkler, unter Glas heller, gelblich oder bräunlich in verschiedenen Nuancen, nach oben braun, schwarzbraun, fast schwarz, am Grunde weisslich, später meistens aschgraulich, dicht in einander geflochten, der oberste und der unterste sehr lang. Selten ist genau im Centrum ein Mittelstachel mehr vorhanden.

Blüthen 18 mm breit. Perigonblätter linienförmig, zurückgebogen, weisslich-rosa, auf der unteren Seite mit einem dunkelrosenrothen Mittelstreifen, vom Februar bis zum April. Beeren $2^1/_2$ cm lang, länglich, schmutzig-roth.

Diese schon seit langer Zeit in Kultur befindliche Pflanze wird 15—18 cm hoch bei 8—13 cm Durchmesser.

Wahrscheinlich in Folge schon früh erfolgter geschlechtlicher Vermischung und durch viele Generationen wiederholter Anzucht aus Samen giebt sich in dieser Art die ausgesprochenste Neigung zur Variation kund. Doch scheint diese auch schon in ihrem Vaterlande bis zu einem gewissen Grade entwickelt zu sein, denn Originalpflanzen weichen, ohne zu ihrem wesentlichen Charakter Einbusse zu erleiden, oft sehr augenfällig von einander ab.

Von den zahlreichen Formen, welche sich in den vierziger Jahren um M. discolor gruppirten, sind wohl die meisten verschwunden.

85. Mamillaria Muehlenpfordtii *Foerst.*, Mühlenpfordt's Warzencactus.

Nomenclatur. Nach Dr. F. Mühlenpfordt, Arzt und Botaniker in Hannover, benannt.

Von Senke aus Samen einer aus Mexiko eingeführten Originalpflanze erzogen. Körper ziemlich kugelig. Axillen mit herabhängenden weissen Borsten besetzt. Warzen graugrün, kegelförmig. Stachelpolster in der Jugend mit blassgelblich-weisser Wolle besetzt, später fast nackt. Randstacheln sehr zahlreich, den Körper ziemlich überstrickend, strahlig, weisslich, borstenförmig. Mittelstacheln 4, aufrecht, strahlig, braungelb, im Alter perlfarbig mit brauner Spitze, der unterste, längste, 13—18 mm lang.

Die Originalpflanze, nach welcher Förster die Diagnose entwarf, hatte 18 cm in der Höhe und im Durchmesser.

86. Mamillaria tentaculata *Hort. berol.*, Fühlhorn-Warzencactus.

Synonyme. Mamillaria pulchra *Haw.* ?, M. olivacea *Hort.*

Vaterland Mexiko. Körper kugelig oder verkehrt-eiförmig, in selteneren Fällen zweiköpfig. Axillen wollig. Warzen graugrün, kegelförmig, stumpf, gedrängt und in Folge dessen an der Basis vierseitig. Stachelpolster in der Jugend weisswollig, später nackt. Randstacheln 22—26, dünn, weiss sehr regelmässig strahlig. Mittelstacheln 4—6, steif, gelbbraun, der oberste der längste, etwas nach oben gekrümmt.

Der Körper 10—20 cm hoch bei 8—12 cm Durchmesser,

Blüthen im Juli und August, wie die der Mamillaria rutila, aber die Petalen nicht zweispitzig, sondern allmälig und regelmässig in eine feine Spitze auslaufend. Beeren fast 22 mm lang, dünn, cylindrisch, bläulich-roth.

Varietät. Mamillaria tentaculata β ruficeps *Foerst.* (Syn. M. ruficeps *Lem.*). Körper meistens plattkugelig. Warzen hellgrün. Randstacheln 16—18, sehr klein, ungleich, durchscheinend-weisslich. Mittelstacheln 6—8, fast strahlig, ziemlich gleich lang, sehr steif, gerade, gänzlich fuchsroth. Das Vaterland dieser schönen Form ist unbekannt.

Von dieser Species findet sich in den Sammlungen auch eine bunte Form (Var. picta).

87. Mamillaria russea *Dietr.*, Rothstachel-Warzencactus.

Vaterland Mexiko. Körper verkehrt-eirund, fast kugelrund, mit etwas flachem Scheitel. Axillen in der Jugend mit einigen langen Wollfäden besetzt, später fast nackt. Warzen sehr dicht, länglich, kegelförmig, hellgrün, stumpf. Stachelpolster fast nackt. Randstacheln 16—20, strahlenartig ausgebreitet, borstenförmig, $6^1/_2$ mm lang, ganz weiss oder höchstens an der Spitze bräunlich. Mittelstacheln meistens 4, seltener 6, pfriemenförmig, noch einmal so lang, nach entgegengesetzten Richtungen ausgespreizt, nur der untere mehr vorwärts gestreckt und etwas länger, als die übrigen, fuchsroth, ganz gerade oder schwach gekrümmt.

Die Pflanze ist gegen 8 cm hoch bei fast gleichem Durchmesser.

Blüthen rings um den Scheitel gestellt, sehr klein, ganz zwischen den Stacheln verborgen, mit trichterförmig erweiterter Röhre. Sepaloidische Perigonblätter etwa 8, ungleich, lanzettförmig, spitz, bräunlich, die längsten nur halb so lang, wie die petaloidischen; letztere etwa 16, lanzettlich, spitz, purpurroth, glänzend, stachelspitzig, mit einer etwas dunkleren Mittellinie. Staubgefässe kaum halb so lang, wie das Perigon, mit rosenrothen Staubfäden und gelbem Staubbeutel. Griffel säulenförmig, länger als jene, oben etwas geröthet, mit 6 rothen, linienförmigen Narbenlappen.

88. Mamillaria hexacantha *S.*, Sechsstacheliger Warzencactus.

In Mexiko einheimische, einfache, cylindrisch-kugelige, gedrückte Pflanze. Axillen nackt. Warzen grün, breit-kegelförmig, etwas zusammengedrückt. Stachelpolster in der Jugend weisswollig. Randstacheln 18—30, borstenförmig, strahlig, weiss, mit der Zeit graulich. Mittelstacheln 6, seltener 7, sehr selten 8—9, stark, in der Jugend blutroth mit dunkleren Spitzen, später dunkel, schliesslich graubraun, der unterste der längste.

Blumen im Mai und Juni, zahllreich in einem Kreise um den Scheitel herum stehend, lebhaft purpurroth.

Diese Art ist 10—15 cm hoch und halb so stark und

eine der hübschesten unter den in Kultur befindlichen Mamillarien. Ihre Bestachelung macht in Folge ihrer contrastirenden Färbung einen sehr angenehmen Eindruck.

89. Mamillaria bellatula *Foerst.*, Netter Warzencactus

Aus brasilianischem Samen erzogen. Körper kugelig, etwas gedrückt. Axillen nackt. Warzen hellgrün, breitkegelförmig, etwa 4½ mm breit. Stachelpolster anfangs schwach-weisswollig. Randstacheln 12—16, weisslich, borstenförmig, strahlig, bis 8½ mm lang. Mittelstacheln 2, gerade, von ziemlich gleicher Länge (bis 17 mm lang), stärker, einer nach unten, der andere nach oben gerichtet, in der Jugend fast schwarz, später graubraun.

Blüthen nicht bekannt.

90. Mamillaria crassispina *Pfr.*, Dickstachel-Warzencactus.

Synonyme. Mamillaria robusta *O.*, M. floccigera *Hort.*, M. flaviceps *Schdw.*

Vaterland Mexiko. Stamm einfach, eirund-säulenförmig, fast ganz mit Stacheln bedeckt. Axillen fast nackt. Warzen cylindrisch-kegelförmig, glänzend-grün. Stachelpolster gross, oval, weisswollig, aber bald nackt. Stacheln alle ziemlich gerade, ungleich. Randstacheln 24—27, steif, durchscheinend weisslich, fast gerade, abstehend, büschelig-strahlend. Mittelstacheln 6—7, ungleich, unregelmässig gestellt, bisweilen noch einer im Centrum, viel stärker, fuchsroth, am Grunde hornfarbig.

Pflanze 5—7 cm hoch. Fürst Salm bemerkt, dass der Stamm des in seiner Sammlung befindlichen Exemplars, nachdem es älter und 20 cm hoch und 10 cm dick geworden, doppelt-zweitheilig und die Mittelstacheln mehr purpurn geworden seien.

Varietät. Mamillaria crassispina β rufa *Hort.* (Syn. M.

crassispina β gracilior *S.* ?), früher häufig, jetzt, wie es scheint sehr selten. Stamm einfach, cylindrisch, nach oben verjüngt Randstacheln 16—20, weiss; Mittelstacheln 6, dünner als bei der normalen Form, feurig-braunroth, am Grunde heller, der oberste länger.

91. Mamillaria phaeacantha *Lem.*, Dunkelstachel-Warzencactus.

Synonym. Mamillaria radula *Schdw.*

Aus Mexiko. Kugeliger, am Scheitel kaum eingedrückter, einfacher Körper. Axillen mit weisser Wolle und einigen ziemlich langen, zusammengedrehten und verwickelten Borsten. Warzen fast cylindrisch, stumpf, grün. Stachelpolster rund, in der Jugend mit wolligem Filz besetzt. Stacheln gedrängt Randstacheln 20—22, ziemlich gerade, sehr kurz, steif, weisslich, durchscheinend, am Grunde kaum pfriemlich, bräunlich. Mittelstacheln 4, ins Kreuz gestellt, stärker, länger, aufrecht, nach dem Scheitel hin schwach gebogen, unten stark pfriemlich, erst rothbraun, an der Spitze weisslich, dann durchaus schwärzlich.

Blumen klein, röthlich, mit schlanker grünlicher Röhre.

Eine sehr schöne Art von 5—6 cm Höhe und derselben Stärke.

92. Mamillaria fulvispina *Haw.*, gelbbraunstacheliger Warzencactus.

In Mexiko und Brasilien einheimisch. Stamm stets einfach, mit der Zeit aus der Kugel- in die Säulenform übergehend, bisweilen bis 32 cm hoch. Axillen etwas wollig. Warzen kegelförmig, dunkelgrün. Stachelpolster in der Jugend filzig. Randstacheln weisslich, steif, regelmässig strahlig, sehr kurz. Mittelstacheln 4—6, stärker, ziemlich gerade, fast von gleicher Länge, gelbbraun. Die Stacheln variiren mit der Zeit in der Färbung, was alten Individuen ein bizarres Ansehen verleiht.

Blumen einzeln und zerstreut um den Scheitel herumstehend, nicht viel über 1 cm lang, purpurroth, im Juli und August.

Varietät. Mamillaria fulvispina β rubescens *S.*, (Syn. M. pyramidalis *Hort. berol.*?). Die 6 Mittelstacheln rothgelb, der obere sehr lang.

Andere Varietäten des Fürsten Salm-Dyck, welche nur geringwerthige Abweichungen von der Normalform darstellten, scheinen wieder verloren gegangen zu sein.

93. Mamillaria fuliginosa *S.*, Russ-Warzencactus.

Stammt vielleicht aus Caracas. Stamm aufrecht, keulenförmig. Axillen nackt. Warzen am Grunde breit, kegelförmig, dunkelgrün. Stachelpolster bald nackt, klein. Randstacheln 18—20, borstenartig, sehr dünn, weiss, strahlig ausgebreitet. Mittelstacheln 4, kreuzständig, nadelartig, abstehend, der obere und der untere länger, der eine nach oben, der andere nach unten gebogen, an der Basis grau, an der Spitze röthlich-braun.

Nach Salm sind die Blüthen sehr hellroth.

Von der ihr nahestehenden Mamillaria fulvispina unterscheidet sich diese Art durch geringere Höhe, zahlreichere und längere Randstacheln und die immer in der Vierzahl vorhandenen gekrümmten Mittelstacheln.

94. Mamillaria pulchella *Hort. berol.*, Hübscher Warzencactus.

Vaterland Mexiko. Stamm fast säulenformig, einfach, 12—15 cm hoch bei 5 cm Durchmesser. Axillen nackt. Warzen dunkelgrün, gedrängt, eirund-kegelförmig, vorn schief abgestumpft. Stachelpolster nur mit wenigem bräunlichen Filz. Randstacheln 18—20, strahlig-ausgebreitet, weiss. Mittelstacheln 6—7 (selten mit einem achten im Centrum), aufrecht-abstehend, von gleicher Länge, gerade, steif, braunschwarz.

Eine ausgezeichnet schöne Art, welche in den Gärten seit Langem unter verschiedenen Namen kultivirt wird, und an den schwarzen Stacheln leicht zu erkennen ist.

Blüthen zahlreich, in eleganter gürtelförmiger Stellung. Perigonblätter zurückgebogen-abstehend, spitz-lanzettförmig, hellpurpurroth. Narbe gelb, achtstrahlig.

M. pulchella kommt nach Salm auch mit 4—5 Mittelstacheln vor, welche fast noch einmal so gross sind, wie die Randstacheln, und mit etwas blasseren Blumen (β flore pallidiore).

95. Mamillaria nigra *Ehrenb.*, Schwarzstachel-Warzencactus.

Vaterland Mexiko. Stamm halbkugelig, cylindrisch oder säulenförmig, 5—10 cm hoch bei 5—8 cm Durchmesser. Axillen steif, mit weniger weisser Wolle, bald nackt. Warzen lang, eirund-kegelförmig, an der Spitze etwas schief abgestuzt, dunkelgrün. Stachelpolster eiförmig, anfangs kurzwollig, dann nackt und goldgelb, später grau. Randstacheln etwa 20, borstenförmig, kräftig, steif, spitz, nach unten allmälig länger (bis $6^1/_2$ mm), strahlig-abstehend, sich mit einander mischend und die Warzen fast ganz einhüllend, erst bräunlich, dann weisslich und nur an der äussersten Spitze schwärzlich. Mittelstacheln 4, kreuzständig, stärker, fast aufrecht, steif, nadelförmig, pechschwarz, später schwarzroth, schliesslich grau, der obere länger, als die beiden seitlichen, der untere, längste (13—15 mm) horizontal abstehend und an der Spitze hakig gekrümmt

Blüthen sind, wie es scheint, noch nicht beobachtet worden.

Nach Ehrenberg in der Allg. Gartenzeitung 1849 kommen nicht selten an einer und derselben Pflanze bis 7 Mittelstacheln vor, von denen immer 4 kreuzweise, die übrigen unregelmässig über denselben stehen. In diesem Falle finden sich auch mehrere Stacheln mit hakenförmig gebogener Spitze vor.

Eine dieser Formen wird in mehreren Verzeichnissen als Var. euchlora aufgeführt. Der Körper derselben besitzt ein frischeres Grün, als die Normalform, gegen 20 durchsichtig-weisse, strahlige Rand- und 6 unten gelbliche oben braune, auf den Scheitelwarzen ganz purpurbraune Mittelstacheln ohne hakige Spitze.

96. Mamillaria Beneckei *Ehrenb.*, Benecke's Warzencactus.

Nomenclatur. Einem Herrn Etienne Benecke in Mexiko zu Ehren benannt.

Von Ehrenberg 1844 aus Mexiko eingeführt. Körper cylindrisch, meistens schief abgestumpft, nabelförmig eingedrückt, einfach und sprossend, 5—7 cm hoch und fast eben so stark. Axillen anfangs wollig. Warzen säulenförmig, an der Basis vierseitig, an der Spitze schief abgestumpft, in der Färbung sehr veränderlich, dunkelgrün, hellgrün, gelbgrün, auch grün, gelb und roth. Stachelpolster anfangs meist mit kurzer Wolle besetzt. Randstacheln 12—15, horizontal anliegend, an Länge fast gleich, weisslich oder gelblich, braun gespitzt. Mittelstacheln 2—6, stärker, braun, schwarz gespitzt, ein oder zwei untere doppelt so lang, nach der Spitze zu verdickt und dort hakig gekrümmt.

Blumen nicht bekannt.

Im Obigen ist die Original-Diagnose Ehrenberg's aus der Allgemeinen Gartenzeitung 1844 wiedergegeben. Vergleicht man diese mit der Beschreibung der Mamillaria Goodrichii *Scheer.*, so findet man die Ansicht Labouret's und Salm's, nach welcher beide Arten identisch sein sollen, nicht gerechtfertigt.

97. Mamillaria Goodrichii *Scheer.*, Goodrich's Warzencactus.

Nomenclatur. Goodrich war der englische Cacteensammler, welcher diese Art an ihren heimathlichen Standorten auffand.

Auf der Insel Coros in Kalifornien einheimisch. Stamm aufrecht, cylindrisch, an der Basis sprossend. Axillen nackt Warzen dicht gedrängt, klein, grün. Stachelpolser nackt. Randstacheln 12, durchscheinend-weiss, kaum steif, fast zweireihig, sehr ausgebreitet, mit einander gemischt. Mittelstacheln 4, länger, am Grunde weiss, oben braun, der untere stärker, hakig.

Stamm 10 cm hoch, kaum 4 cm im Durchmesser, am Grunde ästig, von allen Seiten mit Stacheln überwebt, welche die zusammengepressten, fast vierseitigen Warzen vollständig bedecken.

Blüthen nicht bekannt.

98. Mamillaria Haynii *Ehrenb.*, Hayn's Warzencactus

Nomenclatur. Nach einem sonst unbekannten J. R. Hayn in Waldenburg in Schlesien benannt. Derselbe war Liebhaber und Kenner von Cacteen.

Von Ehrenberg zugleich mit M. Beneckei aus Mexiko eingeführt. Stamm cylindrisch, sprossend, am Scheitel etwas eingedrückt. Axillen anfangs etwas wollig. Warzen grün, gedrängt, abgestumpft-vierseitig, nach oben abgerundet, an der Spitze schief abgestumpft. Stachelpolster länglich, anfangs etwas wollig. Randstacheln 20, borstenförmig, durchsichtig-strohgelb, die oberen horizontal, die unteren abstehend und allmälig an Länge zunehmend. Mittelstacheln 2—4, länger, etwas stärker, steif, spitz, rothbraun, oft einer der untern um Vieles länger und an der Spitze hakig gekrümmt.

Stamm bis 20 cm hoch bis fast 7 cm Durchmesser.

Blumen nicht bekannt.

Ich gebe Ehrenbergs Originalbeschreibung, wie sie in der Allg. Gartenzeitung von Otto und Dietrich (Jahrg. 1844) enthalten ist. Die des Fürsten Salm in „Cacteae in Horto Dyckensi cultae 1849" enthaltene Diagnose weicht in manchen Stücken von ihr ab. Insbesondere giebt sie nur 14 weissliche, abstehend-strahlige Randstacheln und 2 kleine rosa-braunrothe Mittelstacheln an, von denen der eine nach oben, der andere, längere nach unten gerichtet und hakig gebogen ist. Die Blumen sind nach ihm zahlreich, wirtelförmig um den Stamm geordnet, klein, mit spitzen, oben rosenrothen, unten schmutzig-röthlichen Perigonblättern.

Auf diese Art bezieht Salm als Varietäten zwei Arten, welche von Ehrenberg eingeführt und in der oben gedachten Gartenzeitung (Jahrg. 1848) beschrieben wurden, Mamillaria viridula und M. Digitalis, welche nach seiner Angabe mit M. Haynii in Betreff der Form und Farbe der Warzen, wie in der Zahl und Anordung der Stacheln übereinstimmen, und von denen erstere sich allein durch etwas stärkere und weniger gedrängte Warzen und die zweite durch einen niedrigeren Stamm und viel kürzere und schlankere Warzen und Stacheln unterscheidet.

Diese beiden Varietäten scheinen, vielleicht eben der Geringfügigkeit der Unterschiede wegen, aufgegeben zu sein, und da die Normalform in keiner der von mir studirten Sammlungen vorhanden gewesen, so war es mir leider nicht vergönnt, das Sachverhältniss klar zu stellen.

99. Mamillaria ancistroides *Lem.*, Haken-Warzencactus.

Synonym. Mamillaria ancistrina *Pfr.*

Vaterland unbekannt. Stamm cylindrisch-kugelig, wenig gedrückt, später unten sprossend (?). Axillen nackt. Stachelpolster eirundlich, in der Jugend schwach-filzig. Warzen freudig-grün, fast cylindrisch, stumpf. Randstacheln 30—40, an Länge ziemlich gleich, sehr fein, gebogen, durchscheinend-weiss. Mitelstacheln 4—5, stärker, gelbbraun, an der Spitze schwarzviolett, die 3—4 oberen an Länge fast gleich, steif, ziemlich ausgestreckt, der unterste abwärts stehend, stärker, um vieles länger, hakig, an der Spitze dunkler.

Blumen zahlreich; Perigonblätter aufrecht, mit der Spitze kaum etwas rückwärts gebogen, blass-rosa mit einem dunkleren Mittelstreifen, die äusseren spitz, die inneren stumpf, ausgerandet. Griffel über die Staubgefässe hinausragend. Narbe weisslich, mit drei kurzen Lappen.

Varietät. Mamillaria ancistroides β major *S.* (Syn. M. ancistrata *Pfr.*), in allen Theilen grösser, Warzen dicker und länger. Stachelpolster gross, in der Jugend reichlich mit langer Wolle besetzt. Randstacheln zahlreicher, gelblich weiss. Mittelstacheln 5—8, der unterste (selten auch der oberste) hakig, dunkelbraun, am Grunde heller.

100. Mamillaria phellosperma *Engelm.*, Korksamen-Warzencactus.

Synonym. Mamillaria tetrancistra *Parry.*

Gesammelt auf trockenen Sandhügeln östlich von den Cordilleras Californiens, am unteren Gila, am unteren Colorado und sonst noch in Mexiko. Stamm in der Jugend meist kugelig, später eiförmig und selbst cylindrisch und dann 5—10 cm hoch und darüber bei 3—5 cm Durchmesser, einfach, seltener am Grunde ästig. Axillen wollig und borstig, endlich nackt. Warzen eiförmig-cylindrisch, nicht so dicht, wie bei den verwandten Arten, in 8, meistens aber in 13 spiraligen Reihen geordnet. Randstacheln sehr zahlreich (40—60), in 2 Reihen, die äusseren dünn, kurz, weiss, die inneren stärker, länger, an der Spitze bräunlich. Mittelstacheln 3—4, stärker und länger, als jene, dunkelbraun, am Grunde blasser, die 2—3 oberen gerade, oder einer oder mehrere hakig-gekrümmt, der unter stärker und gleichfalls hakenförmig.

Blüthen um den Scheitel herum gestellt; Sepalen 15—17, die äusseren eirundlich, etwas abgestumpft, gewimpert, die inneren länglich-linienförmig; Petalen etwa 12, grannig zugespitzt. Narbenlappen 5. Beeren verkehrt-eirund-keulenförmig, breit genabelt. Same mit einem korkartigen Anhängsel, das grösser ist, als dieser selbst.

Diese Art steht unzweifelhaft der M. ancistroides *Lem.* nahe.

101. Mamillaria coronaria *Haw.*, Kranz-Warzen-cactus.

Synonyme. Cactus coronatus *Willd.*, C. cylindricus *Spreng.*

In Mexiko und Guatemala einheimisch. Eine der ältesten, bekanntesten und schönsten Arten, welche nach de Candolle in ihrem Vaterlande eine Höhe von $1\frac{1}{2}$ m und einem Durchmesser von 15 cm erreicht. Stamm cylindrisch, einfach, mit zunehmendem Alter gegen die Basis hin sprossend. Axillen fast nackt. Warzen gross, eiförmig, graugrün. Stachelpolster mit spärlichem Filz besetzt. Randstacheln 13—16, steif, durchscheinend-weiss. Mittelstacheln 4, länger, hellbraun, der unterste der längste, an jungen Individuen stark verlängert und dann stets, bei älteren nur bisweilen, in einen Haken endigend.

Blumen im April und Mai, ziemlich gross, leuchtend roth, wie ein Kranz rings um den Scheitel gruppirt. Leider blüht die Pflanze nur selten.

In den Sammlungen findet man gar nicht selten Exemplare von 50—60 cm Höhe und 10 cm Durchmesser. Schon wenn der Stamm 10 cm hoch geworden, verliert sich am jungen Wuchse die hakige Spitze des untersten Mittelstachels.

102. Mamillaria hamata *Lehm.*, Angelhaken-Warzen-cactus.

Vaterland Mexiko. Stamm aufrecht, fast cylindrisch. Axillen mit nur wenigen Borsten. Warzen kegelförmig, etwas zusammengedrückt, an der Spitze schief abgestumpft. Stachelpolster oval, sehr bald nackt. Randstacheln 18—20, ausgebreitet, die an der Basis stehenden merklich länger, weiss, braun gespitzt. Mittelstacheln 4—6, ausgebreitet, rothgelb, die oberen fast gleich, nadelartig, der untere bei jüngeren Pflanzen hakig umgebogen.

Perigonröhre an der Basis cylindrisch und grün, oben in eigenthümlicher Weise bauchig aufgetrieben, purpurn, an der Mündung zusammengezogen, mit nach aussen umgerolltem Saume. Narbe sechslappig, kopfförmig, grün.

Diese Art blüht weniger leicht, als die verwandte Mamillaria coronaria.

Varietäten. 1. Mamillaria hamata *β* longispina *S.* mit längeren Stacheln.

2. M. hamata *γ* brevispina, Stacheln merklich kürzer.

103. Mamillaria umbrina *Ehrenb.*, Umbrastachel-Warzencactus.

Durch Ehrenberg 1849 aus Mexiko eingeführt.

Stamm aufrecht, fast cylindrisch. Axillen nackt. Warzen eirund-kegelförmig, stumpf, gedrängt, graulich-grün. Stachelpolster oval, bald nackt. Randstacheln 20, strahlig-ausgebreitet, mit einander sich mischend, borstenartig, weiss. Mittelstacheln 2—4, stärker, aufrecht abstehend, an der Basis schmutzig-weiss, oben braun-gelb, der unterste länger, mit hakenförmiger Spitze.

Der Stamm 12 cm hoch bei fast 8 cm Durchmesser, fast durch die strahlenförmig ausgebreiteten Stacheln bedeckt. Statt der meistens in der Vierzahl vorhandenen und dann kreuzständigen Mittelstacheln durch Fehlschlag der beiden seitlichen oder eines derselben bisweilen nur 2—3, von denen der obere kürzer, aufrecht, der untere $2^1/_2$ cm lang, abstehend.

Blüthen gross, mit schmal-lanzettförmigen, spitzen Perigonblättern, die sepaloidischen aufrecht, schmutzigroth, die petaloidischen (etwa 15) mit der Spitze zurückgebogen, hellpurpurroth. Staubgefässe zahlreich, zusammengeneigt, mit weissen Fäden und Staubbeuteln. Griffel fadenförmig, die Staubgefässe überragend; die siebenlappige-kopfförmige Narbe grünlich.

104. Mamillaria rhodacantha *S.*, Rothstachel-Warzencactus.

Synonym. Mamillaria discolor *β* rhodacantha *S.*

Vaterland unbekannt. Stamm fast eiförmig, länglich.

Axillen wollig. Warzen grün, breit-kegelförmig, mit stumpfer Kielkante. Stachelpolster nur in der Jugend mit Wolle besetzt. Randstacheln 18—20, ziemlich gleich lang, horizontal, strahlend, borstenförmig, in der Jugend weiss, später geblich. Mittelstacheln 4—5, in's Kreuz gestellt, stärker, steif, viel länger, der untere fast gerade, die zwei seitlichen ein wenig seitwärts gekrümmt, der oberste viel länger (wenn etwa zwei oberste, dann kürzer, als die übrigen), im Bogen aufwärts gekrümmt, leuchtend bräunlichroth, sich über den Scheitel wölbend.

Blüthen nicht bekannt.

Leider scheint diese schöne Art aus den Sammlungen Deutschlands verschwunden oder doch sehr selten geworden zu sein.

4. Gruppe: Subsetosae — Fast Borstentragende (früher Subquadrispinae — Fast vierstachelige).

Körper fast kugelig, keulenförmig oder lang-cylindrisch. Axillen nackt oder wollig. Warzen von mittler Grösse, am Grunde breit, allmälig verschmälert, bisweilen zusammengedrückt, oben spitz. Randstacheln in geringer Zahl, borstenartig, an der unteren Seite des Stachelbündels, später meistens verschwindend. Mittelstacheln meistens 4, ins Kreuz gestellt, selten mehr oder weniger, stark, zurückgebogen, der oberste und der unterste länger, gelbbraun oder braun.

Blüthen purpurroth.

105. Mamillaria dolichocentra *Lem.*, Langstachel-Warzencactus.

Synonyme. Mamillaria obconella *Schdw.*, M. longispina *Rchb.*

Eingeführt durch Galeotti 1836 aus Mexiko, wo er sie in der Nähe von Xalapa entdeckte. Körper fast cylindrisch, olivengrün. Axillen etwas wollig. Warzen stumpf-vierkantig, pyramidal-verschmälert. Stachelpolster klein, rhomboëdrisch, in der Jugend etwas wollig, später nackt. Stachelborsten 4, ins Kreuz gestellt, gebogen, fast von gleicher Länge ziemlich lang (bis $2^1/_2$ cm, der oberste noch länger), dünn, steif, gebogen, in der Jugend weissgelb, oben bräunlich, später graubraun, endlich dunkelbraun. Blüthen den ganzen Sommer hindurch, zahlreich, iu einem mehrreihigen Gürtel um den

Fig. 31. Mamillaria dolichocentra.

Scheitel herum geordnet, purpurroth. Beere verlängert-cylindrisch, 20—25 mm lang, violett, zeitigt erst im nächsten Jahre.

Diese schöne Art variirt in der Farbe, aber niemals in der Zahl der Stacheln. Bei jüngeren Individuen finden sich oft an dem unteren Rande des Stachelpolsters 3—5 abwärts gerichtet weisse Borsten, welche jedoch bald wieder verschwinden. Die Pflanze wird 10—15 cm hoch bei etwas geringerem Durchmesser.

Fig. 32. Lemaire's Mamillaria dolichocentra.

Varietäten. Mamillaria dolichocentra β Galeotti *S.* (M. Galeotti *Schdw.*), in Mexiko einheimisch. Axillen schwach wollig. Warzen hellgrün, fast cylindrisch, mit stumpferer Kante unten. Stachelpolster in der Jugend weiss-wollig. Randborsten 8—14, weiss, oben etwas über 1 mm lang, nach unten allmälig grösser, später schwindend. Mittelstacheln

4, selten einer oder zwei mehr, strahlig abstehend, in der Mitte hornfarbig-gelb, braun gespitzt, später graubraun, der oberste und der unterste die längsten, die übrigen gleichlang, bis $2^1/_2$ cm.

Blüthen blasspurpurroth.

Einige andere, aus Samen erzogene Varietäten unterscheiden sich nur durch die Farbe der Stacheln und Blüthen, so M. dolichocentra γ phaeacantha S. mit schwärzlichen Stacheln und dunkleren Blüthen, M. dolichocentra δ straminea S. mit blassstrohgelben Stacheln u. a.

M. dolichocentra picta ist eine hübsche gelbbunte Form.

In Lemaire's La Famille des Cactées findet sich unter Mamillaria dolichocentra (ohne Beschreibung) die Figur 32. Da die unserige der Beschreibung und den in den Sammlungen beobachteten Pflanzen dieser Art vollkommen entspricht, so muss ich annehmen, dass der Lemaire'schen ein Irrthum oder eine Verwechselung zu Grunde liegt. Sollte die Abbildung vielleicht gar die var. Galeotti darstellen sollen, die in den von mir studirten Sammlungen nicht vorhanden war? Wir reproduciren sie lediglich zu dem Zwecke, hierüber Aufklärung herbeizuführen.

106. Mamillaria tetracentra *O.*, Vierstachel-Warzencactus.

Vaterland unbekannt. Körper cylindrisch-kugelig, 10 bis 15 cm hoch und halb so stark. Axillen nackt. Warzen breit-kegelförmig, zusammengedrückt, fast undeutlich-vierseitig; dunkelgrün. Stachelpolster in der Jugend weisswollig, unten niemals mit Borsten. Stacheln 4 (bei jungen Pflanzen meistens 6), ins Kreuz gestellt, abstehend, der oberste, längste etwas nach oben gekrümmt, erst gelblich-weiss mit rothbrauner, dann weissgrau mit dunklerer Spitze, der oberste fast schwarz.

Blüthen im Juli und August; Röhre am Grunde grün, oben bauchig erweitert; Perigonblätter zugespitzt, schmutzig-röthlich, die inneren purpurroth. Staubgefässe zusammengeneigt, mit rosenrothen Fäden.

107. Mamillaria kewensis *S.*, Kew-Warzencactus.

Von dem königlichen Kewgarten in England verbreitet, aber das Vaterland unbekannt. Stamm verlängert-cylindrisch. Axillen in der Jugend mit gekrauster Wolle. Warzen an der Basis breit-kegelförmig, nach der Spitze hin stark verschmälert, dunkelgrün. Stachelpolster sehr bald nackt, besetzt mit 4—6 kurzen, leicht zurückgekrümmten, strahlig ausgebreiteten und sehr steifen purpurbraunen Stacheln, von denen der obere und der untere länger, als die anderen, beide 10 bis 11 mm lang, während die seitlichen nur eine Länge von 5—6 mm haben. Die spitzen Warzen stehen in der Jugend dicht gedrängt, im Alter weichen sie auseinander.

Blüthen mit grüner, an der Basis erweiterter, dann bauchiger Röhre und zugespitzten Perigonblättern, von denen die äusseren schmutzig-roth, die inneren dunkelroth. Staubfäden rosenroth. Narbe fünflappig, warzig, hellrosa.

108. Mamillaria polythele *Mart.*, Vielwarzencactus.

Vaterland Mexiko, in der gemässigten Region bei Yxmiquilpan. Stamm verlängert-cylindrisch, einfach. Axillen nackt. Warzen dunkelgraugrün. Stachelpolster in der Jugend mit weisser Wolle. Randstacheln meist bald wieder verschwindend. Mittelstacheln 2 (seltener mehr), stielrund, fast gerade, braun, der unterste stärker und länger.

Blüthen von Ende Juli bis Ende October, zahlreich; Perigonblätter aussen purpurbraun, innen hellpurpurroth; Beeren verlängert, roth.

Diese reich und leicht blühende Species findet sich in den Sammlungen in Pflanzen von 60—70 cm Höhe bei 12 bis 15 cm Durchmesser.

Varietäten. 1. Mamillaria polythele β columnaris *S.*,

(Syn. M. columnaris *Mart.)*, in Mexiko einheimisch, zwischen Actopan und Zimapan in Thonboden an unfruchtbaren, steinigen Abhängen in Gesellschaft des Echinocactus ingens. Stamm säulenförmig, bis fast 1 m hoch. Stacheln 5—6, aufrecht-abstehend, braun, die unteren etwas länger, als die oberen. Blumen carmoisinroth. Narbe rosenroth.

2. M. polythele γ quadrispina *S.* (Syn. M. quadrispina *Mart.*, M. polythele vieler Gärten), in Mexiko an gleichen Orten, wie die vorige. Stamm 30—45 cm hoch. Stacheln 4, kreuzweise, abstehend, selten und dann nur vereinzelt 5—6, schwärzlich, ziemlich gleich lang, oft von einigen weissen Randborsten umgeben, insbesondere nach dem Scheitel zu. Blumen purpurroth; Griffel mit 4 dunkelrothen Narbenlappen.

Beide Varietäten lassen sich nur an ausgewachsenen Individuen mit Sicherheit unterscheiden. Mit Recht bemerkt Förster, dass sie durch Aussaat fortgepflanzt zur Bildung von Zwischenformen geneigt seien.

3. M. polythele δ setosa *S.* (Syn. M. setosa *Pfr.*, M. columnaris mancher Gärten). Vaterland Mexiko. Stamm länglich-kugelrund oder säulenförmig, einfach, bis 30 cm hoch bei 8—10 cm Durchmesser. Axillen bei jungen Individuen nackt, später wollig. Warzen dunkelgrün, gedrängt, am Grunde schief vierseitig. Stachelpolster wollig. Randstacheln von längerer Dauer, als bei den übrigen Varietäten, 8—14, einem Barte ähnlich herabhängend, die längsten nach unten. Mittelstacheln 6, selten mehr oder weniger, steif, erst schwarzroth, später weisslich oder grau, schwach gekrümmt, der unterste der längste.

Blumen klein, wenig ausgebreitet, nur Vormittags geöffnet, mit linealen, dunkelrosenrothen Perigonblättern, schwefelgelben Antheren und purpurrothen Narbenlappen. Von Juli bis September. Setzt selten Frucht an.

4. M. polythele ε aciculata *S.* (Syn. M. aciculata *O.*), in Mexiko, in der kalten Region einheimisch. Stamm fast kugelig oder cylindrisch. Axillen fast nackt. Warzen ge-

drängt, in fast senkrechten Reihen, stumpf-kegeförmig, blaugrün. Randstacheln 18—20, dünn, strahlig. Mittelstacheln 4 (selten 6), braun, gerade, steif, der unterste der längste, sehr scharf, 3—4 cm lang, abstehend.

Blumen klein, mit lanzettlichen, purpurrothen Perigonblättern, lebhaft gelben Antheren und 6 weissen Narbenlappen. Blüthezeit Juni bis August.

Diese Varietäten, mit Ausnahme der var. quadrispina, scheinen in den Sammlungen sehr selten geworden, wenn nicht ganz verschwunden zu sein. Im Allgemeinen scheint auch nicht viel daran gelegen zu sein, da die Species ohnehin zur Variation sehr geneigt ist.

109. Mamillaria affinis *DC.*, Verwandter Warzencactus.

Nomenclatur. Affinis (verwandt) bezieht sich darauf, dass De Candolle diese Species anfangs für M. simplex nahm, später aber fand, dass sie letzterer zwar sehr ähnlich, aber durch die fehlenden Randstacheln und die scharlach-carmoisinrothen Blumen hinreichend als besondere Art gekennzeichnet sei.

Synonym. Mamillaria cataphracta *Mart.*

Vaterland Mexiko. Stamm eiförmig-länglich, fast cylindrisch. Axillen in der Jugend wollig. Warzen eiförmig, stumpf. Stachelpolster anfangs bärtig, dann kahl. Mittelstacheln 4—5, aufrecht, fast abstehend, bräunlich, die drei oberen kürzer, der eine oder die zwei untersten 15—18 mm lang.

Blumen den ganzen Sommer hindurch, zahlreich um den Scheitel herum, länger als die Warzen, ausgebreitet, 12—15 mm im Durchmesser, scharlach-carmoisinroth, mit 20—25 linealen, weichstachelspitzigen Perigonblättern. Staubgefässe bloss halb so lang, als die Perigonblätter, gegen das Centrum hin gebogen. Antheren sehr klein, röthlich. Griffel fadenförmig, mit 3—4 lebhaft rosenrothen, warzigen, am Grunde verwachsenen Narbenlappen.

110. Mamillaria stenocephala *Schdw.*, Schmalkopf-Warzencactus.

Aus Mexiko, Provinz Oaxaca, 1840 durch Galeotti eingeführt und der Mamillaria polythele *Mart.* und M. polythele γ quadrispina *S.* sehr nahe stehend, von der ersteren nur durch die Axillen, welche auch im Alter wollig bleiben, von der zweiten durch die Abwesenheit des um den Scheitel befindlichen Borstenkranzes und die Farbe der Stacheln unterschieden. Stamm kugelig oder pyramidal, der Scheitel fast spitz.

Fig. 33. Mamillaria chlorantha.
Diese Figur gehört zu Seite 307. Da ihre Fertigstellung sich durch unvorhergesehene Umstände verzögerte, so fügen wir sie nachträglich an dieser Stelle ein. Discription on page 307.

Axillen borstig-wollig. Warzen durchaus kegelförmig; grün oder fast graugrün. Stachelpolster in der Jugend zottig, später nackt. Stacheln 4, steif, anfangs purpurroth, später grauhornfarbig, an der Spitze schwärzlich, die drei oberen ausgesperrt, der untere länger.

Blüthen nicht bekannt.

5. Gruppe. Centrispinae — Gleichstachelige.

Körper kugelig, zuweilen sprossend. Stacheln gerade, weisslich, gelblich oder braun. Randstacheln 8—16, steif, strahlig-ausgebreitet. Mittelstacheln 4—6, wenig stärker, der oberste zuweilen lang und lockenartig gedreht.

Die hierher gehörigen Arten sind mit wenigen Ausnahmen in Westindien und Südamerika einheimisch und daher in der Kultur mit etwas mehr Vorsicht, als andere, zu behandeln.

111. Mamillaria simplex *DC.*, Einfacher Warzencactus.

Synonym. Cactus mamillaris *Lin.*

Vaterland das tropische Amerika, die Antillen und Caracas. Eine der beiden Linné bekannt gewesenen Mamillaria-Arten. Stamm immer einfach, nie sprossend (weshalb M. simplex), jung kugelig, später länglich, 12—20 cm hoch. Axillen nackt. Warzen eirund-kegelförmig. Stachelpolster mit kurzer, weisslicher Wolle. Stacheln gerade, steif, erst blutroth, dann braunroth, endlich röthlich-grau. Randstacheln 12—16. Mittelstacheln 4—5, wenig stärker.

Blüthen von Juli bis September, klein, grünlich-weiss, zahlreich, in mehreren Reihen um die Mitte des Körpers herum, also dem vorjährigen Wuchse entspringend, kaum aus den den Stacheln hervorragend. Narbe mit 5—6 Lappen. Beeren länglich, scharlachroth, erst im nächsten Frühjahre reif.

Obgleich diese Art nicht sprosst, so ist sie doch in den Kulturen ziemlich häufig zu finden, da sie schon bei 5 cm Höhe blüht, gern Frucht ansetzt und die schwarzen Samen leicht und rasch keimen.

Wenn die Mamillarien überhaupt keine Feuchtigkeit vertragen, so will diese Art besonders vorsichtig behandelt sein.

112. Mamillaria parvimamma *Haw.*, Kleinwarzencactus.

Synonyme. Mamillaria prolifera *Hort.*, Cactus microthele *Spr.*, Cactus mamillaris β prolifer *Willd.*

Schon vor 1810 in den Kulturen befindliche, aus Westindien stammende Art, welche lange Zeit für eine monströse Form der M. simplex gehalten wurde, was aber nicht wahrscheinlich ist. Körper fast kugelig, länglich oder fast cylindrisch, 10—20 cm hoch bei halb so grossem Durchmesser, im Alter am oberen Theile sprossend, und zwar aus den Warzen, wie Mamillaria vivipara. Axillen nackt. Warzen dunkelgrün, klein, sehr gedrängt, stumpf-kegelförmig, oben mit einer filzigen Furche. Stachelpolster in der Jugend mit weissem Flaume besetzt. Stacheln dünn, gerade, erst schwarzroth, dann schwärzlich, endlich aschgrau, an Länge fast gleich. Randstacheln 8—12, unregelmässig strahlend. Mittelstacheln 2—3, kaum länger.

Diese Art scheint in den Kulturen noch nicht geblüht zu haben. Man findet in den Gewächshäusern bisweilen Stämme von 30 cm Höhe und 12—20 cm Durchmesser, welche oft mit mehreren Kreisen junger Sprossen besetzt sind. Hierdurch hauptsächlich, wie durch eine geringere Anzahl von Stacheln, unterscheidet sich M. parvimamma von M. simplex.

113. Mamillaria nivosa *Lk.*, Beschneieter Warzencactus.

Synonym. Mamillaria tortolensis *Hort. berol.*

Einheimisch in Westindien, auf der Insel Tortola. Körper fast kegelförmig, schon in der Jugend am Grunde sprossend, später fast rasenartig. Axillen wollig. Warzen stumpf-kegelförmig, gedrängt, eigentümlich bronzegelb bis goldbraun. Randstacheln 6—8, ziemlich abstehend, nur ein Mittelstachel, alle gerade, braun, etwas über 1 cm lang.

In höherem Alter ist diese Pflanze reich mit weisser, aus den Axillen ragender schneeweisser Wolle besetzt, die mit der bräunlichen Farbe der Warzen einen sehr angenehm wirkenden Contrast bildet.

Blüthen denen der Mamillaria flavescens so sehr ähnlich, dass man diese Art oft als die normale Form, M. nivosa aber als blosse Spielart betrachtet. Blüthezeit Herbst.

Fig. 34. Mamillaria nivosa.

Die Abbildung ist nach einer Photographie angefertigt, welche wir der Güte des Herrn Fried. Ad. Haage jun. in Erfurt verdanken.

114. Mamillaria flavescens *DC.*, Gelblicher Warzencactus.

Synonym. Mamillaria straminea *Haw.*

Vaterland Westindien und das tropische Südamerika.

Körper fast kugelig oder verkehrt-eiförmig, später am oberen Theile sprossend. Axillen starkwollig. Warzen ei-kegelförmig, dunkelgrün. Stachelpolster wollig. Stacheln steif, lang, gerade, anfangs gelblich oder schwefelgelb, später braun. Randstacheln 8—10, die 4 obersten sehr klein. Mittelstacheln 4.

Blüthen im Juli, zahlreich, blass-schwefelgelb, voll erblüht 3 cm im Durchmesser, in mehreren Reihen gegen den Scheitel hin.

Diese in den Gärten schon seit Langem bekannte Species ist ziemlich selten geworden, ohne Zweifel in Folge ihrer grossen Empfindlichkeit, denn wenn man sie nicht in der feuchten Wärme eines Mistbeetes oder eines Treibhauses unterhält, so werden die Warzen von unten herauf rostig und stirbt die Pflanze allmälig ab.

115. Mamillaria Heyderi *Muehlenpf.*, Heyder's Warzencactus.

Nomenclatur. Dem jüngst verstorbenen Geh. Oberregierungsrathe Heyder in Berlin, einem eifrigen Beförderer des Gartenbaus und tüchtigen Cacteenkenner, zu Ehren benannt.

Vaterland Texas, Neumexiko. Körper halbkugelig. Warzen verkehrt-kegelförmig, 13 mm lang und an der breitesten Stelle unterhalb der Spitze nur halb so stark. Stachelpolster auf der Warzenspitze. Randstacheln 20—22, weiss, borstenförmig, zurückgekrümmt, der unterste stärker und etwas länger. Mittelstachel 1, am Grunde und an der Spitze bräunlich, $6^1/_2$ mm lang.

Blüthen im April und Mai, seitlich, schmutzig-roth. Beeren verlängert-keulenförmig. Samen klein, runzelig, rothgelb.

116. Mamillaria applanata *Engelm.*, Platt-Warzencactus.

Synonyme. Mamillaria Heyderi var. applanata *Engelm.*, M. declivis *Dietr.*

In Mexiko einheimisch. Stamm einfach, platt gedrückt, milchend. Axillen nackt. Warzen fast viereckig-pyramidal. Stachelpolster in der Jugend weisswollig. Stacheln gerade. Randstacheln 17—20, sehr dünn, in der Länge sehr verschieden die oberen borstenartig, kurz, weiss, die unteren länger, blassgelb oder aschgrau. Mittelstacheln 1, stärker, aufrecht, kurz·

Blüthen den Axillen der im Vorjahre gebildeten Warzen entspringend, röthlich-weiss. Perigonblätter lanzettförmig, weichstachelspitzig, sepaloidische 8—13, petaloidische 12—18, gegen die Spitze hin gezähnelt. Griffel mit einer fünf- bis siebenlappigen gelben Narbe, viel länger als die Staubgefässe. Beeren roth, verlängert-keulenförmig, nicht selten 2—$2^1/_2$ cm lang.

Fig. 35. Mamillaria applanata.

Eine ausgezeichnet schöne Art! Vielleicht nur die nördliche und westliche Form von M. Heyderi.

117. Mamillaria hemisphaerica *Engelm.*, Halbkugel-Warzencactus.

Synonym. Mamillaria Heyderi var. hemisphaerica *Engelm.*

Vaterland Neu-Mexiko. Stamm einfach, halbkugelig. Axillen nackt. Warzen verlängert-pyramidenförmig, fast vierkantig. Stachelpolster auf der Warzenspitze, mit kurzem, weissem, bald verschwindendem Filze. Stacheln gerade; Randstacheln 9—10, dünn, an Länge ungleich, strahlig, Mittelstacheln 1, stärker, gerade hervorgestreckt.

Blüthen schmutzig-weiss oder röthlich, Sepalen etwa 13, spitz oder etwas stumpflich, Petalen eben so viele, länglich-lanzettförmig, weichstachelspitzig, ganzrandig oder gegen die Spitze hin gezähnelt. Die fünf- bis achtlappige röthlich-gelbe Narbe über die zahlreichen röthlichen Staubfäden hinausragend. Beeren verlängert-keulenförmig.

Wahrscheinlich nur die südliche Form von M. Heyderi.

118. Mamillaria meiacantha *Engelm.*, Armstacheliger Warzencactus.

Vaterland Neu-Mexiko. Körper einfach, halbkugelig oder mit gedrücktem Scheitel, mit verkehrt-kegelförmiger Basis, 8—13 cm im Durchmesser. Axillen nackt. Warzen stark vierkantig, etwas pyramidenförmig, von oben etwas zusammengedrückt, in 13 spiraligen Reihen geordnet, weisslich. Stachelpolster in der Jugend weiss-wollig, bald nackt. Randstacheln 5—9, gewöhnlich 6, steif, gerade oder etwas zurückgekrümmt, weisslich oder gelblich (schliesslich aschgrau), an der Spitze bräunlich, die unteren etwas länger. Mittelstachel 1, kräftiger, etwas kürzer, aufwärts gerichtet, mit den Randstacheln strahlig, etwas dunkler, in selteneren Fällen nicht vorhanden.

Blüthen etwas krugförmig; Sepalen 12—14, lanzettförmig, Petalen 14—16, lineal-lanzettförmig, ganzrandig oder etwas gezähnelt, alle weisslich, mit einer breiten, rosenrothen Mittellinie.

Diese Art steht der Mamillaria Heyderi nahe und unterscheidet sich von ihr nur durch die geringere Zahl etwas lockerer gestellter Warzen mit breiterer Basis und durch die geringere Zahl der stärkeren und kürzeren Stacheln.

119. Mamillaria gummifera *Engelm.*, Gummi-Warzencactus.

In Texas einheimisch, ähnlich der M. meiacantha und der M. Heyderi, aber stärker, Blüthen grösser, dunkler, sonst jedoch wenig verschieden. Randstacheln 10—12, die unteren viel stärker und länger, als die oberen. Mittelstacheln 1 oder 2, stärker.

Blüthen aus den Axillen der jüngsten Warzen, roth, mit glattem Fruchtknoten. Sepalen gegen 13, länglich-linienförmig, stumpflich, gewimpert. Petalen 16, lanzettförmig, kurz zugespitzt, zähnig-ausgebissen. Griffel die kurzen, röthlichen Staubfäden weit überragend, fast so lang, wie die Petalen, mit 6 grünlichen Narbenlappen. Beeren fast kugelig.

120. Mamillaria rhodeocentra *Lem.*, Rosastachel-Warzencactus.

Synonym. Mamillaria rosea *Schdw.*

Vaterland Mexiko. Körper länglich-kugelig, später cylindrisch, mit etwas eingedrücktem Scheitel. Axillen in der Jugend fast nackt, später dicht und reichlich mit weisser Flockenwolle besetzt, die selbst im Alter nicht gänzlich schwindet. Warzen kurz, eirund-kegelförmig, sehr stumpf, seitlich etwas gedrückt, oberseits etwas gewölbt, untenseits mit einer Kante bezeichnet, hellgraugrün. Stachelpolster unmittelbar auf der Spitze der Warzen, rundlich, erhaben, mit lockerer, schneeweisser Wolle, später fast nackt. Stacheln gerade, ziemlich ausgestreckt, anfangs rosenroth, später weisslich, durchscheinend, an der Spitze braun, wie angesengt; Randstacheln 12—14, ungleich lang; Mittelstacheln 3—4, nahezu kreuzständig, pfriemlich, länger.

Eine sehr hübsche Art, von der in den Gärten des Continents bisweilen Exemplare von 50 cm und darüber beobachtet werden.

Blüthen stets reichlich vorhanden, rings um den Scheitel stehend, nur wenig über 1 cm lang, auch bei Sonnenschein nicht ausgebreitet und immer nur röhrig-glockig, Perigonblätter hellpurpurn, mit dunklerem Mittelstreifen, lanzettlich. Staubbeutel hellfleischfarbig, fast weiss. Narbenlappen 5, hellrosa, von einer dunkelrothen Linie durchzogen.

121. Mamillaria caracasana *O.*, Caracas-Warzencactus.

Synonyme. Mamillaria microthele *Monv.*, M. micrantha *Hort.*

Vaterland Mexiko, Caracas. Körper kugelig. Axillen mit weisser Wolle besetzt. Warzen am Grunde breit, fast eckig-eirund, frei, lederfarbig oder röthlich-grün und glänzend. Stachelpolster rund, mit weissem Filz besetzt. Randstacheln 8—10, strahlig, abstehend, ungleich lang, nach unten etwas länger. Mittelstacheln 3—4, stärker, fast aufrecht; alle steif, leicht gekrümmt, unten weisslich, oben röthlich-braun.

Blüthen klein, schmutzig-weiss.

122. Mamillaria woburnensis *Scheer.*, Woburn-Warzencactus.

Nomenclatur. Vermuthlich nach einem Flecken bei Bedford in England benannt, wo sie aus Samen erzogen wurde, der sich ohne besondere Bezeichnung in einer dort eingegangenen Samen-Sendung vorfand. Das London Journal of Botany 1845 giebt als Vaterland Guatemala an.

Körper von cylindrischer Form, unten, nie oben sprossend; Axillen mit Wolle und Borsten besetzt. Warzen kurz, ziemlich eirund, fünf- bis siebenflächig, fahlgrün. Stachelpolster an der Spitze der Warzen, weisswollig, auch im Alter. Randstacheln 9, seltener 10, weiss, mit braunrothen Spitzen, strahlig, nicht angedrückt. Mittelstacheln 1—2, länger und kräftiger, bis über die Mitte braunroth, nach aussen und oben gerichtet.

Blüthen noch nicht beobachtet. Die von mir in verschiedenen Sammlungen nachgesehenen Individuen hatten eine Höhe von 5—6 cm bei etwas über $2^1/_2$ cm Durchmesser.

Diese Art steht der Mamillaria simplex ziemlich nahe, ist aber doch wohl eine gute Art.

123. Mamillaria melaleuca *Karw.*, Schwarzweiss-Warzencactus.

Synonym. Mamillaria elongata melaleuca *Hort.*

Vaterland Mexiko, Provinz Oaxaca, durch Galeotti eingeführt. Körper kugelig. Axillen nackt. Warzen dick, kräftig, eiförmig, stumpf, glänzend-dunkelgrün. Stachelpolster unter der Warzenspitze, eingesenkt, klein, rundlich, weissfilzig, aber bald nackt. Stacheln dünn, steif. Randstacheln 8 bis 9, regelmässig-strahlig, etwas zurück gebogen-abstehend, die obersten 4 braunen etwas länger, als die unteren weissen. Mittelstacheln 1, braun, bisweilen fehlend.

Blüthen ziemlich gross, die Sepalen röthlich-braun und nur halb so lang, wie die Petalen, letztere etwas spatelförmig und glänzend-goldgelb. Staubbeutel schwefelgelb. Narbe schwefelgelb, fünf- bis sechslappig.

124. Mamillaria glabrata *S.*, Glatt-Warzencactus.

Vaterland unbekannt. Körper fast halbkugelig. Axillen fast immer nackt. Warzen kräftig, frei, graugrün, breit an der Basis, verschmälert, fast viereckig, an der Spitze schief abgerundet, oben leicht höckerig. Stachelpolster oval, unten in eine kleine Furche auslaufend, in der Jugend etwas filzig, aber sehr bald nackt. Randstacheln 12—14, steif, etwas zurückgebogen, abstehend, die unteren merklich länger und stärker, als die anderen, der unterste der Furche entspringend, weiss oder blassgelb, braun-gespitzt. Mittelstacheln 1—3, gerade, dünn und steif, oft verkümmert, rothgelb oder braun.

Blüthen unbekannt.

Diese Art soll in Englands Kulturen sehr häufig sein, ist aber in Deutschland nur aus der Beschreibung des Fürsten Salm bekannt. In dieser wird sie als sehr variabel bezeichnet, besonders auch in Bezug auf Zahl und Länge der Mittelstacheln. Uebrigens ist sie viel glatter als die übrigen Arten dieser Gruppe, worauf sich auch der Name bezieht.

125. Mamillaria spinaurea *S.*, Goldstachel-Warzencactus.

Vaterland Mexiko, von wo sie durch Potts 1850 aus der Gegend von Chihuahua nach England gebracht wurde. Die Sammlung des Fürsten Salm erhielt sie durch Friedrich Scheer in Kew. Stamm stark gedrückt, kugelig, bei jüngeren Pflanzen fast kugelförmig, 12 cm hoch bei $6^1/_2$ cm Durchmesser. Axillen fast nackt, später weisswollig. Warzen viereckig-eirund, unten etwas höckerig, an der Spitze schief abgestumpft, hellgrün. Stacheln zahlreich, goldgelb; Randstacheln aufrecht abstehend; Mittelstacheln um das Doppelte länger (20 bis 22 mm), über die Warze darunter gekrümmt herabgebogen.

Diese Art nähert sich nach Stamm und Gestalt der Warzen am meisten der Mamillaria glabrata, unterscheidet sich aber von ihr durch die hellgrüne Farbe, durch die Bewaffung und die wolligen Axillen.

Blüthen unbekannt.

126. Mamillaria grisea *S.*, Graustachel-Warzencactus.

In Mexiko einheimisch. Stamm stark, kräftig, fast säulenförmig. Axillen wollig und borstig. Warzen sehr gedrängt stehend, graugrün, schwach vierkantig, eirund, schief abgestutzt. Stachelpolster klein, nackt. Randstacheln 10—12, abstehend, kurz, steif, weiss, mit den Spitzen ineinander greifend. Mittelstacheln 4—6, aufrecht-abstehend, etwas stärker, von gleicher Farbe, der oberste zwei-, sogar drei mal länger, als die übrigen, zurückgekrümmt, aufrecht, braun gespitzt, 5 cm lang und darüber, lockig-kraus, alle mit der Zeit grau.

Sehr schöne Art. Der Körper erreicht eine Höhe von 12 cm bei 8—10 cm Durchmesser und verschwindet fast ganz unter der Menge von Stacheln.

Blüthen sind wohl noch nicht beobachtet worden.

127. Mamillaria procera *Ehrenb.*, Schlank-Warzencactus.

In Mexiko einheimisch. Stamm aufrecht, cylindrisch. Axillen ganz nackt. Warzen glänzend-grün, frei, abstehend, verlängert-kegelförmig, an der Spitze schief abgestutzt. Stachelpolster unter der Warzenspitze eingesenkt, in der Jugend weissfilzig, bald aber nackt. Randstacheln 9, ausserdem noch 2 an der Spitze des Polsters, alle dünn, steif, nicht borstenartig, strahlig-abstehend, anfangs rothgelb, dann weiss mit rothgelber Spitze. Mittelstachel 1, kräftig, 9—13 mm lang, aufrecht, nach aussen vorgestreckt, leicht gebogen, purpurbraun.

Stamm 10—12 cm hoch und fast 5 cm im Durchmesser.

Blüthen im Juni und Juli, noch nicht $1^1/_2$ cm lang und gegen 9 mm breit, beinahe röhrenförmig, da sie sich nur mit den Spitzen der Blumenblätter kaum merklich ausbreiten. Sepalen 8, ungleich gross, fast dachziegelig, linienförmig, am Rande wimperig gezähnt, stumpf, nur eins oder das andere der Blättchen kurz-stachelspitzig, schwärzlich-purpurroth; Petalen 14 bis 16, linienförmig, zugespitzt, am Rande kaum merklich gezähnt, mit schwieligen Zähnchen, von lebhafter, sehr dunkler Purpurfärbung. Staubgefässe über halb so lang, wie die Blumen, mit fast geraden purpurrothen Fäden und weisslichen, rosenroth angehauchten Antheren. Griffel die Staubgefässe überragend, rosenroth; Narbe mit 6 linienförmigen, grünlich-gelben Lappen.

Die Stellung dieser Art in der Gruppe der Centrispinae ist ziemlich unsicher. Fürst Salm betrachtet sie und M. grisea als zu der Gruppe der Subsetosae überführende Formen.

6. **Gruppe. Angulares — Kantige.**

Körper kugel- oder keulenförmig oder cylindrisch. Warzen kantig. Stacheln in Zahl und Form verschieden.

1. Sippe. Tetragonae — Vierkantige.

Körper kugel- oder keulenförmig oder cylindrisch, bisweilen zwei- oder dreiköpfig. Axillen wollig und borstig. Warzen von mittler Grösse, eiförmig-vierkantig, an der Spitze abgestumpft. Stachelpolster oft unterhalb der Spitze. Stacheln entweder 4 kreuzständige, an Länge gleiche (oder der oberste oder der unterste länger), oder 4—6 strahlige, steife Randstacheln, und kein oder nur ein einziger, zuweilen an der Spitze hakiger Mittelstachel.

128. Mamillaria Webbiana *Lem.*, Webb's Warzencactus.

Nomenclatur. Benannt nach Dr. Philipp Webb-Barker, Botaniker und Reisender, † 1854 in Paris.

Vaterland Mexiko. Körper kugelförmig, mit eingedrücktem Scheitel. Axillen stark wollig. Warzen dunkelgrün (?), oben gewölbt, unten eckig, an der Basis fast vierflächig. Stachelpolster rundlich, wollig, später nackt. Stacheln gewöhnlich 4, fast kreuzständig, oft noch 2 andere sehr kleine an der Basis des Stachelpolsters, die drei oberen aufrecht, der vierte länger, fast horizontal ausgestreckt, alle fast eckig, gelbweisslich, von der Spitze weit herab schwärzlich, später weisslich, an der Spitze schwarz. Mit dem Alter wird der Stamm etwas säulenförmig. Er erreicht eine Höhe von 16 cm und einem Durchmesser von 10 cm.

Blüthen im Juni und Juli, klein, roth.

129. Mamillaria crocidata *Lem.*, Flocken-Warzencactus.

Vaterland Mexiko, Mineral del Monte. Stamm kugelig, sehr gedrückt, genabelt. Axillen mit reichlicher, die Warzen fast ganz einhüllender, erst weisser, dann grauer beständiger Flockenwolle. Warzen pyramidal-vierseitig, unten breiter und schief-länglich-vierkantig, an der Spitze schräg abgestumpft, dunkel-graugrün. Stachelpolster sehr klein, bald nackt. Stacheln 2—3, einer nach oben und einer oder zwei nach unten, seltener 4 kreuzständige, schwarz, später aschgrau, an der Spitze schwarz gefleckt, der unterste immer der längste, meistens noch einmal so lang.

Blüthen im Mai und Juni. Perigonblätter dick, nach der Spitze verbreitert, abgestuzt, weichstachelspitzig, blasspurpurn, mit einer dunkleren Mittellinie. Staubfäden und Griffel nach oben purpurn. Narbenlappen 4—5, kurz und aufrecht.

Varietäten. Ausser einer Varietät mit blasseren Blumen wird von Förster, Labouret u. A. eine var. quadrispina erwähnt, welche durch 4 kreuzständige Stacheln gekennzeichnet sein soll. Sie muss sehr selten geworden sein.

130. Mamillaria Emundtsiana *Hort.*, Emundt's Warzencactus.

Weder über das Vaterland dieser Art, noch über den Ursprung ihres Trivialnamens weiss ich Auskunft zu geben. Sie findet sich im Pflanzenkataloge der Handelsgärtnerei Haage und Schmidt-Erfurt verzeichnet. Körper kugelig, genabelt. Axillen reichlich mit weisser Wolle besetzt, im Alter nackt. Warzen stumpf-vierkantig, kegelförmig, bläulich-grün. Stachelpolster nur bei den jüngsten Warzen reichlich mit weisser Wolle besetzt. Stacheln 3—4, der unterste, längste abwärts gebogen, $1\frac{1}{2}$ cm lang, alle kräftig, silbergrau, schwarz gespitzt.

Blüthen in mehreren Kreisen um den Scheitel herum gestellt. Ihre Färbung und besondere Form war zur Zeit der Beobachtung nicht mehr festzustellen.

131. Mamillaria villifera *O.*, Zotten-Warzencactus.

Vaterland Mexiko. Stamm von kugeliger Gestalt, mit der Zeit seitlich sprossend. Axillen stark-wollig und etwas borstig. Warzen dunkelgrün, eckig, am Grunde viereckig. Stachelpolster nur in der Jugend mit Wolle besetzt. Stacheln 4, gerade, steif, der unterste gewöhnlich länger, als die übrigen; sie sind anfangs dunkelpurpurroth, dann schwarz, schliesslich aschgrau.

Der Körper erreicht eine Höhe von 16 cm und darüber und einen Durchmesser von 13 cm.

Blüthen im Mai, blassrosa; Petalen 14, spitz, aussen mit einer purpurnen Mittellinie. Griffel länger, als die Staubgefässe, mit einer vierlappigen Narbe. Staubbeutel gelb.

Varietäten. Zu dieser Art zieht der Fürst Salm Mamillaria carnea *Zucc.* und M. aeruginosa *Scheidw.*, welche in der Form der Warzen und in der Anordnung der Stacheln mit ihr völlig übereinstimmen und nur in der Länge der letzteren abweichen.

1. Mamillaria villifera *β* carnea *S.*, die zwei seitlichen Stacheln stets kürzer, als die anderen, und alle rosa-fleischfarbig.

2. M. villifera γ aeruginosa *S.*, die drei oberen Stacheln fast von gleicher Länge, der untere um Vieles länger und gerade oder zurückgebogen.

3. M. villifera δ cirrhosa *S.*, alle Stacheln viel länger, der oberste und der unterste die längsten und wie eine Wickelranke gedreht; sie sind anfangs purpurn, später fleischfarbig.

Blüthen matt-rosa oder kupferig-rosa, mit spitzen, lanzettförmigen, aufrechten, zurückgebogenen Perigonblättern.

132. Mamillaria tetracantha S., Vierstachel-Warzencactus.

Vaterland Mexiko. Stamm länglich-kugelförmig, fast cylindrisch, einfach. Axillen wollig. Warzen sehr gedrängt, schlank, eckig, pyramidal. Stachelpolster fast nackt. Randstacheln regelmässig 4 (nur in der Jugend 5), kurz, steif, der unterste etwas länger, als die übrigen, anfangs röthlich, schwarz gespitzt, später weisslich oder grau. Mittelstacheln fehlen.

Der Körper wird 10—12 cm hoch bei 9—10 cm Durchmesser.

Blüthen klein, roth.

133. Mamillaria Caput Medusae *O.*, Medusenhaupt-Warzencactus.

Synonym. Mamillaria diacantha *Lem.*

Vaterland Mexiko und Veracruz, in der kalten Region. Stamm einfach, fast kugelig, mit etwas gedrücktem Scheitel, im Alter bisweilen fast säulenförmig. Axillen reichlich mit Wolle besetzt. Warzen gedrängt, aufrecht, lang, pyramidal, vierflächig, leicht polyedrisch, graugrün. Stachelpolster bald nackt. Stacheln 2—4, sehr kurz, weiss, schwärzlich gespitzt, bisweilen ein Mittelstachel.

Der Stamm wird 10—15 cm hoch bei 5—10 cm Durchmesser.

Blüthen im Mai und Juni, einzeln, klein, kaum länger,

als die Warzen, schmutzig-weiss oder schmutzig-rosenroth, mit spitzen, aufrechten, am Ende etwas zurückgebogenen Perigonblättern.

Die Species selbst ist in den Gärten ziemlich selten, häufiger dagegen sind mehrere Varietäten, welche aber nur in der Zahl der Stacheln abweichen.

Varietäten. 1. Mamillaria Caput Medusae *β* tetracantha *S.*, characterisirt durch 4 kreuzständige Stacheln.

2. M. Caput Medusae *γ* centrispina *S.*, hat ausser 4—5 Randstacheln einen Mittelstachel.

3. M. Caput Medusae *δ* crassior *S.*, unterscheidet sich nur durch grössere Dimensionen.

Die Species steht der M. Sempervivi sehr nahe, unterscheidet sich aber von ihr schon auf den ersten Blick durch die Form der Warzen und die nur an der Spitze umgebogenen Perigonalblätter.

134. Mamillaria Sempervivi *DC.*, Hauswurz-Warzencactus.

Nomenclatur. Der Trivialname bezieht sich auf die oberflächliche Aehnlichkeit dieser Art mit einigen Hauswurz-(Sempervivum-)Arten.

Vaterland Mexiko. Stamm einfach, an der Basis verschmälert, oben scheibenförmig gedrückt, manchen Sempervivum-Arten vergleichbar. Axillen wollig. Warzen aufrecht, eirund-viereckig, graulich-grün. Stachelpolster fast glatt, mit 3—4 steifen, weisslichen Borsten und 2 dicken, kurzen, divergirenden Stacheln. Bei älteren Individuen verschwinden die äusseren Borsten und bleiben nur, wenigstens bei der Species selbst, 2 sehr kurze Mittelstacheln (von denen der obere länger, als der untere).

Der Kopf gewinnt einen Durchmesser von 8—10 cm.

Blüthen fast wie bei M. Caput Medusae, nur dass die Perigonblätter fast ausgebreitet sind.

Varietäten. 1. Mamillaria Sempervivi *β* tetracantha *S.*,

mit kreuzständigen Stacheln. Warzen dicker, rundlich, sehr dunkel-graugrün.

2. M. Sempervivi γ laetevirens *S.*, ebenfalls mit 4 ins Kreuz gestellten Stacheln; ausserdem aber sind einige kleine dauernde Borsten vorhanden. Warzen hellgrün.

Fig. 35. Mamillaria Sempervivi.

135. Mamillaria subtetragona *Dietr.*, Schwachvierkant-Warzencactus.

Vaterland Mexiko. Stamm einfach, ziemlich kugelförmig, Scheitel kaum gedrückt. Axillen mit flockiger Wolle. Warzen pyramidal-kegelförmig, sehr undeutlich-vierkantig, bläulich-graugrün. Stachelpolster kurz, weisswollig. Stacheln 4, seltener 2—3, noch seltener 6, kurz, steif, pfriemlich, auseinander stehend, entweder ganz schwarzbraun oder weisslich und nur am Grunde und an der Spitze schwarzbraun, im Alter meistens ganz weiss, der unterste stets der längste.

Stamm bis 10 cm hoch, mit einem Durchmesser von 5—7 cm.

Blüthen im Mai und Juni, einzeln um den Scheitel stehend, bis 1 $^{1}/_{2}$ cm lang, becherförmig geöffnet, mit lanzettlichen, weissen, von einem rothen oder bräunlich-rothen Mittelstreifen durchzogenen Perigonblättern. Staubbeutel gelb. Narbe hellrosa, fünflappig.

136. Mamillaria Bockii *Foerst.*, Bock's Warzencactus.

Aus mexikanischem Samen erzogen. Körper fast kugelig. Axillen spärlich mit Wolle besetzt. Warzen schief-kegelförmig, fast wie bei M. macracantha *DC.* (M. recurva *Lehm.*), aber undeutlicher gekerbt, dunkelgrün. Stachelpolster nur in der Jugend mit etwas weisslicher Wolle. Randstacheln 3, seltener 4, der obere weisslich, oben braun, länger, bis 15 mm lang, die übrigen weiss, braun gespitzt, viel kürzer. Mittelstacheln 1, etwas abwärts gebogen, stärker, bis 2 $^{1}/_{2}$ cm lang, oft länger, gelblich, oben braun.

Die hier beschriebene Pflanze hatte eine Höhe von 6 $^{1}/_{2}$ cm bei einem Durchmesser von etwas über 5 cm.

Blüthen nicht bekannt.

137. Mamillaria falcata (*Aut.?*), Sichel-Warzencactus.

In der Handelsgärtnerei von Haage und Schmidt- Erfurt aus mexikanischem Samen erzogen. Körper kugelig, etwas gedrückt. Axillen schwach mit weisser Wolle und mit einigen kleinen weissen Borsten besetzt. Warzen an der Basis breit, nach oben spitz-kegelförmig, dunkelgrün. Stachelpolster in der Jugend stark weisswollig, später nackt. Mittelstacheln 2, der untere 2—3 cm lang, sichelförmig nach unten gebogen, der obere 1—2 cm lang. Randstacheln 5, strahlig abstehend, 5 mm lang, alle in der Jugend bräunlich, später silbergrau mit brauner Spitze.

Blüthen nicht beobachtet.

138. Mamillaria uncinata *Zucc.*, Haken-Warzencactus.

Synonym. Mamillaria adunca *Schdw.*

Vaterland Mexiko, auf Prairien bei Pachuca. Stamm einfach, kugelig oder länglich-kugelig. Axillen am oberen Theile der Pflanze wollig, am unteren nackt. Warzen undeutlich-vierkantig, dick, gedrängt, glänzend-dunkelblaugrün. Stachelpolster anfangs mit reichlicher Wolle besetzt, später nackt. Randstacheln meistens 4, selten 5 oder 6, fast gleich lang, steif, einer nach unten, die übrigen nach oben gerichtet, der oberste fleischfarben, etwas gekrümmt, oft nicht vorhanden, die übrigen gerade, weiss, schwärzlich gespitzt. Mittelstacheln 1, länger, stärker, anfangs fleischfarben, braun gespitzt, später fast ganz schwärzlich-purpurn, schliesslich aschgrau, hakig nach unten gebogen.

Blumen zahlreich, etwa 2 cm lang, mit schmutzig-röthlich-weissen, von einem purpurbraunen Mittelstreifen durchzogenen Perigonblättern. Staubbeutel dottergelb. Narbe fünf- bis neunlappig, schmutig-gelbröthlich.

Blüthezeit Mai und Juni.

Diese hübsche Art wird 10—11 cm hoch und stark.

Varietäten. 1. Mamillaria uncinata β spinosior *Lem.* (Syn. M. depressa *Schdw.*), ziemlich kugelig, etwas gedrückt, etwa 5 cm hoch bei $6^1/_2$ cm Durchmesser. Axillen wollig. Warzen graugrün, dick, undeutlich-vierkantig; Axillen nur in der Jugend wollig. Randstacheln 6, strahlig abstehend, schmutzig-weiss, schwarzbraun gespitzt, die drei oberen gleich lang, die seitlichen länger, der unterste der längste. Mittelstacheln 1, aufrecht, hakig, anfangs rothbraun, dann schwarzbraun, schliesslich perlgrau.

2. M. uncinata γ biuncinata *Lem.* (Syn. M. bihamata *Pfr.*), Vaterland Mexiko, Mineral del Monte, seit 1838 bekannt. Randstacheln 5, selten 6, kleiner und dünner gerade, weisslich, braun gespitzt. Mittelstacheln 2, fleischfarben, schwärzlich gespitzt, hakig, der untere abstehend, der obere aufrecht, stärker. Von der Normalform ausserdem noch durch etwas längere Stacheln und dickere, kaum merklich vierkantige Warzen unterschieden.

3. M. uncinata δ rhodacantha *Hort.*, Warzen gross, zusammengedrückt-vierseitig, olivengrün. Stacheln alle schwarzpurpurroth, am Grunde heller. Randstacheln 4, kreuzständig, gerade; Mittelstacheln 1, vorgestreckt, an der Spitze hakenförmig gekrümmt. Blüthen glockenförmig, von gelblicher Grundfarbe, grünlich schimmernd; Sepalen dachziegelich, aussen schmutzig-braungrün, nur am Rande etwas heller.

139. Mamillaria pallescens *Schdw.*, Erbleichender Warzencactus.

Vaterland Mexiko, bei Tehuacan, mehr als 1800 m über dem Meere. Stamm eiförmig oder cylindrisch, mit genabeltem, unter der Menge von Stacheln verschwindendem Scheitel. Axillen sehr reichlich mit sehr langer Wolle besetzt, welche schliesslich abfällt und zwischen den Stacheln hängen bleibt, sodass die älteren Warzen vollständig davon eingehüllt werden und in Folge dessen bleich werden. Warzen schwach vierkantig, freudig grün. Stachelpolster filzig, später nackt. Stacheln 4, kreuzständig, eckig, auswärts gekrümmt, schwach gedreht, steif, fleischfarbig, der oberste der längste. Bei kräftig entwickelten Individuen werden bisweilen 5 purpurbraune Stacheln beobachtet, von denen einer in der Mitte sehr lang, aufrecht, zurückgekrümmt, der unterste niedergebogen.

Blüthen ähnlich denen der M. villifera.

140. Mamillaria Karwinskiana *Mart.*, Karwinski's Warzencactus.

Nomenclatur. Dem berühmten Naturforscher und Reisenden in Brasilien und Mexiko Dr. von Karwinski, † 1855, zu Ehren benannt.

Synonyme. Mamillaria flavescens *Zucc.*, M. Seitziana in älteren Collectionen Deutschlands.

Vaterland Mexiko, Yxmiquilpan. Stamm flach-kugelig oder länglich, fast cylindrisch, anfangs einfach, in höherem Alter fast immer zwei- und selbst dreiköpfig. Axillen mit Wolle und steifen, elfenbeinweissen, braungespitzten Borsten. Warzen fast pyramidal-kegelförmig, leicht zusammengedrückt, gedrängt. Stachelpolster mit schneeweisser Flockenwolle besetzt. Stacheln 5—6, kurz, ziemlich gerade, unten weiss, oben braunblutroth, die drei unteren länger, etwas abstehend, die drei oberen genähert, die mittleren grösser, oft fehlend, durchaus blutbrandroth.

Blumen von April bis Juni, fast $2^1/_2$ cm gross, blassisabellgelb, fast weiss, die Perigonblätter mit schmutzig-rothem Mittelstreifen. Staubbeutel schwefelgelb. Narbe fünf- bis sechslappig, schwefelgelb.

Der Körper dieser Species wird 12 cm hoch bei 10 cm Durchmesser und sprosst meistens aus den Axillen, seltener aus den Warzenspitzen.

141. Mamillaria Fischeri *Pfr.*, Fischer's Warzencactus.

Nomenclatur. Nach dem vormaligen Garteninspector Fischer in Göttingen benannt, welcher seiner Zeit ein Cacteenkundiger von Ruf.

Synonyme. Mamillaria Karwinskiana γ virens *S.*, M. virens *Schdw.*

In Mexiko einheimisch, bei San Luis Potosi, aber nach Galeotti sehr selten. Stamm meistens länglich, fast keulenförmig oder cylindrisch, einfach oder zweiköpfig. Axillen in der Jugend fast nackt, später mit Wolle und weissen Borsten besetzt. Warzen polyedrisch, lebhaft kupfergrün. Stachelpolster gelb-, später weissfilzig. Stacheln in der Jugend bräunlich, dann fleischfarben, schliesslich perlgrau, schwarz gespitzt. Randstacheln meistens 5—6, seltener 4, steif, sternförmig, sehr abstehend, fast ganz anliegend, der oberste, welcher aber bisweilen fehlt, und der unterste die längsten. Der eine Mittelstachel sehr oft fehlend.

Wegen ihres regelmässigen Baues und ihrer lebhaften Färbung von sehr gefälligem Ansehen. Nach Pfeiffer 10 bis 20 cm hoch bei 8—10 cm Durchmesser. Labouret berichtet über Pflanzen von 32 cm Höhe und mit doppelter Zweitheilung, die also 4 Köpfe besassen.

Blüthen zu Ende des Frühjahrs oder im Anfang des Sommers, blassgelb, mit aufrechter, oben abgerundeter, von einer rosenrothen Mittellinie durchzogenen Perigonblättern.

142. Mamillaria centrispina *Pfr.*, Mittelstachel-Warzencactus.

Synonym. Mamillaria Karwinskiana δ centrispina *S.*

Vaterland Mexiko. Stamm einfach, kugelig. Axillen wollig, mit einigen Borsten. Warzen fast eckig, rundlich, unregelmässig-kegelförmig, dunkelgrün. Stachelpolster unter der Spitze der Warzen, nur in der Jugend wollig. Randstacheln 5—6, steif, weiss, schwarz gespitzt. Mittelstacheln 1, schwarz, etwas gekrümmt, steifer und länger. Bei fehlendem Mittelstachel ist der oberste Randstachel etwas stärker, länger und schwärzlich, wodurch die Warzen denen der M. Karwinskiana sehr ähnlich werden.

Blumen im Juni und Juli, zahlreich in einem Gürtel um den Scheitel herum, purpurroth. Beeren lang, scharlachroth.

143. Mamillaria viridis *S.*, Grün-Warzencactus.

Vaterland Mexiko. Stamm fast keulenförmig, genabelt. Axillen etwas wollig und borstig. Warzen freudig-grün, ziemlich gedrängt, gedrückt-vierseitig, oben verschmälert, unten mit einem über die Spitze hinaus verlängerten Kiel. Stachelpolster eingesenkt, frühzeitig nackt. Randstacheln 5—6, sehr schwach, aufrecht, abstehend, weiss, der an der Basis stehende länger. Mittelstacheln 1, etwas stärker, fahl.

Fürst Salm's Beschreibung bezieht sich auf 10 cm hohe, oben 8 cm starke Individuen.

Blüthen im Mai und Juni, klein, mit aufrechten, zurückgebogenen, leicht abgerundeten, blassgelben, aussen mit einer rothen Längslinie bezeichneten Perigonblättern.

Von Mamillaria hystrix unterscheidet sich diese Art durch einen niedrigeren Stamm, dünnere Warzen, durch die schöne grüne Farbe derselben, durch den über das Stachelpolster hinaus verlängerten Kiel und die weisse Farbe der Stacheln.

Varietät. Mamillaria viridis *β* Praëlii *S.* (Syn. M. Praëlii *Mhlpf.*), unterscheidet sich von der Normalform nur durch einen niedrigeren, mehr sprossenden Stamm und dünnere Stacheln, alle von weisser Farbe. Blumen schwefelgelb, die äusseren Perigonblätter an der Spitze roth.

144. Mamillaria flavovirens *S.*, Gelbgrün-Warzencactus.

Vaterland unbekannt. Stamm fast kugelförmig. Axillen nackt. Warzen kräftig entwickelt, blass- oder gelbgrün, etwas von einander entfernt, zusammengedrückt-viereckig, die jüngeren aufrecht, die älteren abstehend, über das Stachelpolster hinaus gekielt. Stachelpolster unter der Spitze der Warzen eingesenkt, bald nackt. Stacheln fast aufrecht, etwas divergirend, die zwei obersten (bisweilen sind noch 2—3 ganz kleine weisse vorhanden) und der längere Mittelstachel stärker, blass-rothgelb, die drei unteren kürzer, weiss, alle steif, rothgelb gespitzt.

Eine sehr starke Originalpflanze, welche sich in der Weise der Mamillaria bicolor hahnenkammförmig verbildet darstellte und von Salm Anfangs zu M. hystrix oder M. viridis gezogen wurde, kehrte in ihrer Nachkommenschaft zu der oben beschriebenen Normalform zurück. Diese unterscheidet sich von M. viridis durch stärkere und mehr auseinander stehende Warzen und durch die Länge und Anordnung der Stacheln.

Varietät. Mamillaria flavovirens β cristata *S.* (Syn. M. daedalea viridis *Fenn.*), ähnlich der M. bicolor monstruosa, aber von ihr schon auf den ersten Blick durch zwei- oder dreimal stärkere, gelblich-grüne Warzen und längere blassgelbe Stacheln zu unterscheiden.

145. Mamillaria geminata *Schdw.*, Doppelkopf-Warzencactus.

In Mexiko, bei Oaxaca, 1700 m über dem Meere, durch Galeotti 1840 eingeführt. Stamm sehr häufig gleich von der Basis aus zweiköpfig, der Scheitel genabelt. Axillen wollig. Warzen vierkantig-polyedrisch, grün. Stachelpolster nur in der Jugend wollig. Randstacheln 6, gerade, sehr regelmässig sternförmig, an der Spitze schwärzlich. Mittelstachel 1, stärker, etwas gekrümmt, schwarz, schliesslich grau.

Diese schöne Mamillaria ist von sehr eigenthümlichem Ansehen, aber ziemlich selten. Ob sie als blosse Form zu M. Karwinskiana gehöre, wie Manche behauptet haben, ist zweifelhaft.

146. Mamillaria hystrix *Mart.*, Stachelschwein-Warzencactus.

Vaterland Mexiko, San-Luis-Potosi. Stamm platt-kugelig, oder fast cylindrisch. Axillen anfangs fast nackt, aber bald wollig und sehr borstig. Warzen dunkelgrün, gedrängt, deutlich viereckig, bisweilen etwas polyedrisch. Stachelpolster in der Jugend weissflaumig, später fast nackt. Stacheln gerade, steif, erst schwarz- oder braun-purpurroth, dann weisslich oder hornfarbig mit brandschwarzer Spitze. Randstacheln meistens 6, seltener 5 oder 7, der unterste der grösste. Mittelstacheln 1, etwas länger.

Diese sehr zierliche Art wurde nach Pflanzen von 8—12 cm Höhe und 12—15 cm Durchmesser beschrieben.

Blüthen Ende Frühjahrs und Anfang Sommers, bauchig, mit aufrechten, an der Spitze zurückgebogenen, spitzen, rothen, mit einer dunkleren Mittellinie bezeichneten Perigonblättern. Beeren birnförmig.

Eine hahnenkammförmig-monströse Varietät, welche in den fünfziger Jahren bekannt wurde, scheint wieder verloren gegangen zu sein.

2. Sippe. Polyedrae — Vielkantige.

Körper fast kugelig, verkehrt-eirund, keulenförmig oder niedergedrückt, sehr breit, oft sprossend. Axillen wollig und borstig. Borsten bisweilen steif, fast stachelförmig. Warzen pyramidenförmig (genau vierkantig oder zusammengedrückt), in eine zweischneidige Kielkante fortgesetzt, auf der Vorderseite oft vielflächig, oben spitz. Randstacheln 3—5, mitunter theilweise abfallend, der unterste oder oberste länger. Mittelstacheln meist fehlend, oder ein einzelner, sehr langer, bisweilen wie eine Wickelranke gedrehter vorhanden. Blumen roth, sehr selten weisslich oder gelblich.

Die letzten Arten der vorigen Sippe stellen den Uebergang zu dieser dar.

147. Mamillaria Seitziana *Zucc.*, Seitz' Warzencactus.

Nomenclatur. Nach Franz Seitz in Prag, einem der bedeutendsten Cacteenkenner neuerer Zeit.

Vaterland Mexiko, zwischen Zimapan und Yxmiquilpan, mehr als 2700 m über dem Meere, in Gesellschaft vieler anderer Mamillarien. Stamm fast kugelig, eiförmig oder fast cylindrisch, mit zunehmenden Jahren an der Basis sprossend. Axillen mit schmutzig-weisser Wolle. Warzen graugrün, fast kegelförmig, etwas eckig, am Grunde vierseitig. Stachelpolster in der Jugend weisszottig, später fast nackt. Stacheln 4, gerade, steif, kreuzständig, fleischfarbig oder aschgrau, schwarz gespitzt, der oberste und der unterste länger, zur Seite des obersten 1—2 viel kleinere, fleischfarbige.

Blüthen zu Anfang des Sommers, fast $2^1/_2$ cm lang und etwas über 1 cm im Durchmesser, zahlreich um den Scheitel herum gestellt, mit linienförmigen, fast aufrechten, blassrothen, mit einer lebhafteren Mittellinie bezeichneten Perigonblättern. Staubfäden weiss mit gelben Antheren. Narbe fünf- bis sechslappig, gelb.

Diese Art scheint sehr selten geworden, wenn nicht aus den Collectionen des Continents verschwunden zu sein.

148. Mamillaria maschalacantha *Cels.*, Axillenborsten-Warzencactus.

Nomenclatur. Bei maschalacantha ist s von ch getrennt auszusprechen.

Synonyme. Mamillaria mutabilis g laevior *S.*, M. leucocarpa *Schdw.*

Vaterland Mexiko, San Luis Potosi. Körper kugelig, sehr kräftig, gedrückt, stark genabelt. Axillen mit wenig zahlreichen, ziemlich starken, langen, fast gekräuselten, weisslichen, an der Spitze braun gefleckten Borsten. Warzen gedrängt, polyedrisch, pyramidal-viereckig, die jüngeren zusammengedrückt, rautenförmig, die zwei Flächen der unteren Seite eine sehr scharfe Kielkante bildend, dunkelgrün, an der Spitze abgerundet. Stachelpolster eirund, eingesenkt, sehr bald nackt. Randstacheln 4—5, fast gleich, fast ausgebreitet, blass-strohfarbig. Mittelstachel 1, sehr lang, gebogen, wie die übrigen Stacheln an der Spize leicht gefleckt.

In den Sammlungen finden sich von dieser Species Individuen von 40 cm Höhe mit gleichem Durchmesser in der Mitte. Der aufrechte Mittelstachel erreicht oft eine Länge von 4 cm.

Blüthen zu Anfang des Sommers, in einem Gürtel um den Scheitel herum gestellt, ziemlich gross, schön purpurroth. Beeren röthlich, nicht weiss, wie bisweilen angegeben wird.

Varietäten. 1. Mamillaria maschalacantha β xanthotricha *Monv.* (Syn. M. xanthotricha *Schdw.*, M. mutabilis β xanthotricha *S.*), unterscheidet sich von der Normalform durch die viel grössere Zahl und die gelbe Farbe der Axillenborsten, wie auch durch eben so gestellte, aber röthlich-gelbe Randstacheln und einen weniger langen fleischfarbigen, schwarz gespitzten Mittelstachel.

2. M. maschalacantha g leucotricha *Monv.* (Syn. M. mutabilis *Schdw.*, M. Funkii *Schdw.*, M. Senkei *Foerst.*), mit ganz weissen Axillenborsten, rothgelben Randborsten und einem viel längeren Mittelstachel. Oft kommen 2 weniger lange Mittelstacheln vor, zumal bei jüngeren Individuen.

M. maschalacantha mit ihren beiden Formen stellen in ihrem eigenthümlichen Gepräge fast eine Gruppe für sich dar, und sie stimmen in der kreiselförmigen tief genabelten regelmässigen Bildung ihres kräftigen Körpers, wie auch in der Form der Warzen und der scharfen Kielkante unten so sehr überein, das man sie leicht mit einander verwechseln kann. Es ergeben sich jedoch bei genauerer Untersuchung Unterschiede in der Zahl und Färbung der Axillenborsten, so wie in der Stellung und Länge der oft gekräuselten, bei sehr starken Individuen an der Spitze zurückgebogenen Stacheln. Auch die Blüthen zeigen einige Verschiedenheiten.

Diese Pflanzen werden schon seit langer Zeit kultivirt. Sie gehören den gemässigten Regionen Mexiko's an.

149. Mamillaria albiseta *Hort.*, Weissborsten-Warzencactus.

Vaterland unbekannt, wahrscheinlich Mexiko. Körper kugelig, etwas gedrückt. Axillen in der Jugend wollig. Warzen vielflächig, obere Kante nasenförmig vorgezogen, so dass die Stachelpolster etwas unter der Spitze stehen, abstehend, lebhaft dunkelgrün. Stachelpolster nackt. Mittelstachel 1, etwas länger. Randstacheln 8, klein, borstenförmig, graulich-weiss, in der Jugend schwärzlich gespitzt.

Blüthen um den Scheitel herum geordnet, rosa.

Eine sehr hübsche neue Form, welche ich in der reichen Sammlung der Handelsgärtnerei Haage und Schmidt in Erfurt gesehen.

150. Mamillaria Foersteri *Muehlenpf.*, Förster's Warzencactus.

Nomenclatur. Dem als Sammler und Kenner von Cacteen, sowie durch das Handbuch der Cacteenkunde (Leipzig 1846) bekannt gewordenen Gartenbauschriftsteller Carl Friedrich Förster in Leipzig zu Ehren benannt.

Durch Mühlenpfordt in Hannover aus San-Luis-Potosi in Mexiko eingeführt. Körper flach-kugelig, $6^1/_2$ cm hoch bei einem Durchmesser von $8^1/_2$ cm. Axillen in der Jugend nackt, später wollig und mit einzelnen sehr feinen Borsten. Warzen fast so breit, wie hoch, an der Basis rautenförmig, etwas weiter hinauf siebenflächig, nach oben verjüngt, doch auf dem Rücken, vor der Spitze wieder etwas verdickt blass- oder gelbgrün. Stachelpolster eingesenkt, länglich. Randstacheln 5, die 3 unteren die längsten. Mittelstacheln 4, kreuzständig, viel länger, als jene, der untere $3^1/_2$ cm lang und darüber. Die Stacheln in der Jugend hellbraunroth, dunkler gespitzt, später hornfarbig mit schwarzer Spitze.

Ueber die Blüthen finden sich keine Angaben.

151. Mamillaria autumnalis *Dietr.*, Herbst-Warzencactus.

Vaterland unbekannt. Körper gedrückt-kugelig, 10 cm und mehr im Durchmesser. Axillen wollig. Warzen in spiraligen Reihen, pyramidal, stumpf-vierkantig, die untere Kante stärker entwickelt, kielartig, mit sehr feinen weissen Punkten übersäet. Stacheln weiss, schwarz gespitzt. Randstacheln 7, borstenartig, etwas gekrümmt. Mittelstacheln 2, auseinander gesperrt, der obere aufsteigend, fast gekrümmt, der untere gerade abstehend.

Blüthen in den Herbstmonaten, gross, die sepaloidischen Perigonblätter spitz-lanzettförmig, schmutzig-roth, weisslich gerandet, die petaloidischen (etwa 12) schmal-lanzettförmig, rosa mit purpurner Mittellinie. Staubfäden purpurröthlich, Staubbeutel gelb. Griffel länger als die Staubfäden, grünlich, mit 6 rosenrothen Lappen.

Der M. maschalacantha verwandt, aber mit deutlich-vierkantigen Warzen und zahlreichen Stacheln.

152. Mamillaria mystax *Mart.*, Schnurrbart-Warzencactus.

Vaterland Mexiko, bei Yxmiquilpan, auch an der Grenze der kalten Region, etwa 3000 m über dem Niveau des Meeres, bei San Pedro Nolasko, in Gesellschaft der Mamillaria glochidiata. Stamm einfach, cylindrisch. Axillen wollig und borstig. Warzen gedrängt, pyramidal, an der Spitze stark verschmälert, dunkelgrün. Stachelpolster in der Jugend wollig, später nackt. Randstacheln gerade, zweigestaltig, 5—6 äussere borstenartig, weisslich, schwarz gespitzt, die oberen kleiner, 4—5 innere stärker und länger, meistens kreuzständig, fleischfarbig, schwarz gespitzt. Mittelstachel 1, aufrecht, erst fleischfarbig mit schwarzer Spitze, später ganz schwarz, bisweilen fehlend.

Diese interessante Art erreicht eine Höhe von 30 cm bei einem Durchmesser von 13—14 cm und die Randstacheln werden im Alter grau oder bräunlich, sind verlängert, theilweise gedreht und verflochten und seitwärts bartartig herabhängend.

Blüthen im Sommer, fast immer in einem Gürtel um den Scheitel herum gestellt, mit einer mit weissem Haar und mit 8—12 elfenbeinweissen, brandschwarz gespitzten Borsten besetzter Röhre. Perigonblätter lanzettförmig, rosa-purpurroth, glänzend, weichstachelspitzig. Staubfäden eingeschlossen, weiss, kürzer, als die Perigonblätter, mit elliptischen, citrongelben Staubbeuteln. Griffel länger. Narbe mit 4—5 linealen, blassgelben Narbenlappen.

153. Mamillaria subpolyedra *S.*, Schwach-Vielkant-Warzencactus.

Synomym. Mamillaria polygona *Zucc.*

Vaterland Mexiko, bei Zimapan und Yxmiquilpan in Gesellschaft vieler anderer Mamillarien. Stamm eiförmig oder fast cylindrisch, anfangs einfach, später an den Seiten sprossend.

Fig. 37. Mamillaria subpolyedra.

Axillen wollig. Warzen pyramidal, fünf- bis sechsflächig, hellgrün. Stachelpolster weisswollig. Randstacheln 4—6, schwarzpurpurroth, nach und nach blasser, an der Spitze purpurröthlich, der unterste der längste. Mittelstachel fehlt.

Wird 20—25 cm hoch bei 12—15 cm Durchmesser.

Blüthen im Mai und Juni, sehr zahlreich, gürtelförmig um den Scheitel gestellt. Sepalen grünlich. Petalen aufrecht, unten grünlich-roth, oben lebhaft roth, der Länge nach von einem dunkleren Mittelstreifen durchzogen. Auffallend ist es, dass sie fast immer als rosenroth beschrieben werden. Sollte diese Species im Colorit der Blumen variiren? Staubfäden gedrängt, weiss. Antheren gelb. Beeren zur Zeit der Reife fast 3 cm lang, birnförmig, scharlachroth.

154. Mamillaria Gebweileriana *Hge. Cat.*, Gebweiler-Warzencactus.

Nomenclatur. Diese Art scheint von Gebweiler (bei Bollweiler im Elsass) aus verbreitet worden zu sein.

Vaterland unbekannt. Körper kugelförmig, etwas gedrückt. Axillen schwach-weissfilzig. Warzen an der Basis dick, vierkantig, pyramidenförmig, nach oben gedrückt-vielflächig, die untere Kante dick und scharf hervortretend, dunkelgrün, glänzend, mit feinen grauen Punkten übersäet. Stachelpolster kaum filzig. Randstacheln 2—4, bisweilen fehlend, immer aber kurz, oft kaum sichtbar, strahlig abstehend, weiss, braun gespitzt. Mittelstacheln 2, grau mit brauner Spitze, beide schwach gebogen, der eine nach oben, der andere nach unten gerichtet und länger (2 cm).

Die beschriebene Pflanze war 5 cm hoch bei einem Durchmesser von 7 cm.

Blüthen unbekannt.

155. Mamillaria sororia *Meinsh.*, Schwester-Warzencactus.

Nomenclatur. Der Trivialname bezieht sich auf die nahe Verwandtschaft dieser Art mit M. subpolyedra.

Durch Karwinski aus Mexiko (Katorza, Jaumave, Santa Barbara) eingeführt. Körper gedrückt-kugelig, einfach, weisslich- oder graulich-grün. Axillen nackt. Warzen vielflächig, gross, breit-gedrückt-kegelförmig, an der Spitze kurz verschmälert, oberseits rundlich-abgeplattet, unterseits mit einer stärkeren Kielkante. Stachelpolster auf der Spitze der Warzen, behaart, aber bald nackt. Randstacheln 6, gerade, strahlig, sternförmig ausgebreitet, pfriemenförmig, stechend, die oberen dichter, sehr klein, die unteren länger; Mittelstachel 1, stark, nach oben gerichtet; alle hornfarbig mit mehr oder weniger brauner Spitze.

Diese Species variirt vielfach. Bei jungen Individuen sind oft nur 4 kreuzständige oder 5 unregelmässig gestellte Randstacheln vorhanden bei fehlendem Mittelstachel. Die Warzen sind breiter oder schmaler, bald mehr, bald weniger scharfkantig, das Colorit ein bald helleres, bald dunkleres Grün.

Der Mamillaria subpolyedra sehr nahe stehend, trotzdem von ihr ganz verschieden. Der Körper ist $6^1/_2$ cm hoch bei einem Durchmesser von 8—10 cm. Die Warzen sind fast $1^1/_2$ cm lang. Blüthen etwas grösser, weisslich; die äusseren Sepalen kleiner, grünlich, gegen die Spitze hin purpurn, die oberen nach und nach grösser, weisslich gerandet. Petalen weisslich, mit einer grünlich-purpurnen Mittellinie. Griffel lang herausragend. Narbe mit 4 kurzen, aufrechten Lappen.

156. Mamillaria pyrrhocephala *Schdw.*, Rothkopf-Warzencactus.

Durch Galeotti 1840 aus Mexiko, Real del Monte, eingeführt, wo sie mehr als 2000 m über dem Meere vorkommt. Stamm cylindrisch, mit vertieftem, genabeltem Scheitel. Axillen borstig und wollig. Warzen pyramidal-vielflächig, gedrängt, fast graugrün, später kupferroth. Stachelpolster wollig-borstig, erst rothgelb, dann bräunlich, schliesslich weiss und nackt. Stacheln schwarz oder dunkelbraun, später perlgrau, schwarz gespitzt. Randstacheln 6, strahlig, der oberste etwas länger. Mittelstachel 1, aufrecht, bisweilen fehlend.

In höherem Alter sprosst der Stamm seitlich, werden die Warzen gelblich-grün und tritt der Kiel unten deutlich hervor. Die immer sehr kurzen Stacheln verschwinden fast gänzlich, und auf dem Stachelpolster bleiben nur 4 Stummel übrig, welche kaum länger sind, als der Filz.

Blüthen schön roth.

Varietät. Mamillaria pyrrhocephala β Donkelaarii *S.* unterscheidet sich nur durch das frischere Colorit der Warzen, wie auch durch das reinere Weiss der Wolle in den Axillen.

157. Mamillaria polyedra *Mart.*, Vielkant-Warzencactus.

In Mexiko bei Oaxaca, Zimapan und Yxmiquilpan zu Hause. Körper fast cylindrisch, anfangs einfach, später an den Seiten sprossend. Axillen wollig. Warzen pyramidal-sechs- bis siebenflächig (mit 2 unteren und 4—5 oberen Flächen), zugespitzt, hellgrün. Stachelpolster weisswollig. Randstacheln 4—5, gerade, elfenbein-weiss, an der Spitze purpurroth-brandschwarz, der oberste doppelt so lang, als die übrigen. Mittelstachel nicht vorhanden.

Beschrieben nach Pflanzen von 10—20 cm Höhe und 10 bis 12 cm Durchmesser.

Blüthen im Sommer, $2^1/_2$ cm lang. Die sepaloidischen Perigonblätter (15—16) linien-lanzettförmig, zugespitzt, grünlichroth, weiss gerandet, häutig, leicht gewimpert; die petaloidischen weniger zahlreich, etwas länger und breiter, gegen die Spitze hin gezähnelt, rosenroth. Staubfäden zahlreich, weiss, kürzer, als die Perigonblätter. Antheren kurz, elliptisch, gelb. Griffel weiss, länger als die Staubgefässe. Narbe kopfförmig, achtlappig, grünlich-citrongelb.

Fürst Salm's var. laevior, die Mamillaria anisacantha der Gärten, ist nur durch mehr ungleiche Stacheln verschieden und scheint vielleicht wegen dieser geringfügigen Abweichung aufgegeben zu sein.

Dagegen findet sich in einigen Sammlungen var. cristata, eine jener hahnenkammförmigen Monstrositäten, die Lemaire als Lophocaulie bezeichnet.

158. Mamillaria polygona *S.*, Vieleck-Warzencactus.

Vaterland Mexiko. Stamm aufrecht, fast keulenförmig, einfach. Axillen anfangs nackt, bald aber mit Wolle und weissen Borsten besetzt. Warzen dick, vieleckig-vierflächig, pyramidal, unten gekielt. Stachelpolster eingesenkt, nackt. Randstacheln kurz, weisslich, die 2—3 obersten sehr kurz, bisweilen nicht vorhanden, die 4 seitlichen und der unterste länger, an der Spitze braun, abstehend. Mittelstacheln 2, sehr stark, $2^1/_2$ cm lang und darüber, gerade, an der Basis fleischfarbig, oben röthlich-braun, der untere etwas kürzer, abstehend, der obere an der Spitze etwas zurückgebogen.

Blüthen blassrosenroth, wie bei Mamillaria polyedra, aber die Perigonblätter mehr aufrecht und die Narbe mit 5—6 langen linienförmigen, zurückgebogen-abstehenden, nicht kurzen und kopfförmig geschlossenen Lappen.

Der Unterschied zwischen dieser Art und M. polyedra beruht in der Hauptsache auf der Zahl und Stellung der Stacheln.

159. Mamillaria polytricha S., Vielborsten-Warzencactus.

Vaterland unbekannt. Eingeführt 1841 durch van der Maelen in Brüssel. Stamm fast kugelig, mit der Zeit zweiköpfig. Axillen mit dichter Wolle und gekräuselten Borsten besetzt, welche bald die ganze Oberfläche der Pflanze bedecken. Warzen gedrängt, fast polyedrisch, am Grunde fast viereckig, an der Spitze rundlich und abgeschrägt, graugrün. Stachelpolster eingesenkt, glatt. Randstacheln 4—6, blassrosenroth, an der Spitze schwarzpurpurroth, im Alter weisslich, abstehend, der obere und der untere länger, gekrümmt. Mittelstacheln nicht vorhanden.

Blüthen nicht bekannt.

Diese durch zwei Formen, var. hexacantha und var. tetracantha, repräsentirte Species ging schon 1842 in der Fürst Salm'schen Collection ein und scheint ganz verloren gegangen zu sein.

160. Mamillaria cirrosa *Poselg.*, Ranken-Warzencactus.

In Mexiko einheimisch, bei San Agostin de Palmar. Körper fast kugelig, flach, $6^1/_2$ cm hoch bei fast 8 cm Durchmesser. Axillen nackt. Warzen ziemlich spitz zulaufend, fast vierkantig, gekielt, mattgrün. Stachelpolster etwas wollig. Randstacheln 6, kurz, nur 2—4 mm lang, fast weiss. Mittelstacheln 2—3, der oberste oft 4 cm bis $6^1/_2$ cm lang, bald rechts, bald links, bald nach oben, bald nach unten gekrümmt, einer Wickelranke vergleichbar, bisweilen auch der unterste sehr verlängert und gekrümmt, hellbräunlich-grau mit schwärzlicher Spitze. Bisweilen bilden sich die Mittelstacheln nicht aus und bleiben kurz.

Ueber die Blüthen ist nichts bekannt.

161. Mamillaria centricirra *Lem.*, Lockenstachel-Warzencactus.

Synonym. Mamillaria versicolor *Schdw.*

Vaterland Mexiko, wo sie auf Torfboden vorkommen soll. Stamm ziemlich kugelig, gedrückt, am Grunde sprossend. Axillen in der Jugend mit weisser Flockenwolle besetzt. Warzen polyedrisch, etwas pyramidal, schräg abgestumpft, graulich-grün. Stachelpolster rundlich, in der Jugend wollig. Stacheln cylindrisch, sehr steif und stark, in der Jugend gelblich-hornfarbig, an der Spitze schwärzlich, später aschfarbig. Randstacheln 4, von diesen drei gleich lang (2 seitlich, der dritte nach unten gerichtet), gerade oder schwach gekrümmt, der vierte aber nach dem Scheitel hin gekrümmt, länger. Mittelstachel 1, nach unten gerichtet, sehr lang und gleich dem oberen, längeren Randstachel nach verschiedenen Seiten lockig gedreht und gewunden.

Eine ausgezeichnete, sehr schöne Species von 8 cm Höhe und 10—12 cm Durchmesser.

Blüthen den ganzen Sommer hindurch, zahlreich um den Scheitel herum gestellt, 18—20 mm lang, fast glockenförmig.

Die petaloidischen Perigonblätter lanzettförmig, weichstachelspitzig, weisslich, roth überhaucht, mit purpurrothem Mittelstreifen. Staubbeutel blassgelb. Narbe fünf- bis sechslappig, purpurroth.

Varietät. Mamillaria centricirra β macrothele *Lem.* (Syn. M. conopsea *Schdw.*), eine aus Mexiko stammende, sehr constante Form von viel kräftigerem Wuchse und von etwas bläulichem Grün. Warzen weniger zahlreich, an der Basis rautenförmig, stärker zugespitzt, unten scharf, in höherem Grade polyedrisch. Stacheln zwar in derselben Anordnung, aber bloss halb so lang und nie lockig gedreht.

Blüthen mehr purpurroth.

162. Mamillaria glauca *Dietr.*, Graugrüner Warzencactus.

Vaterland Mexiko. Stamm, $6^1/_2$ cm im Durchmesser, stark sprossend. Axillen spärlich mit Wolle besetzt. Warzen graulich-hellgrün, stumpf-vierkantig, gekielt, an der Spitze schief abgestutzt. Stachelpolster eingesenkt, in der Jugend filzig, bald nackt. Randstacheln 4, der oberste länger (14—20 mm), bisweilen noch 2 Nebenstacheln. Mittelstachel 1, sehr lang (bis 39 mm), in verschiedener Weise bald einwärts, bald rückwärts gekrümmt. Alle Stacheln etwas steif, weiss, gelblich-braun gespitzt.

Blüthen noch unbekannt.

163. Mamillaria Hopferiana *Lke.*, Hopfer's Warzencactus.

Synonym. Mamillaria centricirra γ Hopferiana *S.*

Vaterland unbekannt, vermuthlich Mexiko. Stamm verkehrt-eirund, abgestutzt. Axillen etwas wollig. Warzen genau viereckig, pyramidal, blassgrün. Stachelpolster abgerundet, in der Jugend wollig. Stacheln schwach, pfriemlich, weisslich-rothgelb, schwärzlich gespitzt. Randstacheln 3. Mittelstacheln 2, viel länger, der eine gerade, der andere sehr lang und gekrümmt.

Blüthen mit ungleichen, bräunlich-rothen äusseren und mit etwa 15 linienförmigen, schmalen, spitzen, dünnen, hellcarmoisinrothen inneren Perigonblättern. Staubfäden ebenfalls hellcarmoisin- oder dunkelroth. Antheren weiss. Griffel etwas länger, als die Staubgefässe, weiss, mit sechs linealen, gelblichen Narben.

Der Fürst Salm-Dyck hatte diese Art als Varietät zu Mamillaria centricirra gezogen, scheint aber ihre Blüthen nicht gekannt zu haben. Linke jedoch, vormals Sammler und gewiegter Kenner von Cacteen in Berlin, hatte Gelegenheit, diese in seiner Collection zu beobachten und schloss aus den unterscheidenden Merkmalen derselben und anderen Verschiedenheiten auf den specifischen Charakter der angeblichen Varietät.

3. Sippe. Phymatotelae — Höckerwarzige.

Körper kugelig oder verkehrt-eiförmig, sprossend. Axillen wollig und borstig. Warzen lang und dick, stumpf, eiförmig, vierkantig, die Kielkante höckerig, schräg abgestutzt. Stacheln 4—7, an der Spitze schwärzlich, ungleich lang, die obersten kurz, der unterste oder Mittelstachel sehr lang, oft lockenartig gekräuselt. Blüthen purpurroth, bald heller, bald dunkler.

Stecklinge der zu dieser Sippe zählenden Arten bewurzeln sich meistens sehr langsam, oft erst nach 2—3 Jahren.

164. Mamillaria phymatotele *Berg.*, Höcker-Warzencactus.

Synonym. Mamillaria Ludwigii *Ehrenb.*

In Mexiko zu Hause, von dort 1839 eingeführt. Körper fast kugelig, mit etwas eingedrücktem, weisswolligem Scheitel, später sich verlängernd und sprossend. Axillen in der Jugend weisswollig, später nackt. Warzen gross, graulich-grün. Randstacheln 5—7, steif, fast gerade, anfangs pommeranzengelb oder fleischroth, später perlgrau-weiss, an der Spitze brandschwarz, die oberen kleiner, die unteren länger (14—17 mm), der unterste sehr lang (26—32 mm), auswärts gekrümmt. Bisweilen treten noch an der Basis des Stachelpolsters 1—3 sehr kleine Nebenstacheln auf. Mittelstacheln 1, fast auswärts gekrümmt, von derselben Farbe.

Eine sehr schöne Art, 10 cm hoch bei 8—9 cm Durchmesser. Sie steht der Mamillaria angularis ziemlich nahe, ist aber von ihr hinlänglich unterschieden.

Blüthen im Sommer, lebhaft carminrosa, von dem graugrünen Tone der Warzen angenehm sich abhebend, aus der weissen Flockenwolle der Axillen kommend.

165. Mamillaria cirrifera *Mart.*, Locken-Warzencactus.

Vaterland Mexiko, zwischen Zimapan und Yxmiquilpan, in temperirter Region. Stamm verkehrt-eiförmig, oft fast keulenförmig oder fast cylinderisch, unten bis über die Mitte hinauf nach allen Seiten hin reichlich sprossend. Axillen mit weisser Wolle und schneeweissen krausen, gedrehten Borsten. Warzen stumpf-kegelförmig oder halbkugelig, unten mit einer Kielkante. Stachelpolster rund, in der Jugend mit dichtem weissen Filz besetzt, später nackt und eingesenkt. Stacheln meistens 5, selten mehr oder weniger, 2 obere, kurze, 2 seitliche, sehr lange, und der unterste der längste, alle steif, eckig, gelblichweiss, an der Spitze schwarzbraun, später grauweiss, schwarz gespitzt, lockenartig gedreht. An der Basis des Stachelpolsters stehen meistens noch 2 ganz kurze, dünne, weisse Borsten.

In europäischen Collectionen erzogene Individuen erreichen eine Höhe von 15—20 cm und einen Durchmesser von 5 bis 10 cm. Die seitlichen Stacheln haben eine Länge von 22 bis 30 mm, der unterste von 42—50 mm.

Blüthen im April und Mai, kaum 2 cm lang, glockig, von dichter weisser Wolle und vielen steifen, weissen Borsten umgeben, in Menge aus den oberen Axillen hervortretend, mit lanzettlichen, rosenrothen, an der Spitze purpurrothen Perigonblättern; Staubbeutel gelblich, Narbe fünflappig, gelb.

Von dieser sehr interessanten Species giebt es mehrere Varietäten, die jedoch von der Normalform nur wenig abweichen und wohl deshalb aus den Sammlungen meistens verschwunden sind. In einigen Katalogen findet man noch var. rufispina, mit fuchsrothen Stacheln und var. albispina (Syn. Mamillaria divergens *DC.*), in Mexiko einheimisch, von der Normalform durch einen fast kugeligen, gedrückten Körper, gedrängte, schön weisse, bräunliche gespitzte, viereckige, sehr abstehende Stacheln unterschieden, von welchen letztere, die kleineren, 6—8 mm, die grösseren bis 65 mm lang sind.

Zu M. cirrifera wurde vom Fürsten Salm-Dyck auch Mühlenpfordt's M. longiseta als Varietät gezogen.

166. Mamillaria longiseta *Muehlenpf.*, Langborsten-Warzencactus.

Synonym. Mamillaria cirrifera β longiseta S.

Vaterland Mexiko, Real del Monte. Körper kugelig, an der Basis sprossend. Axillen sehr wollig und borstig. Warzen dick, an der Basis ziemlich vierkantig, die untere Kante etwas hin und her gebogen, graugrün. Stachelpolster in der Jugend filzig, später nackt, eingesenkt. Stacheln 5, borstenartig, steif, dabei sehr biegsam und flachrund, gekielt, weiss, braun gespitzt, die beiden nach oben gerichteten oberen nur 8—10 mm, die beiden seitlichen bald nach seitwärts und nach unten, bald nach oben gebogenen fast 8 cm, der unterste über 5 cm lang.

Die Pflanze hat ein graugrünes Ansehn und ist von robusterem Wuchse, als die ihr nahe stehende M. cirrifera. Die rothen Früchte sollen durch ihren Duft an die Ananas erinnern.

167. Mamillaria angularis *O.*, Kanten-Warzencactus.

Synonym. Mamillaria compressa *DC.*

In Mexiko einheimisch. Stamm einfach, mit zunehmendem Alter am oberen Theile reichlich sprossend, cylindrisch-keulenförmig. Axillen in der Jugend wollig und borstig. Warzen kurz, eirund, an der Basis eckig und unterseits von der Seite her gleichsam zusammengedrückt, schön graugrün. Stachelpolster nur wenig filzig. Stacheln 4—5, steif, gerade, weisslich, schwarz gespitzt, ungleich lang, der an der Basis sehr lang (etwa 5 cm).

Der Körper erreicht eine Höhe von 16—20 cm bei einem Durchmesser von 8 cm.

Diese schon seit Langem in Kultur befindliche Art hat in den Gärten Europas schon oft geblüht, doch finden sich über Blüthen und Blüthezeit keine Aufzeichnungen.

Varietäten. 1. Mamillaria angularis *β* triacantha S. (Syn. M. triacantha *DC.*). Die 2 oberen Stacheln schlagen fast immer fehl, so dass nur die 3 unteren übrig bleiben.

2. M. angularis g fulvescens S. (Syn. Mamillaria cirrifera *Hort.*), Stamm hellgrün; Stacheln viel länger, blass-rothgelb.

168. Mamillaria subangularis *DC.*, Stumpfkant-Warzencactus.

Synonym. Mamillaria cirrifera angulosior *Lem.*

In Mexiko einheimisch. Stamm fast kugelig, reichlich sprossend. Axillen wollig, mit sehr wenigen Borsten. Warzen dick, unterseits stumpfkantig, grün. Stachelpolster oval, in der Jugend zottig, bald nackt, eingesenkt. Stacheln 6, steif, jedoch weniger als bei M. angularis, ziemlich gerade, sehr hellhornfarbig, braun gespitzt, die oberen kurz, die 2 seitlichen länger, der unterste der längste (23—25 mm). Mittelstacheln fehlen.

Der Stamm wird bis 15 cm hoch bei 8—10 cm Durchmesser.

Blüthen während des ganzen Sommers, aber weniger zahlreich, als bei M. cirrifera und anderen verwandten Arten, purpurroth oder fast blutroth, stark ausgebreitet, am Grunde mit Wolle und mit spärlichen Borsten umgeben.

169. Mamillaria foveolata *Muehlenpf.*, Grübchen-Warzencactus.

Durch Schelhase in Cassel aus Tampico in Mexiko eingeführt. Körper fast kugelig, gedrückt. Axillen in der Jugend nackt, dann wollig und borstig, im Alter aber wieder kahl. Warzen graugrün, dick, an der Basis rautenförmig, weiter hinauf sechsflächig. Stachelpolster in eine Grube eingesenkt, die von der Warze mit einem schmalen wulstigen Rande umgeben ist, in der Jugend wollig, später nackt. Randstacheln 5, von denen die drei nach unten stehenden die längsten; Mittelstacheln 2, der kürzere nach oben, der längere nach unten gerichtet; alle weiss, mit schwarzbrauner Spitze.

Über die Blüthen finden sich keine Angaben.

170. Mamillaria megacantha *S.*, Grossstachel-Warzencactus.

Vaterland Mexiko. Stamm stark, 10 cm breit, fast kugelförmig, etwas gedrückt, am Grunde sprossend. Axillen weisswollig und borstig. Warzen gross, dick, von einander abstehend, an der Basis breit, viereckig, oben verschmälert, stumpf-pyramidenförmig, unterseits gekielt, an der Spitze schief abgestutzt, weisslich-graugrün. Stacheln unregelmässig gestellt, die 4 längsten kreuzweise, gespitzt, gekräuselt, weiss, 4—6 andere ebenso gefärbt, dünn, die unteren länger (der unterste 11 mm), fast strahlig.

Blüthen noch nicht beobachtet.

Varietät. Mamillaria megacantha *β* rigidior *S.*, mit kleineren, gedrängteren Warzen und kürzeren, steiferen Stacheln.

171. Mamillaria melanocentra *Pos.*, Schwarzstachel-Warzencactus.

Vaterland Mexiko, in der Nähe von Monterey. Körper gedrückt-kugelig, einfach, bläulich-grün, 12 cm Durchmesser bei 8 cm Höhe. Axillen weisszottig. Warzen gross, an der Basis 15 mm breit, durch Pressung vierkantig, stark gekielt. Stachelpolster in der Jugend weisswollig, später etwas filzig. Randstacheln 7—9, stark, von ungleicher Länge (17—24 mm), die untersten die längsten, in der Jugend schwarz, später hellgrau und nur an der Spitze schwarz. Mittelstacheln 1, stark, pfriemenförmig, $2^1/_2$ cm lang und darüber, schwarz, meistens nach oben, selten nach unten gerichtet.

Blüthen mit rosenrothen, heller gerandeten Perigonblättern.

172. Mamillaria pachythele *Pos.*, Voll-Warzencactus.

Vaterland Mexiko, in der Nähe von Saltillo. Pflanze von sehr kräftigem Bau, fast kugelig, niedergedrückt, einfach, graugrün, 10 cm im Durchmesser, bei $6^1/_2$ cm im Durchschnitt. Axillen wollig. Warzen gross und dick, an der Basis fast vierkantig und bis 18 mm breit, nach oben mehrflächig, stumpf-pyramidenförmig. Stachelpolster in der Jugend reichwollig, später nackt. Randstacheln 9—12, die obersten kürzer, die untersten, längsten, 20 mm lang, etwas zurückgebogen. Mittelstachel 1, sehr selten 2, gegen 18 mm lang, elfenbeinweiss, an der Spitze schwarz.

Blüthen nicht bekannt. Beeren gross, keulenförmig, roth.

173. Mamillaria Neumanniana *Lem.*, Neumann's Warzencactus.

Nomenclatur. Dem vormaligen Obergärtner am Muséum d'histoire naturelle und Director der königlichen Gewächshäuser in Paris Neumann zu Ehren benannt.

Synonym. Mamillaria conopsea *Hort.*, non *Schdw.*

Vaterland unbekannt. Stamm fast kugelig, gedrückt, etwas scheibenförmig. Axillen mit reichlicher weisser Flockenwolle besetzt, später nackt. Warzen graugrün, an der Basis rautenförmig, sehr stumpf, eckig. Stachelpolster rund, gross, mit gelblich-weisser, dann aschgrauer, später schwärzlicher Wolle bedeckt, schliesslich nackt. Randstacheln meistens 7—9, seltener 3—6, kurz, dünn, erst weisslich, dann aschgrau, an Länge sehr ungleich, die obersten die kürzesten, die seitlichen die längsten. Mittelstachel 1—2, selten fehlend, nach oben und nach unten gerichtet, in der Jugend gelblich oder röthlich, braun gespitzt, schliesslich perlgrau, schwärzlich gespitzt.

Die Blüthen sollen lebhaft rosenroth sein.

Der Körper wird 5 cm hoch bei 9 cm Durchmesser.

Nach den Angaben des Fürsten Salm wird der Körper im Alter fast keulenförmig und sprosst an der Basis.

174. Mamillaria lactescens *Meinsh.*, Milch-Warzencactus.

Synonym. Mamillaria Naumanni var. glabrescens *Rgl.*

Vaterland Mexiko, dort von Karwinski 1841—1843 gesammelt. Körper fast kugelig, gedrückt, scheibenförmig, etwas genabelt, weiss-grau-grün. Axillen schon früh mit reichlicher weisser, später ergrauender, langer und nach und nach schwindender Flockenwolle besetzt. Warzen sehr kurz, am Grunde rautenförmig, an der Spitze stark abgestumpft, vielkantig. Stachelpolster sehr gross, etwas eiförmig-dreieckig, mit weisser, lange dauernder Flockenwolle besetzt. Stacheln fast immer 8; von den 5 stärkeren und längeren stehen 4 kreuzweise und einer (der längste 18—22 mm) nach unten gerichtet, die 3 kleineren nahe bei einander am oberen Ende des Stachelpolsters; alle in der Jugend schwärzlich-purpurroth, später blasser, und im Alter mit grauschwarzer Spitze.

Der Körper erreicht eine Höhe von fast 8 cm bei mehr als 10 cm Durchmesser.

Die Blüthen finden sich nirgends beschrieben.

175. Mamillaria divaricata *Hort.*, Gespreiztstacheliger Warzencactus.

Vaterland unbekannt. Körper fast kugelförmig, gedrückt, genabelt. Axillen wollig. Warzen vielflächig, mit vorgezogener Oberkante, graulich-grün. Stachelpolster in der Jugend weisswollig. Mittelstacheln 2—3, bis 3 cm lang, gespreizt, der untere abwärts gebogen, silbergrau, braun gespitzt. Randstacheln 3—4, viel kürzer, nach allen Seiten hin gerichtet.

Blüthen nicht beobachtet.

176. Mamillaria Krameri *Muehlenpf.*, Kramer's Warzencactus.

Nomenclatur. Nach dem Handelsgärtner Kramer in Hamburg benannt, von dem Mühlenpfordt sie als Mamillaria macrantha erhielt.

Vaterland Mexiko. Körper kugelig, etwas gedrücktö der Scheitel stark genabelt, im Alter an der Basis sprossend. Axillen stark wollig, die älteren ausserdem borstig. Warzen pyramidal, vierkantig, die untere Kante schärfer und bauchig, graulich-grün, mit Braunroth übergossen, besonders auf den beiden oberen Flächen und an der Spitze. Stachelpolster auf der Spitze der Warzen, rund, weissfilzig. Randstacheln 4—5, strahlig, der oberste der längste (8—10 mm). Mittelstache 1, in sanftem Bogen nach unten gerichtet, 3 cm lang, mattweiss, mit dunklerer Spitze, die auf der Mitte des Scheitels stehenden aufrecht, röthlich-grau.

Blüthen hellroth, mit aufrechten, lanzettförmigen Perigonblättern. Staubfäden und Griffel roth; Narbe mit 4—5 kurzen, kopfförmig geschlossenen, purpurröthlichen Lappen.

Eine ausgezeichnet gut charakterisirte Art und, besonders von oben gesehen, in Folge ihrer purpurbraunen Färbung und der mit dieser kontrastirenden, auf dem Scheitel dicht zusammengedrängten weissfilzigen Stachelpolster von sehr schönem Ansehen.

Obige Diagnose stimmt fast genau mit Mühlenpfordt's Originalbeschreibung in der Allgemeinen Gartenzeitung von Otto und Dietrich 1845. Nur giebt er die Länge des Mittelstacheln zu 4—5 cm an.

Fürst Salm hat bei der Beschreibung der M. Krameri in seinem Cacteenbuche offenbar eine ganz andere Art vor sich gehabt, zumal er nicht einmal der so auffallenden purpurbraunen Färbung der Warzen gedenkt.

Die vor mir stehende Pflanze hat einen Durchmesser von 12 cm bei 9 cm Höhe.

Varietät. Mamillaria Krameri β viridis, von Fr. Ad. Haage jun. in Erfurt aus Samen erzogen. Körper kugelig, etwas gedrückt, genabelt. Axillen weisswollig. Warzen stumpf-vierkantig, die obere, gewölbte Kante etwas vorgezogen, so dass das Stachelpolster unter der Spitze sitzt, kegelförmig, graugrün. Stachelpolster klein, rund, weissfilzig, aber sehr bald nackt. Randstacheln 4—5, stärker, länger und regelmässiger ausgebreitet, als bei der Normalform, grauweiss. Mittelstacheln 2, gerade, der oberste aufrecht, der unterste nach unten gerichtet, länger (2 cm), mit dunkler Spitze. Alle Stacheln des Scheitels mehr aufrecht, dunkler.

Blüthen sehr zahlreich, in 3—4 Kreisen rund um den Scheitel gestellt, klein, von dunklerer Färbung.

Eine ausgezeichnet schöne Varietät.

177. Mamillaria pentacantha *Pfr.*, Fünfstachel-Warzencactus.

Vaterland Mexiko. Körper fast kugelig, seitlich sprossend. Axillen in der Jugend ziemlich nackt, bald aber weissfilzig. Warzen intensiv grün, dick, unterseits fast eckig, am Grunde vierkantig. Stachelpolster klein, länglich, kaum filzig. Stacheln erst bräunlich, später aschgrau. Randstacheln 4, ins Kreuz gestellt, der oberste der längste. Mittelstachel 1, sehr lang (fast 40 mm), horizontal vorgestreckt oder abwärts gebogen.

Der Stamm erreicht einen Durchmesser von 12 cm.

4. Sippe. Macrothelae — Grosswarzige.

Körper verkehrt-eiförmig oder cylindrisch. Axillen stark wollig. Warzen lang und dick, am Grunde vierkantig, am Ende verschmälert, spitz. Stacheln 2—4, selten bis 7, steif, stark, der untere länger, oft im Bogen abwärts gerichtet. Mittelstacheln fehlen.

Blüthen weisslich oder purpurroth.

178. Mamillaria magnimamma *Haw.*, Grosszitzen-Warzencactus.

Synonym. Mamillaria ceratophora *Lehm.*, M. Schiedeana *Hort.*

Schon 1835 aus Mexiko eingeführt. Stamm kugelig, etwas gedrückt, später meist verkehrt-eiförmig, einfach. Axillen wollig. Warzen gross, breit, oval-kegelförmig stumpf, hart, dunkelgrün. Stachelpolster in der Jugend weisszottig. Stacheln sehr stark und steif, ziemlich breit, etwas gekrümmt, in der Jugend blass-bräunlich, schwarz gespitzt, später ganz bräunlich oder schwärzlich, meistens 3, oben ein kurzer aufrechter, seitlich 2 abstehend-abwärts gekrümmte, längere, etwas gefurchte, seltener 4, in diesem Falle kreuzständig, die 2 oberen sehr kurz.

Eine sehr zierliche Species von 10—15 cm Höhe und fast gleichem Durchmesser. Die Warzen sind über 10 mm lang und an der Basis 17—21 mm breit.

Blüthen im Juli und August, $1^1/_2$ bis fast 2 cm lang, in einem ziemlich dichten Kreise um den Scheitel gestellt. Die sepaloidischen Perigonblätter gelb-rothbraun, die petaloidischen lanzettlich, gelblich-weiss, mit einem breiten rothen, an den Rändern verwischten Mittelstreifen. Staubbeutel gelb. Die gelblich-rothe Narbe mit 7 Lappen, deren jeder mit einer purpurrothen Mittellinie.

In Form und Zahl der Stacheln ist diese Art sehr veränderlich. Bei jungen Samenpflanzen finden sich gewöhnlich 5—6 Stacheln, von denen der oberste, stärkste und längste einwärts gekrümmt ist.

Varietäten. 1. Mamillaria magnimamma *β* arietina S. (Syn. M. arietina *Lem.*), in Mexiko einheimisch, stärker und höher, der M. gladiata sehr ähnlich. Axillen mit reichlicherer Wolle. Stacheln 2 oder 3, weiss, stärker und länger, bis 5 cm lang, gefurcht, 1 oder 2 stark gekrümmt, Widderhörnern vergleichbar. Blumen mit einem reichlicheren Antheil von Gelb. Staubbeutel und Narbe fast safrangelb; Narbenlappen nur 6.

2. M. magnimamma g lutescens S. (Syn. M. magnimamma β spinosior *Monv.*), sehr schöne Varietät, welche sich von der Art und der vorigen Varietät durch viel stärkere und citrongelbe Stacheln unterscheidet.

179. Mamillaria uberimamma *Monv.*, Euter-Warzencactus.

Vaterland unbekannt. Stamm kugelförmig, auf dem Scheitel leicht eingedrückt, einfach. Axillen mit ziemlich reichlicher Wolle. Warzen schön dunkelgrün, sehr stark entwickelt, von oben nach unten leicht abgeflacht, mit angedeuteten Flächen (vielleicht in Folge anfänglicher Pressung). Stachelpolster nackt, mit 3—4 ungleichen Stacheln, von denen der untere, der längste, nach unten zurückgebogen, alle in der Jugend in der Weise der Stachelschweinborsten hell und dunkel geringelt, dann am Grunde braun und endlich in ein röthliches Grau übergehend; die zwei oberen Stacheln weniger stark zurückgekrümmt und kürzer.

Der Stamm dieser von Labouret beschriebenen Pflanze hatte 12 cm Höhe und 14 cm Durchmesser.

Blüthen von Mai bis Juli, gross, breit geöffnet, an der Basis von der reichlichen Wolle der Axillen eingehüllt. Die sepaloidischen Perigonblätter kurz und wenig zahlreich, schön hellrosa mit einem braunen Mittelstreifen, die petaloidischen schmal, lanzettförmig, zurückgebogen rosa mit dunkelrosenrothem Mittelstreifen. Staubgefässe sehr zahlreich, mit rosenrothen Fäden und gelben Antheren. Narbe mit 6—10 fleischfarbigen Lappen. Die Blüthen stehen gürtelförmig um den Scheitel und gehören nach Grösse und Färbung zu den schönsten unter den Mamillarien.

180. Mamillaria gladiata *Mart.*, Säbelstachel-Warzencactus.

Vaterland Mexiko, in temperirten Regionen, auf den Prairien bei Pachuca, etwa 3000 m über dem Meere. Körper kugelig, später verkehrt-eiförmig, seitlich sprossend. Axillen schwach wollig, fast nackt. Warzen dunkelgrün, dick, kegelförmig, mit undeutlichen Kanten. Stachelpolster in der Jugend zottig, später nackt. Stacheln 4, seltener 5, steif, weisslich oder hornfarbig, braun gespitzt, die 3 oder 4 oberen sehr kurz, ausgebreitet, der untere viel länger (2 $^1/_2$ cm lang) und stärker, eckig, bogenförmig nach unten gekrümmt.

Der bis 10 cm hohe und im Durchmesser bis 13 cm haltende Stamm enthält einen Milchsaft, welcher im Vertrocknen einem mattweissen Gummiharze ähnlich sieht.

Blüthen im Mai und Juni, einzeln, gipfelständig, fast 1 $^1/_2$ cm lang, trichterförmig, an der Basis nackt, mit lanzettlichen, sehr hellstrohgelben Perigonblättern, die äusseren mit einem purpurbräunlichen Mittelstreifen.

181. Mamillaria diadema *Muehlenpf.*, Diadem-Warzencactus.

Vaterland Mexiko, Real del Monte. Körper kugelrund. Axillen wollig. Warzen dick, kegelförmig, an der unteren Fläche etwas keilförmig vorspringend, bläulich-grün. Stachelpolster in der Jugend wollig. Stacheln 6, von diesen 3 nach oben gerichtet, gerade und diademartig in eine Reihe geordnet, 4 $^1/_2$ mm lang, 2 seitlich gestellt und sanft nach der Seite gebogen, 11—13 mm lang, und 1 unten, nach unten gebogen, 2 $^1/_2$ cm lang, alle hornfarbig mit dunklen Spitzen.

Die Blüthen werden nicht beschrieben.

182. Mamillaria Schmidtii *Ske.*, Schmidt's Warzencactus.

Nomenclatur. Nach irgend einem Gärtner oder Pflanzenfreunde des Namens Schmidt benannt. Zur Pflanzenbenennung sollten, wenn nicht ein stark in die Augen fallendes Merkmal, nur Namen allgemein bekannter, um Botanik und Gartenbau verdienter Männer benutzt werden.

Vaterland unbekannt. Körper ziemlich kugelig. Axillen in der Jugend reichlich weisswollig. Warzen schwach-vierkantig, kegelförmig, bläulich-grün. Stachelpolster nackt. Stacheln 4, davon der untere der stärkste und längste (3 cm), die drei oberen kurz, nach oben gerichtet, etwas gebogen, alle sehr kräftig, in der Jugend braun, später bräunlich-grau mit dunklerer Spitze.

Blüthen im Kreise um den Scheitel gestellt, zur Zeit der Beobachtung nach Form und Färbung nicht mehr bestimmbar.

183. Mamillaria Zuccariniana *Mart.*, Zuccarini's Warzencactus.

Nomenclatur. Nach dem 1848 verstorbenen Professor der Botanik Dr. J. G. Zuccarini in München benannt.

Vaterland Mexiko, Yxmiquilpan. Körper einfach, fast kugelig. Axillen fast nackt und nur die Blüthen tragenden stark wollig. Warzen kegelförmig-pyramidal, zugespitzt, dunkelgrün. Stachelpolster oval, fast nackt, unterhalb der Warzenspitze eingesenkt. Stacheln 2, aschgrau, schwarz gespitzt, der eine nach oben, der andere nach unten gerichtet, der letztere der längere, im Umkreise bisweilen noch von 2—3 sehr kurzen, weissen, meist abfallenden Nebenstacheln umgeben.

Diese sehr zierliche Art wird 20 cm hoch bei 15 cm Durchmesser.

Blüthen im Sommer, bis 26 mm lang, glockenförmig, an der Basis von langen weissen Haaren eingehüllt, bald zerstreut, bald in einem Gürtel um den Scheitel herum gestellt, mit länglich-linienförmigen, ausgebreiteten, glänzend purpurrosenrothen Perigonblättern. Antheren gelb. Narbe vier- bis fünftheilig, rosenroth.

184. Mamillaria subcurvata *Dietr.*, Schwachkrummstachel-Warzencactus.

Vaterland Mexiko. Körper fast kugelig, etwas gedrückt, 8 cm hoch bei $9^1/_2$ cm Durchmesser. Axillen mit dichtem, wolligem Filz besetzt, im Alter fast nackt. Warzen hellgrün, mit helleren Punkten übersäet, gross, kegelförmig, vierkantig, mit fast gleichen Seiten, an der Spitze schief abgestutzt. Stachelpolster fast an der Spitze stehend, rundlich, mit wolligem, weissem Filze besetzt. Stacheln 6—7, in der Jugend bräunlich, schwarzbraun gespitzt, im Alter fast ganz weissgrau, selbst an der Spitze kaum noch gefärbt, gerade oder höchstens die seitlichen ganz schwach gekrümmt, davon 4 stärker, pfriemlich, gerade nach unten stehend, die drei übrigen kürzer und von diesen einer nach oben, die beiden andern seitwärts gerichtet. Zwischen den grösseren Stacheln finden sich meistens noch 2—3 ganz kleine, borstenartige.

Wie aus der Diagnose zu ersehen, ist der Name dieser Art nicht besonders gut gewählt.

Blüthen im Juni und Juli, in einem Kreise um den Scheitel gestellt, gleichsam in Wolle eingesenkt, $1^1/_2$ cm lang und ausgebreitet fast 2 cm im Durchmesser, mit lanzettlichen, zugespitzten, lebhaft purpurrothen, vollkommen ausgebreiteten Perigonblättern. Staubbeutel hellpurpurroth. Narbenlappen 6, wachsgelb, von einer rothen Linie durchzogen.

Mit Mamillaria macracantha verwandt; diese unterscheidet sich aber durch doppelt längere, stark zurückgekrümmte Stacheln und schief-kegelförmige, nur am Grunde vierkantige Warzen.

185. Mamillaria macracantha *DC.*, Langstachel-Warzencactus.

Synonym. Mamillaria recurva *Lehm.*, M. Lehmanni *Hort.*, M. Zuccariniana *Hort.*

In Mexiko einheimisch. Körper einfach, fast plattkugelig. Axillen in der Jugend nackt. Warzen gross, schief-kegelförmig, an der Basis fast viereckig, an der verschmälerten Spitze etwas herabgekrümmt, sehr dunkelgrün, hell punktiert, schliesslich fast graugrün. Stachelpolster tiefer als die Warzenspitze, ziemlich nackt. Stacheln 4—6, davon fallen bald 3—4 kleine, weisse, braungespitzte ab, und nur 1—2 vier mal so lange (2 1/2 cm), steife, stark zurückgebogene, braune oder schwarze dauern.

Fig. 38. Mamillaria macracantha.

Körper 10—12 cm hoch bei 13 cm Durchmesser.

Blüthen im Mai und Juni, 2 1/2 cm im Durchmesser, im Kreise um den Scheitel stehend, mit lanzettlichen, schön hellcarminrothen Perigonblättern.

186. Mamillaria deflexispina *Lem.*, Abwärtsgebogenstacheliger Warzencactus.

Vaterland Mexiko, im Mineral del Monte. Körper kugelig, sehr platt, $6^1/_2$ cm hoch bei 13 cm Durchmesser. Axillen wegen des sehr gedrängten Standes der Warzen nach dem Scheitel zu nackt, später aber dicht mit flockiger, langer, weisser Wolle besetzt. Warzen gerade, dunkelgrün. Stacheln 4, kreuzständig (selten ein fünfter nach oben stehend), in der Jugend gelblich, später schmutzig-grau, schwarz gespitzt, die drei oberen kurz, der mittlere am kürzesten, gerade oder wenig gekrümmt und nach oben, der unterste nach unten gerichtet, starr und gekrümmt und stärker, $2^1/_2$ cm lang.

Die von Salm vermuthete Identität der Mamillaria gladiata und dieser Art ist schon deswegen anzuzweifeln, weil Dr. Schlumberger nach Revue horticole, Novemberheft 1855, letztere rosenrothe, denen der M. Zuccariniana ähnliche Blumen tragen sah.

7. Gruppe. Stelligerae — Sterntragende.

(Nach Pfeiffer Tenues ramosae — dünne, ästige.)

Körper dünn, cylindrisch, am Grunde oder über demselben ästig, die Aeste oft rasenartig zusammengedrängt. Axillen nackt. Warzen klein, stumpf, etwas breit, fast halbkugelig. Randstacheln 16—24, abstehend-auswärts gekrümmt, sternförmig-strahlig, dünn, steif, goldgelb, weiss oder weisslich. Mittelstacheln nicht vorhanden oder meistens einzeln, gerade, pfriemlich.

Blüthen weiss oder gelb, sehr selten roth, meistens gehäuft, an den Seiten des Körpers nach dem Scheitel zu hervorkommend.

187. Mamillaria echinata *DC.*, Igelstacheliger Warzencactus.

Synonym. Mamillaria Echinaria *DC.*

In Mexiko einheimisch. Die kräftigste Art dieser Gruppe,

12—15 cm hoch und höher, bei 3—4 cm Durchmesser, mit verlängertem, am Grunde sprossendem Körper. Axillen breit. Warzen sehr kurz, breit. Stachelpolster in der Jugend etwas filzig. Stacheln goldgelb. Randstacheln 16—18, borstenartig, steif, viel länger, als die Warzen, schwach gekrümmt. Mittelstacheln 2, gepaart, steifer, etwas kürzer, an der Spitze braun.

Blüthen im Mai und Juni, gegen 20 mm lang, cylindrisch, fast unter den Stacheln verschwindend, mit aussen röthlichen, innen weisslichen Perigonblättern, weisslichen Antheren und einer fünflappigen Narbe.

188. Mamillaria densa *Lk. et O.*, Dichtsprossender Warzencactus.

Vaterland Mexiko. Körper niedrig, an der Basis rasenartig verästelt. Warzen eirund-kegelförmig, gedrängt, hellgrün. Randstacheln 14—16, dünn, zurückgebogen, ausgebreitet, mit einander sich mischend, goldgelb. Mittelstacheln 2, stärker, gerade, gelblich.

Pfeiffer führt diese Art als Varietät auf M. echinata zurück, aber die viel niedrigere Statur und der am Grunde rasenartige Körper unterscheiden sie von ihr hinlänglich.

189. Mamillaria subechinata *S.*, Fast Igelstacheliger Warzencactus.

Vaterland Mexiko. Stamm aufrecht, kräftig, am oberen Theile sprossend, bis 15—16 cm hoch bei 4 cm Durchmesser. Warzen kräftig, eirundlich-kegelförmig, weniger gedrängt, als bei der vorigen Art, freudig-grün. Stachelpolster nackt oder fast nackt. Randstacheln 14—16, zurückgekrümmt, ausgebreitet, kaum mit den Spitzen sich kreuzend, strohgelb. Mittelstachel kräftiger, lang, an der Spitze grünlich-braun, vielleicht nur Form von M. echinata.

Blüthen im Juni, nach Salm von intensiverem Gelb als bei den übrigen Arten.

190. Mamillaria anguinea *O.*, Schlangen-Warzencactus.

Vaterland Mexiko. Stamm cylindrisch, lang gestreckt, bisweilen 35—40 cm bei einem Durchmesser von nur 33 mm, halb-aufrecht oder geneigt, oben verästelt. Warzen kräftig entwickelt, von einander abstehend, eirund-kegelförmig. Stachelpolster nackt oder fast nackt. Randstacheln gegen 20, strahlenförmig ausgebreitet, zurückgekrümmt, fast mit einander sich mischend, weisslich-grau mit brauner Spitze. Mittelstachel 1, weiss, braun gespitzt.

Diese Art weicht in der Bildung ihres Stammes von allen anderen augenfällig ab.

Blüthen blassgelb, mit stumpfen, etwas ausgerandeten Perigonblättern.

191. Mamillaria rufocrocea *S.*, Orangestachel-Warzencactus.

Vaterland Mexiko. Stamm cylindrisch oder fast keulenförmig, am Grunde und oben stark sprossend. Warzen gedrängt, halbkugelig. Randstacheln 14—16, steif, zurückgekrümmt-ausgebreitet, miteinander sich mischend, an der Basis orangegelb, in der Mitte weiss, an der Spitze rothbraun. Mittelstachel 1 (selten 2), dicker, unten roth, oben braun.

An der orangerothen Farbe der Randstacheln leicht zu erkennende Species. In diesem Betracht steht sie der var. rufescens der M. elongata nahe; doch unterscheidet sie sich von dieser durch den niedrigeren und stärker verästelten Stamm, vorzugsweise aber durch den immer vorhandenen Mittelstachel.

192. Mamillaria elongata *DC.*, Verlängerter Warzencactus.

Vaterland Mexiko. Stamm verlängert, meistens einfach oder erst im Alter am Grunde etwas ästig, 15—18 cm hoch bei einem Durchmesser von 4 cm. Axillen breit. Warzen kräftig entwickelt, etwas entfernt, stumpf-kegelförmig, hellgrün. Stachelpolster in der Jugend etwas filzig. Randstacheln 16—25, gelb, borstenförmig, dünn, anliegend, wenig gekrümmt, kaum sich mit den Spitzen kreuzend.

An älteren Pflanzen ist kaum eins oder das andere Stachelpolster mit einem Mittelstachel versehen.

Blüthen im Mai und Juni, nicht viel über 1 cm lang, glockig, mit weissen, lanzettlichen Perigonblättern, gelben Antheren und einer weissen Narbe mit 5 lineal-lanzettlichen Lappen.

Varietäten. 1. Mamillaria elongata β subcrocea *S.* (Syn. M. subcrocea *DC.*), in Mexiko einheimisch, von der Normalform in der Hauptsache durch die Farbe der Stacheln unterschieden, welche in der Jugend heller oder dunkler safrangelb, später gelb, safranfarbig gespitzt sind.

2. M. elongata γ intertexta *S.* (Syn. M. intertexta *DC.*), mit 20—25 steiferen und längeren gelben Stacheln, welche dicht sich mischend die Warzen verdecken. Ein Mittelstachel vorhanden oder nicht. Blumen etwas grösser.

3. M. elongata δ rufescens *S.*, von der Normalform durch röthliche, braun gespitzte Stacheln verschieden. Der Mittelstachel fast niemals vorhanden.

193. Mamillaria stella aurata *Mart.*, Goldstern-Warzencactus.

Synonym. Mamillaria tenuis *DC.*, und β media *DC.*

In Mexiko einheimisch. Stamm steif von Grund auf verästelt, cylindrisch, 13 mm im Durchmesser. Axillen nackt. Warzen eirund. Stachelpolster in der Jugend schwach wollig, später nackt. Randstacheln 20—25, borstenartig, strahlig, gelb, etwas länger als die Warzen (7—9 mm), sich kreuzend. Mittelstachel 1, bisweilen nicht vorhanden.

Blüthen im Mai und Juni, klein, weisslich, über die Stacheln hinaus ragend; sepaloidische Perigonblätter 5, petaloidische 10, gezähnelt, spitz. Staubfäden zahlreich, kürzer, als die Perigonblätter. Griffel cylindrisch, kürzer, als die

Staubgefässe. Narbe mit 3 zurückgebogenen Lappen. Beeren länglich, am Grunde dünner, gelb, bei der Reife im nächsten Winter sich röthend. Samen orangegelb.

Varietät. Mamillaria stella aurata β gracilispina *S.*, Stamm niedriger, Warzen dichter, Stacheln goldgelb, dünner, mehr mit einander gemischt, Mittelstachel stets vorhanden.

194. Mamillaria minima *Rchb.*, Zwerg-Warzencactus.

Synonym. Mamillaria tenuis *DC* γ minima *S.*

Vaterland Mexiko? Stamm cylindrisch, dünn, ästig, am Grunde rasenartig. Axillen nackt. Warzen halbkugelig, fast frei. Stachelpolster rund, nackt. Stacheln 20, sehr dünn, sehr abstehend und mit einander sich mischend, leicht zurückgebogen, gelblich, an der Spitze rothgelb. Mittelstachel stets fehlend.

Blüthen zu Ende des Sommers, klein, zurückgebogen-abstehend, stumpf, ausgerandet-stumpf, weisslich.

Diese sehr niedliche Art, deren Aehnlichkeit mit Mamillaria stella aurata beim ersten Blick in die Augen fällt, unterscheidet sich doch von ihr durch einen dünneren und weniger hohen Stamm, den stets fehlenden Mittelstachel und die stumpfen, ausgerandeten, nicht spitzen Perigonblätter.

195. Mamillaria sphacelata *Mart.*, Brandspitzen-Warzencactus.

Im nördlichen Theile Mexikos einheimisch. Stamm cylindrisch, mit der Zeit seitlich sprossend. Axillen fast nackt. Warzen fast kegelförmig, stumpf, am Grunde rautenförmig. Stachelpolster spärlich mit Filz besetzt. Stacheln elfenbeinweiss, in der Jugend an der Spitze dunkelroth, später brandschwarz, ziemlich gerade. Randstacheln 12—18, fast horizontal ausgebreitet. Mittelstacheln 3—4, aufrecht. Stamm 20—25 cm hoch bei etwas über 3 cm Durchmesser.

Blüthen im Mai, einzeln, ziemlich klein, aber sehr zierlich; Sepalen rothbraun; Petalen blutroth, spitz.

196. Mamillaria gracilis *Pfr.*, Zierlicher Warzen-cactus.

Synonym. Mamillaria echinata β gracilior *Ehrenb.*

Aus Mexiko, Mineral del Monte, 1838 durch K. Ehrenberg in Berlin eingeführt. Stamm schlank, überall sprossend. Axillen nackt. Warzen kurz, stumpf-kegelförmig, hellgrün. Stachelpolster fast nackt. Randstacheln 14—16, fein, borstenförmig, weiss, in höherem Alter schmutzig-weiss. Mittelstachel 1 oder fehlend, steifer, länger, weisslich oder braun.

Blüthen im Juli und August, schwefelgelb.

Eine der zierlichsten und niedlichsten Formen. Der Hauptstamm, bis 10 cm hoch bei 4 cm im Durchmesser, bedeckt sich nach und nach mit zahllosen, kleinen, dicht gedrängten Aesten, so dass das Ganze endlich eine Rasenkugel bildet. Die Aeste hängen mit dem Hauptstamme so lose zusammen, dass sie, wenn sie noch nicht sehr gedrängt stehen, schon beim Begiessen durch einen aus grösserer Höhe herabfallenden Wasserstrahl abgebrochen werden. Nach Salm hätte diese Art mit grösserem Rechte fragilis, brüchig, genannt werden können.

Varietät. Mamillaria gracilis β pulchella *Hpfr.*, unterscheidet sich nur durch die lebhafter grüne Färbung.

197. Mamillaria radians *DC.*, Stachelkranz-Warzen-cactus.

Vaterland Mexiko. Stamm einfach, cylindrisch. Axillen in der Jugend stark wollig. Warzen rundlich-eiförmig, die jüngeren sehr abstehend, auf der oberen Seite mit einer Furche bezeichnet, ohne Wolle, freudig-grün. Stachelpolster sehr gross, länglich, gewölbt, in der Jugend mit dichtem, weissem Filz besetzt. Stacheln 19—20, borstenförmig, steif, von fast gleicher Länge, strahlig, sehr regelmässig und horizontal ausgebreitet, vom Scheitel nach unten schwefelgelb, bräunlich-weiss, braun, grau. Mittelstacheln nicht vorhanden.

Eine der anziehendsten Mamillaria-Formen, ausgezeichnet

durch die Regelmässigkeit in der Stellung der Stacheln und die Form der blendend weissen Stachelpolster; die Stacheln haben eine Länge von 14 mm.

Die Blüthe findet sich nirgends beschrieben.

198. Mamillaria spectabilis *Muehlenpf.*, Ansehnlicher Warzencactus.

Vaterland Mexiko, Real del Monte. Stamm fast kugelig, gegen 8 cm hoch bei gleichem Durchmesser. Axillen in der Jugend wollig. Warzen kurz-kegelförmig, im Alter an der Basis fast viereckig, sehr gedrängt. Stacheln 6—8, weisslich, die jüngeren rosa, braun gespitzt, 4—6 seitlich, dem Körper angedrückt, einer nach oben und einer nach unten gerichtet, der obere etwas länger, als die übrigen, fast 9 mm lang.

Blüthen lebhaft roth.

199. Mamillaria Leona *Poselg.*, Leon-Warzencactus.

Im Staate Nueva Leon einheimisch, auf Bergen in der Nähe von La Rinconada. Stamm cylindrisch, 10—12 cm hoch bei $2^1/_2$ cm Durchmesser. Axillen wollig. Warzen kurz, dicht stehend, graugrün. Randstacheln sehr zahlreich, dicht, nur etwa 3 mm lang, fast weiss. Mittelstacheln 8—12, die Randstacheln überragend, gelblich-weiss, der oberste bis 9 mm lang, etwas gebogen, weiss, mit schwachem Purpurschimmer.

Ueber die Blüthen ist nichts bekannt.

8. Gruppe. Aulacothelae — Gefurchtwarzige.

Körper cylindrisch, säulen- oder keulenförmig oder fast kugelig. Axillen drüsentragend oder drüsenlos. Warzen stark, auf der oberen Seite mit einer Längsfurche. Stachelpolster unter der Warzenspitze stehend.

Wie bereits bemerkt, sind es die Arten der beiden Sippen dieser Gruppe, welche Lemaire's Gattung Coryphanta bilden.

Mit Recht bemerkt Förster, dass die meisten Arten dieser

Gruppe eine so grosse Uebereinstimmung haben, dass man sie besser als Varietäten ansprechen könnte.

1. Sippe. Glanduliferae — Drüsentragende.

Körper cylindrisch, säulen- oder keulenförmig, sehr selten fast kugelig, später an der Basis oder oberhalb sprossend; bisweilen zweiköpfig. Axillen fast nackt, mit 1—3 farbigen, von einem weisslichen filzigen Ringe umgebenen Drüsen besetzt, welche meist einen hellen, klebrigen Saft ausschwitzen. Warzen stielrund, an der Basis breit, verlängert, verschmälert, fast aufrecht, meist etwas zurückgekrümmt, bisweilen abgestumpft eiförmig, oberseits der Länge nach von einer kahlen, mehr oder minder deutlichen Furche durchzogen, an der Spite schräg abgestumpft. Stachelpolster rund oder oval. Randstacheln 6—12, strahlig, steif. Mittelstacheln 1—3, stärker. Blüthen gross oder mittelgross, weisslich, aussen violett oder purpurviolett oder gelblich, aussen rosen- oder purpurroth, in Bau, Grösse und Farbe meistens denen der Echinocacti stenogoni sehr ähnlich und von ihnen oft kaum zu unterscheiden.

200. Mamillaria melanacantha *Hort.*, Schwarzstachel-Warzencactus.

Vaterland nicht bekannt. Körper cylindrisch. Axillen mit weisser, später sich bräunender Wolle besetzt. Warzen zitzenförmig, oben in eine Spitze vorgezogen, unten bauchig hellgrün. Stachelpolster in der Jugend weissfilzig, später nackt. Randstacheln 7—9, horizontal ausgebreitet. Mittelstachel 1, gerade, nach unten gerichtet, alle gelblich.

Blüthen nicht beobachtet oder beschrieben.

Der Name stimmt allerdings nicht mit der Farbe der Stacheln überein, indessen haben viele Beispiele gelehrt, dass Einflüsse der Kultur das Colorit der Waffen oft erheblich verändern.

201. Mamillaria Schlechtendalii *Ehrenb.*, Schlechtendal's Warzencactus.

Nomenclatur. Dem 1866 verstorbenen Professor und Direktor des botanischen Gartens in Halle Dr. D. L. F. von Schlechtendal zu Ehren benannt.

Synonym. Coryphantha Schlechtendalii *Lem.*

In Mexiko bei San Onofre, im Mineral del Doctor, auf hohen Kalkbergen, in Gesellschaft von Mamillaria Parkinsonii.

Stamm kräftig, säulen-keulenförmig. Axillen in der Jugend wollig, aber bald nackt, mit einer gelben Drüse. Warzen fast aufrecht, ganz frei, kegelförmig, am Grunde sehr breit, oben mit einer Furche. Stachelpolster elliptisch, mit weissem, später sich bräunendem Filze besetzt. Stacheln 16—18, strahlig, in einander greifend, abstehend-zurückgebogen, dünn, gelb, die obersten und die untersten etwas länger. Mittelstacheln nicht vorhanden.

Diese ausgezeichnete Species wird 30 cm hoch und darüber und hat einen Durchmesser von 7 cm.

Blüthen zahlreich, den Scheitel umgebend, $2^1/_2$ cm breit. Perigonblätter spitz-lanzettförmig; von den Sepalen sind die untersten grünlich, die oberen gelblich, aussen mit einer breiten rothen Mittellinie bezeichnet; Petalen in mehreren Reihen, strohgelb, ausen röthlich. Staubgefässe zahlreich, dicht gedrängt, mit weissen Fäden und Antheren. Griffel säulenförmig, dick, länger als die Staubgefässe, mit sechslappiger gelblicher Narbe.

202. Mamillaria rhaphidacantha *Lem.*, Langnadel-Warzencactus.

Synonyme. Mamillaria clavata *Schdw.*, M. stipitata *Schdw.*, M. ancistracantha *Lem.*, Coryphantha rhaphidacantha *Lem.*

Vaterland Mexiko. Stamm verlängert-säulen-, in höherem Alter keulenförmig oder ellipsoidisch, stark. Axillen anfangs wollig. Warzen graulich-grün, aufrecht, fast kegelförmig, stumpf, oberseits mit einer anfangs wolligen, später nackten Längsfurche.

Stachelpolster abgerundet, nur in frühester Jugend dicht weisswollig. Stacheln pfriemlich, lang, nadelartig scharf. Randstacheln 12, regelmässig-strahlig, gerade, sehr steif, sehr dünn, nach dem Stamm zustehend, sich mischend, einige weisslich, einige schwarz oder zweifarbig. Mittelstachel 1, stärker, gerade, ausgestreckt, sehr lang (33—34 mm), fleischfarbig, in Schwarz übergehend.

Eine sehr zierliche Art, welche eine Länge von 20 cm erreicht bei $6^1/_2$ cm Durchmesser.

Blüthen im Mai und Juni, in Menge aus der Spitze des Scheitels, $2^1/_2$ cm lang und breit. Perigonblätter wenig zahlreich, aufrecht-abstehend, lanzettförmig, spitz, die sepaloidischen aussen grünlich, oben purpurviolett, weisslich gerandet, die petaloidischen strohgelb-weisslich, mit einem rosenrothen Mittelstreifen. Staubfäden zusammengeneigt, sehr reizbar, besonders bei warmer Temperatur, blass-pomeranzengelb. Antheren safrangelb. Die drei- bis fünflappige Narbe schwefelgelb.

203. Mamillaria erecta *Lem.*, Aufrechter Warzencactus.

Synonyme. Mamillaria ceratocentra *Berg.*, Coryphantha erecta *Lem.*

Von Galeotti 1837 in Mexiko, im Mineral del Monte entdeckt. Stamm säulen- oder verlängert-walzenförmig. Axillen in der Jugend weissflockig, später nackt und 1—3 gelbe oder hellbraune Drüsen tragend. Warzen hellgrün, schief-kegelförmig, stets aufrecht, nicht wie bei ähnlichen Mamillaren horizontal oder abwärts gerichtet, am Grunde fast länglich viereckig. Stachelpolster oval, in der Jugend weissflockig, später nackt und etwas schwärzlich. Stacheln strohgelb, später hornfarbig oder gelbbraun, pfriemlich. Randstacheln 12—14, gerade, sehr abstehend, der oberste viel länger (bis 26 mm, am Scheitel noch weit darüber) und etwas einwärts gekrümmt. Mittelstacheln 2, selten 3 oder 4, im letzten Falle kreuzständig, viel stärker, der obere gerade, der untere länger und etwas gekrümmt.

Eine der schönsten Mamillaria-Arten, die 30—40 cm hoch wird bei 6—8 cm Durchmesser.

Blüthen im Mai und Juni, 5—6 cm lang, im Aufblühen 7 cm breit. Röhre blassgrün. Sepalen länglich, sehr blassgrünlich-gelb, aussen röthlich. Petalen zweireihig, linien-lanzettförmig, zugespitzt, an der Spitze gefranst, citrongelb. Staubfäden kurz, sehr reizbar, unten blassgelb, nach oben rosenroth. Antheren safrangelb. Griffel kürzer, als die Staubgefässe, mit einer fünf- bis sechsstrahligen blassgelben Narbe.

204. Mamillaria sulcoglanduligera *Jacobi*, Furchen-Drüsen-Warzencactus.

Vaterland unbekannt. Körper cylindrisch. Axillen immer weissfilzig, mit einer oder mehreren rothen Drüsen. Warzen gefurcht, dunkelgrün. Stachelpolster weissfilzig, meistens nur in der Jugend, dicht am Fusse desselben in der Furche mit einer kreisrunden rothen Drüse besetzt. Mittelstacheln 1, öfters nicht vorhanden, braun. Randstacheln 12, strahlig, abstehend, borstenförmig, gelblich, mit schwärzlicher Spitze, im Alter graulich.

Blüthen nicht beobachtet.

205. Mamillaria Plaschnickii *O.*, Plaschnick's Warzencactus.

Nomenclatur. Nach Plaschnick, einem vormaligen Gärtner am botanischen Gartens in Leipzig benannt.

Diese Art gehört offenbar zum engeren Formenkreise der M. macrothele, doch mit etwas stärkerem Stamme, als diese ihn besitzt. Axillen dichtwollig, drüsig. Warzen mit einem grösseren Antheil von Grau, etwas länger, an der Basis fast vierkantig. Stachelpolster in der Jugend weissfilzig. Stacheln schwärzlich. Randstacheln 9. Mittelstacheln 4, deren unterster 4 cm lang ist und eine horizontale Richtung hat.

Varietät. Mamillaria Plaschnickii β straminea *S.* (Syn. M. sulcimamma *Pfr.*); sie unterscheidet sich von der normalen Form durch einen schlankeren (bis 20 cm hoch), nach Pfeiffer niemals sprossenden Stamm, längere und schmalere Warzen blassfleischfarbige Drüsen und zahlreichere, strohgelbe Stacheln

206. Mamillaria macrothele *Mart.*, Langwarzencactus.

Synonyme. Mamillaria octacantha *DC.*, M. Martiana *Pfr.*, M. aulacothele *Lem.*, Coryphanta aulacothele *Lem.*

Vaterland Mexiko, bei Octapan, auf Prairien, mehr als 2000 m über dem Meere, in Gesellschaft verwandter Formen, zuerst durch Galeotti eingeführt.

Stamm cylindrisch, einfach. Axillen breit, mit 1—2 roth gerandeten Drüsen mitten in weissem Filz. Warzen lang gespreizt, breit, kegelförmig, an der Basis fast vierkantig, an der Spitze abgerundet, oft nach unten gekrümmt. Stachelpolster länglich, nackt, unter der Warzenspitze, begleitet von einer rothen Drüse. Randstacheln 8, steif, abstehend, hornfarbig, schwarz gespitzt, 15—16 mm lang. Mittelstacheln 1—2, etwas stärker, braun, fast noch einmal so lang.

Der Stamm wird 50 cm hoch bei etwa 13 cm Durchmesser. Warzen 30 mm lang und 14 mm an der Basis breit.

Blüthen von Mai bis Juli, vollkommen erschlossen o mm breit, mit zahlreichen, innen gelben, aussen mit einem violettlichen Mittelstreifen bezeichneten Perigonblättern. Staubfäden und Staubbeutel rosenroth. Griffel mit einer fünf- bis siebenstrahligen Narbe.

Varietät. Mamillaria macrothele β Lehmanni *S.* (Syn. M. Lehmanni *Pfr.*, M. leucacantha *DC.*, Coryphanta Lehmanni *Lem.*), in Mexiko auf denselben Standorten. Axillen anfangs wollig, aber bald nackt, dann mit 1—2 rosenrothen Drüsen. Warzen graulich-grün, verlängert-kegelförmig, an der Basis sehr breit, fast einzeln stehend, oben dünn. Stachelweissfilzig. Stacheln ziemlich steif, gerade. Randstacheln

7—8, sehr regelmässig-strahlig, weiss, an der Spitze braun. Mittelstachel 1, braun, länger (2 1/2 cm).

Der Stamm wird 30—45 cm hoch bei 6 1/2 cm — 9 cm Durchmesser.

Fig. 39. Mamillaria macrothele.

Blüthen im Juli und August, zahlreich um den Scheitel stehend, schmutzig-blassgelb, die Perigonblätter aussen mit einem breiten, purpurbraunen Mittelstreifen.

207. Mamillaria biglandulosa *Pfr.*, Zweidrüsen-Warzencactus.

Synonym. Mamillaria macrothele γ biglandulosa *S.*

Vaterland Mexiko. Stamm ziemlich cylindrisch, 15 bis 20 cm hoch bei 7 cm Durchmesser, bisweilen zweiköpfig. Axillen mit 2 (selten nur 1) fleischfarbenen oder blutrothen, von einem weissfilzigen Ringe umgebenen Drüsen besetzt. Warzen lebhaft blaugrün, aufrecht, stumpf-kegelförmig, am Grunde fast rautenförmig, $2^1/_2$ cm lang. Stachelpolster fast nackt, oft mit einer fleischfarbenen Drüse oberhalb des Stachelbündels. Randstacheln 9—10, in der Jugend hornfarbig, an der Spitze rothgelb, später rothgelb-aschgrau, fast gleich lang, strahlig ausgebreitet. Mittelstacheln 2, steifer, rothgelb, an der Basis verdickt, einer aufrecht, der andere horizontal vorgestreckt und länger.

Blüthen aus dem weisswolligen Scheitel der Pflanze, voll erblüht 5 cm im Durchmesser, vor dem Aufblühen $2^1/_2$ bis 3 cm lang. Sepalen lanzettlich, schmutzig-braun-roth, schwefelgelb gerandet. Petalen 30—36 in mehreren Reihen, verkehrt-lanzettförmig, an der kurz zulaufenden Spitze ausgerandet, schwefelgelb, die äusseren mit rothem Mittelstreifen und rother Weichstachelspitze. Staubgefässe mit rosenrothen Fäden und orangegelben Antheren. Griffel gelblich-grün mit siebenstrahliger Narbe.

208. Mamillaria Clava *Pfr.*, Keulen-Warzencactus.

Synonym. Coryphantha Clava *Lem.*

In Mexiko einheimisch. Stamm keulen-säulenförmig. Axillen mit dichtem weissen Filz und einer röthlichen Drüse besetzt, bald nackt und sehr flach. Warzen lebhaft grün, verlängert, aufrecht, am Grunde fast rautenförmig. Stachelpolster weisszottig, unter der Warzenspitze. Stacheln gerade, gelblich-hornfarbig, fast von gleicher Länge. Randstacheln 7. Mittelstacheln 1, dicker, nur wenig länger.

Stamm 20—30 cm hoch bei 8—10 cm Durchmesser, die dicken Warzen im Alter sich verflachend.

Blüthen fast 4 cm im Durchmesser, mit zahlreichen Pegonblättern, von denen die sepaloidischen spitz-lanzettförmig, schwefelgelb mit rother Mittellinie, die petaloidischen nach oben verbreitert, zugespitzt, blass-schwefelgelb, aussen röthlich. Staubgefässe aufrecht, mit lebhaft gelben, oben röthlichen Fäden und safrangelben Antheren. Narbe achtstrahlig, gelblich-grün.

209. Mamillaria Ottonis *Pfr.*, Otto's Warzencactus.

Nomenclatur. Nach dem ehemaligen Inspector des botanischen Gartens zu Berlin Fr. Otto, welcher mit dem Professor Dr. H. F. Link (*Lk. et O.*) in der Allgemeinen Gartenzeitung viele Pflanzenbeschreibungen geliefert und einer der gewiegtesten Cacteenkenner gewesen.

Synonym. Coryphantha Ottonis *Lem.*

In Mexiko, im Mineral del Monte, einheimisch und 1838 durch K. Ehrenberg eingeführt. Stamm cylindrisch, fast kugelig, einfach. Axillen mit einem Büschel weisser Wolle und einer rothen, von einem weissen Filzringe umgebenen Drüse besetzt. Warzen dunkelgrau-grün, dick, einer Frauenbrust vergleichbar, am Grunde bisweilen zusammenfliessend, oben bis zur Drüse wollig. Stachelpolster in der Jugend weisszottig. Randstacheln 8—12, fast gleich lang, steif, gerade, die zwei obersten dünner, fast aufrecht, gelblich, an der Spitze braun, schliesslich graulich. Mittelstacheln 3, seltener 4 (da der oberste meistens fehlt), fast kreuzständig, steifer, stärker, in der Jugend hornfarbig, später braun und von der Mitte bis zur Spitze weisslich, etwas länger, der unterste sehr lang (bis 18 mm), abstehend, fast hakig auswärts gekrümmt.

Eine sehr schöne Art, welche eine Höhe von fast 12 cm und einen Durchmesser von fast 8 cm erreicht.

Blüthen im Mai und Juni, voll erblüht über 5 cm breit, aus den obersten Axillen hervortretend. Sepalen breit-lanzettförmig, stumpf, mit einer Weichstachelspitze, oben weisslich, unten mit einer schmutzig-rothen Mittellinie, aufrecht-zurückgebogen. Petalen fast zweireihig, weiss, aufrecht, mit gekerbelt-ausgerandeter Spitze. Staubgefässe zusammengeneigt, mit gelbem Faden und safrangelber Anthere. Griffel säulenförmig. Narbe mit 10 cylindrischen, aufrechten, gelben Lappen.

210. Mamillaria glanduligera *Dietr.*, Drüsen-Warzencactus.

Synonym. Coryphantha glanduligera *Lem.*

Vaterland Mexiko. Stamm verkehrt-eirund-keulenförmig. Axillen nackt. Warzen kurz, pyramidal, fast stielrund, bläulich-graugrün, weiss punktirt, oben etwa in der Mitte mit einer rosa-weissen Drüse in einer kleinen bis zur Spitze sich ziehenden Furche bezeichnet. Stachelpolster fast nackt. Randstacheln gegen 20, zurückgebogen-abstehend, sternförmig, steif, gelblich, später weiss. Mittelstacheln 3 oder 4 (bei jüngeren Individuen fehlend), pfriemlich, bis 20 mm lang, braun, einer abstehend, die übrigen aufrecht.

Die Blüthen sollen sehr gross und glänzend gelb sein.

Diese von Salm beschriebene Mamillaria ist 5—8 cm hoch, oben fast eben so stark, unten verschmälert.

211. Mamillaria brevimamma *Zucc.*, Kurzzitzen-Warzencactus.

Synonym. Coryphantha brevimamma *Lem.*

Vaterland Mexiko, bei Actopan, in Gesellschaft anderer Mamillarien.

Stamm fast kugelig, länglich-kugelig oder cylindrisch, einfach. Axillen drüsig, nur wenig filzig. Warzen dunkelgrün, sehr kurz, breit, einer Frauenbrust vergleichbar. Stachelpolster filzig. Randstacheln 6, horizontal, steif, hornfarbig, an der Spitze schwärzlich, die 3 oberen kürzer. Mittelstacheln 1, aufrecht, nur wenig stärker, mehr oder weniger hakig gekümmt, braun.

Der Stamm wird 12 cm hoch bei $6^1/_2$ cm Durchmesser. Blüthen nicht bekannt.

Varietät. Mamillaria brevimamma β exsudans *S.* (Syn. M. exsudans *Zucc.*, Coryphantha exsudans *Lem.*), nur wenig von der Hauptform verschieden, in deren Gesellschaft sie in ihrer Heimath häufig gefunden wird. Randstacheln 6—7, fast gleichlang, dünn, fast gerade, abstehend, gelb. Mittelstacheln 1, aufrecht, mehr zurückgekrümmt, als bei der Hauptform, angelhakig, braun.

212. Mamillaria Asterias *Cels.*, Seestern-Warzencactus.

Vaterland unbekannt. Körper fast kugelig oder cylindrisch, einfach. Axillen mit einer von weissem Filze umgebenen rothen Drüse. Warzen fast graugrün, dick, zitzenförmig, fast abstehend, an der Basis breit, an der Spize schräg abgestumpft, oberseits ohne Furche. Randstacheln 9, sternförmig geordnet, abstehend, Mittelstachel 1, stärker, horizontal vorgestreckt, an der Spitze etwas hakig gekrümmt, alle steif, an der Basis verdickt, blass-röthlich-gelb, an der Spitze braun.

Körper nicht viel höher als 5—8 cm bei einem Durchmesser von 4 cm.

Von Mamillaria Ottonis unterscheidet sich diese Art durch die ungefurchten Warzen und den einzelnen Mittelstachel. Näher noch steht sie der M. brevimamma *Zucc.*, von der sie sich aber durch einen stärkeren Körper, blassere, weniger glänzende Farbe, stärkere, immer in der Neunzahl vorhandene Randstacheln und einen stärkeren, 11—13 mm langen, an der Spitze hakig umgebognen Mittelstachel unterscheidet.

Blüthen scheinen bisher noch nicht beobachtet worden zu sein.

2. Sippe. Eglandulosae — Drüsenlose.

Körper fast kugelig oder fast cylindrisch, bisweilen gedrückt, breit, sprossend, zuweilen zweiköpfig. Axillen wollig, drüsenlos. Warzen eiförmig, oft sehr breit, stumpf, aufrecht oberseits von einer mit Wolle besetzten Längsfurche durchzogen, bisweilen durch diese fast zweitheilig. Stachelpolster länglich, an alten und geschnittenen Individuen oft sprossend. Randstacheln mehr oder weniger zahlreich, steif, strahlig, ausgebreitet, auswärts gekrümmt, oft verwebt. Mittelstacheln 1—3, selten mehr, oder fehlend.

Blüthen sehr gross, gelb oder rosenroth.

213. Mamillaria elephantidens *Lem.*, Elephantenzahn-Warzencactus.

Synonym. Mamillaria bumamma *Ehrenb.*, Coryphantha elephantidens *Lem.*

Vaterland Paraguay, auf den Cordilleren. Stamm kugelig, platt gedrückt, einfach, genabelt. Axillen reichlich weisswollig. Warzen breit, stark abgerundet, an der Basis fast siebenkantig, oben mit einer tiefen Längsfurche, durch welche sie in zwei angeschwollene Hälften getheilt werden, zwei Hinterbacken vergleichbar, glänzend grün, schwach-graulich, anfangs mit Wolle besetzt, die aber ziemlich rasch verschwindet Stachelpolster sehr lang, oval, eingesenkt, filzig. Von Randstacheln fand Lemaire zuerst nur 8 vor, und so hat er sie auch in seiner Iconographie descriptive des Cactées dargestellt, bei vollkommen normal entwickelten Individuen finden sich jedoch 9—10 Stacheln von 17—19 mm Länge vor; sie sind sehr dick und steif, in Gestalt und Farbe Elephantenzähnen ähnlich, gekrümmt, unten gedreht, in regelmässiger Vertheilung, der eine obere kürzer und feiner, die letzten der unteren etwas länger, alle gelblich-weiss, später schmutzig-braun. Mittelstacheln fehlen.

Blüthen von Juli bis September, selbst bis October voll erblüht 8 cm im Durchmesser und selbst darüber, mit zahlreichen Perigonblättern; die sepaloidischen breit-lanzettförmig, spitz, purpurviolett, an den Rändern weisslich, fast aufrecht, die petaloidischen an der Basis verschmälert, nach oben verbreitert, zurückgebogen und sehr ausgebreitet, an der Spitze stumpf, mit einer Weichstachelspitze, schön rosa, am Grunde purpurn, und so auch die von der Basis bis zur Spitze sich ziehende Mittellinie. Staubgefässe aufrecht, sehr reizbar,

Fig. 40. Mamillaria elephantidens.

kaum von der Länge der Röhre, mit purpurnen Fäden und safrangelben Antheren. Griffel länger als jene, dick, röhrig, die Narbe mit 8—10 langen, an den Rändern nach aussen umgerollten, zurückgebogenen, strahligen, hellsafrangelben Lappen. Beere keulenförmig, blaugrün, glatt.

Diese ausgezeichnet schöne, etwa seit 1837 bekannte Art ist von raschem Wachsthum und soll verhältnissmässig ansehnliche Dimensionen erreichen. Sämlinge und Stecklinge werden in 2—3 Jahren bis 9 cm hoch bei 12 cm Durchmesser. Im Alter werden die Furchen flacher.

Unsere Mamillarie verlangt im Sommer häufiges und reichliches Begiessen und Spritzen, natürlich nicht bei kalter und nebeliger Witterung.

Ehrenberg's Mamillaria bumamma (Kuheuter) kann höchstens den Namen einer Varietät beanspruchen. Sie unterscheidet sich nur durch die geringere Zahl (6—7) von Stacheln, etwas dickere Warzen und die dunklere Farbe derselben.

214. Mamillaria macromeris *Engelm.*, Gross-Warzencactus.

Synonym. Coryphantha macromeris *Lem.*

Vaterland nördliches Mexiko. Körper niedrig, nur 5 cm hoch, einfach, eirund. Achseln breit, nackt. Warzen frei, $3^1/_2$ cm lang, am Grunde breit, dann cylindrisch, einwärts-gekrümmt-aufrecht, oben von der Mitte bis zur Spitze mit einer Längsfurche. Jüngere Stachelpolster weissfilzig. Stacheln eckig, gerade, lang. Randstacheln 12, dünner, sehr abstehend, $2^1/_2$ cm lang, weisslich. Mittelstacheln 3—4, stärker, 4 cm lang, dunkelbraun. (Fig. siehe S. 399.)

Blüthen sehr gross, 6—$7^1/_2$ cm im Durchmesser. Sepalen oval, spitz, gewimpert, Petalen weichstachelspitzig, ebenfalls gewimpert, rosenroth mit dunklerer Mittellinie. Griffel viel länger, als die kurzen Staubgefässe. Narbe achtlappig.

215. Mamillaria recurvispina *Engelm.*, Krummstachel-Warzencactus.

Vaterland Mexiko, Sonora, hauptsächlich in der Sierra del Pajarito. Körper einfach, kugelig oder wie meistens gedrückt, 4—5 cm und mehr im Durchmesser. Warzen eiförmig, stumpf, mit tiefer Furche oben, gedrängt, fast dachziegelig

Fig. 41. Mamillaria macromeris.

Stachelpolster schief, eirundlich, in der Jugend weisswollig, Randstacheln 10—12, mit verdickter Basis, zusammengedrückt, steif, zurückgebogen, weisslich oder hornfarbig, an der Spitze oft brandschwarz, in einander greifend. Mittelstachel 1 (bisweilen noch einer darüber), stärker, länger (13—21 mm) dunkel, meistens stark zurückgebogen, angedrückt, so dass sich die Pflanze leicht behandeln lässt.

Blüthen von Juni bis August, aus den stark behaarten Axillen jüngerer Warzen heraustretend, fast scheitelständig, gross, gegen 4 cm lang und eben so breit, gelblich, aussen braun. Sepalen spitz-lanzettförmig, ganzrandig, Petalen ausgerandet.

216. Mamillaria compacta *Engelm.*, Dicht-Warzencactus.

Vaterland Mexiko, westlich von Chihuahua. Stamm einfach, gedrückt und kugelförmig, 5—10 cm im Durchmesser. Warzen verkürzt-kegelförmig, oben mit einer Furche, dicht gedrängt. Stachelpolster eirund-lanzettförmig. Randstacheln 13—16, steif, zurückgekrümmt, mit einander verwebt, weisslich oder hornfarbig, 10—20 mm lang. Mittelstachel aufrecht, meistens fehlend.

Blüthen mitten aus dem mit dichter Wolle besetzten Scheitel sich erhebend. Sepalen 17—19, spitz-lanzettförmig, ganzrandig, röthlich, die innern gelb gerandet. Petalen 28, länglich-lanzettförmig, weichstachelspitzig, gegen die Spitze hin gezähnelt, schwefelgelb. Narbe mit 7—8 spitzigen, gelblichen Lappen, die schwefelgelben Staubfäden nur wenig überragend.

M. compacta ist der M. recurvispina ähnlich, aber von ihr durch spitzere (nicht stumpfe) Warzen, durch mehr in die Länge gezogene Stachelpolster, einen aufrechten Mittelstachel, hauptsächlich aber durch die kleineren und scheitelständigen Blüthen unterschieden.

217. Mamillaria robustispina *Schott.*, Starkstachel-Warzencactus.

Vaterland Mexiko, Sonora, auf grasigen Prairien an der Südseite der Babuquibari-Berge. Stamm stark, einfach oder sprossend. Warzen gross, fast $2^1/_2$ cm lang, abstehend, fast stielrund, mit einer Furche oben. Stachelpolster gross, rund, in der Jugend mit dichtem Filze. Randstacheln 12—15, stark, steif, die unteren stärker, aber etwas kürzer als die oberen, gerade oder oben gebogen, die oberen gerade, büschelig stehend, dünner; Mittelstacheln 1 (bisweilen 2), stark, zusammengedrückt, abwärts gebogen, alle Stacheln hornfarbig, an der Spitze schwarz, fast $2^1/_2$ cm lang.

Blüthen im Juli, aus der starkwolligen Basis jüngerer Warzen, glockenförmig, bis 5 cm lang, mit schlanker, über dem Fruchtknoten zusammen gezogener Röhre, gelb. Sepalen lanzettförmig, die inneren etwas gewimpert. Petalen zahlreich, ausgerandet, etwas dunkler, aussen längs der Mittelrippe etwas bräunlich. Griffel mit 9—10 abstehend-aufrechten Lappen. Beeren grün.

Diese Art steht der Mamillaria Scheerii sehr nahe, unterscheidet sich aber von dieser durch die sehr starken Stacheln hauptsächlich aber durch die schlanke, oben zusammengezogene Perigonröhre.

218. Mamillaria pectinata *Engelm.*, Kamm-Warzencactus.

Vaterland Mexiko, an Abhängen der Kalkhügel am Pecos und an der Leonquelle. Körper einfach, kugelig, bis $6^1/_2$ cm im Durchmesser. Warzen aus viereckiger Basis kegelförmig, die unteren verkürzt, die oberen (Blüthen tragenden) stielrund, länger (11—13 mm), stets mit einer Furche oben. Stachelpolster länglich-rund. Stacheln 16—24, alle strahlig, meistens von gleicher Länge oder die oberen büscheligen länger, mit zwiebelig verdickter Basis, seitlich zusammengedrückt, fast zurückgebogen, kammförmig wie bei Echinocereus pectinatus, weisslichgelb, später aschfarbig, an der Spitze oft schwärzlich, in einander greifend.

Blüthen mitten auf dem starkwolligen Scheitel, über 5 cm lang und 7 cm im Durchmesser, zwischen 11 und 12 Uhr aufblühend und schon gegen 1 Uhr wieder geschlossen, obgleich der vollen Sonne ausgesetzt, gelb, mit kugeligem Frucht-

Fig. 42. Mamillaria pectinata.

knoten und kurzer weiter Röhre. Sepalen, mit einer Granne, spitz, die äusseren lanzettförmig, an der Spitze zurückgekrümmt, die inneren verkehrt-lanzettförmig. Petalen in mehreren Reihen verkehrt-lanzettförmig oder die innersten stumpf oder eingedrückt, alle weichstachelspitzig. Staubfäden röthlich, kurz, die Basis der Röhre innen völlig bedeckend. Griffel die Staubgefässe weit überragend, mit 8—9 linealen, gelbweissen Narbenlappen. Beeren verkehrt-eirund, grün, von den Resten der vertrockneten Blüthe gekrönt, $1\frac{1}{3}$ cm lang.

Von dieser Art findet sich in der Haage-Schmidt'schen Cacteensammlung eine hahnenkammförmige Monstrosität, die reizende var. cristata, von halbmondförmiger Bildung, mit zahlreichen schneeweissen Stacheln, deren obere sich über der Scheitellinie kreuzen.

219. Mamillaria Echinus *Engelm.*, Seeigel-Warzencactus.

Vaterland Mexiko, auf Kalkhügeln am Pecos und von Presidio del Norte bis Santa Rosa. Körper einfach, kugelig oder fast kegelförmig, bis 5 cm im Durchmesser, auf dem Scheitel dicht mit Filz besetzt. Warzen bei ausgewachsenen Individuen stielrund, oben gefurcht, an der Spitze kegelförmig. Stachelpolster kreisrund. Stacheln gerade oder etwas gekrümmt, grauweiss, an der Spitze oft dunkler. Randstacheln 16—30, kammförmig, dicht mit einander verwebt und angedrückt, die oberen länger, büschelig. Mittelstacheln 3—4, stärker, am Grunde zwiebelförmig verdickt, dann pfriemenförmig, die oberen 2—3 nach oben gerichtet und mit den oberen Randstacheln verwebt, der untere stärkste pfriemenförmig, meistens gerade, vorgestreckt.

Blüthen im Juni, zwischen 3—5 cm lang, scheitelständig, gelb; sepaloidische Perigonblätter 20, linien-lanzettförmig, weichstachelspitzig, ganzrandig, petaloidische 20—30, schmal. Griffel mit 12 Narbenlappen, die Staubgefässe weit überragend. Beere länglich, grün, von den Resten des vertrockneten Perigons gekrönt.

Eine in ihrer Eigenart hochinteressante und schöne Species, in der Hauptsache charakterisirt durch den ungewöhnlich starken und pfriemenförmigen unteren Mittelstachel, welcher im Verein

Fig. 43. Mamillaria Echinus.

mit der Kugelgestalt des Körpers der Pflanze das Ansehen eines Seeigels verleiht.

220. Mamillaria Salm-Dyckiana *Scheer.*, Salm-Dyck's Warzencactus.

Von Potts zugleich mit Mamillaria Scheerii aus Chihuahua in Mexiko eingeführt. Stamm fast kugelig, bisweilen kugelrund, oft niedergedrückt, 10 cm im Durchmesser. Axillen wollig, aber bald nackt. Warzen lang, dick, oben mit einer tiefen, ziemlich nackten Furche, die jüngeren halbkugelig, die älteren rautenförmig-niedergedrückt, im Querschnitt 4 cm breit, graugrün. Stachelpolster bald nackt. Randstacheln 10, rückwärts gebogen, abstehend und mit denen der benachbarten Warzen verflochten, aschgrau-isabellgelb, 4 cm lang, die unteren allmälig etwas stärker, dazu 3—5 dünne, $2^1/_2$ cm lange Nebenstacheln. Mittelstachel 1 stärker, 5 cm lang, dazu meist 3—5 halb so lange, dünne Adventivstacheln.

Blüthen nicht bekannt.

Diese Art unterscheidet sich von Mamillaria Scheerii durch einen kräftigeren Stamm, durch breitere, anfangs halbkugelige, bald aber niedergedrückte und zuletzt fast ganz abgeplattete Warzen.

Varietät. Mamillaria Salm-Dyckiana β brunea, mit bloss 8, aber stärkeren, $2^1/_2$ cm langen Randstacheln, von denen die 5 unteren bräunlich, die oberen gelblich, abstehend, jedoch nicht vollkommen ausgebreitet und in geringerem Grade verflochten sind; Mittelstachel über 32 mm lang. Oft ist auch nur 1 Nebenstachel vorhanden.

221. Mamillaria Scheerii *Muehlenpf.*, Scheer's Warzencactus.

Nomenclatur. Herrn Scheer in Kew bei London, einem vormaligen eifrigen Sammler und tüchtigen Cacteenkenner, zu Ehren benannt.

Synonym. Coryphantha Scheerii *Lem.*

Vaterland Mexiko, Mineral del Monte. Stamm kugelig, an der Basis sprossend. Axillen breit, stark, wollig. Warzen graugrün, frei, dick, fast doppelt so lang wie breit, stumpf-kegelförmig, etwas prismatisch, oben mit einer sehr tiefen Längsfurche und durch diese fast zweilappig, in der Furche

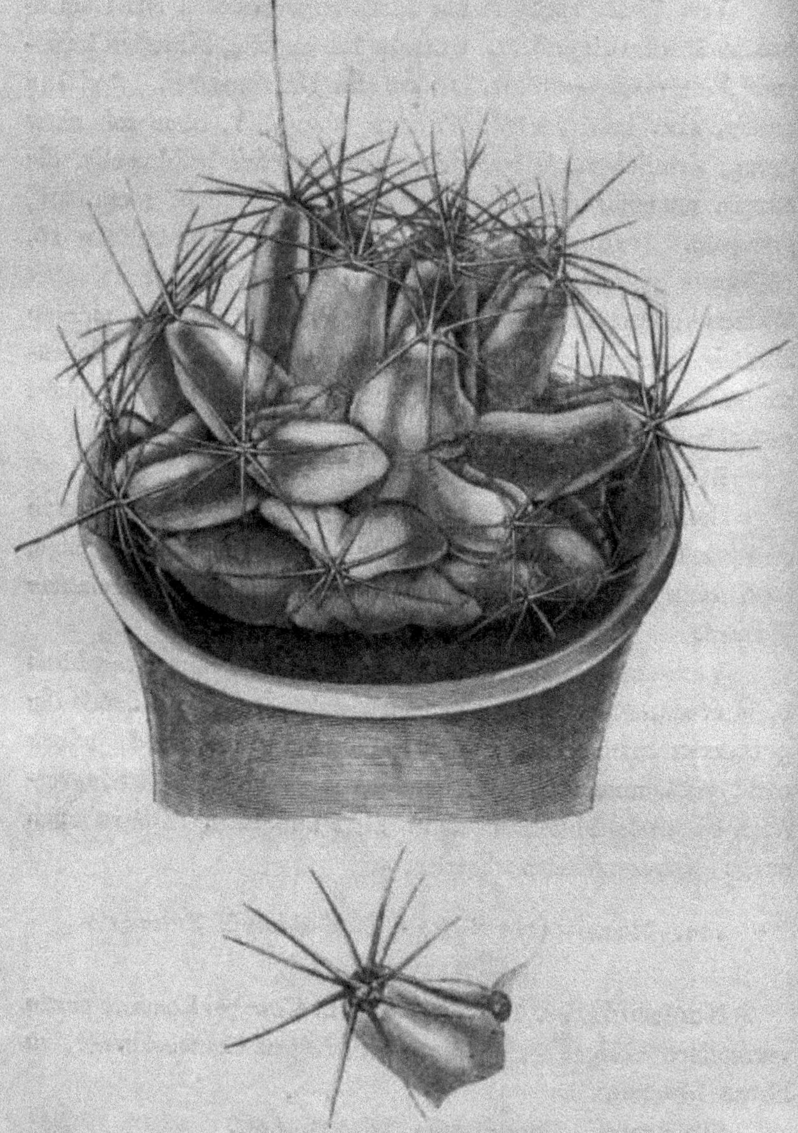

Fig. 44. Mamillaria Scheerii.

wollig, mit 1—4 gleichmässig vertheilten kleinen Drüsen. Stachelpolster auf der Warzenspitze. Stacheln kräftig, citrongelb oder oft weisslich, dann gelb oder roth, braun oder schwarz gespitzt. Randstacheln 8, öfters 9, sehr selten 10, der neunte und zehnte dann stets unter und neben dem oberen, 19 mm lang, selten kürzer. Mittelstachel 1, länger und kräftiger, gerade ausgestreckt, 30 mm lang.

Diese sehr schöne und interessante Art ist bis 10 cm hoch.

Blüthen aus dem Scheitel des Körpers, gross, 5 cm im Durchmesser, mit zahlreichen, aufrechten, zurückgebogenen, lanzettlich-spatelförmigen, am Ende stumpflichen, mit einem kleinen Weichstachel versehenen Perigonblättern, die sepaloidischen schmaler, gelblich, aussen röthlich, die petaloidischen oben am Rande sägezähnig, strohgelb, aussen mit einem rothen Mittelstreifen. Staubgefässe büschelig, die äusseren Fäden rosenroth, Staubbeutel gelb. Griffel säulenförmig, blassgrün, kaum über die Staubbeutel hinausragend. Narbe mit 6 lanzettförmigen, schuppigen, gelben, aufrecht-abstehenden Lappen

222. Mamillaria Nuttallii *Engelm.*, Nuttall's Warzencactus.

Synonym. Cactus mamillaris *Nutt.*, Coryphantha Nuttallii *Engelm.*

Einheimisch am oberen Missouri. Körper fast einfach, 4—5 cm im Durchmesser. Randstacheln 13—17, borstenförmig, gerade, weiss, meistens weichhaarig. Mittelstachel 1, stärker, sonst aber jenen ähnlich, oft nicht vorhanden.

Blüthen gelblich, 2½—5 cm lang und breit, Sepalen gewimpert, Petalen an der Spitze etwas gezähnelt, lanzettförmig oder linien-lanzettförmig, spitz. Narbenlappen 2—5, aufrecht oder abstehend. Beeren fast kugelig, kürzer als die Warzen, scharlachroth.

Varietäten. 1. Mamillaria Nuttallii β caespitosa *Engelm.* (Syn M. similis *Engelm.*), zu Hause vom Kansasflusse bis Neu-Braunfels in Texas, stark sprossend, bildet oft breite Rasen. Randstacheln 12—15, weichhaarig; Mittelstachel meistens fehlend.

Blüthen und Beeren grösser, als bei der Normalform. Narbe mit 5 abstehenden Lappen.

2. M. Nuttallii γ robustior *Engelm.*, vom Canadianflusse bis zum Colorado in Texas gefunden. Körper fast einfach. Warzen länger, lockerer. Stacheln stärker, glatt. Randstacheln 10—12, Mittelstacheln 1. Blumen grösser. Narbe mit 7—8 ausgebreiteten Lappen.

223. Mamillaria sulcolanata *Lem.*, Wollfurchen-Warzencactus.

Synomym. Mamillaria retusa *Schdw.*, Coryphantha sulcolanata *Lem.*

Fig. 45. Mamillaria sulcolanata.

In Mexiko einheimisch, im Mineral del Monte, von wo sie 1836 durch Galeotti eingeführt wurde. Stamm kugelig, gedrückt, aus den untersten Warzen sprossend. Axillen mit dichter weisser Wolle. Warzen breit, an der Basis fünfseitig, an der Spitze kegelförmig, platt, in wolliger Furche, lebhaft grün. Stachelpolster in der Jugend weissflockig, später nackt. Randstacheln 8—10, steif, fast gerade, stark, von ungleicher Länge, unregelmässig ausgebreitet, in der Jugend weissgelb mit purpurnen, im Alter bräunlich mit schwärzlichen Spitzen, die 3 obersten und der unterste feiner und kürzer, die seitlichen länger (bis 26 mm) und stärker. Mittelstacheln nicht vorhanden.

Eine Varietät (M. sulcolanata β macracantha *Monv.*) hat längere und stärkere Stacheln.

Blüthen nach Salm fast wie bei M. acanthoplegma, aber etwas kleiner und blasser, weniger zurückgebogen-abstehend, von Juni bis August.

Diese schöne und ausgezeichnete Species erreicht in den Kulturen einen Durchmesser von 12—15 cm und eine Höhe von 8 cm. Sie hat beim ersten Anblick einige Aehnlichkeit mit M. pycnacantha, unterscheidet sich jedoch von ihr durch den fehlenden Mittelstachel, breitere Warzen und längere Wolle, von M. elephantidens aber durch schwächere, in Gestalt und Färbung abweichende Stacheln, reichlichere Wolle in den Furchen der Warzen und auf den Stachelpolstern, durch schöneres Grün und schlankeren Bau des Kopfes, sowie endlich durch das Sprossen.

224. Mamillaria pycnacantha *Mart.*, Dickstachel-Warzencactus.

Synonym. Mamillaria latimamma *Pfr.*, Coryphantha pycnacantha *Lem.*

In Mexiko einheimisch, bei Oaxaca und in den Prairien bei Pachuca auf Dammerde, etwa 2000 m über dem Meere, in Gesellschaft von Echinocacten verschiedener Art und Mamillarien, fast immer mit M. uberiformis, gladiata und uncinata. Stamm einfach, verkehrt-eiförmig-cylindrisch, später etwas mehr kugelig. Warzen graugrün, ziemlich breit, stumpf, mit tiefer wolliger Längsfurche. Stachelpolster in der Jugend flockenwollig. Stacheln sehr stark, gekrümmt, weisslich, an der Spitze purpurbraun. Randstacheln 10—12, strahlig. Mittelstacheln 4—5, länger und stärker.

Blüthen im Juli und August, zahlreich aus den obersten reichwolligen Axillen, gross, 5 cm im Durchmesser mit zahlreichen aufrechten, zurückgebogenen, breit-lanzettförmigen, spitzen, am Rande oben gezähnelten Perigonblättern, von denen die sepaloidischen grünlich und mit einem breiten violettpurpurnen Mittelstreifen bezeichnet, die petaloidischen schwefelgelb sind. Staubgefässe zusammengeneigt, mit gelben Fäden und safrangelben Staubbeuteln. Griffel so lang, wie jene, säulenförmig, dick, weiss, mit fünflappiger, weisslicher Narbe.

Der Stamm wird bis 16 cm hoch bei 9—11 cm Durchmesser. Bei alten, wie bei der Vermehrung halber abgeschnittenen jüngeren Individuen treten die Sprossen aus den Längsfurchen der Warzen, nahe den Stachelpolstern.

Varietät. Mamillaria pycnacantha β spinosior *Monv.* (Syn. M. scepontocentra *Lem.*), in Mexiko einheimisch. Stamm fast kugelig. Axillen stark wollig. Warzen tief glänzend grün, sehr breit, fast kegelförig, am Grunde schwach fünfseitig, mit tiefer, spärlich mit Wolle besetzter Längsfurche. Stachelpolster klein, mit weisser, bald schwindender Wolle. Stacheln in der Jugend gelblich, schwarzpurpurroth gespitzt, erwachsen bräunlich *u*nd aschfarben, sehr stark und steif, in verschiedener Weise gekrümmt, alle fest an den Kopf gedrückt und denselben vollständig bedeckend. Randstacheln meistens 12, ungleich lang, die 6 kleineren, von denen die 5 oberen in die Höhe, die 3 untersten nach unten gerichtet, schlank, kaum gekrümmt, 9—13 mm lang, die 6 seitlichen stärker, sehr gebogen, 20—24 mm lang und nach verschiedenen Richtungen gekehrt. Mittelstachel 1, so lang wie die seitlichen Randstacheln, oft stärker.

Blumen wie die der Normalform.

225. Mamillaria Winkleri *Foerst.*, Winkler's Warzencactus.

Nomenclatur. Nach C. G. Winkler, dem vormaligen Pächter des Burgkellers in Leipzig, benannt, der eine sehr gewählte Cacteensammlung kultivirte.

Aus mexikanischem Samen erzogen. Körper platt-kugelig. Axillen mit weisslicher Wolle besetzt, im Alter ziemlich nackt. Warzen grau-blaugrün, breit-eiförmig, etwas über 10 mm hoch, oberseits mit einer tiefen wolligen Furche. Stachelpolster gross, oval, eingesenkt, bald nackt. Stacheln 12—20, meistens strahlig ausgebreitet, weisslich, schwarz gespitzt, die seitlichen 4—6, bis 21 mm lang, sehr stark, die unteren 2—4 schwächer, fast von gleicher Länge, die oberen 6—10 kürzer, ungleich, zu einem Bündel zusammengedrängt, alle weisslich mit schwarzer Spitze.

Blüthen bis 37 mm im Durchmesser; Sepalen fast roth, namentlich kurz vor dem Aufblühen; Petalen orangefarbig.

226. Mamillaria acanthostephes *Lehm.*, Stachelkranz-Warzencactus.

Synonyme. Mamillaria scepontocentra *Lem.*, Coryphantha acanthostephes.

Vaterland Mexiko. Körper fast kugelig, gedrückt, genabelt. Axillen in der Jugend wollig. Warzen breit, dick, eiförmig, oben mit einer tiefen Furche, glänzend, grün. Stachelpolster oval, eingesenkt, bald nackt. Stacheln 7, strahlig ausgebreitet, dick, sehr steif, zurückgebogen, ganz oben 3—4 schwache Nebenstacheln und ein eben solcher ganz unten, alle blassrothgelb.

Blüthen im Juli und August, fast 5 cm im Durchmesser, mit zahlreichen, aufrecht-zurückgebogenen, spitz-lanzettförmigen, schwefelgelben Perigonblättern, die sepaloidischen schmaler, an der Basis grünlich, aussen mit einer rothen Mittellinie, die petaloidischen oben röthlich, an den Rändern gesägt oder an der Spitze zweizähnig. Staubgefässe zusammengeneigt, mit gelben Fäden und safrangelben Antheren. Griffel von der Länge der Staubgefässe, säulenförmig, dick, gelblich, mit 7 bis 9 gleichfarbigen, linienförmigen, strahlig abstehenden, zurückgebogenen Narbenlappen.

Der Stamm wird bis 10 cm hoch und 12 cm dick.

227. Mamillaria scolymoides *Schdw.*, Artischocken-Warzencactus.

In Mexiko einheimisch, südlich vom Rio grande. Körper kugelig oder eiförmig, einfach, später sprossend, 5—8 cm hoch. Axillen wollig. Warzen kegelförmig, die oberen verlängert, einwärtsgekrümmt, dachziegelig sich deckend und so in der That an eine Artischocke erinnernd, 12—18 mm lang. Stachelpolster gross, filzig, später nackt. Randstacheln 14—20, gerade, zuweilen zurückgebogen, weiss oder hornfarbig, die oberen länger (21 mm). Mittelstacheln 1—4, länger (20 bis 35 mm), dunkler, gekrümmt, die oberen nach oben gerichtet und mit den Randstacheln verwebt, der untere stärker und abwärts gebogen, $2^{1}/_{2}$ cm lang.

Blüthen von Mai bis August, sehr zahlreich, voll erblüht 5 cm im Durchmesser und darüber, mit zahlreichen, aufrechten, zurückgebogenen, lanzettförmigen, spitzen Perigonblättern, die sepaloidischen schmaler, als die übrigen, ganzrandig, gelblich, aussen röthlich, die petaloidischen gegen die Spitze hin am Rande gezähnelt, gelblich, am Grunde purpurn. Nach Poselger kommt diese Art auch mit weissen oder weisslichen Blüthen vor. Staubfäden purpurn. Antheren safrangelb. Griffel länger, als die Staubgefässe, säulenförmig, dick, gelblich. Narbe mit 9 fast kopfförmig zusammen gezogenen gelblichen Lappen.

In den Sammlungen finden sich mehrere Varietäten mit eiförmigem, kugeligem oder cylindrischem, bis 10 cm starkem Körper; sie unterscheiden sich in der Hauptsache durch die Form und Farbe der Mittelstacheln.

Varietäten. 1. Mamillaria scolymoides β longiseta *S.*, die Mittelstacheln erreichen eine Länge von 4 cm, sind zurückgebogen, auseinander gespreizt, rothgelb.

2. M. scolymoides γ nigricans *S.*, Stacheln länger, feiner, schwärzlich-purpurbraun.

3. M. scolymoides δ raphidacantha *S.*, die 4 Mittelstacheln röthlich, ins Kreuz gestellt, 5—6 cm lang, biegsam, gerade, dünn, aufrecht, abstehend, die Randstacheln zahlreicher, als

bei der Normalform, mehr mit einander verwebt, durchscheinend-weiss; die wollige Furche theilt die Warzen fast in zwei Hälften.

228. Mamillaria calcarata *Engelm.*, Sporn-Warzen-cactus.

Synonym. Mamillaria sulcata *Engelm.*, Coryphantha calcarata *Lem.*

Vaterland Texas. Stamm niedrig, fast kugelig. Warzen länglich-eiförmig, fast abstehend, rasenartig-vielköpfig, oben mit einer sprossenden Längsfurche nach der Stacheln tragenden Spitze hin. Randstacheln gerade, strahlig, grau, aus dem bald abfallenden weissen Filze der Stachselpolster hervorstehend, bei älteren Individuen ein grösserer, etwas zurückgebogener Mittelstachel.

Blüthen auf dem Scheitel, aus weisser Wolle sich erhebend, glatt, mit kurzer Röhre. Sepalen lanzettförmig, zugespitzt, grünlich-gelb, ganzrandig. Petalen lanzettförmig, spitz, nach der Spitze hin fein gewimpert, schmutzig-gelb, innen am Grunde gleich den kurzen Staubfäden braunroth. Griffel länger, als die Staubgefässe, mit einer sieben- bis zehnlappigen Narbe. Beeren länglich, grünlich.

In der Blume nähert sich diese Art der Mamillaria scolymoides, doch unterscheidet sie sich von ihr durch einen viel niedrigeren Stamm und die Form der Warzen.

229. Mamillaria Pottsii *Scheer.*, Potts' Warzencactus.

Vaterland Mexiko? Stamm cylindrisch, bei zunehmendem Alter unten oder oben sprossend. Axillen schwachwollig. Warzen eiförmig, vorn abgerundet, oberseits mit einer flachen Längsfurche, welcher die jungen Sprossen entspringen. Stachelpolster nackt. Randstacheln sehr zahlreich, dünn, weiss, sehr abstehend, strahlig, sich mit einander mischend. Mittelstacheln 7, steif, stärker, ausgebreitet, der oberste länger, aufrecht-zurückgebogen, alle aber mit verdickter Basis und brandrother Spitze.

Blüthen sind, wie es scheint, noch nicht beobachtet worden.

Der Stamm wird spannenlang, bei einem Durchmesser von 25—33 mm.

Diese Art ist der M. sphacelata mehr verwandt, aber von ihr durch viel zahlreichere Stacheln unterschieden, welche die Pflanze gänzlich bedecken.

230. Mamillaria cornifera *DC.*, Hörner-Warzencactus.

Synonym. Mamillaria daemonoceras *Monv.*

Vaterland Mexiko, Mineral del Monte, von wo sie zuerst durch Deschamps, später durch Van der Maelen eingeführt wurde. Stamm fast kugelig, gedrückt, am Scheitel genabelt, stark filzig und dadurch in etwas einem Schopfe ähnlich. Axillen reichlich weisswollig. Warzen aufrecht, 12 bis 18 mm hoch, sehr dick, fast kegelförmig, gedrängt, grün, oben schwach gefurcht. Stachelpolster rundlich, fast oval, spärlich mit Filz besetzt, bald nackt. Randstacheln 20, bisweilen mehr, fast gleich, davon 6—8 aufrecht, grauweiss, nach oben zusammen gedrängt, 10—11 strahlig, 13—18 mm lang, hornfarbig, etwas stärker als die anderen, gerade, dem Körper angedrückt. Mittelstacheln 3 (bei manchen Individunn schlagen 1—2 fehl), kräftiger, am Grunde in sehr augenfälliger Weise pfriemlich, die zwei oberen zurückgebogen, der untere ausgestreckt, horizontal, starr, gekrümmt, etwas stärker, als die übrigen, perlgrau, an der Spitze schwarz.

Eine der schönsten Arten, ausgezeichnet durch die Form der Bestachelung.

Varietäten. 1. Mamillaria cornifera *β* impexicoma *S.* (Syn. M. impexicoma *Lem.*, Coryphantha impexicoma *Lem.*). Warzen oben in ihrer ganzen Länge mit einer Furche bezeichnet, an der Spitze abgerundet, an einander gepresst. Stacheln sehr zahlreich, strahlig, mit einander sich mischend, die Pflanze völlig bedeckend, woher der Name M. impexicoma, d. h. Wirrkopf-Warzencactus, strohfarben oder grau; Mittelstachel bisweilen fehlend.

2. M. cornifera γ mutica *S.* (Syn. M. radians *Hort.*). Hier fehlt der Mittelstachel immer, das characteristische Merkmel dieser Varietät. Sie ist von M. radians *DC.* im Habitus, in Warzen und Bewaffnung verschieden.

231. Mamillaria loricata *Mart.*, Panzer-Warzencactus.

Synonyme. Mamillaria heteraeantha *Hort. berol.*, Coryphantha loricata *Lem.*

Vaterland Mexiko. Körper kugelig, einfach. Axillen wollig. Warzen kurz, graugrün. Stachelpolster gross, wollig. Randstacheln 12—15, steif, strahlig, gelblich-weiss. Mittelstacheln 2, stärker, ganz oder nur an der Spitze schwarz, der obere gerade, der untere abwärts gekrümmt.

Der Stamm erreicht einen Durchmesser von 5 cm, die Randstacheln sind 7—9 mm, die Mittelstacheln bis 11 mm lang. Bei jungen Individuen fehlen die beiden Mittelstacheln, bei älteren bisweilen einer.

Blüthen einzeln, scheitelständig, fast 3 cm lang, ziemlich ausgebreitet, an der Basis mit einem Ringe filzig-flockigen Gewebes überzogen. Perigonblätter in mehreren Reihen stehend, alle von derselben Form und Grösse, nur einige der äussersten viel kleiner und linienförmig, alle anderen lanzettförmig, spitz und ringsum an der Spitze gezähnelt, alle gelb und nur die äussern geröthet, aussen mit einem rothen Mittelstreifen. Staubgefässe bloss halb so lang, wie die Blume, mit purpurnem Faden und goldgelbem Staubbeutel. Griffel gelb mit fadenförmigen gelben Narbenlappen, welche nicht über die Staubgefässe hinaustreten.

Von Mamillaria radians unterschieden durch die weisslichen Rand- und die zwei schwärzlichen Mittelstacheln.

232. Mamillaria cephalophora *S.*, Schopf-Warzencactus.

Synonym. Melocactus mamillariaeformis *S.*

Körper kugelig, gedrückt, mit breitem, flachem Schopfe.

Axillen in der Jugend stark wollig, wodurch eben der Scheitel schopfartig wird. Warzen gedrängt, von mittler Grösse, glänzend dunkelgrün, oben mit einer seichten Furche bezeichnet. Stachelpolster länglich, bald nackt. Stacheln 7, strahlig, sehr ausgebreitet, sich mit einander mischend, leicht zurückgebogen, die der Basis länger, als die übrigen, der unterste der längste, alle dick, steif, gelbröthlich; ausserdem finden sich oben noch 4—5 aufrechte, gebüschelte Nebenstacheln.

Der Körper wird 8 cm hoch und gewinnt einen Durchmesser von 9—10 cm. Der flache Wollschopf veranlasste den Fürsten Salm, diese Art anfangs für einen Melocactus zu halten, und sie in der Allgemeinen Gartenzeitung 1836 als Melocactus mamillariaeformis zu beschreiben.

Blüthen einzeln aus dem abgeflachten Scheitel, gross, denen einiger Echinocacten ähnlich, gelb.

233. Mamillaria strobiliformis *Scheer.*, Zapfen-Warzencactus.

Synonym. Mamillaria tuberculosa *Engelm.*

Vaterland Mexiko, vom Pecos bis zu den Leon-Quellen und El Paso, auf den höheren Gebirgen, vorzugsweise auf den Felsengipfeln der Flounce-Berge. Stamm eirund oder eirund-cylindrisch, $2^1/_2$—5 cm im Durchmesser, einfach oder an der Basis ästig, aufrecht, ellipsoidisch oder cylindrisch. Axillen stark wollig. Warzen an der Basis rhomboidisch, dann verkürzt-eirund, stumpf, fast zusammengepresst, oben mit einer bis zum Stachelpolster reichenden tiefen wolligen Furche, dachziegelig-gedrängt, in 13 oder am unteren Theile alter Pflanzen in 21 spiraligen Reihen, wie der ganze Körper von korkartiger Textur und Substanz und deshalb im Alter nicht zusammenschrumpfend, sondern nach dem Abwerfen der Stacheln dauernd und die älteren Theile des Stammes als graue, korkige Tuberkeln bedeckend, wie dies aus der Abbildung ersichtlich ist. Stachelpolster rund, in der Jugend weissfilzig. Rand-

Fig. 46. Mamillaria strobiliformis.

stacheln 20—30, steif, dünn, weisslich, an der Spitze brandschwarz, strahlig, mit einander verwebt. Mittelstacheln 5—9, stärker, oben bläulich-purpurn, an der Spitze brandschwarz, die oberen länger (11—15 mm), der untere starke nur 6—8 mm lang, gerade vorgestreckt oder herabgebogen, die der obersten Warzen aufrecht, zusammen einen grauen Schopf bildend, welcher Blüthe und Frucht umgiebt und theilweise verbirgt.

Blüthen auf dem dicht mit Wolle besetzten Scheitel, $2^1/_2$ cm im Durchmesser, blassrosa, mit 16—18 lanzettförmigen, spinnfüssig gewimperten Sepalen und 10—13 linien-lanzettförmigen, grannig-gespitzten, fast ganzrandigen Petalen. Beere verlängert-eirund, mit den Resten des verwitterten Perigons gekrönt, roth.

Eine sehr schöne und gut charakterisirte Art.

234. Mamillaria dasyacantha *Engelm.*, Dichtstachel-Warzencactus.

Vaterland Mexiko, El Paso und um die Quellen des Eagle herum. Körper einfach, fast kugelig, gegen 5—6 cm hoch und von etwas geringerem Querdurchmesser. Axillen in der Jugend schwach behaart, aber bald nackt. Warzen stielrund, dünn, lose, oben mit einer bis zur Basis gehenden seichten, in der Jugend leicht behaarten Furche, in 13 spiralige Reihen geordnet. Stachelpolster kreisrund, in der Jugend weiss-filzig. Randstacheln nicht eigentlich strahlig, sondern ohne strenge Ordnung ausgebreitet, dünn, kaum stechend, gerade, abstehend, in zwei Kreisen, im äusseren 25—35, haarförmig, weiss, schwärzlich gespitzt, 7—13—20 mm lang, im inneren 7—13, steifer, mehr borstenartig und länger (die oberen bis 26 mm, die unteren bis 20 mm), dunkler, oben purpurbraun mit schwarzer Spitze. Mittelstachel 1, aufrecht, bis 22 mm lang, vorgestreckt, oft fehlend.

Blüthen nicht genau beschrieben, klein, scheitelständig,

spinnenfüssig gewimpert. Beeren auf dem Scheitel, klein, eirund.

Diese Pflanze gleicht so sehr dem Echinocactus intertextus var. dasyacanthus, das man sie bei oberflächlicher Betrachtung mit ihm verwechseln könnte.

235. Mamillaria conoidea *DC.*, Kegel-Warzencactus.

Synonym. Mamillaria diaphanacantha *Lem.*, M. inconspicua *Schdw.*

Vaterland Mexiko, im Mineral del Monte. Stamm eirund-kegelförmig oder fast säulenförmig, später sprossend, fast rasenartig. Axillen in der Jugend etwas wollig. Warzen hellgrün, eiförmig, gedrängt, aufrecht, mit sehr flacher, schwach wolliger Furche. Stachelpolster kaum in der Jugend etwas filzig. Randstacheln 15—16, gerade, strahlig, weiss, sehr durchscheinend. Mittelstacheln 3—5, gerade, steifer, etwas stärker, unten pfriemlich, aufrecht-ausgebreitet, meist mattschwarz, bisweilen auch braun oder aschgrau, länger.

Eine ausgezeichnete und sehr schöne Species. Körper 8 bis 15 cm hoch, am Grunde 3—8 cm im Durchmesser, an der cylindrischen Spitze ziemlich verdünnt.

Blüthen im Sommer, einzeln um den Scheitel herum, der Spitze sehr nahe, 22—26 mm lang, mit linienförmigen, purpurrothen Perigonblättern, orangegelben Antheren und sechsstrahliger, gelblicher Narbe.

IV. Melocactus *DC.* — Melonencactus.

Gattungs-Character. Röhre des Perigons oberhalb zusammengeschnürt, über dem Fruchtknoten fortgesetzt, glatt; Perigonblätter 8—16 (nach Dr. Pfeiffer 6—18), beinahe sämmtlich petaloïdisch, aufrecht-abstehend. Staubfäden mehrreihig, fadenförmig; Griffel die Staubgefässe überragend, fadenförmig; Narbenlappen 5, strahlig, lineal. Beeren länglich, glatt, von dem verwelkten Perigon gekrönt. Cotyledonen verwachsen, klein, kugelig.

K ö r p e r fleischig, halbkugelig, mehr oder minder kugelig, oft länglich, eiförmig oder kegelförmig, mit einer verschiedenen Anzahl regelmässiger, meist verticaler, durch tiefe Furchen getrennter Längsrippen oder Kanten, auf welchen in grössern oder kleinern Zwischenräumen die Stachelpolster (Areolen) sammt den Waffenbündeln sitzen. Die R i p p e n sind zwar stets einfach, nie höckerig, bestehen aber gleichsam aus zusammengeflossenen Höckern, die im höheren Alter der Pflanze auf ihrem Scheitel frei fortgesetzt den characteristischen Schopf bilden. Sobald nämlich die Pflanze ein gewisses, der Vollendung nahes Wachstum erreicht hat und blühen will, so bemerkt man, dass auf dem Scheitel die jungen Stachelbündel gedrängter und wolliger erscheinen, dass die Stacheln dünner und kürzer werden, und dass sich eine kleine flache, wollige Scheibe bildet, aus welcher schon einige Blüthen hervortreten, und so entwickelt sich nach und nach auf dem Scheitel ein aus länglichen, dünnen, dicht mit Filz und langer, seidenartiger Wolle, so wie mit einzelnen steifen Borsten besetzten, sehr gedrängt stehenden, warzenähnlichen Höckern bestehender Körper, der Schopf oder die Kappe genannt, welcher sich durch eine allmälige Entwicklung vom Mittelpunkte aus nach aussen zu hebt und vergrösserst und endlich eine mehr oder weniger walzliche oder kegelförmige, kaum etwas gedrückt erscheinende, aber niemals flache Gestalt annimmt. Der Schopf stellt gleichsam einen Fruchtboden dar, denn aus den im Vorjahr entstandenen Axillen der warzenähnlichen Höcker desselben treten die Blüthen hervor, ein eigenthümlicher Blüthenstand, der mit keinem andern Ähnlichkeit hat. Wenn der Schopf seine vollständige Breite erreicht hat, fängt er an sich zu wölben, und so entsteht nach und nach gleichsam eine Säule, die an ihrem obern Ende fortwächst und Blüthen trägt, und abwärts aus den bereits abgeblühten Axillen und eingetrockneten Höckern besteht.

B l ü t h e in der Regel ziemlich klein, kaum über die Wollkrone des Schopfes hervorragend, von sehr kurzer, nur eintägiger Dauer. Röhre kurz; Perigonblätter fast röhrenförmig zusammengewachsen, nur oben ausgebreitet, schmal, oft gezähnelt, meist rosenroth; Staubfäden wenig zahlreich; Narbe meist rosenroth. Die Röhre ist ganz oder beinahe ganz zwischen dem Filze des Schopfes verborgen, vertrocknet allmälig auf dem Fruchtknoten und fällt ab, sobald die Beere reif wird und aus dem Filze heraustritt. Beeren länglich, oben dicker, roth, viele fingerförmige Samen enthaltend. Nach Lemaire's Beobachtungen bleibt die reife Beere nicht wie bei den Mamillarien in den Axillen, von wo aus die Samen ausgestreut werden, sitzen, sondern springt, gleichsam aus eigenem Antriebe, plötzlich aus dem Schopfe hervor — ein Vorgang welchen Dr. Pfeiffer und Andere nicht beobachtet haben wollen.

Die Melocacten imponiren durch ihre schöne, regelmässige Form und den zierlichen Schopf. Sehr schade, dass sie nur kleine, wenig in die Augen fallende Blüthen haben. Man findet sie nur in wenigen Sammlungen, denn ihr Wachsthum ist weit langsamer, als das der meisten Gattungen, und sie erfordern eine gleichmässigere und höhere Temperatur, sowie überhaupt eine sorgfältigere Pflege, namentlich hinsichtlich des Begiessens, als alle übrigen Cacteen, wenn sie freudig gedeihen sollen. Sie lassen sich in der Regel nur durch Samen fortpflanzen und nur bei einigen Arten (M. meonacanthus und amoenus gelingt es bisweilen, von jungen Pflanzen durch Abschneiden des Kopfes einige Sprossen aus den Stachelbündeln zu gewinnen. Die Samen gehen übrigens nicht immer gut auf. Das alles zusammen macht diese schönen Formen für den minder bemittelten Sammler viel zu kostspielig und verhindert daher ihre allgemeinere Verbreitung. Gegenwärtig finden sich ausser Melocactus communis nur noch einige wenige Arten in Kultur.

Wie die meisten Cacteen, so scheinen auch die Melocacten sich gegenseitig gern zu befruchten, woher es kommt, dass viele wahrscheinlich nur Uebergangsformen darstellen und deshalb systematisch äusserst schwer zu ordnen sind. So findet man auf den nach Europa übersiedelten Originalpflanzen oft Samen, der bei der Aussaat die verschiedendsten Formen liefert, was sich nur durch eine vorhergegangene natürliche Kreuzbefruchtung erklären lässt, die im Vaterlande um desto leichter vor sich gehen kann, da diese Pflanzen daselbst in grosser Menge gesellig vorkommen. Dr. Pfeiffer hält es sogar nicht für unmöglich, dass alle westindischen Melocactenformen ursprünglich nur von einer einzigen abstammen. Diese Ansicht geht offenbar zu weit, denn eine Anzahl von Formen, welche in unsern Glashäusern alljährlich blühen, Beeren mit keimfähigen Samen tragen und in der Aussaat völlig constant bleiben, sowie eine andere Anzahl von Formen, die zwar noch nicht geblüht haben, aber durch den ganzen Habitus völlig von andern abweichen, können den Grundsätzen der Wissenschaft gemäss unbedingt als wirkliche gute Arten betrachtet werden.

Die meisten der bis jetzt bekannten Melocacten stammen von den westindischen Inseln, nur wenige aus Brasilien (Minas Geraës), Peru und Columbia (Caracas), aber nur einige aus Mexiko. Sie kommen daselbst meist in sehr grosser Individuenzahl gesellig vor und steigen aus den flachen Küstengegenden bis hinauf in die Gebirge, nach Miquel oft bis 1800 m über dem Meerespiegel. Sie lieben die trockensten, sonnenreichsten Orte, an denen kaum eine andere Vegetation aufkömmt, und erscheinen oft an fast senkrecht stehenden, nackten Quarzfelsen wie angeklebt. Seltner finden sie sich an sonnigen, trockenen, steinigen Waldplätzen, nie aber in schattigen, feuchten Wäldern. Am zahlreichsten wachsen sie in einem rothen, lehmartigen, reichlich mit noch nicht völlig zersetztem Granit, Glimmer, Quarz und Kalk gemischten Boden, seltner auf eisenhaltigem Thonschiefer.

In den portugiesischen und spanischen Ländern Amerikas bezeichnet man die Melocacten und die wollscheiteligen Echinocacten mit dem Mönchsglatze (nach Zuccarini Mönchskappe).

Die systematische Eintheilung nachfolgend beschriebener Melocacten ist zuerst von Miquel festgestellt worden.

I. Gruppe. Mit Rand- und Mittelstacheln,

erstere kleiner, letztere stärker.

1. Sippe. Mit einem Mittelstachel.

1. Melocactus Wendlandii *Miq.*, Wendlands Melonencactus.

Nomenclatur. Nach Hermann Wendland, Garteninspektor und Botaniker in Herrenhausen bei Hannover, welcher Südamerika bereiste. Er gehörte einer berühmten Gärtnerfamilie an. † 1881.

Synonym. Melocactus communis δ viridis *Hort. berol.*, Cactus Melocactus *Wdl.*

Vaterland Insel St. Thomas, Westindien. Körper fast eiförmig, lebhaft grün. Rippen 12, scharf, ziemlich entfernt, etwas gekerbt. Furchen breit. Stachelpolster dicht gestellt, nackt. Stacheln gelb, im Alter braun, Randstacheln 7, Mittelstachel 1.

Blüthen nicht bekannt.

Die Erfahrung hat der Annahme, dieser Melonencactus sei eine gute Art, Recht gegeben, in dem er aus Samen erzogen stets seinem Character treu bleibt und niemals von der Mutterpflanze abweicht.

2. Melocactus Brongniarti *Miq.*, Brongniart's Melonencactus.

Nomenclatur. Nach Adolph Theodor Brongniart, Mitglied der Akademie der Wissenschaften und Professor der Botanik am Muséum d'histoire naturelle in Paris, einem der bedeutendsten Botaniker Frankreichs. † 1876.

Synonym. Melocactus pyramidalis var. spinis albis *Lem.*

Vaterland unbekannt. Körper fast pyramidal, graugrün. Rippen 15, etwas zusammengedrückt, breit, dick, querfaltig, scharf, ausgeschweift, zwischen den Höckern buckelig, an den Stachelpolstern leicht verdickt. Letztere genähert, rund, in der Jugend weisswollig, später kahl. Stacheln sehr steif, leuchtend braunroth, mehr oder weniger nach oben einwärts gekrümmt. Randstacheln 7—8, die 3 oberen kürzer, die 4 seitlichen länger, der unterste der längste und abwärts gebogen. Mittelstachel 1, pfriemlich.

Nach Lemaire sind die Blüthen denen des Melocactus communis sehr ähnlich und gleicht auch der Schopf dem dieser Art, nur ist er pommeranzenfarbig.

Eine sehr schöne, aber sehr seltene Form.

3. Melocactus Schlumbergerianus *Lem.*, Schlumberger's Melonencactus.

Nomenclatur. Nach Friedrich Schlumberger, einem ebenso unterrichteten als eifrigen Pflanzenfreunde und Sammler vieler durch ihren Habitus oder Schönheit der Blüthen ausgezeichneter Pflanzen (Cacteen, Orchideen, Bromeliaceen, Begonien u. s. w.).

Vaterland Insel St. Thomas. Körper kugelrund, graugrün. Rippen 15, etwa $2^1/_2$ cm hoch, gekerbelt und scharf zwischen den Stachelpolstern. Letztere 8 mm breit, rund, auf Höckern eingesenkt, besetzt mit einem flockigen, weissen, kreisförmig den Stachelbündel umziehenden, lange dauernden Flaum. Stacheln 9. Randstacheln regelmässig strahlig, die 3 oberen, von denen der mittlere der kürzeste, einen Dreizack darstellend, je 2 auf beiden Seiten länger, nach der Basis hin gebogen, ein unterster etwas kleiner. Mittelstachel 1, nur wenig grösser, $1^1/_2$ cm lang, alle weiss mit schwarzer Spitze.

Schopf sehr klein, gedrückt, 2 cm hoch und 4 cm breit. Das beschriebene Individuum hatte eine Höhe von 12—16 cm und einen gleichen Durchmesser.

4. Melocactus Ellemeetii *Miq.* Ellemeet's Melonencactus.

Nomenclatur. Siehe Echinocactus Ellemeetii.

Vaterland Bahia in Brasilien. Gedrückt-eiförmig, hellgrün, mit kleinem, gedrücktem Schopfe. Rippen 10, dick, mit unregelmässig gekerbtem und welligem Grat, an den Seiten faltig und gefurcht. Stachelpolster 7 auf jeder Rippe, ziemlich klein, kreisrund, in der Jugend weissfilzig, bald nackt. Randstacheln 7—8, ziemlich kurz, unter sich fast gleich, strahlig, aufrecht-abstehend, die 3 unteren etwas länger, der mittelste derselben 7 mm lang, die seitlichen horizontal, 3 (selten 2) der oberen kürzer als alle übrigen, Mittelstachel 1, von derselben Form, wie die horizontalen, aber etwas kürzer, aufrecht, alle wie bereift, graulich-weiss, an der Spitze schwärzlich-braun. Schopf mit hellpurpurnen Borsten.

Blüthen ziemlich klein, rosenroth.

Dem Melocactus Miquelii ähnlich, aber kleiner und von ganz bestimmtem Gepräge.

5. Melocactus amoenus *Hffgg.*, Angenehmer Melonencactus.

Synonyme. Melocactus communis Joerdensis *O.*, M. rubens *Hort.*

Vaterland Venezuela, wo ihn Ed. Otto auf den Bergen in der Umgegend von La Guayra bis zu einer Höhe von 1600 m zwischen Agaven, grossen Säulencereen und Opuntien in rother, lehmiger Erde vegetirend fand. Er kam daselbst in unendlicher Menge und in allen möglichen Formen und Grössen vor. Körper gedrückt-kegelförmig, in der Jugend meist gedrückt-kugelig, graugrün. Rippen 10—12, stumpf, nicht sehr hervortretend. Stachelpolster weit auseinander stehend, eingesenkt, in der Jugend gewölbt, weissfilzig. Stacheln ziemlich gerade, steif, pfriemlich ausgebreitet, röthlich, später dunkelbraun. Randstacheln 8, die obersten sehr kurz, der unterste sehr lang. Mittelstachel 1, aufrecht, länger, bei jungen Individuen meistens nicht vorhanden. Schopf gewölbt, weisslich.

Blüthen im Juli, in vollkommener Ausbreitung $2^1/_2$ cm im Durchmesser, nur Nachmittags geöffnet, mit rosenrothen, verlängert-linienförmigen, abstehenden Perigonblättern.

Eine der zierlichsten und im Blühen willigsten Arten. Sie erreicht eine Höhe von 15—18 cm bei etwas grösserem Durchmesser Sie lässt sich bisweilen durch Zerstörung des Scheitels zum Sprossen zwingen.

6. Melocactus caesius *Wdld.*, Graublau-Melonencactus

Vaterland Venezuela, La Guayra. Körper gedrückt-kugelig, blass-graublau, 10 cm hoch bei 14 cm Durchmesser. Schopf aus kurzer, schmutzig-perlgrauer Wolle gebildet. Rippen 10, zwischen den Stachelpolstern etwas gewölbt. Furchen breit und tief. Stachelpolster $2^1/_2$ cm von einander entfernt, mit perlgrauem, später schmutzig-grauem Filze besetzt. Stacheln stark, steif, ziemlich gerade, blassröthlich. Randstacheln 8, ausgebreitet. Mittelstachel 1, wenig länger, ziemlich aufwärts gerichtet.

Blüthen vollkommen erschlossen 15—18 mm im Durchmesser, mit rosenrothen, linealen, an der Spitze stumpfen und ausgenagten Perigonblätten, gelblichen Staubbeuteln und 7 gelblichen Narbenlappen.

Varietät. Melocactus caesius β griseus *Foerst.* (Syn. M. griseus *Wdld.*). Körper gedrückt-eiförmig, grün-perlgrau. Schopf 5 cm im Durchmesser, perlgrau. Rippen 15, zwischen den Stachelpolstern stark gewölbt, daher mit fast wellenförmigem Grat. Furchen ziemlich flach. Stachelpolster sehr kurz, perlgraufilzig, $2^1/_2$ cm von einander entfernt. Stacheln dünner und etwas kürzer, ziemlich gerade, hellbraun.

Blüthen nicht beobachtet.

Auch diese Varietät wurde von La Guayra eingeführt.

Wahrscheinlich sind beide, M. caesius und griseus, nur Formen von M. amoenus.

7. Melocactus hystrix *Parm.*, Stachelschwein-Melonencactus.

Synonym. Cactus hystrix *Haw.*

Vaterland unbekannt. Körper abgestumpft-pyramidal, perlgrau-grün. Rippen 20, etwas zusammengedrückt, zwischen den Stachelpolstern etwas höckerig. Letztere länglich, mit perlgrauem Filz besetzt. Stacheln steif, gerade, fuchsbraun. Randstacheln 8, die obersten sehr klein, der unterste sehr ang ($2\,^1/_2$ cm). Mittelstachel 1, so lang wie dieser, kaum stärker. Ein Schopf war an der hier beschriebenen Pflanze, obschon sie eine Höhe von 42 cm und an der Basis einen Durchmesser von 47 cm erreicht hatte, noch nicht entwickelt.

8. Melocactus Miquelii *Lehm.*, Miquel's Melonencactus.

Nomenclatur. Benannt nach Dr. Friedrich Wilhelm Anton Miquel, Professor und Director des botanischen Gartens in Utrecht, der sich durch eine Monographie der Melocacten und andere die Cacteenkenntniss fördernde Werke einen Namen gemacht.

Vaterland Insel St. Croix, Westindien, von wo 1838 zwei Pflanzen als Melocactus communis an den botanischen Garten in Hamburg gesandt wurden. Körper eirund, etwas verlängert, gesättigt-dunkelgrün. Schopf cylindrisch, an der Spitze gewölbt, aus schneeweissem Filz gebildet, zwischen diesem mit kurzen, rothbraunen Borsten, $6\,^1/_2$ cm hoch bei einem Durchmesser von $8\,^1/_2$ cm. Rippen 14, sehr stark, niedergedrückt, fast zusammenfliessend, entfernt, zwischen den Stachelpolstern gewölbt. Letztere entfernt, klein, oval, ganz kahl. Furchen sehr breit und wenig tief. Stacheln kurz, schwarzbraun. Randstacheln 7—8, etwas gekrümmt, strahlig ausgebreitet, fast von gleicher Länge. Mittelstachel 1, aufrecht, etwas länger (14—18 mm).

Blüthen nicht bekannt. Abbildung Seite 432.

Die Originalpflanze des botanischen Gartens in Hamburg, welche hier beschrieben wird, war 20 cm hoch und an der dicksten Stelle von demselben Durchmesser.

9. Melocactus meonacanthus *Lk.* et *O.*, Kurzstachel-cactus.

Vaterland Insel Jamaika. Körper länglich, fast cylindrisch-keulenförmig, grün. Rippen 14, vertikal, mit scharfem, etwas gekerbtem Grat. Stachelpolster länglich, mit weisslichem Filze besetzt, einander ziemlich nahe gerückt. Randstacheln 9, strahlig ausgebreitet, sehr wenig gebogen, die 2 obersten sehr klein, der unterste sehr lang, gelblich, braun gespitzt. Mittelstachel 1, aufrecht, pfriemlich, bräunlich.

Trotz ansehnlicher Dimensionen (mehr als 30 cm hoch bei 15—16 cm Durchmesser) war bei der beschriebenen Pflanze ein Schopf nicht entwickelt, mithin sind die Blüthen nicht bekannt.

Diese Art treibt, wenn der Scheitel abgeschnitten oder zerstört wird, an der Basis zahlreiche Sprossen, eine Eigenschaft, welche mit Ausnahme des Melocactus amoenus kein anderer Melonencactus besitzt.

10. Melocactus atrosanguineus *Hort. berol.*, Blutstachel-Melonencactus.

Vaterland Insel St. Thomas, Westindien. Körper kugelig, schwarzgrün, bis 15 cm hoch bei gleichem Durchmesser. Rippen 12—15, etwas zusammengedrückt, buchtig. Stachelpolster ziemlich entfernt, oval, weisslich. Stacheln dunkelblutroth. Randstacheln 10, gerade, steif. Mittelstachel 1, länger (3 cm und darüber), pfriemlich.

Schopf und Blüthen sind nicht bekannt.

11. Melocactus spatangus *Hort. berol.*, Meerigel-Melonencactus.

Nomenclatur. So benannt nach der Seeigel-Gattung Spatangus, an deren Körperbildung unsere Art erinnert.

Vaterland Insel Curaçao, Westindien. Körper plattkugelig, dunkelgrün, 10—12 cm hoch bei 20—22 cm Durchmesser. Rippen 16, vertikal, stumpf, zwischen den Stachelpolstern gewölbt, um dieselben herum verdickt. Stachelpolster 20—25 mm von einander entfernt, gross, weiss, in der Jugend sammthaarig, später perlgrau. Stacheln gerade, lang, anfangs fahl-gelbroth, dann strohgelb, 4—5 cm lang. Randstacheln 12—13 nach beiden Seiten abstehend, sehr ausgebreitet, dünn, die 3 unteren stärker. Mittelstachel 1, steifer, viel länger.

Schopf und Blüthen sind noch nicht beobachtet.

12. Melocactus dichroacanthus *Miq.*, Buntstachel-Melonencactus.

Vaterland Insel St. Thomas, Westindien. Körper verlängert-eirund, hell- und gesättigt-grün, 20—22 cm hoch und 16—20 cm im Durchmesser. Rippen 16, ziemlich vertikal, hoch und stark, mit fast scharfem Grat, zwischen den Stachelpolstern gewölbt. Furchen tief, breit, scharf. Stachelpolster klein, ziemlich kahl, 18—20 mm von einander entfernt. Stacheln in der Jugend violett-schwärzlich, an der Spitze leuchtend orangegelb, später ganz schwärzlich. Randstacheln 8—13, unregelmässig ausgespreizt, grösstentheils aufwärts gerichtet, ziemlich abstehend, gebüschelt, die oberen fast doppelt so lang (gegen 44 mm), als die übrigen. Mittelstachel 1 oder nicht vorhanden.

Schopf und Blüthen nirgends beschrieben.

2. Sippe. Mit zwei Mittelstacheln.

13. Melocactus obtusipetalus *Lem.*, Stumpfblatt-Melonencactus.

Vaterland Columbia, in der reizenden Umgegend von Santa Fé de Bogota, auf einem 4000 m über dem Meere liegenden Plateau. Körper niedergedrückt-kegelförmig, graugrün. Schopf klein, kaum 5 cm hoch, platt-kugelig, oben kaum eingedrückt, aus weisser, sehr dichter und langer Wolle, aus welcher einzeln stehende unregelmässig zerstreute, purpurrothe Borstenstacheln hervorstehen. Rippen 10, vertikal, sehr stark, hoch, an den Stachelpolstern breit gewölbt, mit scharfem, etwas ausgeschweiftem Grat. Furchen tief, scharf. Stachelpolster nackt, $2^1/_2$ cm von einander entfernt. Randstacheln 9, steif, an der Basis pfriemlich, strahlig ausgebreitet, weisslich-bräunlich, quer gestreift, die 2 oberen kleiner, gerade, bisweilen beide oder nur einer fehlend, die 6 seitlichen von gleicher Länge, abwärts gebogen. Mittelstacheln 2, gerade, der obere länger, horizontal, stets vorhanden, der untere kleiner, fast vertikal, selten nicht vorhanden. Die Stacheln haben eine ungefähre Länge von $2^1/_2$ cm.

Blüthen doppelt so gross, als die des Melocactus communis, schön rosenroth, mit länglichen, rundlich abgestumpften Perigonblättern, gelblichen Staubbeuteln und 6 Narbenlappen.

Lemaire beschrieb diese ausgezeichnete und sehr schöne Art nach einem Exemplare der Monville'schen Sammlung, von 22 cm Höhe und mindestens 60 cm unterem Durchmesser.

Varietät. Melocactus obtusipetalus β crassicostatus *Lem.*, unterscheidet sich von der Normalform durch viel stärkere Rippen, einen weniger hohen Schopf und schmutzig-rothe Stacheln (11 Randstacheln). Mittelstacheln etwa $2^1/_2$ cm lang.

14. Melocactus curvispinus *Hort. berol.*, Krummstachel-Melonencactus.

Vaterland Mexiko, heisse Regionen. Körper gedrückt-kugelig. Rippen 10—12, etwas zusammengedrückt, zwischen den Stachelpolstern kaum erhaben, ziemlich vertical. Stachelpolster fast gedrängt, gross, rund, weiss, sammethaarig. Randstacheln 7, gekrümmt, bräunlich oder weisslich. Mittelstacheln 2, aufrecht, schwärzlich, pfriemlich, wenig länger.

Schopf und Blüthen nirgends beschrieben.

Diese Art steht dem Melocactus Monvilleanus sehr nahe Vielleicht gar nur Varietät desselben.

15. Melocactus Monvilleanus *Miq.*, Monville's Melonencactus.

Nomenclatur. Nach einem Herrn von Monville in Rouen benannt, welcher eine ausgezeichnete Cacteensammlung unterhielt, in der sich besonders viel vollerwachsene, kräftige Pflanzen befanden.

Vaterland unbekannt. Schopf etwa $3^1/_4$ cm hoch, weiss, mit zahlreichen, dünnen, bleichen Borsten. Rippen nicht sehr zahlreich, breit, scharf, kaum ausgeschweift, hoch, unten weit von einander entfernt, oben bisweilen gabelig getheilt. Furche nach oben hin immer schärfer ausgeprägt. Stacheln sehr regelmässig geordnet, tiefbraun. Randstacheln 10, sehr selten noch einer oben, die 3 oberen sehr kurz, aufrecht, die 4 seitlichen länger, fast bogenförmig, ziemlich parallel, die 3 unteren sehr lang (30—37 mm) bogenförmig, der mittlere abwärts gebogen. Mittelstacheln 2, stärker, der obere im Bogen aufwärts gerichtet, der untere stärker, den untern Randstacheln an Länge ziemlich gleich oder länger.

Die Blüthen finden sich nirgends beschrieben.

Diese Art scheint immer sehr selten gewesen zu sein und jetzt vielleicht ganz aus den Sammlungen verschwunden. Sie wurde von Miquel nach einer 17 cm hohen, an der Basis 9 cm starken Pflanze beschrieben.

3. Sippe. Mit 2—6 Mittelstacheln.

A. Mittelstacheln von den Randstacheln wenig verschieden.

16. Melocactus communis *DC.*, Gemeiner Melonencactus.

Synonym. Cactus Melocactus *L.*

Vaterland Westindien, insbesondere die Insel St. Croix. Körper eiförmig oder ziemlich kugelig, grün oder dunkelgrün, seltener graugrün. Schopf gross, anfangs flach, vertieft, erwachsen lang-cylindrisch, an der Spitze wenig vertieft, endlich der Länge des Körpers gleich, aber drei- oder vier mal schmaler,

Fig. 47. Melocactus Miquelii.

aus schmutzig-weisslicher, fast brauner, mit purpurbraunen Borsten untermischter Flockenwolle bestehend. Rippen 8—14, selten mehr, weitläufig stehend, vertical, gerade, aus breiter Basis ziemlich zugeschärft. Furchen breit, tief, scharf. Stachelpolster ziemlich gedrängt, gross, oval, in der Jugend stets perlgraufilzig. Stacheln steif, gerade, gelblich oder hellbräunlich, selten weisslich. Randstacheln 8—9, auch wohl einer mehr oder einer weniger,

Fig. 48. Melocactus communis.

strahlig ausgebreitet, der oberste der kürzeste, der unterste sehr lang (20 mm und länger). Mittelstacheln meistens 3, 2 kürzere nach oben, 1 längerer (17 mm) nach unten gerichtet.

Blüthen von Juni bis August, mehr oder weniger aus dem Schopfe hervorragend, völlig ausgebreitet 14—18 mm im Durchmesser, mit länglichen, gezähnelten, dunkelrosenrothen, später intensiver gefärbten Perigonblättern, gelben Antheren und einer fünftheiligen rosenrothen Narbe. Beeren keulenförmig, gesättigt-rosenroth.

Diese seit langen Jahren unter dem Namen Türkenbund oder Türkenkappe bekannte und kultivirte Art erreicht einen Durchmesser von 15—20 cm und je nach der Körpergestalt eine Höhe von 15—20—25 cm. Sie ist zur Variation sehr geneigt und in den Sammlungen durch mehrere schöne Spielarten vertreten, doch sind nach Dr. Pfeiffer die von verschiedenen Formen erzogenen Samenpflanzen in der Jugend einander ziemlich ähnlich und nehmen erst spät oder bisweilen niemals den Charakter der Mutterpflanze an. Die bedeutenderen Formen sind folgende:

1. Melocactus communis β macrocephalus *Hort. berol.*, auf den Inseln St. Domingo und St. Thomas zu Hause, ausgezeichnet durch Form und Grösse, fast kugelig oder länglich 35 cm hoch, 22 cm dick, graugrün. Rippen 13—14, scharf, bisweilen gabelig getheilt. Randstacheln 9, ausgebreitet. Mittelstachel 1, aufrecht.

2. M. communis γ oblongus *Hort. berol.* (Syn. M. communis var. conicus *Monv.*), von St. Domingo stammend. Körper länglich, 15 cm hoch bei 9—10 cm Durchmesser. Rippen 15, mit scharfem Grat. Stachelpolster genähert, fast gedrängt. Stacheln schwächer, als bei den übrigen Formen, mehr roth. Randstacheln 6—7. Mittelstachel 1 oder nicht vorhanden.

3. M. communis δ laniferus *Hort. berol.*, aus Westindien, graugrün. Rippen sehr dick, ziemlich scharf. Stachelpolster weitläufig, stark, mit weissem Zottenhaar besetzt. Stacheln röthlich. Randstacheln 8. Mittelstachel 1.

4. M. communis ε Grengelii *Hort. dresd.*, Herkommen

unbekannt. Körper eiförmig, mit kurzen, sehr feinen, ganz weissen Stacheln.

5. M. communis ζ conicus *Pfr.* (Syn. var. pyramidalis *Hge.*?), Vaterland unbekannt. Körper kegelförmig, zugespitzt. Rippen scharf, 4 cm hoch, zwischen den Stachelpolstern gewölbt. Letztere ziemlich genähert. Stacheln steif, hellröthlich. Randstacheln 8—10. Mittelstacheln 2.

6. M. communis η acicularis *Monv.*, von unbekanntem Herkommen. Körper 25 cm hoch bei etwas geringerem Durchmesser. Stacheln kurz, nadelförmig, sehr steif. Rippen klein, zahlreich. Stachelpolster sehr gedrängt, $6^1/_2$ bis 13 mm von einander entfernt. Schopf klein.

7. M. communis ϑ spinosior *Monv.*, Vaterland unbekannt. Körper 30 cm hoch bei 25 cm Durchmesser. Stacheln sehr zahlreich. Mittelstacheln 2—3. Schopf schwarzbraun, mit zahlreichen Stachelborsten besetzt. Blüthen nur Nachmittags geöffnet.

8. M. communis ι magnisulcatus *Lem.* Körper 34 cm hoch, bei 28 cm Durchmesser. Ob nicht diese, von Lemaire sehr mangelhaft beschriebene und die beiden vorher gehenden Formen gute Arten sind, steht noch zu erweisen.

17. Melocactus havanensis *Miq.*, Havana-Melonencactus.

Synonym. Melocactus communis var. havanensis *Hort. berol.*

Vaterland Insel Cuba, Umgegend der Stadt Havana Körper fast eiförmig, blassgrün. Rippen gerade, vertikal, etwas zusammen gedrückt, zwischen den Stachelpolstern gewölbt. Letztere gross, rund, zottig, etwas weitläufig gestellt. Stacheln steif, gelblich. Randstacheln 9, fast aufrecht, die beiden obersten kleiner. Mittelstacheln 2. Schopf und Blüthen nicht bekannt.

Unterscheidet sich von Melocactus communis auf den ersten Blick durch seine bleiche, bisweilen sogar ins Gelbliche sich ziehende Farbe und durch die viel steiferen, fast büschelig stehenden, aufrechten Stacheln.

18. Melocactus rubens *Pfr.*, Roth-Melonencactus.

Vaterland Westindien. Körper gedrückt-kugelig, dunkelgrau-grün. Rippen 14, mit scharfem, zwischen den Stachelpolstern gewölbtem, um dieselben herum verdicktem Grat. Furchen tief, scharf eingeschnitten. Stachelpolster weitläufig gestellt, oval, in der Jugend dicht-weisszottig, später nackt. Stacheln steif, ziemlich gerade, zuerst feurig-braun, später gelbroth. Randstacheln 9—10, die oberen 1—2 kleiner, der unterste sehr lang (4—4½ cm). Mittelstacheln 2, dem untersten Randstachel an Länge fast gleich.

Schopf und Blüthen unbekannt.

Der Körper dieser Art (oder Varietät von M. communis?) erreicht eine Höhe von 15 cm bei 20 cm Durchmesser.

B. Mittelstacheln viel stärker, als die Randstacheln.

19. Melocactus Salmianus *O.*, Salm's Melonencactus.

Nomenclatur. Dem eifrigen Forscher auf dem Gebiete der Cacteenkunde, Fürsten Salm-Reifferscheid-Dyck († 1861), zu Ehren benannt.

Synonym. Echinocactus Salmianus *Lk. et O.*, Cactus hystrix *Haw.*

Vaterland Insel Curaçao. Körper fast kugelig oder eiförmig, schwarzgrün. Rippen 14—15, vertikal, dick. Furchen schmal. Stachelpolster weitläufig, oval, mit weissem, bald abfallendem Filze. Stacheln lang, gerade. Randstacheln 10—15, strahlig, sehr abstehend, meistens die benachbarten Rippen berührend, röthlich oder unten gelblich, oben bräunlich, die oberen kürzer, die übrigen fast gleich lang. Mittelstacheln 3, sehr dick, pfriemlich, rothbraun, abstehend, viel länger, der unterste der längste, die beiden oberen bisweilen nicht vorhanden.

Schopf nirgends beschrieben. Blüthen von Juni bis August, rosenroth, etwas grösser als die des M. pyramidalis.

Der Körper wird 10 cm hoch bei 12 cm Durchmesser. Randstacheln 18—22 mm, Mittelstacheln über 3 cm lang.

20. Melocactus pyramidalis *S.*, Pyramiden-Melonencactus.

Vaterland die Inseln Curaçao und St. Thomas, besonders an den Meeresküsten sehr häufig. Körper in der Jugend fast kugelig, später mehr oder weniger kegel- oder pyramidenförmig, grün, oft schwarzgrün. Rippen 17—18 selten 13—26, ziemlich vertikal, dick, stumpf, zwischen den Stachelpolstern gewölbt, um diese herum verdickt. Furchen in der Mitte des Körpers stark vertieft. Stachelpolster einander genähert, oval, kahl, braun. Stacheln gerade, lang die Oberfläche des Körpers fast ganz überdeckend, anfangs braun, später blass- und schmutzig-gelblich, an der Spitze braunroth, fast durchscheinend. Randstacheln 14—16, seltener 17, nach beiden Seiten abstehend. Mittelstacheln 3 selten 2), sehr steif, pfriemlich, sehr dick und lang (fast 8 cm), die 2 oberen horizontal, der untere etwas abwärts gebogen. Schopf cylindrisch, aus dichten, weisslich-perlgrauen, mit zarten braunen Borsten untermischten Filzhaaren gebildet.

Blüthen im Sommer, sehr klein, mit schmalen, auswärts gekrümmten, sehr blassrosenrothen Perigonblättern und fünftheiliger Narbe. Beeren glänzend-rosenroth, birnförmig, über $2^1/_2$ cm lang.

Eine ausgezeichnet schöne Art von 18—20 cm Höhe und an der Basis von 12—14 cm Durchmesser.

Junge Sämlinge sind von denen des Melocactus mncracanthus, Salmianus und einiger Varietäten des M. communis kaum zu unterscheiden und entwickeln die characterischen Merkmale der Art erst spät.

Varietät. Melocactus pyramidalis β carneus *Miq.*, ebenfalls in den Küstengegenden der Insel Curaçao zu Hause.

Körper pyramidal-eiförmig, schmutzig-blassgrün, um die Stachelholster herum bräunlich. Rippen 14, einander genähert, zusammengedrückt, etwas stumpf. Stachelpolster zicmlich dicht gestellt, 14—15 auf jeder Rippe, in der Jugend weisswollig, später nackt. Stacheln sehr blass-fleischfarbig, an der Spitze hellbräunlich, nicht glänzend. Randstacheln 12—15 selten 16, die oberen kürzer, die unteren länger, die seitlichen beinahe die nächsten Rippen erreichend. Mittelstacheln 3, seltener 4, länger bis 52 mm), dicker, der untere etwas abwärts gebogen. Schopf kurz, etwas gewölbt, weich, weiss, Blüthen nicht beobachtet.

21. Melocactus xanthacanthus *Miq.*, Gelbstachel-Melonencactus.

Synonym. Echinocactus xanthacanthus *Miq.*

Vaterland Insel St. Thomas, in Gesellschaft anderer Melocacten. Körper eiförmig, blassgrün 17 cm hoch und an der Basis 14$^1/_2$ cm im Durchmesser, von zahlreichen, starken Waffen völlig überdeckt. Rippen 13—16, schief herablaufend, sehr stumpf, an den Seiten concav. Furchen tief, stumpf, Stachelpolster mit kurzer, weisser Wolle, später kahl, blass, gedrängt, 11 auf jeder Riqpe. Randstacheln 14, die 3 unteren gross (5 cm), geradeaus nach unten gerichtet, die 8 seitlichen kleiner, nach beiden Seiten abstehend, die 3 oberen sehr klein, von diesen der mittlere aufrecht-bogenförmig. Mittelstacheln 3 (sehr selten nur 1), länger (6—8 cm), an der Basis etwas dreikantig, an der Spitze stielrund, abstehend, der unterste meist etwas länger, als die übrigen, alle lebhafterlgrau-gelblich, durchscheinend, an der Spitze bräunlich, während die Randstacheln blasser und nicht glänzend sind.

Schopf und Blüthen nicht bekannt.

22. Melocactus microcephalus *Miq.*, Kurzschopf-Melonencactus.

Vaterland Insel Curaçao, wo er an der Meeresküste in dürrem, felsigem Boden vorkommt. Eine wahrhaft prächtige

Pflanze von verschiedener Form, aus breiter Basis kurz-pyramidal, eiförmig, kugelig-eiförmig oder plattkugelig, hellgrün, bisweilen fast gelblich, je nach der Körperform von verschiedener Höhe und verschiedenem Durchmesser. Rippen 13, seltener bis 16, dick, ziemlich zusammengedrückt, an den Seiten concav, um die Stachelpolster herum verdickt, oft schief laufend, unten abgeflacht. Furchen tief (30—32 mm), scharf, nach unten flacher mit wellenförmigen Querfalten. Stachelpolster klein, oval oder rundlich, einander genährt (auf $2^1/_2$ cm), die oberen mit kurzer weisser Wolle, die unteren kahl, bräunlich-schwarz. Stacheln dicht an der Wurzel schwarzbraun, weiss gewimpert, an der Basis gelblich oder weisslich, an der Spitze feurig-rothbraun. Randstacheln 10—16, an der Basis flach, der oberste sehr kurz oder nicht vorhanden, die 8 seitlichen länger (26—32 mm), nach beiden Seiten abstehend, die unteren 3 oder 5 nach unten gerichtet, den seitlichen fast gleich oder noch etwas länger. Mittelstacheln 3—4, kreuzständig, länger (45—50 mm) wenig stärker, der oberste kleiner, als die übrigen. Bei den eirunden oder kugeligen Formen sind die Stacheln oft fast um den 3. Theil länger, der unterste Mittelstachel dann bisweilen fast 8 cm lang.

Schopf klein, kaum cylindrisch, abgeflacht, aus weisser Wolle gebildet, aus welcher zahlreiche, lebhaft rothbraune oder grünbraune Borsten hervor stehen. Blüthen im August und September, $2^1/_2$ cm lang, mit linien-lanzettförmigen, lebhaft dunkel-rosenrothen Perigonblättern, gelben Antheren und fünftheiliger weisser Narbe. Beeren glänzend-rosenroth, $2^1/_2$—3 cm lang, verkehrt-eirund, spitz.

23. Melocactus Lehmanni *Miq.*, Lehmann's Melonencactus.

Nomenclatur. Dem um die Wissenschaften verdienten Professor Dr. Joh. Georg Christian Lehmann, vormals Director des botanischen Gartens in Hamburg, zu Ehren benannt. † 1860.

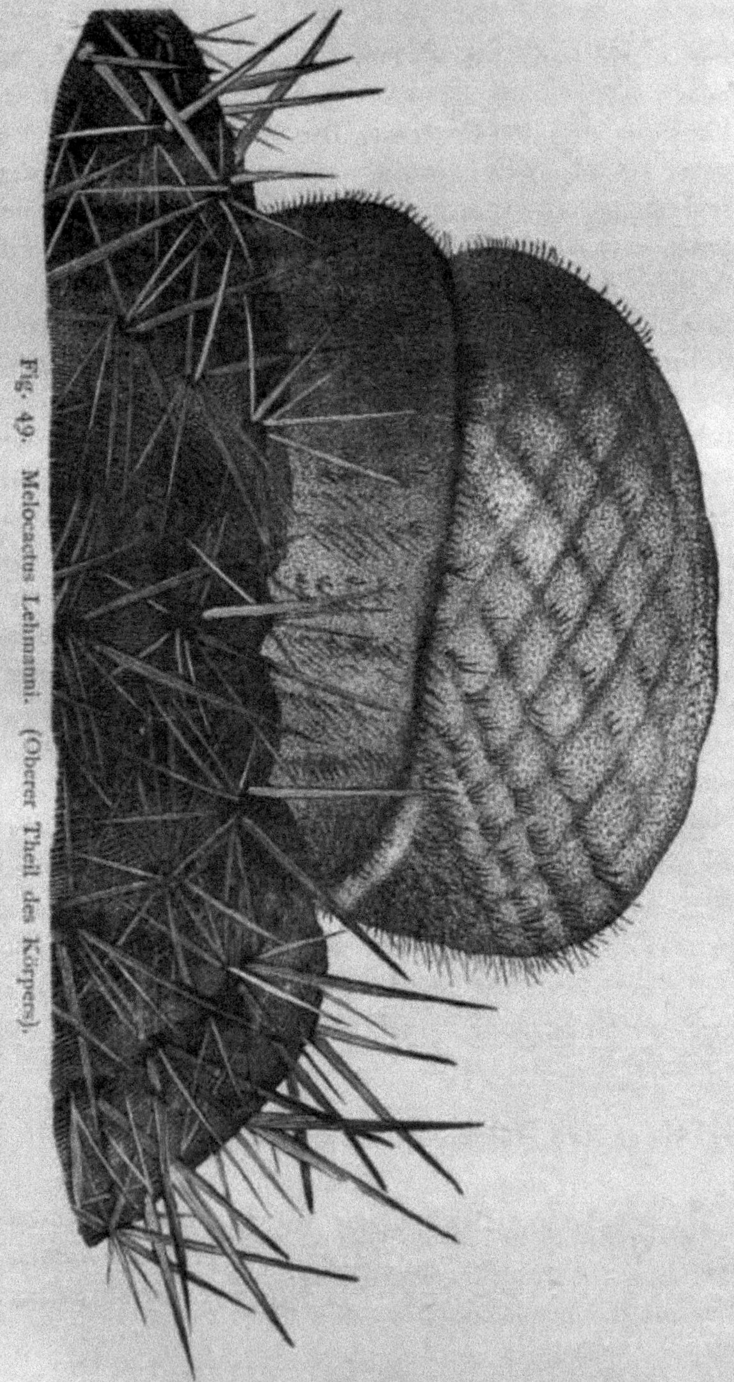

Fig. 49. Melocactus Lehmanni. (Oberer Theil des Körpers).

Vaterland die Insel Curaçao, an der felsigen Meeresküste. Körper von eigenthümlich schöner Gestalt, gedrückt-pyramidenförmig, kugelig-pyramiden- oder eiförmig, blass-graugrün. Rippen 12—15, dick, hoch, aus breiter Basis verschmälert, unten zu scharfen Furchen zusammtretend, an den Seiten gewölbt, oft schief herablaufend. Stachelpolster einander genähert, 10—14 auf jeder Rippe, rautenförmig-oval, ganz nackt, schwärzlich-braun. Stacheln an der Wurzel schwarzbraun, weisslich gewimpert, übrigens weisslich, blassfleischfarbig, oder gelblich, die Mittelstacheln dunkler, an der Spitze bräunlich. Randstacheln 10—25, die oberen sehr kurz, die seitlichen abstehend, die 5 unteren länger (2 $^1/_2$—3 cm), nach unten gerichtet. Mittelstacheln 2—4, sehr selten nur 1, horizontal abstehend, fast gleich lang, länger (4—4 $^1/_2$ cm) und viel stärker.

Je nach der besonderen Form des Körpers wechselt seine Höhe zwischen 25 cm und 16 cm und sein Durchmesser zwischen 20 cm und 16—18 cm.

Schopf 5, 6, bisweilen bis gegen 10 cm hoch bei ziemlich 10 cm Durchmesser, halbkugelig oder kegelig-gewölbt, später cylindrisch, perlgrau-weiss, mit gebüschelten, gebogenen, rothgelben und braunen Borsten. Blüthen im August und September, klein, kaum aus dem Schopfe hervorragend, immer nur einzeln geöffnet und gewöhnlich nur von Vormittags 10 Uhr bis Nachmittags 5 Uhr, mit oval-lanzettlichen, mit dem oberen Theile ausgebreiteten, hellrosenrothen Perigonblättern und weisser, fünf- bis siebentheiliger Narbe. Beeren 2 $^1/_2$ cm lang und länger, keulenförmig, dreikantig-zusammengedrückt, rosenroth.

24. Melocactus Lemairei *Miq.*, Lemaire's Melonencactus.

Synonym. Melocactus crassispinus *S.*

Vaterland wahrscheinlich Brasilien. Körper kegelförmig, hellgrün. Rippen 8—10, vertikal, gebuchtet, um die Stachelpolster herum verdickt. Furchen tief und scharf. Stachelpolster 4 cm von einander entfernt, verlängert, mit perlgrauem Filz besetzt. Stacheln pfriemlich, sehr steif und dick, durchscheinend, hornfarbig, in der Mitte sehr blass, nach der Basis und der Spitze zu gesättigt rosenroth-bräunlich. Randstacheln 8—10, auswärts gekrümmt, sehr abstehend, die 3 oberen (von denen oft der eine und der andere fehlt) feiner, die 6 seitlichen allmälig länger, der unterste sehr lang ($2^1/_2$ cm) und stark, beinahe von der Dicke einer Taubenfeder. Mittelstacheln 1—4, kreuzständig, stark, gerade, der unterste sehr lang (fast $2^1/_2$ cm).

Schopf und Blüthen finden sich nicht beschrieben.

25. Melocactus macracanthus *S.*, Grosstachel-Melonencactus.

Vaterland die Inseln Curaçao und St. Domingo. Körper gedrückt-kugelig oder eiförmig, hellgrün. Rippen 14—16, vertikal, dick, stumpf, zwischen den Stachelpolstern gewölbt, um diese herum verdickt. Furchen breit und tief. Stachelpolster einander sehr genähert, oval, in der Jugend mit perlgrauer Wolle besetzt. Stacheln sehr dick und kurz. Randstacheln 14—18, strahlig, die oberen kürzer, aufrecht-abstehend, die seitlichen länger ($2^1/_2$ cm), die nächsten Rippen berührend, die unteren fast ebensolang, rothbraun, durchscheinend. Mittelstacheln 4 (sehr selten 3 oder 6), sehr dick, länger (bis $6^1/_2$ cm), stielrund, an der Basis eckig, röthlich- oder purpurbraun, der oberste kürzer, horizontal oder aufrecht-abstehend.

Schopf kurz-cylindrisch, niedergedrückt, mit zahlreichen, gebüschelten, langen, hervorstehenden Borsten besetzt. Blüthen nicht beschrieben.

Eine sehr zierliche Art von 18 cm Höhe und 20 cm Durchmesser.

26. Melocactus macracanthoides *Miq.*, Macracanthus-artiger Melonencactus.

Synonym. Melocactus macracanthus *Miq.*

Vaterland St. Thomas. Körper eiförmig oder mehr

kugelig, etwas schief, schwarzgrün, 17 cm hoch, bei etwas grösserem Durchmesser an der Basis. Rippen 14—15, ziemlich vertikal, weit von einander entfernt ($4^1/_2$ cm), sehr dick, um die Stachelpolster herum aufgetrieben. Furchen tief, scharf. Stachelpolster in der Jugend bräunlich-weisswollig, später kahl, schwarzbraun, 10—11 auf jeder Rippe. Stacheln durchscheinend, roth und feuerig braun. Randstacheln 11—15, die 2 obersten (bisweilen nicht vorhandenen) kurz, dünn, aufrecht, die 8 seitlichen länger (36—47 mm), nach beiden Seiten abstehend, die 5 unteren viel dicker, abwärts gerichtet. Mittelstacheln 3—4, kreuzständig, von gleicher Länge (gegen 5 cm), die 2 seitlichen wenig länger, ausgebreitet, der oberste auf-, der unterste abwärts gerichtet.

Schopf abgeflacht, perlgraufilzig, mit wenigen kurzen, kaum hervorragenden, zarten, braunen Borsten besetzt. Blüthen werden nicht beschrieben.

Eine sehr schöne Art, welche sich von dem ähnlichen Melocactus macracanthus durch den dunkelgrünen, meist eiförmigen Körper, die weniger dicht gestellten, eingedrückten Stachelpolster und die längeren Stacheln, besonders aber durch die Zahl und Stellung der Randstacheln, sowie durch Zahl, Anordnung und Färbung der Mittelstacheln unterscheidet.

27. Melocactus Zuccarinii *Miq.*, Zuccarini's Melonencactus.

Vaterland Insel Curaçao, an den felsigen Ufern des Meeres. Körper hoch-pyramidal, mit breiter Basis aufsitzend, dunkelgrün, 22 cm hoch bei 20 cm Durchmesser an der Basis. Rippen 16, vertikal oder kaum bemerkbar schief, dick, stumpf, zwischen den Stachelpolstern gewölbt, in scharfe, tiefe (in der Mitte des Körpers über 4 cm), fast gebogene Furchen zusammen gehend. Stachelpolster ziemlich weitläufig ($4^1/_2$ cm) gestellt, oval, in der Jugend sehr zart flaumig, dann kahl, später blassbraun. Randstacheln 18—20, blassperlgrau, nicht glänzend, die 3 oberen kürzer, dünner, aufgerichtet, die 12 seitlichen ausgebreitet, die unteren länger (14—17 mm), dicker. Mittelstacheln 4—6, blassfleischfarbig oder braun, an der Spitze dunkler, sehr lang und stark, der mittlere, der längste (fast 8 cm), horizontal.

Fig 50. Melocactus Zuccarinii.

Schopf flach-halbkugelig, über 4 cm hoch und über $7^1/_2$ cm im Durchmesser, perlgrau-weiss, mit braunen, büscheligen, hervorstehenden Borsten. Blüthen im Juni und Juli, klein, 18—21 mm lang, von nur eintägiger Dauer, mit ovallanzettlichen, blassrosenrothen Perigonblättern, gelben Antheren und vier- bis fünftheiliger weisslicher Narbe. Beeren keuligbirnförmig, fast stumpf-dreieckig, gegen 20 mm lang, glänzend rosenroth.

Diese schöne Art verdient wieder wie früher recht häufig kultivirt zu werden.

2. Gruppe. Nur mit Randstacheln.

28. Melocactus violaceus *Pfr.*, Violetter Melonencactus.

Synonym. Melocactus Parthoni *Cels.*

Vaterland Brasilien, seit 1835 in Deutschland bekannt. Körper fast pyramidal oder gedrückt-kegelförmig, perlgraugrün, hellveilchenfarbig tingirt. Rippen 10—12, vertikal, mit scharfem Grat, zwischen den Stachelpolstern gewölbt. Furchen breit. Stachelpolster ziemlich weitläufig gestellt, eingesenkt, in der Jugend mit weisslichem Filze, später nackt. Stacheln 6—8, stielrund, lang, gerade, steif, gespreizt, anfangs bräunlich-carminroth, dann grauviolett, quer geringelt, der oberste sehr kurz.

Schopf 5 cm im Durchmesser, stumpf-kegelförmig. Blüthen im Juli und August, sehr klein, kaum aus dem Schopfe hervorragend, mit ausgebreiteten, hellcarminrothen Perigonblättern, gelblichen Antheren und einer fünftheiligen röthlichen Narbe.

Die Pflanze hat eine Höhe von 9—10 cm und einen Durchmesser von 12 cm.

29. Melocactus depressus *Hook.*, Plattkopf-Melonencactus.

Synonym. Melocactus Gardenerianus *Booth* (?)

Vaterland Brasilien, Umgegend von Pernambuco. Körper niedergedrückt-kegelförmig, fast kuchenförmig, hellgrün. Rippen 10, sehr breit und dick, ziemlich stumpf, jede nur mit 4—5 Stachelpolstern besetzt, unter den letzteren verdickt. Furchen sehr breit, tief, scharf. Stachelpolster klein, rund, in der Jugend weisswollig. Stacheln 5—7, gebüschelt, stielrund, pfriemlich, ziemlich gerade, sehr hellbraun oder graugrün, strahlig ausgebreitet.

Schopf klein, sehr kurz, etwa 22 mm hoch und 5 cm im Durchmesser, aus kurzer, dichter, weisser Wolle gebildet, aus welcher zahlreiche purpurröthliche Borsten hervorstehen. Blüthen finden sich nicht beschrieben. Beeren zahlreich, $2^1/_2$ cm lang, länglich-keulenförmig, hellrosenroth.

30. Melocactus goniodacanthus *Lem.*, Kantenstachel-Melonencactus.

Vaterland unbekannt. Körper kegel- oder pyramidenförmig, hellgrün. Rippen 16—20, vertikal, scharf, an den Stachelpolstern etwas gewölbt, ausgeschweift. Furchen sehr scharf. Stachelpolster oval, eingesenkt, in der Jugend mit sehr kurzer Wolle besetzt, später nackt. Stacheln 6, strahlig, gerade, selten etwas gekrümmt, sehr steif, stark, dreioder auch fast vierkantig, etwas rinnig, am Grunde etwas pfriemlich, weisslich, an der Spitze schwarzbraun, der oberste etwas kürzer, der unterste abwärts gebogen, verlängert. Selten zur Seite der obersten Stacheln noch 1—2 Nebenstacheln.

Schopf kurz, 5 cm hoch, kegelförmig, aus dichter weisser Wolle gebildet, die bisweilen mit langen, gebogenen, hellrosenrothen Borsten gemischt ist. Blüthen finden sich nirgends beschrieben.

31. Melocactus pentacentrus *Lem.*, Fünfstachel-Melonencactus.

Vaterland Brasilien, Provinz Bahia. Körper kugelig, fast kegelförmig, sehr hellgrün. Rippen 11, mit ziemlich scharfem, etwas gekerbtem Grat, wenig hoch, um die Stachelpolster herum kaum verdickt. Furchen sehr breit, wenig tief. Stachelpolster einander ziemlich nahe (11—13 mm), eiförmig, immer nackt. Stacheln 5, fast von gleicher Länge (11—13 mm), ziemlich gerade, an der Basis pfriemlich, regelmässig vertheilt, fast safranfarbig, aber weiss bereift, daher weissröthlich, von den 4 seitlichen 2 ziemlich aufrecht, 2 horizontal und der unterste kaum längere nach unten gerichtet.

Schopf stumpf-kegelförmig, 35 mm hoch und an der

Basis 52 mm breit, aus sehr dichter, sehr kurzer, weisser, später fast fahlrothgelber Wolle gebildet und mit sehr vielen büscheligen, anfangs rosenrothen, dann purpurbraunrothen Borsten besetzt. Blüthen finden sich nirgends beschrieben.

II. Zunft.
Echinocacteae — Igelcactusähnliche.

Blüthen auf dem Scheitel des Körpers aus Höckern mit Stachelpolstern hervortretend, gross, röhrig. Röhre kurz. Sepaloidische Perigonblätter (Sepalen) mehr oder minder zahlreich, gradweise länger, in den Achseln borstig oder auch wohl nackt, spiralig geordnet, petaloidische (Petalen) mit dem Saume mehr oder weniger ausgebreitet. Beeren schon in ihrer ersten Entwicklung frei stehend, eiförmig, das verwelkte Perigon bald abstossend, durch die angewachsenen Sepalen schuppig oder ziemlich glatt.

Fleischige, blattlose, stachelige, dem Melonencactus ähnliche Pflanzen ohne holzige und mit einer Markröhre versehene Centralachse, mit kugeligem länglichem, cylindrischem, mit Höckern bedecktem Körper. Höcker mit Stachelpolstern, mehr oder weniger zu Längsrippen verschmolzen und meist senkrecht geordnet oder gesondert und dann den Körper spiralig umgebend.

V. Discocactus *Pfr.*, Scheibencactus.

Geschichte. Diese Gattung schliesst nur zwei Arten ein. Am längsten bekannt ist Discocactus insignis; er ist aller Wahrscheinlichkeit nach diejenige Pflanze, welche in Besler's berühmtem Hortus Eystettensis, Nürnberg 1613, einem mit sauberen Kupfertafeln ausgestatteten Prachtwerke, als Cactus Melocactus abgebildet und beschrieben wurde. Später bildete er bei Dr. Pfeiffer mit Mamillaria cephalophora die Gruppe der flachschopfigen Melocacten. Beschreibung und Abbildung gab Pfeiffer nach einem in Schelhase's Sammlung in Cassel befindlichen Exemplare, welches 1837 zum ersten Male blühte. Schelhase erhielt es unter dem Namen Melocactus Besleri zugleich mit M. communis und M. meonacanthus von den westindischen Inseln, während die Pflanzen der botanischen Gärten in Berlin und Hamburg dem südlichen Brasilien entstammten.

Diese Gattung bildet den Uebergang von der Zunft der Melocacteen zu der der Echinocacteen.

Gattungscharakter. Perigonröhre schlank, cylindrisch, dünn, weit über den Fruchtknoten hinaus verlängert, an der Basis nackt, glatt. Perigonblätter zahlreich, die äusseren (sepaloidischen) verlängert, abstehend, unregelmässig zurückgebogen, die inneren, petaloidischen zweireihig, bis zum kurzen zurückgebogenen Saum miteinander verwachsen. Staubfäden der Röhre angewachsen, die inneren kurz, die äusseren länger und die Mündung der Röhre verschliessend. Griffel fadenförmig, kürzer als die Staubfäden, mit einer fünfstrahligen Narbe. Frucht eine längliche, glatte, von den Resten des Perigons gekrönte Beere.

Körper fleischig, einfach, niedergedrückt oder scheibenförmig, gerippt, die Rippen stumpf und mit Stachelpolstern besetzt, auf dem Scheitel in eine Art flachen Schopfes ausgehend, welcher aus langer, seidenartiger Wolle und denjenigen dünnen Stacheln gebildet wird, mit denen die Stachelpolster in ihrer ersten Jugend besetzt sind. Aus der Mitte dieses Schopfes erheben sich einzelne, oft wohlriechende Blumen von nur eintägiger Dauer. Die Beeren sind anfangs eingesenkt, nach Pfeiffer etwas gestielt und treten kaum aus der Wolle des Scheitels hervor.

1. Discocactus insignis *Pfr.*, Ausgezeichneter Scheibencactus.

Synonyme. Melocactus Besleri *Lk. et O.*, Echinocactus placentiformis *Lehm.*

Körper blassgrün, scheibenförmig, in dem unteren Theile

Fig. 51. Discocactus insignis.

verholzend. Rippen 10, stumpf, wenig regelmässig gebogen. Furchen tief, scharf. Stachelpolster nur in der ersten Jugend mit gelblichem Filz besetzt, bald nackt. Stacheln 7—8, steif, angedrückt, fast gerade, durchscheinend, in der Jugend dunkelblutroth, dann schwärzlich, endlich grau, sehr ungleich, die 2 bis 3 oberen dünn, die 4 seitlichen länger, stärker, der unterste sehr steif, abwärts gebogen, auf dem Rücken gekielt.

Der scheibenförmige Körper ist 5 cm hoch und erreicht einen Durchmesser von 13—16 cm.

Blüthen im Juni, aus den jüngsten Stachelpolstern inmitten der Wolle des Scheinschopfes, 5 cm lang; Sepalen breit-lanzettförmig, zugespitzt, zurückgebogen-abstehend, rosenroth; Petalen kürzer, weiss. Sie verbreiten einen sehr angenehmen Duft, welcher an Orangen- und Citronengeruch erinnert. Beere nach Pfeiffer grün, auf einem kurzen, dünnen Stielchen.

2. Discocactus alteolens *Lem.*, Starkduft-Scheibencactus.

Vaterland Brasilien. Körper scheibenförmig, bleicholivengrün. Rippen 9—10, höckerig, unregelmässig gebogen, stumpf. Stachelpolster 3—4, weitläufig gestellt, nackt. Stacheln 5—6, in der Jugend schwärzlich, dann grau, die beiden obersten, denen sich bisweilen noch ein dritter zugesellt, dünn, nach oben gebogen, die drei unteren stark, sehr steif, etwas kantig, zurückgebogen-abstehend, der unterste länger als die übrigen, niedergebogen.

Der Körper erreicht eine Höhe von 5 cm bei einem Durchmesser von 10—15 cm.

Blüthen im Juni, aus einem kleinen, etwas mehr als bei der vorigen Art gewölbten Scheinschopfe, welcher aus weisser, von steifen, schwärzlichen Borsten umgebener Wolle gebildet wird, 5 cm lang, mit lanzettlich-spatelförmigen, stumpfen Perigonblättern, von denen die sepaloidischen aufrecht, zurückgebogen, blassgrün, die petaloïdischen zahlreicher, länger, weiss, sehr abstehend, an der Spitze zurückgebogen. Die Blüthen haben die meiste Aehnlichkeit mit denen des Cereus flagelliformis und hauchen einen starken, nicht ganz unangenehmen, an Quitten und Sellerie erinnernden Duft aus. Beere klein, länglich, glatt, in der Wolle des Scheitels versteckt, von den Resten des Perigons gekrönt. Samen fast flaschenförmig, runzelig, schwarz. So weit sie bis jetzt gewonnen wurden, haben sie nicht gekeimt.

Kultur. Beide Arten sind ausserordentlich empfindlich und nehmen im Winter die geringste Herabminderung der Temperatur übel, wenn sie vorher auch nur ganz leicht angefeuchtet wurden. Ihr Saft zersetzt sich dann sehr leicht und rasch und der Körper geht innen bald in Fäulniss über, anfangs oft ohne dass man ihm von aussen den sich vollziehenden Untergang anmerkt. Aber schon nach einigen Tagen ist die Pflanze unrettbar verloren.

Indessen lassen sich die Scheibencacten bei einiger Aufmerksamkeit nicht nur erhalten, sondern auch in kräftige Vegetation setzen, wenn man sie während des Winters in dem trockensten und wärmsten Theile des Gewächshauses dicht unter dem Glase hält und im Sommer der Luft und der vollen Sonne aussetzt und die Kästen nur bei starkem, anhaltendem Regen mit Fenstern deckt. Für diese Mühe wird man sich durch einen reichen Flor vollauf entschädigt sehen.

VI. Malacocarpus *S.*, Weichbeercactus.

Gattungscharakter. Röhre des Perigons über den Fruchtknoten hinausgehend, ganz kurz, an der Basis mit langer Wolle beserzt. Perigonblätter zahlreich, die sepaloidischen spitz, in den Achseln mit Wolle und Borsten besetzt, die petaloidischen aufrecht-abstehend, eine becherförmige Corolle darstellend. Staubgefässe zahlreich, der Röhre angewachsen, kürzer als das Perigon. Griffel kaum länger, als die Staubgefässe, säulenförnig, gefurcht, röhrig. Narbe acht- bis zehnlappig, die Lappen kurz, aufrecht-zusammengeneigt, scharlachroth. Beere von den verwitterten Resten des Perigons gekrönt, fast glatt, länglich, saftig, weich (μαλακός, weich, καρπός, Frucht), mit einigen Wollbürstchen besetzt. Keimlappen klein, zusammengewachsen, spitz.

Körper fleischig, gedrückt-kugelig oder verkehrt-eirund. Rippen vertikal, zahlreich, scharf, gekerbt. Stachelpolster eingesenkt, die jüngeren mit reichlicher Wolle besetzt und auf dem Scheitel der Pflanze einen Scheinschopf bildend, später bloss sammtartig.

Blüthen zahlreich aus den Axillen junger Stachelpolster, mit gelben, stumpfen, wimperig ausgebissenen Petalen, während einiger Tage früh sich öffnend, Nachts aber geschlossen. Beeren zur Zeit der Reife rosenroth oder violett, kaum aus der Scheitelwolle sich erhebend.

Diese Gattung umfasst einige Arten, welche früher zur Gattung Echinocactus und zwar zur Gruppe der Gymnocarpi zählten. Sie steht zwischen Discocactus und Echinocactus und bildet den Uebergang von dem einen zum andern.

1. Malacocarpus corynodes *S.*, Keulen-Weichbeercactus.

Synonyme. Echinocactus corynodes *Hort. berol.*, E. acutangulus *Zucc.*, E. Sellowianus *Hort.*

Vaterland Mexiko und Brasilien, Montevideo. Körper gedrückt-kugelig, an der Basis oft verschmälert, am Scheitel eingedrückt, dunkelgrün, 12—22 cm hoch bei 10—18 cm Durchmesser. Rippen 16, vertikal, tief gekerbt. Furchen schmal, scharf. Stachelpolster etwas weitläufig, die des Scheitels mit langen weissen Zottenhaaren bedeckt. Stacheln gerade, steif, bei jungen Individuen gelb. Randstacheln 7 bis 9, ausgebreitet, die 3 unteren länger und stärker (15 bis 18 mm), anfangs roth, später bräunlich. Mittelstachel 1, aufrecht, pfriemlich, braun, fast ebenso lang; alle Stacheln an der Spitze dunkler.

Blüthen vom Juni bis September, zahlreich aus dem weisslichen Scheinschopfe hervortretend, voll erblüht 5 cm im

Fig. 52. Malacocarpus corynodes.

Durchmesser, mehere Tage lang im Sonnenschein geöffnet, die Knospe dicht von brauner Wolle umhüllt. Perigonblätter zweireihig, lineal, an der Spitze gezähnelt, durchscheinend, schwefelgelb. Staubfäden gelb, mit weissen Staubbeuteln. Griffel länger, schwefelgelb. Narbe acht- bis zehntheilig, carminroth. Beeren länglich, schmutzig-rosenroth.

2. Malacocarpus Courantii *S.*, Courant's Weichbeer-cactus.

Nomenclatur. Dem Cacteenkundigen L. Courant gewidmet, welcher Nordamerika 1841 bereiste und neben anderen

Pflanzen auch diese Art in Frankreich einführte. Sonst ist er auch durch die von ihm aus Cereus speciosissimus erzogenen Blendlinge bekannt geworden.

Synonym. Echinocactus Courantii *Lem.*, E. tephracanthus *Lk. et O.*

Vaterland Brasilien. Körper fast kugelig, glänzendgrün, mit schwach eingedrücktem, wolligem Scheitel. Rippen 19—21, scharf, gekerbt-ausgeschweift, um die Stachelpolster fast zu einem Höcker verdickt. Stachelpolster zahlreich, ziemlich gedrängt, weissfilzig. Stacheln zuerst strohgelb, an der Spitze schwärzlich-purpurroth, später hornfarbig. Randstacheln 8—9, zurückgekrümmt-abstehend, die 4 oberen dünn, die unteren stärker, der unterste, längste bisweilen nicht vorhanden. Mittelstachel 1, aufrecht.

Der Körper wird 10—12 cm hoch bei 12—15 cm Durchmesser. Randstacheln 12—17 mm lang.

Blüthen im Sommer aus dem weissgelblichen Scheinschopfe hervortretend, schwefelgelb, wie bei der vorigen Art, aber mit schwarzpurpurner, nicht carminrother Narbe.

Im Uebrigen unterscheidet sich M. Courantii von M. corynodes durch die doppelt so langen hornfarbigen Stacheln und von M. Sellowianus durch den dickeren, weniger gedrückten Körper, zahlreichere Randstacheln, hauptsächlich aber durch den stets vorhandenen Mittelstachel.

3. Malacocarpus Martini *Labour.*, Martins' Weichbeercactus.

Vaterland unbekannt. Körper halbkugelig, graugrün. Rippen gegen 12, an der Basis breit, fast scharfkantig, wellenförmig, um die Stachelpolster herum höckerartig verdickt. Furchen geschlängelt. Stachelpolster in die höckerartige Anschwellung der Rippen eingesenkt, mit kurzer, weisslicher, später schwindender Wolle besetzt. Von den Stacheln stehen 3 längere (gegen 1 cm) seitlich und nach unten und sind ungleich gebogen und weiss; ausserdem finden sich 1—2 ganz kurze, aufrecht stehende.

Blüthen im Spätsommer, nach voraufgegangener reichlicher Wollebildung, schwefelgelb, 2 cm im Durchmesser. Die Frucht bildet sich erst mehrere Monate nach der Blüthe aus und ist von zart-rosenrothem Colorit.

Eine schon als kleine Pflanze reich blühende Art.

4. Malacocarpus erinaceus *Lem.*, Igel-Weichbeer-cactus.

Synonyme. Echinocactus erinaceus *Lem.*, Malacocarpus corynodes *β* erinaceus *S.*

Fig. 53. Malacocarpus erinaceus.

Vaterland Brasilien, Montevideo. Körper kugelig, am Scheitel sehr wenig eingedrückt, grün. Rippen 18, mehr oder weniger spiralig, gekerbt, quer gefaltet. Furchen geschweift, wenig scharf. Stachelpolster einander genähert, unter den (runzelige Höcker darstellenden) Anschwellungen der Rippen eingesenkt, die des Scheitels sehr dicht mit langer, weisslicher, bisweilen mit einzelnen braunen Stacheln durchsetzter, später ziemlich schwindender, schopfähnlicher Wolle besetzt. Stacheln an jungen Individuen gelb, an älteren hornfarbig, an der Spitze bräunlich, sehr steif, an der Basis pfriemlich. Randstacheln 8—10, sehr selten mehr, ungleich, oft unregelmässig vertheilt. Mittelstachel 1, gerade.

Blüthen im Sommer, zahlreich um den Scheitel stehend, strohgelb, vor dem Aufblühen in seidenartigen, sehr langen braunen Filz gehüllt, später stark ausgebreitet.

5. Malacocarpus Sellowianus *S.*, Sellow's Weichbeercactus.

Nomenclatur. Benannt nach Friedrich Sellow, Gärtner und Reisender in Brasilien, dem wir die Einführung vieler schöner Cactusformen verdanken. 1831 geboren in Potsdam.

Synonym. Echinocactus Sellowii *Lk. et O.*

Vaterland Brasilien, Montevideo, von wo ihn Sellow zuerst in den botanischen Garten zu Berlin einführte. Körper fast kugelig, etwas graulich-grün, mit kaum eingedrücktem, wolligem Scheitel. Rippen 10—18, selten mehr, ziemlich vertikal, mit scharfem Grat, gekerbt, über den Stachelpolstern verdickt. Furchen scharf. Stachelpolster weitläufig, 2½ cm von einander entfernt, mit dichtem, weisslichem Filz besetzt. Stacheln in der Jugend hellhornfarbig, an der Spitze rothgelb, bald weiss, zurückgekrümmt, die 3 unteren kräftig, ausgebreitet-angedrückt, die 2—4 oberen kleiner, ziemlich aufrecht.

Eine der schönsten Arten dieser Gattung, 12—18 cm hoch bei 15—18 cm Durchmesser. Die 3 stärkeren Stacheln fast 2½ cm lang.

Blüthen von Mai bis August, voll erblüht 5 cm im Durchmesser. Perigonröhre birnförmig, 2½ cm lang, unten sehr dünn, oben sehr dick, gelbbraun, mit sehr weichen weisshaarigen und braunborstigen Schuppen besetzt. Perigonblätter zweireihig, spatelförmig, 18—22 mm lang, schön citrongelb. Staubgefässe gelb. Griffel so lang, wie die äussersten, längsten Staubgefässe, gelb, mit achtheiliger lebhaft carminrother Narbe. Beeren keulenförmig, spärlich beschuppt, rosenroth. Samen klein, glänzend, schwarz.

Varietät. Malacocarpus Sellowianus β tetracanthus *S.* (Syn. Echinocactus tetracanthus *Pfr.*, E. sessiliflorus Bot. *Mag.*) unterscheidet sich von der Normalform nur durch 4 weisse, kreuzständige, eckige Stacheln. Von manchen Cacteenkennern als besondere Art betrachtet.

6. Malacocarpus aciculatus *S.*, Nadel-Weichbeercactus.

Synonym. Echinocactus aciculatus *Pfr.*

Im Schlossgarten zu Dyck aus brasilianischem Samen erzogen und dort 1837 in einer 10 cm hohen und 15 cm im Durchmesser haltenden Pflanze kultiviert. Körper kugelig, ziemlich gedrückt. Rippen 11—12, vertikal, stumpf. Stachelpolster einander genähert, in der Jugend weisswollig, Stacheln fein, gerade, ziemlich steif, strohgelb. Randstacheln 10, strahlig, der unterste sehr lang (4 cm).

Die Blüthen finden sich nirgends beschrieben.

Es ist sehr zweifelhaft, ob diese Art sich noch in den Sammlungen findet. Dr. Pfeiffer und nach ihm Miquel wollten in ihr einen Melocactus erblicken.

7. Melacocarpus acuatus *S.*, Scharfkanten-Weichbeercactus.

Synonym. Echinocactus acuatus *Lk. et O.*

Vaterland Brasilien, Montevideo, von wo er zuerst durch Sellow in Europa eingeführt wurde. Körper kugelig oder gedrückt-kugelig, mit eingedrücktem Scheitel, dunkelgrün, im Alter graugrün. Rippen 13—20, sehr zusammengedrückt, geschärft, unterwärts gekerbelt. Furchen breit, scharf. Stachelpolster weitläufig gestellt (20—25 mm), in der Jugend mit weisslicher Wolle besetzt. Stacheln 7, zurückgekrümmt, anliegend, gelblich oder gelb, später graubraun. Bei jüngeren

Individuen finden sich 8—10 ziemlich strahlige Randstacheln und 3—4 steifere, längere Mittelstacheln.

Der Körper erreicht eine Höhe von 10—15 cm und fast denselben Durchmesser.

Blüthen im Mai und Juni, voll erblüht 4 cm im Durchmesser, mit sehr kurzer, behaarter Röhre und linienförmigen an der Spitze abgestumpften, citrongelben Perigonblättern. Staubfäden kürzer als der Griffel mit gelben Antheren. Griffel purpurroth, mit achttheiliger purpurrother Narbe.

8. Malacocarpus polyacanthus *S.*, Vielstachel-Weichbeercactus.

Synonyme. Echinocactus polyacanthus *Lk. et O.*, E. Langsdorfii *Lehm.*

Vaterland Südbrasilien, Provinz Rio grande, von dort durch Sellow eingeführt. Körper länglich-kugelig, eiförmig, bisweilen fast cylindrisch, mit flachem, stark wolligem Scheitel, dunkelgrün. Rippen 15—21, stumpf, ziemlich zusammengedrückt, höckerig-gekerbt. Furchen tief und scharf. Stachelpolster einander ziemlich genähert (8—16 mm), unterhalb der Kerben stehend, in der Jugend mit weisslicher Wolle besetzt, später kaum etwas filzig. Stacheln gerade, fein, steif, hornfarbig, später graulich. Randstacheln 6—8, von ungleicher Länge, die obersten kürzer, abstehend-ausgebreitet, zurückgebogen. Mittelstacheln 1—4, zurückgebogen, länger (22 bis 26 mm), abwärts gerichtet.

Schon seit Langem bekannte, aber wenig verbreitete Art. Auch von ihr hegte Miquel die Vermuthung, dass sich unter ihrer eigenthümlichen Form ein Melocactus verberge.

Das Verhältniss der Höhe zum Durchmesser ist sehr variabel, denn es giebt Individuen von 10 cm Höhe und 8 cm Durchmesser und andere, welche bei 30—40 cm Höhe nur einen Durchmesser von 9—12 cm besitzen. An Originalpflanzen sind sämmtliche Stacheln mehr als $2^1/_2$ cm lang.

Blüthen zu 2—4 aus dem dichtwolligen Scheinschopfe hervortretend, bisweilen zur Hälfte in Wolle eingehüllt, $2^1/_2$ bis 5 cm lang, ausgebreitet kaum $2^1/_2$ cm im Durchmesser, mit grünschuppiger, unten wolliger Röhre. Von den Perigonblättern sind die sepaloidischen grünlich, lanzettlich, die petaloidischen wenig zahlreich, lanzettlich, spitz, gelb. Staubfäden zahlreich, gelb. Narbe vielstrahlig, purpurroth.

VII. Astrophytum *Lem.*, Sterncactus.

Geschichte. Im Jahre 1837 entdeckte Galeotti auf den Kalk- und Schieferbergen der Hazienda de San Lazaro, nordöstlich von San Luis de Potosi, eine ausgezeichnete Cacteenform und nannte sie Cereus callicoche (aus dem Griechischen, von *καλός*, schön, und *κόγχη*, Muschel, Seestern). Sie kommt dort, wenn auch nicht sehr häufig, in der Region der Eichen und Fichten vor, 2300 m über dem Golf von Mexiko. In ihrer Heimath mag diese Art eine verhältnissmässige Höhe erreichen, und in der That sind bisweilen Originalpflanzen von 35 cm Höhe beobachtet worden. Sie wurde später von Lemaire zu den Echinocacten gestellt. Aber ihre eigenthümliche Körperform, die Anordnung der Stachelpolster (Areolen), das Nichtvorhandensein von Stacheln, die wie bei manchen Opuntien durch Borstenbüschelchen ersetzt werden, in der Hauptsache aber das Auftreten der Blüthen innerhalb der Stachelpolster, die Form der Perigonblätter u. s. w. liessen ihn bald erkennen, dass hier ihr Platz nicht sein könne. Der Fürst Salm-Dyck zwar suchte ihr die Zugehörigkeit zur Gattung Echinocactus zu sichern, indem er sie und den verwandten Echinocactus Asterias zur Gruppe der Asteroidei, der Sternförmigen, vereinigte, schliesslich aber wurde ihr Abfall durch Lemaire besiegelt, indem er sie zu einer eigenen Gattung erhob, zur Gattung Astrophytum (von *ἀστήρ*, Stern und *φυτόν*, Pflanze).

Die gedachte Art wurde zum ersten Male in Europa von François Vandermaelen in Brüssel, einem ausgezeichneten

Cacteenkundigen, opferwilligen Beförderer der Wissenschaft und Gönner Galeotti's kultivirt, blühete aber zum ersten Male bei James Courant in Havre.

Gattungscharacter. Perigonröhre sehr kurz, dicht mit winzigen, pfriemlichen, weichstachelspitzen oder gegrannten Schüppchen besetzt. Perigonblätter dreireihig, präsentiertellerförmig ausgebreitet. Staubgefässe zahlreich, dicht gedrängt, aufrecht oder einwärts gebogen, den Schlund der Röhre verschliessend, staffelweise angeheftet, frei. Griffel von gleicher Länge oder kaum über die Staubgefässe sich erhebend. Narbe mit 4—6 sternförmig ausgebreiteten Lappen. Beeren schuppig.

1. Astrophytum myriostigma *Lem.*, Punkt-Sterncactus.

Synonyme. Cereus callicoche (statt caliconche) *Gal.*, Echinocactus myriostigma *S.*

Körper fast halbkugelig, mit der Zeit stammförmig, gedrückt und stark genabelt, blassgrün, mit sehr zahlreichen feinen weisslichen Punkten übersäet, welche unter der Lupe sich als ebensoviele Büschelchen grauer Haare darstellen, wie wir das auch bei Echinocactus Mirbelii oder ornatus beobachten. Rippen 5, sehr selten 6, an der Basis sehr breit und gegen den Grat hinauf nach und nach verschmälert, auf dem Querdurchschnitte einen Gewölbebogen darstellend. Furchen scharf. Polster rund, sehr klein oder wenig hervortretend, einander sehr genähert, bisweilen kaum durch einen kleinen Höcker unterbrochen, in der Jugend mit spärlicher, röthlich-weisser, bald schwindender Flockenwolle besetzt, welche ein Büschelchen sehr feiner, kurzer, steifer, brauner Borsten umgiebt.

Blüthen im Mai, Juni und Juli, aus der Mitte der Stachelpolster nahe dem Scheitel und rund um denselben, vollkommen aufgeblüht 8 cm im Durchmesser, blassgelb, fast geruchlos, von mehrtägiger Dauer, während der Nacht geschlossen, in der Knospe mit wolligem, röthlichem, mit Borsten gemischtem Flaum bedeckt. Perigonröhre sehr kurz und in derselben Weise bekleidet. Perigonblätter kaum zweireihig, linienförmig, länglich, zugespitzt, weichstachelspitzig, auf der Rückseite mit einer rothen Mittellinie, wie auch oben an der Spitze, schwärzlich-braun gespitzt. Staubgefässe zahlreich, dicht gedrängt, von gleicher Länge, kaum über die Röhre hinaus tretend, mit sehr dünnen, gelblichen Fäden und ocher-

Fig. 54. Astrophytum myriostigma.

gelben Antheren. Griffel kaum länger, fadenförmig, gelblich. Narbe mit 4—6 langen, aufrechten, zurückgekrümmten Strahlen. Beere klein, eiförmig, fast trocken, bekleidet wie die Perigonröhre, mit nur wenigem Fruchtbrei. Samen schwarz.

2. Astrophytum Asterias *Lem.*, Meersterncactus.

Synonym. Echinocactus Asterias *Zucc.*

Vaterland unbekannt. Körper halbkugelig, gedrückt, aschgraugrün, mit zahllosen kleinen weissen Punkten besetzt, welche in unregelmässigen Reihen von den Polstern nach den

Furchen hinab laufen und deren jeder ein äusserst zartes Wollbüschelchen darstellt. Rippen 8 (auch wohl bloss 7), vertikal, durch ziemlich seichte Furchen voneinander getrennt. Polster gedrängt, 10—11 auf jeder Rippe, kreisrund, convex, stachellos und nur mit grauem Filz besetzt, nur die jüngsten Blüthen tragend.

Blüthen von der Grösse und Färbung derer des Astrophytum myriostigma.

Der Körper dieser sehr seltenen oder vielleicht aus den Sammlungen schon längst wieder verschwundenen Art, welche, wie mir erinnerlich, einst die Collection der Handelsgärtnerei Fr. Ad. Haage jun. in Erfurt zierte, wird 8—10 cm hoch, nimmt unter dem Einflusse brennender Sonnenstrahlen einen röthlichen Ton an und ist ausserdem mit einen kleienartigen Staube bedeckt.

Diese Art ist von Astophytum myriostigma sehr leicht zu unterscheiden, indem ihre punktartigen Haarbüschelchen viel grösser sind, als bei diesem, eingesenkt und in unregelmässige schräglaufende Reihen gestellt. Das Hauptmerkmal aber ist die grössere Anzahl der Rippen.

VIII. Echinocactus *Lk. et O.*, Igelcactus.

Geschichte. Wir müssen hier auf die ersten Anfänge der Cacteenkunde zurückgreifen. Die Einführung der Cacteen datirt schon vom 16. Jahrhundert. Schiffern fielen manche dieser grotesken Pflanzengestalten am Meeresufer der neuen Welt auf und nahmen manche derselben mit sich in ihre europäische Heimath. Es waren zunächst Melocacten. Pena und L'Obel sahen eine solche Pflanze in London, beschrieben sie und gaben eine Abbildung von ihr in „Adversaria stirpium". L'Obel reproduzirte sie in den „Icones plantarum" 1581. Ein anderer Cactus wurde 1601 nach England gebracht und von L'Ecluse in dem Werke „Exoticarum libri" abgebildet. Beide stellen nichs anderes dar, als die Art, welche später Melocactus communis genannt wurde, wenn auch die Stacheln eine stärkere Krümmung zeigen, als man sie zu sehen gewohnt ist.

Ein anderer Cactus wird in Basilius Besler's Hortus Eystettensis (1613) dargestellt, den später Fürst Salm-Dyck Melocactus Besleri nannte.

Linné sammelte in den Species plantarum alle über Cactus-Arten vorhandene Nachrichten, ohne selbst Erhebliches hinzuzufügen. Weiter behandelte Willdenow in seinen letzten Lebensjahren die Gattung Cactus und legte die Charakteristik vieler neuer Arten in „Suplementum Enumerationis plantarum Horti botan. Berolinensis" nieder, das nach seinem Tode († 1812) erschien. Auch Haworth beschäftigte sich in seinen Schriften über die Succulenten viel mit den Cacteen und sprach schon die Vermuthung aus, dass einige Melocacten eine Gattung für sich bilden möchten. Einer derselben blühete in den Gewächshäusern des Fürsten Salm-Dyck, und dieser schickte eine genaue Beschreibung und Abbildung der Blüthe an den botanischen Garten zu Berlin.. Diese stellte sich als die Blüthe eines Cereus, also keineswegs eines Melocactus heraus, und der Pflanze fehlte somit der für den letzteren so charakteristische Schopf. Der Anstoss zur Bildung einer neuen Gattung war gegeben und Link und Otto nannten sie Echinocactus. Die erste Species aber war Echinocactus tenuispinus.

Die Forschungen Sellow's in Brasilien und Montevideo und Deppe's in Mexiko gaben reiche Ausbeute an neuen Arten, welche theils der einen, theils der anderen Gattung zugewiesen wurden.

Im Laufe der Zeit fielen ganze Reihen von Echinocactus-Arten ab, um sich zu Gattungen zu erheben, die Gruppe der Asteroidei, um die Gattung Astrophytum, die Gruppe der Gymnocarpi, um die Gattung Malacocarpus zu bilden. Einige Arten wurden zur Gattung Discocactus und noch in neuester Zeit wurden einige Echinocacten theils zu den Echinopsen, theils zu den Echinocereen gestellt.

Schon 1843 bildete Dr. Pfeiffer aus Echinocactus denudatus und gibbosus, sowie aus Cereus reductus die Gattung Gymnocalycium, zu welcher später noch Echinocactus villosus *Monv.* (E. polyrhaphis) kam. Das Unterscheidungsmerkmal bestand nur in einer nackten, d. i. haar- und borstenlosen, nur mit wenigen Schuppen besetzten Perigonröhre. Fürst Salm, der mit Recht dieses Merkmal für zu wenig bedeutend hielt, zog diese neue Gattung wieder ein.

Gattungsmerkmale. Die Röhre des Perigons über den Fruchtknoten hinaus verlängert, schuppig oder fast glatt; die äusseren Perigonblätter spiralig, dachziegelig, die inneren mehr oder weniger aufrecht-ausgebreitet, alle eine vollkommen glockige, trichter- oder tellerförmige Corolle darstellend. Staubfäden mehrreihig, zahlreich, der Röhre angeheftet, kürzer, als der Saum. Griffel die Staubfäden kaum überragend, säulenförmig, gefurcht, röhrig. Narbe vielstrahlig. Beeren glatt oder mit Schuppen, diese mit einigen Borsten und Wollhaaren besetzt. Keimlappen (Cotyledonen) verwachsen, klein, spitz oder kugelig.

Körper fleischig, kugelig, länglich, bisweilen keulenförmig, cylindrisch oder kuchenförmig, höckerig. Die Höcker sind mit Waffen tragenden Polstern besetzt und entweder gesondert und spiralig vertheilt oder senkrecht und dann mehr oder weniger zu Rippen zusammenfliessend.

Die Stachelpolster stehen bald dichter, bald weitläufiger auf den Rippen oder den Höckern und bringen in der frühesten Jugend Blüthen, später aber nur Sprossen, letzteres entweder freiwillig oder nur wenn der Scheitel abgehoben, die Pflanze geköpft wird. Die Rippen sind entweder ganz stumpf, bisweilen fast convex oder mehr oder weniger zugeschärft, bei der Gruppe der Stenogoni fast blattartig zusammen gedrückt, sehr scharf und wellig-kraus. Die Schärfe der Rippen nennt man Kiel, Kamm oder Grat.

Die meisten Echinocacten (besonders die Macrogoni) haben in der Jugend nur wenige Rippen (4—6), die sich aber bei fortgesetztem Wachsthum theilen und zwar so lange, bis die

Pflanzen die ihrer Species zukommende Rippenzahl gewonnen hat. Mitunter ist auch wohl das Gegentheil der Fall und laufen am Scheitel zwei Rippen in eine znsammen (abgesetzte Rippen). Bisweilen sind die Rippen auch unterbrochen, d. h. gleichsam quer durchschnitten. Bei nicht wenigen Echinocactus-Arten haben junge aus Samen oder Sprossen erzogene Pflanzen statt der Rippen warzenähnliche Höcker und sehen daher kurzwarzigen Mamillarien täuschend ähnlich; erst nach und nach fangen diese Warzen an, nach unten scharfkantig zu werden, und fliessen allmälig zu Rippen zusammen. Bei einer Anzahl von Echinocacten bestehen indessen die Rippen characteristisch aus wirklichen, mehr oder minder zusammen fliessenden Höckern, und diese Arten bilden daher den Uebergang zu den Mamillarien, indem sie sich mit der Gruppe der Aulacothelae berühren.

Die Stacheln der Echinocactea sind entweder stielrund oder eckig oder platt, oft blattartig verbreitert, glatt oder geringelt, das heisst quer gestreift.

Die Blüthen treten stets oben auf dem Scheitel auf und zwar nur aus den neu aus dessen Mittelpunkte sich entwickelnden Polstern. Sie werden schon durch die Filzbekleidung der letzteren angekündigt. Der Blüthenpolster ist oberhalb des Stachelpolsters verlängert und aus dieser meist filzigen Verlängerung treten die Blüthen hervor. Da diese mithin nie aus älteren Polstern erzeugt werden, so ist leicht einzusehen, dass ein Echinocactus ohne fortschreitendes Wachsthum des Körpers nicht blühen kann. Bei lebhaftem, raschem Wachsthum der Pflanze rücken die Knospen bis zu ihrer völligen Entfaltung, wozu sie oft eine ziemlich lange Zeit gebrauchen, zuweilen bis an den Rand des Scheitels und noch weiter herab, so dass es dem Unkundigen vorkömmt, als ständen sie auf vorjährigen Polstern. Durch diesen charakteristischen Blüthenstand unterscheiden sich die Echinocacten scharf von den ihnen ähnlichen Echinopsen, bei denen die Blüthen stets aus längst ausgebildeten, vorjährigen, selbst aus noch älteren Polstern hervorkommen.

Die Blüthen der meisten bekannten Arten sind geruchlos, nur bei wenigen hauchen sie einen schwachen Jasminduft aus. Bei den meisten dauern sie 3—4 Tage, öffnen sich jedoch nur Vormittags bei anhaltendem Sonnenschein und bleiben dann bis 1, 2 oder 3 Uhr Nachmittags offen, worauf sie sich aber bis zum folgenden Morgen schliessen. Bei trüber Witterung öffnen sie sich niemals. Die Blüthen einiger Arten, z. B. des Echinocactus pumilus und des E. gracillimus, gelangen fast kaum zur völligen Entfaltung (Anthese). Die Zeit ihres Blühens geht so rasch vorüber, dass zur Beobachtung nur selten Gelegenheit sich findet; im günstigsten Falle dauert sie 1—2 Stunden. Bei anhaltend trüber Witterung aber öffnen sich die Blüthen gar nicht, wodurch jedoch der Akt der Befruchtung keineswegs beeinträchtigt wird.

Die Blüthen der meisten Echinocacten treten gewöhnlich einzeln auf. Sie sind ziemlich gross (oft von einem Durchmesser von 8 cm), voll erblüht mehr oder weniger ausgebreitet und meist gelb oder schön roth, seltener violettroth oder weiss.

Die Beeren sind eiförmig, gelbgrünlich, röthlich, bräunlich u. s. w., meistens schuppig, oft einem Tannenzapfen ähnlich (siehe S. 311), holzig, bei manchen Arten nur behaart. Sie reifen im Gegensatze zu den Angehörigen anderer Gattungen schon im ersten Jahre und enthalten zahlreiche Samenkörner von verschiedener Gestalt, Färbung und Grösse.

Manche Echinocacten erhalten, wenn sie erwachsen sind, einen sehr wolligen Scheitel, der einen flachen Schopf darstellt, der jedoch nur dem gedrängten Stande der reich- und langwolligen Polster seine Entstehung verdankt und daher Scheinschopf genannt wird. Ein Beispiel hierzu ist Echinocactus platyceras. Fast stärker entwickelt ist dieser Scheinschopf bei den von Echinocactus abgetrennten, die Gattung Malacocarpus bildenden Arten.

Gleich vielen anderen Cacteen haben auch manche Echinocacten, z B. E. centeterius, Cumingii u. a., dicke, rübenförmige Hauptwurzeln, namentlich in höherem Alter.

Das an Cacteenformen so überreiche Mexiko nebst Guatemala ist auch das Vaterland der meisten Echinocacten; nur wenige Arten finden sich in Brasilien (Montevideo, Minas Geraes u. s. w.), Chile und Peru, und noch seltener sind sie in den La Plata-Staaten (Buenos Ayres, Mendoza u. s. w.) und im übrigen Südamerika. In Westindien aber scheinen sie gänzlich zu fehlen, denn Echinocactus intortus *DC.*, welcher auf den Inseln Antigoa und St. Domingo vorkommen soll, ist vor der Hand nur aus der de Candolle'schen Beschreibung bekannt und sonach noch sehr zweifelhaft.

In ihrer Heimath finden sich die Echinocacten nicht nur auf steinigem, kurzrasigem, fruchtbarem Lehmboden, sondern auch — nach Karwinski jedoch nur zufällig — in Felsenritzen und an felsigen Abhängen, wie Echinocactus turbiniformis, der nur auf Thonschiefer vorkommt und dann wie an die Felsen angeklebt erscheint. Alle Echinocacten finden sich nur in der gemässigten und kalten Region und steigen aus den tieferen Gegenden bis auf die höchsten Plateaus, oft bis 3000 m über dem Meeresspiegel empor.

Die Gattung Echinocactus kann noch weniger, als alle übrigen Cacteengattungen als abgeschlossen betrachtet werden, indem man von vielen neuen, Jahr für Jahr an Zahl zunehmenden Arten leider noch nicht die Blüthen kennt, und somit dürften sich wahrscheinlich noch manche Arten darunter befinden, welche in der Folge theils zu Melocactus, theils zu Echinopsis und Cereus zu rechnen sein werden.

Nicht wenige Arten dieser Gattung, schon in früherer Zeit selten, in manchen Fällen nur in einer einzigen Originalpflanze vorhanden gewesen, sind zwar zur Zeit ganz aus den Sammlungen verschwunden, doch haben wir uns nicht für berechtigt gehalten, sie zu ignoriren.

Von manchen anderen, neu eingeführten Arten waren ausführliche Diagnosen nicht aufzutreiben und man musste sich, wo Autopsie ausgeschlossen war, mit den oft sehr dürftigen Angaben ihrer Besitzer begnügen.

1. Gruppe. Cephaloidei — Scheinschopfige.

Körper kugelig, keulenförmig oder elliptisch, dick, bisweilen sehr gross, der Scheitel mehr oder weniger reichlich mit Wolle besetzt. Rippen 8—20. Stachelpolster in der Jugend mit Wolle besetzt, dicht oder weitläufig gestellt, rund oder länglich, einzeln oder zusammenfliessend. Stacheln stark, stielrund oder flach, gerade oder etwas gekrümmt, geringelt oder glatt.

1. Echinocactus marginatus *S.*, Gerandeter Igelcactus.

Synonyme. Echinocactus columnaris *Pfr.*, E. melanochnus *Cels.*

Nomenclatur. Der etwas unklare Trivialname marginatus bezieht sich wohl darauf, dass die zusammenfliessenden Stachelpolster auf den Rippen einen Rand bilden.

Vaterland Chile, Valparaiso; von dort wurde diese interessante Art durch Cuming in England eingeführt und durch Cels in Frankreich verbreitet. Stamm ellipsoidisch-säulenförmig, an die Bildung der Cereen erinnernd, stark, graugrün; Scheitel convex, mit gelblicher Wolle besetzt. Rippen 10 bis 11, ziemlich senkrecht, etwas zusammengedrückt; Furchen breit und scharf. Stachelpolster gross, rundlich, mit dichtem schwärzlichen Filz besetzt, dicht gedrängt und selbst in einander fliessend. Stacheln gerade, steif, schwarzbraun, später grau werdend; Randstacheln 5—9, etwa $1^1/_4$ cm lang, abstehend-ausgebreitet und mit einander sich kreuzend; Mittelstachel 1, grösser ($2^1/_2$ cm) und stärker.

Blüthen aus dem Scheitel, ziemlich klein, gelb. Die äusseren Perigonblätter lanzettlich, zugespitzt, röthlich, weiter nach oben länger und stumpfer, die inneren gelb, stumpf, mit einem sehr kleinen Stachelspitzchen. Staubfäden etwas kürzer, als der Griffel mit seiner gelben, elftheiligen Narbe.

2. Echinocactus macracanthus *S.*, Langstachel-Igelcactus.

Von Bridges aus dem nördlichen Bolivien eingeführt. Stamm verkehrt-eirund oder ellipsoidisch, aschgraugrün, der Scheitel flach, grauwollig. Rippen 15, convex, ausgeschweift, gegen die Stachelpolster hin aufgetrieben. Stachelpolster gross, rundlich, einander genähert (10—11 mm), grauschwarzfilzig. Randstacheln 7—8, strahlig, abstehend, kaum etwas zurückgebogen, 18—22 mm lang; Mittelstachel 1, sehr stark, fast 4 cm lang, abstehend; alle dick, pfriemlich, sehr starr, in der Jugend unten röthlich-braun oder kastanienbraun, später grau, und an der Spitze braunschwarz.

Die Pflanze, nach welcher Fürst Salm diese Diagnose entworfen, war 10 cm hoch und hatte einen Durchmesser von 8 cm. Der Körper war nach oben, noch mehr aber nach unten verschmäleet.

Blüthen sind wahrscheinlich noch niemals beobachtet worden.

3. Echinocactus Haageanus *Lke.*,*) Haage's Igelcactus.

Nomenclatur. Nach dem früheren eifrigen Sammler und gewiegten Cultivateur, Handelsgärtner Fr. Ad. Haage zu Erfurt benannt. † 1866.

Vaterland wahrscheinlich Peru. Körper kugelig, höckerig, rauh, braungrün, unter der Lupe mit einer grossen Menge ganz kleiner, kaum sichtbarer, bräunlicher Wollbüschelchen besetzt. Rippen 8, aus schief aufsteigenden flachen Höckern bestehend; Furchen flach, am unteren Theile des Körpers

*) Nach Wochenschrift für Gärtnerei u. s. w. 1858.

fast ausgeglichen und nur noch durch eine hellere Linie angedeutet. Stachelpolster mit weisser, seidenartiger Wolle bedeckt, auf der unteren Hälfte des Höckers stehend. Stacheln rauh, pfriemlich, steif, schwarz, an der Basis braun, im Alter grau, etwas zurückgebogen. Randstacheln 6—8, radförmig geordnet, der obere der kleinste, etwas über $^1/_2$ cm, die seitlichen und die untersten nicht ganz 1$^1/_2$ cm lang. Mittelstacheln 1—2, von der Länge der untersten Randstacheln.

Ueber die Blüthen ist nichts bekannt geworden.

4. Echinocactus Bridgesii *Pfr.*, Bridges' Igelcactus.

Nomenclatur. Dr. Thomas Bridges, nach dem diese Art benannt ist, war englischer Botaniker, Ornitholog und Reisender in Californien und Chile. † 1865.

In Bolivien einheimisch. Körper kegelförmig, schmutziggrün, an der Spitze verschmälert und hier mit reichlicher Wolle besetzt und an den jungen Schopf eines Melocactus erinnernd. Rippen 10, breit, stumpf. Stachelpolster sehr dicht gestellt, fast einander berührend, gross, oval, reichlich mit bräunlich-weisser Flockenwolle besetzt. Stacheln alle steif, gerade, graubraun; Randstacheln 7, strahlig ausgebreitet, ein oberster meist nicht vorhanden; Mittelstachel 1, länger, dicker, oft über 3 cm lang.

Blüthen verhältnissmässig klein, unregelmässig gebaut, blassgelb, noch nicht 6 cm im Durchmesser. Röhre kurz, schuppig und wollig. Perigonblätter mehrreihig, die äusseren grünlich-gelb, die inneren schwefelgelb. Staubfäden und Antheren gelb, etwas länger, als der Griffel mit seiner zehntheiligen Narbe.

Von E. echinoides, dem diese Art sonst sehr nahe steht, ist sie durch kräftigeren Bau, stärkere Stacheln, unregelmässig nach aussen gekrümmte Perigonblätter und 10 Narbenlappen unterschieden.

5. Echinocactus humilis (*Aut.?*), Niedriger Igelcactus.

Synonym. Echinocactus Hankeanus (*Förster*).

Vaterland unbekannt. Körper kugelig. Rippen 12, stark entwickelt. Stachelpolster aufrecht, stark eingesenkt, länglich, genabelt, in der Jugend mit Wolle besetzt, später nackt. Stacheln in der Jugend glänzend schwarz, später schmutzigweiss, 2—3 cm lang. Randstacheln 7—8, schwach nach dem Körper zu gebogen. Mittelstacheln 1—2, aufrecht.

Ueber die Blüthen ist nichts bekannt geworden. Mehr als diese dürftige Notiz war überhaupt nicht zu erlangen.

6. Echinocactus echinoides *Cels.*, Echinus-Igelcactus.

Synonymie. Echinocactus bolivianus *Pfr.*

Vaterland Bolivien und Chile, dort zuerst von Bridges gesammelt. Körper flach, kugelig, grün, theilweise von einer weisslichen, leicht ablösbaren Oberhaut bedeckt; Scheitel etwas flach, weissfilzig. Rippen 11—13, fast senkrecht, stumpf, ein wenig geschweift, unten flach, mit schwindenden Furchen. Stachelpolster ziemlich gedrängt stehend (6—8 mm), rundlich, schwach gewölbt, mit hellbräunlichem, zuletzt grau werdendem Filze bekleidet. Stacheln steif, schwärzlich-grau, ziemlich dick, pfriemenförmig; Randstacheln 7, strahlig ausgebreitet, etwas gekrümmt; Mittelstachel 1, länger (oft bis $2^1/_2$ cm), stärker, gerade, sehr stechend.

Blüthen gedrängt aus der Scheitelwolle, wenig ansehnlich, etwa 3 cm im Durchmesser, blassschwefelgelb. Perigonalblätter aussen eine kurze Röhre bildend, lanzettlich, zugespitzt, an der Spitze purpurroth, weiter nach oben breiter, länger und stumpfer, mit schmalem rothen Rückenstreifen. Staubfäden ziemlich zahlreich, mit dottergelben Antheren, etwas kürzer als der dicke gelbliche Griffel; Narbe mit 7—8 aufrechtstehenden Lappen.

Varietät. Echinocactus echinoides β Pepinianus *Lem.* (Syn. E. Pepinianus *Monv.*) unterscheidet sich von der Hauptform nur durch etwas feinere Stacheln.

7. Echinocactus Rinconensis *Pos.*, Rinconada-Igelcactus.

Vaterland Mexiko, in der Nähe von La Rinconada (woher der Trivialname). Körper sehr flachkugelig, 10 cm im Durchmesser bei der halben Höhe, graugrün, fast bereift, vielrippig, bei älteren Individuen der Scheitel dicht wollig. Rippen dick, etwas schräg nach oben laufend, buchtig geschweift, zuweilen durch Einschnitte unterbrochen, mit starken Höckern, welche $2^1/_2$ cm weit und noch weiter auseinander stehen. Stachelpolster in der Jugend mit fast weisser Wolle besetzt, später kurzfilzig. Stacheln 3, meist sehr kurz, doch auch bis 15 mm lang, stark, pfriemenförmig, grauweiss, an der Basis schwarz. Blüthen $3^1/_2$ cm lang und 4 cm im Durchmesser. Fruchtknoten glatt, mit kleinen grünen Schuppen besetzt. Röhre kurz, schuppig. Sepaloidische Perigonblätter fleischfarbig mit bräunlichem, petaloidische $2^1/_2$ cm lang, hellrosa, etwas durchscheinend, mit dunklerem Mittelstreifen. Staubfäden gelb. Griffel länger, fleischfarbig, mit sechstheiliger, goldgelber Narbe.

8. Echinocactus viridescens *Nutt.*, Grünlicher Igelcactus.

Synonym. Echinocactus californicus *Hort.*

Vaterland Californien, San Diego, auf dürren Hügeln. Körper kugelig oder gedrückt, einfach, aber — wie Dr. Engelmann berichtet — bei jeder Verletzung des Kopfes an der Basis sprossend und dann einem Haufen stacheliger Bälle gleichend; Scheitel eingedrückt, filzig. Rippen 13—21, zusammengedrückt, kaum höckerig. Stachelpolster rund-eiförmig, in der Jugend filzig. Stacheln zusammengedrückt, geringelt, mehr oder weniger gekrümmt, röthlich-grün; Randstacheln 9—13 (nach Parry 12—20), der unterste stark, kürzer (8—13 mm), nach unten gekrümmt; Mittelstacheln 4, stärker, viereckig, zusammengedrückt, kreuzständig, der untere breiter, länger, weniger gekrümmt.

Parry fand auf heimathlichen Standorten diese Art ungewöhnlich flach, 10—12 cm hoch und 15—18 cm im Durchmesser.

Blüthen in einem Kreise um den Scheitel, grünlich-gelb, 4 cm lang, über 3 cm breit. Fruchtknoten kugelig, mit 25—40 halbmond- oder nierenförmigen, gezähnelten, dachziegelartig geordneten Schuppen besetzt. Sepalen der Röhre 25—30, eirund oder länglich, stumpf. Petalen 20, länglich, stumpf, ausgebissen-gezähnelt. Griffel bis zur Hälfte in 12 bis 15 linienförmige, aufrechte, weisse Narbenlappen getheilt. Beere eirund oder fast kugelig, schuppig, grünlich, in Form und Geschmack den Stachelbeeren vergleichbar.

9. Echinocactus cylindraceus *Engelm.*, Walzen-Igelcactus.

Synonym. Echinocactus Leopoldi *Hort. belg.*

Vaterland Mexiko, hier von Dr. Parry in Felsenschluchten bei San Felipe auf dem östlichen Abhange der Californischen Gebirge gefunden. Körper eiförmig oder eiförmig-cylindrisch, einfach oder (wie meistens) aus der Basis verästelt, der Scheitel mit kurzem Filz besetzt. Rippen 21 oder mehr, gerade oder schief, stumpf gehöckert. Stachelpolster eirund. Stacheln kräftig, zusammengedrückt, geringelt, mehr oder weniger gekrümmt, röthlich mit hornfarbiger Spitze; Randstacheln 12, oft noch etwa 5 schärfere am äussersten oberen Rande des Polsters, die seitlichen dünner, der unterste kräftig, am stärksten gekrümmt und kürzer, die übrigen 4—5 cm lang; Mittelstacheln 4, ungemein stark, fast 8 cm lang, über 4 mm breit, viereckig zusammengedrückt, kreuzständig, der obere der breiteste und längste, fast aufrecht nach oben gerichtet, der untere nach unten gebogen.

Blüthen gelb. Beere fast kugelig, fleischig, blassgrün, mit halbmondförmigen, gewimperten Schuppen besetzt, von den Resten des Perigons gekrönt.

Fig. 55. Echinocactus cylindraceus.

Die cylindrische Gestalt, von welcher diese Art den Namen führt, erhält sie erst in höherem Alter.

10. Echinocactus polycephalus *Engelm.*, Vielkopf-Igelcactus.

Vaterland Mexiko, hier an den Flüssen Mojave, Colorado und Gila auf steinigen und sandigen Hügeln und in trockenen Flussbetten. Körper kugelig, zuletzt eiförmig, nur in der frühesten Jugend einfach, später vielköpfig, der Scheitel dichtfilzig. Rippen 13—21, scharf. Stachelpolster eiförmig-kreisrund. Stacheln 8—12, sehr kräftig, zusammengedrückt, geringelt, mehr oder weniger zurück gekrümmt, die jüngeren flaumig, grauröthlich, an der Spitze braunroth; Randstacheln 4—8, der unterste fehlend, der obere, wenn vorhanden, dünner. Mittelstacheln 4, sehr stark, viereckig zusammengedrückt, der obere breiter, fast aufrecht oder nach oben gebogen, der untere länger, abwärts gekrümmt (siehe S. 204, Fig. 13, das Rippenfragment). Blüthen auf dem Scheitel zusammengedrängt. Fruchtknoten in dichte weisse Wolle gehüllt. Sepalen der trichterförmigen Röhre 100—120, linienlanzettförmig, stachelgrannig, purpurn. Petalen gegen 30, geschlitzt-gewimpert, weichstachelspitzig, gelb. Narbe mit 8—11 linienförmigen, spitzen Lappen. Beere kugelig, trocken, vom Perigon gekrönt, in dichte Wolle eingehüllt. Samen gross unregelmässig eckig, unter der Lupe feinwarzig, dunkel.

Von diesem interessanten Igelcactus wurden kleine kugelige Pflanzen schon mit einigen Köpfen an der Basis gefunden und ältere cylindrische Stämme mit 20—30 Köpfen; die kugeligen Köpfe hatten 15—23 cm, die eirunden 30—40 cm Höhe bei 20—25 cm Durchmesser; die grössten cylindrischen Stämme waren 65—75 cm hoch bei weniger als 30 cm Durchmesser.

Echinocactus polycephalus steht dem E. Parryi *Engelm.* nahe, dieser ist jedoch gedrückt-kugelig, viel kleiner, einfach, mit nur 13 Rippen und helleren, weniger abgeplatteten Stacheln. Sehr verschieden in Blüthe und Frucht, aber etwas ähnlich in der Form, in der Menge der Köpfe, in der Zahl der Rippen und in den starken, gekrümmten, geringelten Stacheln ist E. cylindraceus.

11. Echinocactus Parryi *Engelm.*, Parry's Igelcactus.

Nomenclatur. Von Engelmann dem Dr. C. C. Parry in dankbarer Anerkennung seiner ihm bei der Beschreibung der Cactaceae of the Boundary durch intelligente Beobachtungen und zahlreiche Notizen geleisteten Dienste gewidmet.

Vaterland die Wüstengegend südwestlich von El Paso, nach dem Guzmansee, mit einem Verbreitungsbezirke von 60 oder 80 englischen Meilen. Körper kugelig oder gedrückt. Rippen 13, scharf, höckerig unterbrochen, oft schief. Stachelpolster kreisrund oder im Anschluss an einen kleineren Blüthenpolster eiförmig, weissfilzig. Stacheln alle kräftig, eckig, mehr oder weniger zusammengedrückt. Randstacheln 8 bis 11, gerade oder nur schwach gebogen, die oberen dünner, die seitlichen stärker, ein unterster nicht vorhanden. Mittelstacheln 4, kräftiger, 4—5 cm lang, an der Basis etwas zwiebelig verdickt, 3 derselben ziemlich gerade, nach oben gerichtet, der untere längste und stärkste gekrümmt und abwärts gebogen, alle weiss.

Obige Diagnose bezieht sich auf Pflanzen von 20 oder 30 cm Höhe.

Diese Art ist hauptsächlich durch die weisse Farbe der Stacheln von dem ihr nahestehenden Echinocactus polycephalus unterschieden.

Blüthen nicht beschrieben, wohl aber die trockene Frucht. Diese ist länglich, mit stachelig-gegrannten Schuppen und dichter, weisser Wolle bekleidet und von dem vertrockneten Perigon gekrönt.

12. Echinocactus intricatus *S.*, Wirrkopf-Igelcactus.

Vaterland unbekannt. Körper kugelig, niedergedrückt, 8 cm und darüber im Durchmesser, der Scheitel eingedrückt und mit weisslicher Wolle bedeckt. Rippen 13, etwas zusammengedrückt, schmutzig-grün, mit einer schorfartigen, aschgrauen Kruste überzogen, convex, etwas geschweift und um die hervorstehenden Stachelpolster herum verdickt. Stachelpolster rundlich, zuerst mit schwärzlichem Filz bedeckt, dann aber nackt, 13 mm voneinander entfernt. Randstacheln 7 bis 8, anfangs schwärzlich, dann aschfarbig, sehr stark und steif, 22—26 mm lang, gleich einem Horne bogenförmig zurückgebogen und unter sich verflochten, der obere bisweilen fehlend oder etwas aufgerichtet. Mittelstacheln nicht vorhanden.

Die Blüthe findet sich nirgends beschrieben.

Der in den Verhandlungen des Gartenbauvereins in Berlin Bd. III. beschriebene, von Sellow aus Montevideo eingeführte Igelcactus war vielleicht eine ganz andere Art. Körper eiförmig, grün, der Scheitel höckerig, eingedrückt. Rippen 20, stumpf, mit deutlichen Höckern, an den Seiten eingedrückt. Stachelpolster einander sehr genähert. Stacheln graubraun, die ganze Pflanze überstrickend. Randstacheln 14—16, abstehend, die äussersten niederliegend. Mittelstacheln 4, grösser, aufrecht.

Die Pflanze war 10 cm hoch bei 8 cm Durchmesser, und die grösseren Stacheln hatten eine Länge von 18 mm, die kleinen die halbe Länge.

Miquel glaubte, diese Art für einen Melocactus halten zu sollen.

Es dürfte von Interesse sein, zu erfahren, ob diese der Beschreibung nach sehr schöne Pflanze noch in den Sammlungen existirt.

13. Echinocactus cinerascens *S.*, Grau-Igelcactus.

Synonym. Echinocactus copiapensis *Pfr.*

Vaterland Chile. Stamm fast kugelig, niedergedrückt, mit gewölbtem, grauwolligem Scheitel. Rippen 20, aschfarbig-schmutzig-grün, schmal und an den hervorstehenden Stachelpolstern höckerig verdickt, zwischen denselben ausgeschweift zusammengedrückt, mit scharfen Furchen. Stachelpolster rundlich, mit aschgrauem oder schwärzlichem Filze besetzt, nur 6 mm von einander entfernt. Randstacheln 8, abstehend, strahlig, sich mit einander mischend, nach unten allmälig länger, 11—13 mm lang. Mittelstacheln 1—2, gerade, aufgerichtet, 20—22 mm lang, alle starr, zuerst schwärzlich, dann aschfarbig.

Salm's Diagnose bezieht sich auf ein Individuum von fast 10 cm Durchmesser.

Blüthe gelb, von mittlerer Grösse und von Stacheln umgeben. Die unteren Sepalen schmal-lanzettförmig, die oberen in der Mitte breiter, an der Spitze röthlich, zurückgebogen. Petalen breit-lanzettförmig, aufrecht, spitz, am Rande gezähnelt. Staubgefässe zahlreich, zusammengeneigt, mit gelben Fäden und Antheren. Griffel dick und hohl. Narbe mit 8 aufrechten gelben Lappen.

14. Echinocactus horizonthalonius *Lem.*, Querpolster-Igelcactus.

Synonym. Echinocactus equitans *Schdw.*, E. horizontalis *Hort.*

Nomenclatur. Der Trivialname ist zusammengesetzt aus ὁρίζων, οντος, Horizont, und ἁλώνιον, Polster, und will andeuten, dass die Stachelpolster nicht in der Richtung der Rippen sich ausdehnen, sondern horizontal, also quer über diesen liegen, was auch der Scheidweiler'sche Name equitans, d. i. reitend, ausdrücken will.

Vaterland Mexiko, von dort 1838 durch Galeotti in Brüssel eingeführt. Körper ziemlich kugelig, oft etwas scheibenförmig gedrückt, graulichgrün, der Scheitel genabelt und mit weisslicher, aus den jüngsten Stachelpolstern kommender Flockenwolle besetzt, die einen Scheinschopf bildet. Rippen 8—9, sehr dick, im Querdurchschnitt einen fast vollkommenen Halbkreis bildend, spiralig von der Basis der Pflanze nach der Spitze laufend, am Grunde ziemlich stark gefaltet. Stachelpolster gross, ziemlich oval, quer über die Rippen gestellt, in der Jugend über dem Stachelbündel mit einer halbkreisförmigen kurzfilzigen Furche, aus der die Blüthen hervortreten, anfangs mit reichlicher weisser Flockenwolle besetzt, später nackt. Stacheln 7, fast strahlig, gerade, fast gleich, rundlich, sehr stark, die 2 obersten etwas schwächer und länger, aufrecht, vertikal, ausgestreckten Hörnern einer Antilopenart (Antilope Oryx) vergleichbar, alle geringelt, anfangs weisslich- oder gelblich-rosenroth, an der Spitze schwärzlich, später aschfarbig oder hornfarbig-bräunlich, unten und oben schwarzviolett. Mittelstacheln nicht vorhanden.

Diese Art ragt unter aller Igelcacten durch die eigenthümlichen Formen und ihre reizenden Blüthen hervor. Die Diagnose ist nach Originalpflanzen von 15 cm Durchmesser und 10—12 cm Höhe entworfen. Junge Individuen haben, wie unsere Abbildung zeigt, ein durchaus verschiedenes Ansehen.

Blüthen im Mai und Juni, vor dem Aufblühen $5\frac{1}{2}$ cm lang, vollkommen erblüht von $9\frac{1}{2}$ cm Durchmesser. Die äusseren Perigonblätter linienförmig, gefranst, lang zugespitzt,

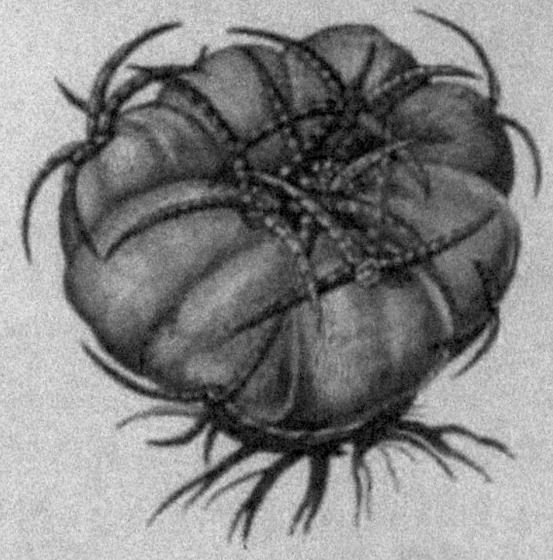

Fig. 56. Echinocactus horizonthalonius, junge Pflanze.

in einen Weichstachel endigend, an der Basis schmutzig-rosenroth, weiter oben gelblich und gegen die Spitze hin schwärzlich, die inneren zweireihig, in jeder Reihe etwa 25, an der Basis rosenroth, und violett-rosenroth und etwas gefranst-weichstachelig an der Spitze, fast weiss in der Mitte. Staubgefässe sehr zahlreich, mit weissen Fäden und goldgelben Antheren. Griffel von der Länge der Staubgefässe, purpurn. Narbe weiss, achttheilig. Die Blüthen hauchen einen angenehmen Duft aus. Sie haben eine mehrtägige Dauer, öffnen sich nach Sonnenaufgang und schliessen sich Abends.

Frucht und Samen unbekannt.

Varietäten. 1. Echinocactus horizonthalonius β curvispinus *S.* unterscheidet sich dadurch, dass die Stacheln etwas zurückgebogen sind und der unterste abgeplattet ist. Bisweilen sind der Stacheln 8—10 vorhanden.

Fig. 57. Echinocactus horizonthalonius.

2. E. horizonthalonius γ centrispinus *Engelm.*

Es ist dies die in unserer Abbildung dargestellte „spornstachelige" Form. Rippen 8, sehr stumpf und sehr breit;

Furchen seicht, aber scharf; die Höcker nur angedeutet. Stachelpolster kreisrund, an der Basis abgestutzt, hervorstehend, in der Jugend weisswollig. Stacheln 6—8, stark, zusammengedrückt, geringelt, zurückgebogen, röthlich, schliesslich aschgrau, fast gleich lang ($2\frac{1}{2}$ cm). Randstacheln 5—7, die oberen schwächer, der unterste fehlend. Mittelstachel 1, stärker, breiter, spornförmig, abwärts gebogen. Blüthen central, mitten aus der sehr dichten Scheitelwolle hervortretend, von glockenförmiger Gestalt. Fruchtknoten und Röhre mit langer, dichter Wolle bekleidet. Äussere Sepalen 60—70, pfriemlich-lineal und lanzett-linienförmig, grannenspitzig, dunkelpurpurn, nackt, kaum aus der sehr reichlich vorhandenen Achselwolle hervorragend, innere etwa 15, verkehrt-eirund-lanzettförmig, stachelspitzig, in den Achseln nackt. Petalen etwa 36, länglich, stumpf, ausgebissen-gezähnt, rosapurpurn. Griffel roth, länger als die ausserordentlich zahlreichen gelben Staubfäden. Narbe mit 6—8 kurzen, aufrecht-abstehenden Lappen. Beere roth, saftig, bald vertrocknend, in dichte Wolle eingehüllt und von den Resten des Perigons gekrönt. Samen fast kugelrund, runzelig, sehr fein gewarzt, mattschwarz.

15. Echinocactus Malletianus *Cels.*, Mallet's Igelcactus.

Nomenclatur. Von Cels einem Herrn Mallet de Chily, Gutsbesitzer bei Orléans und eifrigen Cacteensammler, gewidmet.

Durch Cels aus Chile nach Frankreich gebracht. Stamm kugelig, niedergedrückt, 8—10 cm im Durchmesser, der Scheitel eingedrückt, mit weisslicher Wolle bedeckt, die ganze Pflanze hellgrün, wie mit einer dicken kreideartigen Kruste überzogen. Rippen 15—17, scharf, zwischen den Stachelpolstern etwas zusammengedrückt und erhaben, nach unten zu ganz abgeplattet, runzelig. Stachelpolster eingesenkt, schmal, verlängert, mit schwarzen Filz überzogen, nur 16—18 mm von einander entfernt. Stacheln gerade, nadelartig, steif, aufgerichtet, schwarz. Randstacheln 5—6, etwas abstehend, etwa 18 mm lang. Mittelstachel 1, stärker und etwas länger.

Ueber die Blüthen ist nichts bekannt geworden.

16. Echinocactus lophothele *S.*, Höckerrippen-Igelcactus.

Vaterland Mexiko, Chihuahua, von wo ihn Potts im Jahre 1850 einführte. Körper stark abgeplattet, graugrün, der eingedrückte Scheitel mit dichter weisser Wolle besetzt. Rippen seitlich und nach dem Stamme zu buchtig geschweift, an den Stachelpolstern höckerig verdickt und zwischen diesen sehr zusammengedrückt; Höcker 32 mm weit auseinander stehend, warzenförmig, 15 mm hoch, mit ebenso breiter Basis, unten kielförmig, an der Spitze abgestumpft und eingedrückt und tragen ein kreisrundes, nach oben etwas verlängertes Stachélpolster. Stacheln 4, kreuzständig, aufrecht abstehend, $2^1/_2$ cm lang, der obere ein wenig länger und der unterste 4 cm lang, horizontal vorgestreckt, alle gerade, sehr starr, purpurbraun, an der Basis knotig verdickt. Ausserdem stehen am oberen Theile des Stachelpolsters 2 dünne Adventivstacheln, von denen oft einer fehlschlägt.

Bei oberflächlicher Betrachtung dieser Art glaubt man eine Mamillarie vor sich zu haben.

Blüthen 4 cm lang, mit einem Durchmesser von fast 7 cm. Sepalen sehr kurz, grün, in Gestalt fünfreihig-dachziegelig über einander liegender, eine Art von Röhre bildender Schuppen. Petalen zahlreich, weisslich-gelb, an den Rändern durchschimmernd und perlmutterartig glänzend. Staubbeutel goldgelb. Nårbe zehntheilig, sehr hellgelb, über jenen stehend.

Diese Art zeichnet sich vor vielen andern durch reichen Flor aus.

17. Echinocactus corynacanthus *Schdw.*, Keulenstachel-Igelcactus.

Vaterland Mexiko, San Luis Potosi, von wo er 1840 durch Galeotti eingeführt wurde. Körper kugelig, in höherem Alter eiförmig-cylindrich, grün, der Scheitel wollig, auffallend vertieft. Rippen 24, senkrecht. Stachelpolster lanzettlich, nach oben und nach unten zugespitzt, eingesenkt, anfangs filzig, dann nackt. Stacheln anfangs gelblich, später schwärzlich-purpurroth, gerade, geringelt. Randstacheln 7, sehr gross, ungleich, die oberen abgeplattet, an den Seiten rinnig, die unteren halb-stielrund, der unterste und die seitlichen pfriemlich. Mittelstacheln 4, verkehrt-keulenförmig, sehr stark.

Eine durch den ausgehöhlten Scheitel, sowie durch die Form der Stachelpolster und die verschiedene Bildung der Stacheln auffallend characterisirte Art.

Ueber die Blüthen ist nichts bekannt geworden.

Ob diese Art in den Sammlungen sich noch vorfindet, ist sehr zweifelhaft.

18. Echinocactus tuberculatus *Lk.* et *O.*, Höcker-Igelcactus.

Vaterland Mexiko; er soll auch in Columbien vorkommen, über 2600 m über dem Meere. Körper kugelig oder länglich, graulich-grün, der Scheitel eingedrückt. Rippen 8 bis 12, ausgeschweift-buchtig, zusammengedrückt, um die Stachelpolster herum höckerig, etwas stumpf. Furchen sehr schmal, scharf. Stachelpolster weitläufig gestellt, länglich, oft linienförmig verlaufend, in der Jugend weisswollig, später nackt. Randstacheln 7, steif, etwas zurückgebogen-abstehend. Mittelstachel 1, aufrecht.

Blüthen nicht bekannt.

Nach Pfeiffer befanden sich seiner Zeit im botanischen Garten in Berlin Pflanzen dieser Art von 15 cm Höhe bis 12 cm Durchmesser. Die in ihrem Vaterlande entstandenen

Stacheln waren sehr steif, $2^1/_2$ cm lang, die nachgewachsenen kürzer und zum Theil nicht vorhanden.

19. Echinocactus ingens *Zucc.*, Riesen-Igelcactus.

Synonyme. Echinocactus Visnaga *Hook.*, E. Karwinskii *Zucc.*, Melocactus ingens *Karw.*

Vaterland Mexiko. Karwinski fand ihn in der gemässigten Region, zwischen Actopan und Zimapan, an unfruchtbaren, steilen Anhöhen auf Thonboden in Gesellschaft meherer Mamillaria-Arten. Körper kugelig oder länglich, am Grunde verschmälert und verholzt, graugrün, auf den Rippen schmutzigpurpurroth, der Scheitel mit dichter Wolle besetzt. Rippen 8, stumpf, höckerig. Furchen breit, scharf. Stachelpolster sehr weitläufig, gross, dicht mit gelblicher Wolle besetzt. Randstacheln 8, Mittelstachel 1, alle steif, gerade, braun, bei Originalpflanzen 4 cm, bei den Sämlingen europäischer Gewächshäuser $2^1/_2$ cm lang.

Nach Karwinski erreicht diese Art in ihrer Heimath eine Höhe von 1 m bei gleichem Durchmesser. Die grössten Pflanzen unserer Gewächshäuser haben eine Höhe von 15 bis 20 cm bei 10—15 cm Durchmesser.

Dr. Pfeiffer, welcher die Blüthe aus dem Originalpflanzen entnommenen verwelkten Perigon reconstruirte, giebt von derselben folgende Merkmale an:

Blüthen goldgelb, nach von Karwinski wie Sonnenblumen. Sepalen kurz, knorpelig, steif, lanzettlich. Petalen fast 2 cm lang, stumpf. Staubfäden sehr zahlreich, von gleicher Länge, aber der Röhre in verschiedener Höhe angeheftet. Griffel dick, wenig länger, mit zwölftheiliger Narbe. Beere eiförmig, 4 cm lang, holzig, mit sehr kleinen Schuppen besetzt, dicht in Wolle gehüllt. Samen grösser, als bei allen bekannten Arten, über 4 mm lang, nierenförmig, an einem Ende zugespitzt, glänzend schwarz.

Ob Hooker's Echinocactus Visnaga, der Zahnstochercactus, unserem E. ingens identisch sei, wie man häufig annimmt, ist mehr als zweifelhaft, da jener mehr als 8 Rippen besitzt, die Stachelbündel nur 4 Stacheln zählen und die zahlreichen Perigonblätter länglich-spatelförmig, spitz und gesägt sind.

Stamm breit-elliptisch, vieleckig, der Scheitel mit reichlicher Wolle besetzt. Rippen buchtig-höckerig; Furchen schmal und tief. Stachelpolster einander genähert, rautenförmig, genabelt, eingesenkt, nackt, hellbraun. Stacheln stark, der eine aufrecht und länger (5 cm), die 3 übrigen zurückgebogen und kürzer, alle hellbraun, an der Basis dick.*)

Die Blüthen stehen in grosser Zahl auf dem wolligen Scheitel und sind gelb und ausgebreitet, aber im Verhältniss zu den Dimensionen des Stammes unbedeutend und nicht besonders schön.

Dieser Art legte Hooker den Namen Visnaga bei, weil die mexikanischen Ansiedler sich ihrer Stacheln als Zahnstocher (viznaga) bedienen.

Eine Pflanze dieser Species, welche 1846 in den Kewgarten eingeführt wurde, hatte eine Höhe von 9 Fuss engl., einen Umfang von $9^1/_2$ Fuss und wog eine Tonne. Ein anderes, blühendes Exemplar wog 713 Pfund, war 4 Fuss 6 Zoll hoch und hatte einen Umfang von 8 Fuss 7 Zoll. Die Zahl der Rippen betrug 44.

Diese Colosse wurden mit grosser Schwierigkeit viele Hunderte von Meilen weit transportirt, durch die rauhesten Gegenden der Welt, von San Luis Potosi in Mexiko bis zur Küste, wo sie für den Kewgarten eingeschifft wurden.

20. Echinocactus platyceras *Lem.*, Platthorn-Igelcactus.

Synomym. Echinocactus minax *Lem.* nach Salm.

Vaterland Mexiko. Körper kugelig oder länglich, graugrün, der Scheitel mit dichter, gelblich-weisser Wolle besetzt, aus welcher einige unten röthliche, oben braune Stacheln her-

---

*) Curtis' Botanical Magazine, 1881.

vorragen. Rippen 13, breit, dick, stumpf, fast nieder gedrückt. Furchen oben tief eingeschnitten, an der Basis der Pflanze flach. Stachelpolster oval, weitläufig gestellt (3 cm), sehr bald nackt. Stacheln gedrängt, sehr stark, an der Spitze in einander geflochten, pfriemlich, grauweisslich, an der Spitze gelblich, stark geringelt. Randstacheln 6—8 (nach Salm 7—9), strahlig, ungleich, die obersten und der unterste kleiner, gebogen. Mittelstacheln 4, kreuzständig, länger und stärker, der untere der längste (40 mm), gekrümmt, platt, an der Basis etwas breiter, einem langen Horne vergleichbar.

Nach Deschamps' Berichte soll diese Art in ihrem Vaterlande eine Höhe von 1—3 m erreichen. Fürst Salm bemerkt zu Echinocactus platyceras, dass er dem E. ingens sehr nahe stehe, sich aber von diesem durch eine geringere Grösse und 4 Mittelstacheln unterscheide, von denen der unterste platt und der eine oder der andere oft nicht vorhanden.

Die Blüthen entwickeln sich aus der Scheitelwolle. Nach einem einer Frucht entnommenen verwelkten und reconstruirten Perigon zu urtheilen, sind sie gelblich.

Förster stellt E. minax *Lem.* als Varietät zu E. platyceras und Labouret nimmt ihn als gleichbedeutend mit Echinocactus platyacanthus *Lk. et O.* Förster beschreibt zwar unter diesem Namen eine besondere Art, vermuthet aber in Uebereinstimmung mit dem Fürsten Salm doch auch, dass er dem E. platyceras identisch sei. Nach den von mir benutzten Verhandlungen des Gartenbauvereins zu Berlin Bd. III. gab es im botanischen Garten daselbst und im Besitze K. Ehrenberg's riesige Originalpflanzen (47 cm hoch, 58 cm im Durchmesser und über 100 kg schwer), von jener Art in der Hauptsache durch eine grössere Anzahl von Rippen (20 bis 30) und bloss 3—4 Randstacheln unterschieden.

Ich gebe hier wenigstens die Beschreibung der von K. Ehrenberg im Vaterlande beobachteten Blüthen an, da sie sich möglicher Weise auch auf die des E. platyceras bezieht.

Blüthen einzeln aus dem wolligen Scheitel heraustretend, $6^1/_2$ cm lang. Sepalen schmal-linienförmig, spitz. Petalen linienförmig, an der Spitze verbreitert, zugespitzt, hellgelb. Staubfäden sehr zahlreich, gelb. Narbe eingeschlossen, zehn- bis zwölftheilig. Beeren von dichtem Filz umhüllt, saftig, fleischig, vielsamig. Samen klein, zusammengedrückt, fast bohnenförmig, glänzend schwarz.

Die Eingeborenen nennen diesen Igelcactus la biznaga del dolce, kochen sein Fleisch mit Zucker ein und geniessen es als Dolce, d. h. Eingemachtes.

21. Echinocactus helophorus *Lem.*, Nagel-Igelcactus.

Vaterland Mexiko. Körper platt-kugelig, der Scheitel kaum eingedrückt, hellgrün, auf den Rippen zwischen den Stachelpolstern mit länglichen purpurnen Flecken fast regelmässig gezeichnet. Rippen 20, zusammen gedrückt, sehr stumpf, sehr stark, fast gerade, an den Stachelpolstern etwas angeschwollen. Furchen sehr scharf. Stachelpolster weitläufig gestellt (4 cm), lineal, stark verlängert, in der Jugend mit sehr kurzem, rothgelbem Filz besetzt, später nackt. Stacheln sehr kräftig, ausgestreckt, ziemlich gerade, in der Jugend bräunlich, durchscheinend, später schwarzroth, schliesslich aschfarbig. Randstacheln 8 (bisweilen weniger, wenn 1—2 der kürzeren abfallen), pfriemlich. Mittelstacheln 4, sehr stark, an der Basis 3 mm im Durchmesser, in höherem Grade pfriemlich, fast kreuzständig, der oberste der längste (5 bis fast 6 cm), vollkommen nagelförmig, die 3 übrigen etwas abgeplattet.

Diese Diagnose bezieht sich auf Pflanzen von 13—15 cm Höhe bei 20—22 cm Durchmesser. Doch erreicht diese Art einen Durchmesser von mehr als 50 cm.

Blüthen noch nicht beobachtet oder wenigstens nirgends beschrieben.

Auch diese Art wird in den Katalogen der Handelsgärtner

häufig als dem Echinocactus ingens und dem E. Visnaga identisch bezeichnet.

Varietät. Echinocactus helophorus β longifossulatus *Lem.* Stacheln weniger zahlreich, schwächer, ganz schwarz. Stachelpolster sehr lang, oben in eine Furche von $2^1/_2$ cm Länge auslaufend, länglich-linienförmig, oft zusammen fliessend; Stacheln viel weniger zusammengedrückt, als bei der Normalform.

22. Echinocactus aulacogonus *Lem.*, Gefurchtrippiger Igelcactus.

Vaterland Mexiko. Körper kugelrund, gedrückt, genabelt, graugrün. Rippen zahlreich (etwa 18), sehr kräftig entwickelt; von ihnen haben 8 am Scheitel eine lange Doppelfurche, so dass dort die Zahl der Rippen 26 beträgt. Stachelpolster sehr lang, eiförmig, mitten in der Furche, welche sich über den Kamm der Rippen hinzieht. Randstacheln 6, regelmässig in 2 Reihen geordnet, 3 auf jeder Seite des Stachelpolsters, die mittleren kleiner als die übrigen. Mittelstacheln 4, kreuzständig, die beiden seitlichen horizontal, abgeplattet, am Grunde mehr pfriemlich, als die anderen, 8 cm lang und darüber, der untere fast von derselben Länge, der obere fast vertikal, sehr kräftig, halb so lang; alle pfriemenförmig, deutlich quer gestreift, in der Jugend etwas gelblich, dann weiss mit purpurner Spitze, schliesslich grauweiss, rothgelb gespitzt.

In der Jugendzeit dieser Species treffen obige Merkmale theilweise nicht zu, vielmehr werden die Rippen durch Vorsprünge gebildet und sind die Stachelpolster rund, auch nur die Mittelstacheln vorhanden und von purpurrother Färbung.

Unsere Art steht dem Echinocactus platyacanthus *Lk.* sehr nahe. Sie scheint sehr bedeutende Dimensionen zu erreichen. Wird doch in den fünfziger Jahren von einer Pflanze im Museum zu Paris berichtet, welche einen Durchmesser von 68 cm hatte.

Varietät. Echinocactus aulacogonus β diacopaulax *Lem.* (abzuleiten von διακόπτω, durchbrechen, und αὖλαξ, Furche), von der Normalform dadurch unterschieden, dass die über die Rippen laufende Furche an jedem Stachelpolster quer durchbrochen ist und stets nur 7 Stacheln (4 Mittel- und 3 Randstacheln) vorhanden sind. Die Rippen sind wenig gekerbt, die Polster eingesenkt.

23. Echinocactus pilosus *Gal.*, Weisshaar-Igelcactus.

Synonym. Echinocactus piliferus *Lem.*

Vaterland unbekannt. Körper kugelig, glänzend-grün der Scheitel schwach wollig. Rippen 13—18, stark zusammengedrückt, der Kamm stumpflich, zwischen den Stachelpolstern leicht geschweift. Furchen scharf, tief eingeschnitten. Stachelpolster weitläufig gestellt (4 cm), lang-linienförmig ausgezogen, graufilzig, ausserdem mit vielen langen, krausen, weissen Haaren besetzt. Stacheln 6, sehr stark, geringelt, in der Jugend purpurn, später blassrothgelb, die 3 oberen aufrecht, der untere derselben fast central, die 3 unteren etwas abstehend-zurückgekrümmt, der unterste ziemlich flach, etwas niederwärts gebogen. Am unteren Rande des Stachelpolsters bisweilen noch 3 dünnere Nebenstacheln.

Die von Hooker unter diesem Namen beschriebene Originalpflanze hatte nur 4 Stacheln, war also jedenfalls eine von unserer verschiedene Art.

Blüthen nicht bekannt.

Varietät. Echinocactus pilosus β Stainesii *S.* (Syn. E. Stainesii *Hook.*), unterscheidet sich von der Normalform durch die weniger regelmässige Stellung der Stacheln und die fast ganz fehlenden Haare des Stachelpolsters.

24. Echinocactus pycnoxiphus *Lem.*, Dichtschwertstachel-Igelcactus.

Vaterland unbekannt. Körper kugelig-kegelförmig, stark genabelt, graugrün. Rippen 36—40, etwas zusammengedrückt und ziemlich scharf. Furchen sehr scharf. Stachelpolster eingesenkt, länglich, sehr dicht gestellt, bisweilen fast zusammenhängend, in der Jugend mit sehr kurzem rothen, später schwärzlichen Filze bedeckt. Stacheln sehr stark, starr, sehr gedrängt, verflochten, ungleich lang, gerade, ziemlich stark gestreift, in der Jugend durchscheinend-goldgelb, unten röthlichbraun, später etwas aschgrau. Randstacheln 7—8, die oberen 3 in etwas einen Dreizack darstellend, rautenförmig abgeplattet, an der Spitze etwas gekrümmt, länger, als die unteren ($3^1/_2$—4 cm), letztere etwas strahlig, cylindrisch. Mittelstachel 1, viel stärker und länger ($6^1/_2$ cm), schwertförmig, ausgestreckt.

Eine der schönsten Arten, mit ihrem von langen, gedrängten und in einander verflochtenen Stacheln starrenden Scheitel eine sehr imposante Erscheinung, leider sehr selten. Obige Diagnose entspricht einer 40 cm hohen und 15 cm starken Pflanze.

Blüthen nicht bekannt oder wenigstens nirgends beschrieben.

2. Gruppe. Macrogoni — Dickrippige.

Körper mehr oder weniger kugelig, dick, bisweilen colossal, mit glattem Scheitel. Rippen stark, etwas zusammengedrückt, scharf oder stumpflich; Furchen breit. Stacheln meistens sehr stark, gerade oder etwas gekrümmt, geringelt oder glatt.

25. Echinocactus flavo-virens *Schdw.*, Gelbgrüner Igelcactus.

Synonym. Echinocactus polyocentrus *Lem.*

Vaterland Mexiko, Tehuacan, wo er 1840 von Galeotti 1800 m über dem Meeresspiegel entdeckt wurde. Körper kugelig, gelbgrün, mit einiger Neigung zum Sprossen. Rippen 12—13, vertikal, mit scharfem Grat. Furchen tief, sehr scharf. Stachelpolster ziemlich weitläufig gestellt, länglich, an der Spitze wie abgestutzt. Stacheln steif, perlgrau. Randstacheln 14, ungleich, gerade, abstehend. Mittelstacheln 4, stärker und länger (5 cm).

Diese Art steht dem Echinocactus robustus sehr nahe und ist vielleicht nur eine Form desselben. Doch unterscheidet sie sich von diesem durch die gelbgrüne Farbe, die gleichfarbigen grauen Stacheln und die geringere Neigung zum Sprossen.

Blüthen sind nicht bekannt oder doch nirgends beschrieben.

26. Echinocactus Pfeifferi *Zucc.*, Pfeiffer's Igelcactus.

Nomenclatur. Siehe unter Mamillaria Pfeifferi.

Synonym. Echinocactus theionacanthus *Lem.*

Vaterland Mexiko, nach Karwinski auf Felsen bei Toliman. Körper länglich-kugelförmig, oft fast keulenförmig, graugrün. Rippen 11—15, zusammengedrückt, scharf, gerade oder ein wenig wellig. Furchen breit, scharf. Stachelpolster sehr dicht gestellt (9—13 mm), länglich, nach oben verlängert, in der Jugend mit gelblich- oder bräunlich-weisser, später schmutzig-grauer Wolle bekleidet. Randstacheln meistens 6, fast gleich lang (2½ cm), steif, stark, aufrecht-abstehend, ziemlich gerade, schwach geringelt, blassgelblich (theionacantha = mit schwefelgelben Stacheln), unten bräunlich. Mittelstachel nicht vorhanden, seltener 1 und in diesem Falle den Randstacheln völlig gleich.

Dr. Pfeiffer beschreibt eine Originalpflanze von 46 cm Höhe und 48 cm Durchmesser.

Blüthen im April und Mai, im Verhältniss zur Stärke der Pflanze ziemlich klein, gelb, 8—10 Tage dauernd, ohne sich zu schliessen. Sepalen aufrecht, spitz. Petalen aufrecht, etwas abstehend, spatelförmig, mit gewimpertem Rande. Staubgefässe zahlreich, mit borstenförmigem Faden und gelber Anthere. Griffel säulenförmig, gestreift, röhrig. Narbe mit 12—15 ausgebreiteten schwefelgelben Strahlen.

27. Echinocactus Ellemeetii *Miq.*, Ellemeet's Igelcactus.

Nomenclatur. Benannt nach einem eifrigen Cacteensammler, Jonghe d'Ellemeet in Averduin in Holland, und bestimmt von F. A. G. Miquel.

Vaterland wahrscheinlich Mexiko. Körper kugelig, gedrückt, der Scheitel schwach-wollig und leicht ausgehöhlt. Rippen 13, schief nach rechts aufsteigend, dick, durch oben scharfe, unten flache Furchen getrennt, an den Seiten gefurcht, der Kamm über dem Stachelpolster helmförmig gewölbt, unterhalb desselben mit einer kreisrunden Warze zwischen den zwei untern Stacheln. Stachelpolster ziemlich gedrängt, in der Jugend grauwollig, bald nackt, oval, nach oben in eine Furche auslaufend. Stacheln 5, ungleich, strahlend, anfangs purpurn, später aschgrau, nach und nach schwärzlich werdend, quer gestreift, der grösste leicht gebogen, etwas über $2^1/_2$ cm lang, die übrigen nur halb so lang. Mittelstachel fehlt.

Die in der Revue horticole 1872 beschriebene Pflanze war gegen 8 cm hoch. Ueber die Blüthen wird nichts angegeben.

28. Echinocactns ornatus *DC.*, Geputzter Igelcactus.

Synonyme. Echinocactus holopterus *Miq.*, E. Mirbelii *Lem.*, E. tortus *Schdw.*

Vaterland Mexiko, Mineral del Monte, wo er nach Deschamps, dem seine Einführung zu verdanken ist, nur einen kleinen Verbreitungsbezirk hat und auch hier selten ist. Körper länglich-kugelig, graugrün, mit weissen, aus sehr kurzer Wolle gebildeten Flecken in Querreihen. Rippen 7—8, vertikal oder fast spiralig, sehr zusammengedrückt, sehr scharf, gekerbt-geschweift und so hoch, dass sie fast allein und ohne Centralachse den Körper zu bilden scheinen. Furchen sehr scharf, mit fast senkrechten Wänden und sehr tief. Stachelpolster eiförmig, etwas verlängert, gedrängt, braunwollig, später nackt. Stacheln sehr lang, ziemlich dünn, unten pfriemlich, sehr gedrängt, in der Jugend gelblich, später schmutzigroth, alle ziemlich gerade, nur wenig gekrümmt. Randstacheln 7—8, strahlig, bis 5 cm lang, oft abgeplattet und gedreht, bei jungen Individuen fast nie vorhanden. Mittelstachel 1, sehr lang (über 7 cm).

Diese ausgezeichnete Art soll in ihrem Vaterlande eine Höhe von $1\,^1/_4$—$1\,^1/_2$ m bei einem Durchmesser von 30 cm erreichen. Die Wurzeln der Originalpflanzen sind knollig, stark und alle an einer bestimmten Stelle von der senkrechten Richtung horizontal abgelenkt, was darauf hindeutet, dass die Pflanze an abschüssigen Berghängen vegetiert.

Blüthen im Juli und August, etwa 5 cm lang, trichterförmig ausgebreitet, aussen gelblich-braun, in lockere Flockenwolle eingehüllt. Röhre nach oben allmälig erweitert, aus dachziegelig geordneten Schuppen (äusseren Sepalen) gebildet, von denen die unteren pfriemenförmig, hornartig-stechend, schwarz, die oberen blüthenblattartig und gelb sind, nach der Spitze hin röthlich, oben abgerundet, mit einem pfriemenförmigen Stachel. Petalen etwa 30, unregelmässig, in 2 Reihen, verkehrt-lanzettförmig, nach oben verbreitert und aus dem breitesten Theile lang zugespitzt und in eine kurze, feine Borste ausgehend, schwefelgelb, aussen in der Mittellinie röthlich. Staubgefässe zahlreich, kaum halb so lang, wie die Petalen, mit schwefelgelben Fäden und dunkelgoldgelben Antheren. Griffel kaum halb so lang; Narbe mit 7 langen, linealen, schwefelgelben Lappen.

29. Echinocactus capricornis *Dietr.*, Widderhorn-Igelcactus.

Vaterland Mexiko, La Rinconada, von dort 1851 von Dr. Poselger eingeführt; zum ersten Mal blühte er bei dem jetzt verstorbenen Geheimen Oberregierungsrathe Heyder in Berlin, zugleich mit E. ornatus. Körper fast kugelig, seegrün. Rippen 7, wie bei E. ornatus, an den Seiten mit reihenweise geordneten weissen Fleckchen, welche sich unter der Lupe als feine Wollbüschelchen darstellen, sehr stark, ausgeschweift, fast wellenförmig gekerbt. Furchen tief und scharf ausgeschnitten. Stachelpolster dick, fleischig, nackt. Stacheln 8—10, alle zu einem dichten Bündel vereinigt, so dass ein besonderer Mittelstachel nicht erkennbar, von der Basis an hornartig nach hinten gebogen, dann aber in verschiedenen Richtungen gekrümmt, stark zusammengedrückt, zweischneidig, unten schwach gewölbt, oberhalb abgeflacht, sehr dunkelbraun, fast schwärzlich, oder etwas blasser und etwas graublau, alle aber wie bereift von sehr verschiedener Länge und Breite (2—8 cm lang und 1—$1\frac{1}{2}$ mm breit).

Die dieser Diagnose entsprechende Pflanze war 14 cm hoch und eben so stark. Bemerkenswerth ist, dass die Stacheln sich nur auf dem Scheitel der Pflanze finden und nur wenig unter denselben hinabreichen, da die älteren Stacheln stets abfallen; ganz junge Individuen sind oft selbst auf dem Scheitel ganz stachellos.

Blüthen im Juli und August, einzeln, scheitelständig, fast 6 cm lang, trichterförmig, ganz in flockige Wolle eingehüllt. Röhre schlank, cylindrisch, unten mit schwarzen, stechenden, pfriemenartigen, dachziegeligen Dornen (äusseren oder unteren Sepalen) besetzt, die inneren Sepalen blüthenblattartig, gelb, oben roth, mit einem schwarzen Stachel. Petalen etwa 30, unregelmässig in 2 Reihen, umgekehrt-lanzettförmig, oben abgerundet, eingeschnitten, gesägt, schwefelgelb, an der Basis feuerig scharlachroth, darüber orangegelb. Staubgefässe zahlreich, ganz im Grunde der Blüthen verborgen, kaum bis zur Hälfte der rothen Färbung hinaufreichend, mit hellorangegelben Antheren. Griffel fast noch einmal so lang. Narbe mit 7 linienförmigen, sehr schmalen, gelben Narben.

30. Echinocactus electracanthus *Lem.*, Bernsteinstachel-Igelcactus.

Synonyme. Echinocactus hystrix *DC.*, E. oxypterus *Zucc.*, E. lancifer *Rchbch.*, non *Diet.*

Vaterland Mexiko, nach Karwinski daselbst in der gemässigten Region, bei Santa Rosa de Toliman in Felsenspalten mit etwas Thonerde, in Gesellschaft von Echinocactus Spina Christi *Zucc.* Körper länglich oder kugelig, gedrückt, grün, der Scheitel fast nackt. Rippen 13—15, stark zusammengedrückt, sehr scharf, fast vertikal oder etwas spiralig, sehr stark, etwas eingekerbt, geschweift, um die Stachelpolster herum höckerartig verdickt. Furchen anfangs scharf, später sich verflachend, gebogen. Stachelpolster weitläufig gestellt (4—5 cm). länglich, verlängert, zuerst mit dichter röthlicher, gelblicher oder weisslicher Wolle besetzt, später fast nackt. Stacheln sehr stark und stechend, nach unten oder nur ganz an der Basis röthlich oder (zumal der Mittelstachel) braun, oben durchscheinend-gelblich, wie Bernstein, eckig, schwach geringelt. Randstacheln 8, sehr selten mit einem neunten, strahlig ausgebreitet, ziemlich gleich, sehr lang ($2^1/_2$ cm und mehr, der oberste bis $3^1/_2$ cm), mehr oder weniger zurückgekrümmt, der oberste etwas abgeplattet. Mittelstachel sehr lang (4 bis 6 cm), unten fünfseitig, horizontal oder abwärts gebogen.

Von dieser prächtigen Art findet man in den Sammlungen Individuen von 18—26 cm Höhe und 18—21 cm Durchmesser

Blüthen noch nicht beobachtet oder beschrieben.

Varietät. Echinocactus electracanthus β haematacanthus *S.* (Syn. E. haematacanthus *Monv.*), Stacheln hellroth, gegen die Spitze hin strohfarben.

31. Echinocactus hystrichacanthus *Lem.*, Stachelschweinborsten-Igelcactus.

Vaterland Mexiko. Körper kugelig-kegelförmig, der Scheitel schwach eingedrückt, graulich-grün. Rippen 25, etwas zusammengedrückt, kaum scharf, geschweift, gekerbt. Furchen sehr schief. Stachelpolster länglich, unter einem schroff abgebrochenen Höcker eingesenkt, mit kurzem rothgelben, später schwarzen Filze bekleidet. Stacheln sehr lang, sehr starr, verflochten, gestreift, in der Jugend unten rothbraun, an der Spitze durchscheinend-goldgelb, später aschgrau. Randstacheln 8—10, fast strahlig, die meisten auf beide Seiten vertheilt, zurückgebogen, ungleich, ziemlich stielrund. Mittelstacheln 4, fast kreuzständig, der unterste längste (über 7 cm) ausgestreckt, fast dreieekig.

Eine der schönsten Formen, von der in den Sammlungen früher Originalpflanzen von 10—12 cm und bisweilen noch bedeutend grösserem Durchmesser zu finden waren. Sie scheint sehr selten geworden zu sein. Sie steht dem Echinocactus pycnoxiphus *Lem.* nahe und ist vielleicht, wie auch Lemaire vermuthet, nur eine Form desselben.

Blüthen sind weder beobachtet, noch beschrieben worden.

32. Echinocactus californicus *Cels.*, Kalifornischer Igelcactus.

Vaterland Kalifornien. Körper kugelig. Rippen 13, scharf; Furchen breit und tief eingeschnitten. Stachelpolster auf vorspringenden Höckern, rund, nach oben verlängert, mit kurzem, weissem Filz besetzt. Der jeden Stachel umgebende Filz ist verschieden von dem, welcher den benachbarten Höcker umzieht, und von diesem durch eine dunklere Filzlinie getrennt; später verschmelzen beide Parthieen mit einander und die Stachelpolster werden schmaler. Stacheln 8, von denen 1 in der Mitte aufrecht, sehr stark, an der Basis breit-pfriemlich, oben platt, unten gekielt, mit hakiger Spitze, am Grunde purpurn, röthlich-gelb an der Spitze, 5 andere, weniger starke von derselben Farbe, regelmässig gestellt, der kleinste an der Basis des Polsters, an der Spitze leicht gebogen, auf jeder Seite zwischen den beiden seitlichen ein weisser, am Grunde gelber

Stachel, alle geringelt, sehr kräftig. In der oberen Verlängerung des Polsters findet sich noch ein sehr kurzer, cylindrischer, stumpfer Nebenstachel, um welchen herum die Pflanze zur Zeit des Wachsthums eine weisse, zuckerige Flüssigkeit absondert.

Die Blüthen werden von Labouret, dem unsere Diagnose entlehnt ist, nicht beschrieben.

Die beschriebene, noch nicht ganz ausgewachsene Pflanze der Monville'schen Sammlung hatte eine Höhe und einen Durchmesser von 15 cm und war in ihm anscheinend der Charakter der Art noch nicht voll entwickelt.

Alle in derselben vorhandene Individuen waren aus Samen erzogen.

33. Echinocactus Pottsii *S.*, Potts' Igelcactus.

Nomenclatur. Nach Potts, einem eifrigen Cacteensammler Englands, der unter anderen auch diese Art eingeführt.

Vaterland Mexiko, Chihuahua (eingeführt 1850). Körper kugelig, oben nabelartig eingedrückt, ganz glatt, glänzend, graugrün. Rippen 12, breit, am Stamme abgerundet, unter den Stachelpolstern etwas erhöht, zwischen denselben geschweift. Stachelpolster sehr weitläufig (5—7 cm), kreisrund, nach oben etwas verlängert, erhaben, graufilzig. Stacheln sehr stark und steif, geringelt, schmutzig-strohgelb. Randstacheln 8, strahlig, sehr abstehend, etwas zurückgekrümmt, $2^1/_2$ cm lang. Mittelstachel 1, stärker, vorgestreckt, 4 cm lang.

Diese Art, von der die Blüthen noch nicht beschrieben worden, steht dem Echinocactus californiens und dem E. electracanthus ziemlich nahe, unterscheidet sich aber von ersterem durch die immer gleiche Zahl von 9 gleichfarbigen Stacheln, von dem zweiten (wie auch von E. Echidne) durch die abgerundeten, stumpfen Rippen und die entschieden geringelten Stacheln.

Die vom Fürsten Salm beschriebene Pflanze war nur 10 cm hoch bei 12 cm Durchmesser.

34. Echinocactus Echidne *DC.*, Nattern-Igelcactus.

Synonyme. Echinocactus Vanderaeyi *Lem.*, E. dolichacanthus *Lem.*, E. hystrix *Mouv.*

Vaterland Mexiko. Körper gedrückt-halbkugelig oder kugelig mit etwas eingedrücktem Scheitel, grünlich, später graugrün. Rippen 11—13, vertikal, stark geschweift, gedrückt, wenig scharf, meistens faltig, um die Stachelpolster herum gleichsam zu Höckern verdickt. Furchen scharf, später flachlich. Stachelpolster weitläufig (35—44 mm), länglich-eirund, nach oben verlängert, in der Jugend reichlich mit bräunlicher oder röthlicher, später ergrauernder und zuletzt schwindender Wolle besetzt. Stacheln sehr stark, steif, ziemlich gerade, bisweilen etwas zurückgebogen, selten schwach geringelt, in der Jugend gelblich, dann bräunlich, zuletzt graubräunlich, an der Spitze braun. Randstacheln 7—9, strahlig ausgebreitet, an Länge ungleich. Mittelstachel 1, länger (5 cm, an Originalpflanzen fast 8 cm), aufrecht, horizontal oder abwärts gerichtet.

Eine sehr ausgezeichnete Form, die in den Sammlungen meistens in Pflanzen von 15 cm Höhe und Durchmesser vorkommt.

Blüthen im Juni, 28—30 mm lang, $2^1/_2$ cm im Durchmesser. Sepalen grünlich-gelb, stumpf. Petalen länglich, schmal, beinahe lineal, zugespitzt, gezähnelt, citrongelb. Staubfäden zahlreich, kurz, gelb. Griffel blass. Narbe mit 12 bis 14 gelben, blatterigen Lappen.

Varietät. Echinocactus Echidne *β* gilvus *S.* (Syn. E. gilvus *Dietr.*), von der Normalform durch Nichts, als die isabellgelbe Farbe der Blüthen unterschieden.

Labouret ist geneigt, auch E. Vanderaeyi *Monv.* als Varietät zu betrachten, da sie sich nur durch längere und dünnere Stacheln unterscheidet.

35. Echinocactus robustus *Hort. berol.*, Starker Igelcactus.

Synonyme. Echinocactus spectabilis *Hort.*, E. subuliferus *Hort.*, E. agglomeratus *Karw.*

Vaterland Mexiko, Provinz Oaxaca, Tehuacan; von Karwinski fand ihn dort auf sandigem, unfruchtbarem Prairieboden. Körper keulenförmig, glänzend dunkelgrün. Rippen 8, vertikal, zusammengedrückt, um die Stachelpolster herum verdickt. Furchen breit, winkelig. Stachelpolster weitläufig (3—4 cm) gestellt, nach oben verlängert, in der Jugend mit gelblichem, später perlgrauem Filz besetzt. Randstacheln meistens 14, anfangs weisslich und sehr fein, dann dunkel- oder purpurroth, ziemlich gerade, die oberen fein, die 3 untersten dicker. Mittelstacheln 4, gerade, steif, schwarzpurpurroth, geringelt, an der Basis viereckig, der unterste der längste.

Eine sehr schöne Art, welche in den Sammlungen durch Samenpflanzen von 20—25 cm Höhe und 10—15 cm Durchmesser oder von noch grösseren Dimensionen vertreten ist. Die jüngeren Individuen sind anfangs hellgrün, wie Mamillarien mit Höckern, die nur allmälig zu Rippen zusammenfliessen. Haben sie eine Höhe von 10—12 cm erreicht, so treten an der unteren Hälfte des Körpers sehr zahlreiche Sprossen auf, sodass sie mit ihren hellgrünen Jungen einem Haufen von Äpfeln gleichen.

Blüthen 5—6 cm im Durchmesser, die sepaloidischen Perigonblätter kurz, breit, stumpf, zurückgeschlagen, die petaloidischen lanzettlich, $3^1/_2$ cm lang und $6^1/_2$ mm breit, zugespitzt, schmutzig-gelb. Staubfäden sehr kurz, mit kleinen weissen Antheren. Griffel dünn, wenig länger, mit einer zehntheiligen Narbe. Frucht eiförmig, $2^1/_2$ cm lang, 17 mm dick, mit grossen, halbmondförmigen, etwas abstehenden, nackten Schuppen besetzt. Samen nierenförmig, mattschwarz.

3. Gruppe. Uncinati — Hakenstachelige.

Stamm fast kugelig, verkehrt-eirund oder niedergedrückt, meistens dick, bisweilen gigantisch. Rippen kräftig entwickelt, zusammengedrückt, um die Stachelpolster herum höckerig verdickt, zwischen denselben convex oder concav, scharf oder stumpf. Furchen tief eingeschnitten. Stachelpolster nach oben verlängert. Stacheln steif oder dünn, oft gefärbt, der Mittelstachel hakenförmig gebogen, flach oder stielrund, geringelt oder glatt.

1. Sippe. Cornigeri — Hörnertragende.

Rippen convex-gescheift, gekerbt, scharf. Stacheln in der Jugend purpurroth. Mittelstachel platt, geringelt, hakenförmig umgebogen.

36. Echinocactus spiralis *Karw.*, Schrauben-Igelcactus.

Synonyme. Echinocactus robustus *Karw.*, E. agglomeratus *Hort.*, E. stellaris *Karw.* (non *Hort. berol.*), E. stellatus *Schdw.*, Melocactus Besleri var. affinis *Hort.*

Vaterland Mexiko. Körper kugelig oder länglich, graugrün. Rippen 13, etwas schief, scharf, höckerig. Furchen anfangs scharf, dann an der Basis des Körpers sich verflachend, nur noch durch eine dunkelgrüne Linie bezeichnet. Stachelpolster weitläufig, anfangs gelb-, später graufilzig, nach oben verlängert. Randstacheln 7—8, der oberste ganz kurz oder nicht vorhanden, die übrigen stark, etwas platt, zurückgekrümmt, zuerst am Grunde und an der Spitze purpurn, in der Mitte citrongelb, später bräunlich, ausgebreitet. Mittelstachel 1, stärker, platt, an der Spite hakig gekrümmt, von derselben Färbung.

Karwinski fand diese schöne Species am Fusse des Pico de Orizaba, jenes wegen seines Pflanzenreichthums berühmten, auf seinem Gipfel mit ewigem Schnee bedeckten Vulkans. Von dort sandte er 1828 Samen an den botanischen Garten in München, aus denen zahlreiche, in alle Sammlungen aufgenommene Pflanzen erzogen wurden.

Die grössten der zu Förster's Zeiten verbreiteten Sämlinge

waren 8—10 cm hoch bei 8 cm Durchmesser und hatten Randstacheln von $1\frac{1}{2}$—$2\frac{1}{2}$ cm und einen Mittelstachel von 4 cm Länge.

Später kamen auch Originalpflanzen von 20—25 cm Höhe, bisweilen noch viel stärkere, nach Europa.

Blüthen nach Dr. Pfeiffer pfirsichroth. Sepalen kurz, steif, lineal-lanzettlich. Petalen sehr zart, lineal, $2\frac{1}{2}$ cm lang und $4\frac{1}{4}$ mm breit, zugespitzt, bisweilen an der Spitze ein wenig eingeschlitzt, am Rande weiss. Staubfäden sehr zahlreich, purpurroth, mit kleinen gelben Staubbeuteln. Griffel dick, purpurroth, nur wenig länger. Narbe mit 16 gelben, auf dem Rücken rothen Lappen. Frucht länglich-kugelig, fast 22 mm lang bei 13 mm Dicke, unten filzig, mit dicht anliegenden braunen Schuppen besetzt. Samen sehr klein, glänzendschwarz.

37. Echinocactus macrodiscus *Mart.*, Scheiben-Igelcactus.

Synonym. Echinocactus campylacanthus *Schdw.*

Vaterland Mexiko, wo Karwinski ihn mehr als 3000 m über dem Meere, Galeotti in San Luis de Potosi entdeckte. Körper gross, gewölbt-scheibenförmig, grün. Rippen 16 oder mehr, um die Stachelpolster herum ausgekerbt, zwischen denselben etwas gewölbt. Furchen scharf. Stachelpolster weitläufig gestellt, geigenförmig, mit bräunlichem Filz, am oberen Ende mit einem Haarbüschel besetzt. Stacheln steif, roth, geringelt. Randstacheln 7—8, fast gleich, wenig zurückgebogen, bisweilen noch 2—4 weisse, dünne, bald wieder abfallende Adventivstacheln. Mittelstachel 1, an der Spitze hakig umgebogen.

Nach Karwinski erreicht diese Art in ihrer Heimath einen Durchmesser von 50 cm.

Martius beschreibt die auf Originalpflanzen gefundenen vertrockneten, in warmem Wasser aufgeweichten Blüthen, wie folgt: Cylindrisch-glockenförmig, 27 mm im Durchmesser.

Röhre mit sehr dichten, spiraligen Reihen lanzettlicher, gewimperter, am Grunde braunrother, oben gelblicher Schuppen besetzt. Petalen länglich, purpurroth, mit einem dunkleren Mittelstreifen, am Rande unregelmässig gezähnt. Staubfäden eingeschlossen.

Varietät. Echinocactus macrodiscus β laevior *Monv.*, von der Hauptform nur durch eine weniger grosse Anzahl von Stacheln unterschieden.

In der Jugend wird obige Art oft mit jungen Sämlingen des E. cornigerus verwechselt; doch kann ein solcher Irrthum kaum vorkommen, wenn man darauf achtet, dass ihr Körper eine flache, fast scheibenförmige Gestalt hat, während E. cornigerus während der ersten Jahre kugelig ist.

38. Echinocactus texensis *Hpfr.*, Texas-Igelcactus.

Synonym. Nach Salm Echinocactus Lindheimeri *Engelm.*

Vaterland Texas. Körper fast kugelig oder gedrückt-kugelig, grün, etwas graulich, der Scheitel etwas eingedrückt, wollig. Rippen 14, senkrecht, um die Stachelpolster verdickt, gekerbt-geschweift, scharf, anfangs schmal, später breiter, end-

Fig. 58. Echinocactus texensis.

lich sehr flach, so dass die geschweiften, anfangs sehr scharfen, tiefen und engen Furchen fast verschwinden. Stachelpolster sehr gross, weitläufig gestellt (fast 40 mm), in der Jugend vollkommen nierenförmig und reichlich mit weisser Wolle besetzt, später umgekehrt-herzförmig und schmutzig-graufilzig. Stacheln geringelt, in der Jugend purpurn, sammetartig behaart, später rostfarbig mit gelblichen Spitzen, schliesslich graubraun, bereift. Randstacheln 7, an Länge und Gestalt ungleich, abstehend, etwas zurückgekrümmt, die 3 oberen pfriemlich, ziemlich aufrecht, der bei jungen Pflanzen nie vorhandene mittlere kürzer (11—13 mm), die 2 seitlichen horizontal, flach, am längsten (17 mm), die 2 unteren schräg niedergebogen, abgeplattet kurz. Mittelstachel 1, viel breiter als die Randstacheln (an der Basis über 4 mm) und fast 20 mm lang, nach unten gerichtet und dem Grate der Rippen fast angedrückt, in der Mitte etwas gekielt, an der Spitze hakig zurückgebogen.

Fig. 59. Echinocactus texensis, Blüthe.

Diese ausgezeichnet schöne Pflanze wurde zuerst im botanischen Garten zu Berlin aus texanischem Samen erzogen. Sie blühte zum ersten Male bei einer Höhe von 8 cm und einen Durchmesser von 10 cm. Von dem ihr am nächsten stehenden Echinocactus recurvus ist unsere Art durch die etwas weniger graugrüne Farbe des Körpers, durch die anfangs zwar scharfen, aber bald ganz flachen Furchen, durch die eigenthümliche Form und ungewöhnliche Grösse der Stachelpolster, durch die kürzeren sammtigen Stacheln, den auf dem Rippengrate fast aufliegenden Mittelstachel, unter welchem der bei E. recurvus stets vorhandene unterste Randstachel immer fehlt, und endlich durch die frühere Blühbarkeit unterschieden.

Blüthen im Juli und August, gross, gegen 5 cm lang bei fast 8 cm Durchmesser, zur Mittagszeit geöffnet, flachbeckenförmig. Röhre fast 2 cm lang, hellgrün, schuppig, mit dichtem weissen Filze besetzt. Sepalen in zwei Reihen, lineallanzettlich, dunkelgrün und rothbraun, in schmutzig-weisse Wolle gehüllt. Petalen zweireihig, länger und breiter, spatelförmig, nach oben fein geschlitzt-gefranst, am Grunde innen hellpurpurroth, oben hellrosenroth, durchschimmernd, mit etwas hellerem Mittelstreifen. Staubfäden sehr zahlreich, kürzer als der Griffel, unten roth, oben hellgelb, mit goldelben Antheren. Griffel dick, weisslich-gelb, mit einer elfstrahligen, hellgelben, röthlich angehauchten Narbe.

39. Echinocactus Treculianus *Labour.*, Trecul's Igelcactus.

Nomenclatur. Nach Dr. Auguste Trecul, Professor der Botanik in Paris, welcher diese Art in den Jardin des Plantes einführte.

Synonym. Echinocactus texensis var. Treculianus *Hort.*

Vaterland Texas. Stamm fast kugelförmig, mit der Zeit säulenförmig. Rippen 13, etwas spiralig aufsteigend, um die Stachelpolter herum angeschwollen, höckerig und buchtig, besonders nach unten; Furchen oben scharf eingeschnitten, unten ausgerundet. Stachelpolster länglich, oben in eine breite blüthentragende Grube verlängert, auf der Spitze der Höcker, mit anfangs chamoisgelbem, dann schmutzig-grauem Filz besetzt, schliesslich nackt. Randstacheln 10, rund, dünn, lang, schmutzig-grau, sehr zerbrechlich, ausserdem auf jeder Seite 1—2 krause Borsten; Mittelstacheln 4, flach, fast kreuzständig, die zwei seitlichen fast aufrecht, nach dem oberen hin gerichtet, welcher oben convex und unten platt; der untere viel länger, als die anderen, ganz platt gedrückt, hakig, alle 4 an der Basis gelb, an der Spitze braun.

Die von Labouret beschriebene Pflanze war über 40 cm hoch bei einem Durchmesser von 35 cm.

Ueber die Blüthen finden sich keine Nachrichten.

40. Echinocactus recurvus *Lk et O.*, Krummstachel-Igelcactus.

Synonyme. Echinocactus glaucus *Karw.*, Cactus recurvus *Haw.*, C. nobilis *Willd.*

Vaterland Mexiko, Peru und Guatemala, gemässigte Region. Körper fast kugelig, graulichgrün. Rippen 13—14, ziemlich scharfgratig, gekerbt, fast wellig. Furchen scharf, Stachelpolster weitläufig gestellt (4 cm), länglich, filzig. Stacheln erst purpurroth, dann röthlich oder schwärzlich; Randstacheln 8, steif, ziemlich gerade, fast gleich, etwa $2^1/_2$ cm lang, der unterste der kürzeste; Mittelstachel 1, etwas länger, viel stärker, platt, hakenförmig zurückgekrümmt, stark geringelt.

Körper 15—25 cm hoch und von demselben Durchmesser.

Bei Samenpflanzen sind die Rippen anfangs stumpf und die beiden seitlichen und der unterste Randstachel gelblich, die übrigen anfangs purpurn, dann braunroth.

Ueber die Blüthen ist mir nichts bekannt geworden.

Varietäten. 1. Echinocactus recurvus β solenacanthus *S.* (Syn. E. recurvus var. latispinus *Hort.*, E. solenacanthus *Schdw.*), in der mexikanischen Provinz Tehuacan einheimisch, auf Höhen von 6—8000 m, 1840 durch Galeotti eingeführt. Körper kugelig, 20—30 cm im Durchmesser, schön blaugrün. Rippen 12, schräg, fast spiralig, scharf, gekerbt, um die

Stachelpolster herum gewölbt. Furchen breit. Stachelpolster gedrängt, länglich, an der Verlängerung abgestutzt, anfangs mit rothgelbem, später mit perlgrauem Filze. Stacheln steif, hellfleischfarbig; Randstacheln 8, zusammen gedrückt, abgeplattet, geringelt, gerade, ausgebreitet; Mittelstachel 1, gross, breit, oben mit zwei Rinnen (σωλήν, Rinne), an der Spitze hakig, etwas nach unten gebogen.

Dieser äusserst zierliche Igelcactus soll in seinem Vaterlande eine verhältnissmässig ansehnliche Höhe erreichen.

2. E. recurvus γ tricuspidatus *S.*, der Mittelstachel sehr breit, von oben bis zur Hälfte seiner Länge dreispitzig.

41. Echinocactus cornigerus *DC.*, Hörner-Igelcactus.

Synonyme. Cactus latispinus *Haw.*, Melocactus latispinus *Hort.*, Echinocactus latispinus *Hort.*

Vaterland Mexiko und Guatemala. Körper plattkugelig, graugrün. Rippen an älteren Individuen meistens 21, zusammengedrückt, scharf, gekerbt. Furchen scharf. Stachelpolster sehr weitläufig gestellt, oval, nach oben in eine schmale Verlängerung auslaufend, weisslich. Randstacheln der äusseren Reihe 6—10, fein, erst gelblich, dann weisslich, die der inneren 5, von denen 3 nach oben und 2 nach unten, dick, pfriemlich, geringelt, gerade. Mittelstachel 1, platt, gekielt, geringelt, hakig nach unten gebogen; die inneren Randstacheln und der Mittelstachel purpurroth, später blassröthlich.

Diese prächtige, durch die Art ihrer Bewaffnung ausgezeichnete Art erreicht sehr ansehnliche Dimensionen. In den Sammlungen befinden sich nicht selten Originalpflanzen von 25 cm Höhe und 40 cm Durchmesser und mit 4 cm langen, an der Basis 8—9 mm breiten Hakenstacheln.

Blüthen nach De Candolle auf dem Scheitel zu 2—3 hervortretend, $2^1/_2$ cm lang. Röhre dick, kurz. Sepalen

Fig. 60. Echinocactus cornigerus, nach de Candolle.

fuchsroth-braun, ziegeldachartig sich deckend; Petalen in einer Reihe, fast lineal, spitz, purpurroth.

Zu bemerken ist noch, dass sich bei jüngeren Pflanzen nur 13—14 Rippen finden, und dass diese nicht gekerbt, sondern convex sind. Die Stachelpolster haben einen Abstand von $3^1/_2$—4 cm, und die Haupstacheln sind wie bei den alten Pflanzen purpurroth, die seitlichen jedoch (2—4 an der Zahl) gelblich.

Von dieser Art befanden sich früher häufiger als jetzt 2 Spielarten in Kultur:

1. E. cornigerus β latispinus *Hort. berol.*, mit einem etwas breiteren Mittelstachel;

2. E. cornigerus γ flavispinus *Hge.* mit gelblichen Stacheln.

Von der ersteren sahe ich in der Sammlung der Handelsgärtnerei von Haage-Schmidt in Erfurt sehr schöne Pflanzen von 15—20 cm Durchmesser. Die zweite scheint sich vorzügsweise in belgischen und französischen Gärten erhalten zu haben.

2. Sippe. Hamati — Angelhakige.

Rippen concav-geschweift. Stacheln von verschiedener Form, borstenförmig oder steif, purpurn oder grau. Mittelstachel mehr oder weniger stielrund, geringelt oder glatt, bisweilen lang ausgezogen, mit einer angelhakigen Spitze.

42. Echinocactus platycephalus *Mhlpf.*, Plattkopf-Igelcactus.

Synonym. Echinocactus texensis β Gourguensii *Cels.*

Vaterland Mexiko. Körper kugelig, etwas nieder gedrückt, $6^1/_2$ cm breit bei etwas über 5 cm Höhe, aschgraugrün. Rippen 13, etwas zugeschärft, stumpf, an der Basis breit; Furchen scharf. Stachelpolster etwa 20 mm von einander entfernt, stark mit weisser Wolle besetzt. Randstacheln 5—6, flachrund, mit der Spitze nach dem Körper der Pflanze hin gebogen, am Grunde weiss, an der Spitze hellbraunroth, die beiden seitwärts gerichteten die stärksten (fast 2 cm lang), der eine oder die 2 nach oben stehenden etwas schwächer, noch mehr die beiden nach unten und seitwärts stehenden. Mittelstachel 1, etwas länger als die grösseren Randstacheln, rund, geringelt, an der Spitze sanft nach unten gebogen, braunroth, fast $2^1/_2$ cm lang.

Die Blüthen sind nach Labouret schön violett und die Petalen gekräuselt.

43. Echinocactus Wislizeni *Engelm.*, Wislizenus' Igelcactus.

Nomenclatur. So benannt als ehrenvolle Anerkennung der Verdienste des Dr. Wislizenus, eines nordamerikanischen Arztes und eifrigen Pflanzenforschers, insbesondere auf dem Gebiete der Cacteen.

Vaterland Texas, zwischen Doña Ana und El Paso. Körper von sehr ansehnlichen Dimensionen, auf dem Scheitel zottig-filzig. Rippen bei kleinen Individuen nur 13, bei ausgewachsenen 21—24, scharft, gekerbt. Stachelpolster bei jüngeren Pflanzen weitläufiger (4 cm), als bei älteren, länglich, in der Jugend mit rothgelbem Filze besetzt. Randstacheln strahlig, gelb, zuletzt aschgrau, vorgestreckt, 15 seitliche borstenförmig, lang, fast glatt, 5—6 oben und unten stehende kürzer, kräftiger, geringelt. Mittelstacheln roth, mit blasserer Spitze, geringelt, 3 gerade, nach oben gerichtet, ein unterer sehr stark, oben platt, mit hakenförmig umgebogener Spitze.

Blüthen fast auf dem Scheitel. Röhre kurz-glockenförmig. Aeussere Perigonblätter 25—30, eiförmig, stumpf, innere lanzettförmig, weichstachelspitzig, gekerbelt, Staubgefässe ausserordentlich zahlreich, kurz, Griffel weit darüber hinaus ragend. Narbe mit 18—20 fadenförmigen, aufrechten Lappen. Fruchtknoten und Frucht dachziegelartig mit 60—80 Schuppen besetzt, letztere ziemlich fleischig, aber nicht saftig, bald hart. Samen schief, verkehrt-eiförmig, unter der Lupe fein netzmaschig.

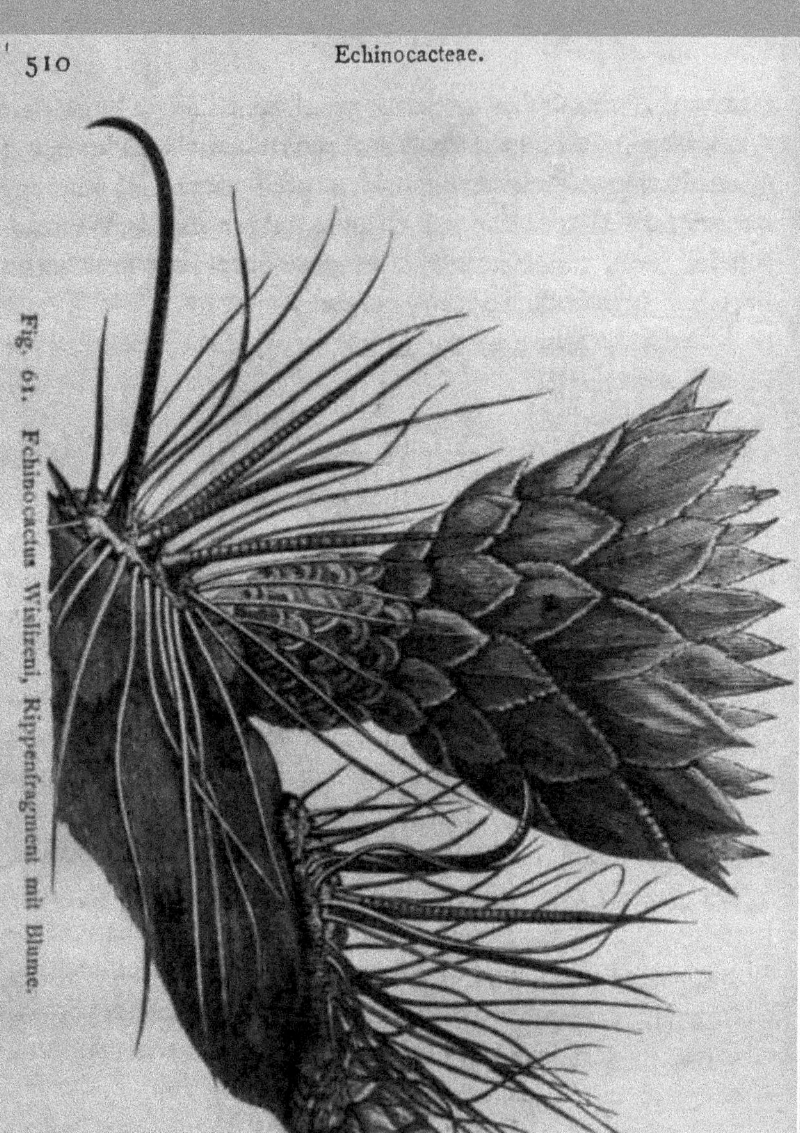

Fig. 61. Echinocactus Wislizeni, Rippenfragment mit Blume.

44. Echinocactus Lecontei *Engelm.*, Le Conte's Igelcactus.

Nomenclatur. Nach Dr. John L. Le Conte, einem Botaniker Nordamerikas benannt, welcher Cacteen studirte, sammelte und beschrieb.

Texanische Species von riesigen Dimensionen, von Le

Conte am unteren Gila gesammelt, auf felsigen und kiesigen Ebenen und Abhängen. Körper bisweilen 1 ½ m hoch bei 65 cm Durchmesser, eiförmig oder eiförmig-cylindrisch, bisweilen etwas keulenförmig. Rippen 20—30, zusammengedrückt, etwas stumpf, durch Quereinschnitte zwischen den Waffenbündeln etwas unterbrochen. Stachelpolster länglich, 17 mm lang und halb so breit, einander sehr genähert (nur 6 mm von einander). Randstacheln meist 19, die unteren und oberen (8 bis 10) eckig, etwas geringelt, mehr oder weniger zurück gebogen, die äusseren seitlichen und obersten dünner, borstenförmig, hin und her gebogen. Mittelstacheln 4, zusammengedrückt, gekielt, geringelt, die oberen 3 aufwärts, der untere längste (bis 7—8 cm) und breiteste (bis 4 ½ mm), nach unten gebogen, häufig gedreht und mit der Spitze wieder nach oben gewendet, diese 4 Stacheln niemals hakig, gleich den unteren und oberen Randstacheln weisslich-grau, später hellpurpurn, an der Spitze gelbgrau.

Fig. 62. Echinocactus Lecontei.

Blüthen fast scheitelständig. Fruchtknoten mit 30 bis 40 nierenförmigen Schuppen besetzt. Sepalen 20—30, länglich. Petalen 25—30, schmal, schwefelgelb. Griffel mit etwa 14 sehr langen, linienförmigen Narbenlappen. Beere kugelig, trocken, schuppig, von dem vertrockneten Perigon gekrönt (siehe S. 211), gelb, 5—6 cm lang. Samen schief, verkehrt-eirund, zusammengedrückt, fast durchsichtig, fein genarbt.

An dem oberen Ende des Stachelpolsters und zwischen diesem und dem Blüthen tragenden Polster finden wir dieselben stumpfen, cylindrischen, holzigen (in der Jugend fleischigen) Drüsen, wie bei manchen anderen Echinocactus-Arten.

E. Wislizeni unterscheidet sich von unserer Art durch die weniger abgeplatteten, weniger gebogenen, stärkeren Stacheln, von denen der untere Mittelstachel oben rinnig und stark hakenförmig gekrümmt ist, durch nur 3 untere Randstacheln u. s. w.

Beide gehören, streng genommen, nicht zur Sippe der Hamati, sondern sollten zu der hier nicht aufgestellten Sippe der Cornigeri Heteracanthi gezogen werden.

45. Echinocactus longehamatus *Gal.*, Langhaken-Igelcactus.

Synonym. Echinocactus flexispinus *Engelm.*

Vaterland Neu-Mexiko, am mittleren Laufe des Riogrande und an den Flüssen Pecos und San Pedro, bei Presidio del Norte und südlich bis nach Mexiko hinein und an anderen Orten aufgefunden. Körper fast kugelig oder schliesslich eiförmig, hellgrün. Rippen gewöhnlich 13, bisweilen bis 17, oft schief, höckerig-unterbrochen, breit, stumpf, die Höcker eiförmig, oben mit einer ganz kurzen Furche. Stachelpolster anfangs rundlich, später mehr eiförmig, weitläufig gestellt (bei älteren Individuen $2^1/_2$—3 cm). Stacheln glatt (oder nur der untere Mittelstachel rauhhaarig), die seitlichen weisslich, alle übrigen purpurn oder bunt, mit blasseren, durchscheinenden Spitzen. Randstacheln 8—12, gerade, gekrümmt oder hin und her gebogen, die oberen dünner und blasser, der unterste kurz, die seitlichen länger, etwas geringelt. Mittelstacheln 4 (bisweilen noch 1—4 schliesslich abfallende Nebenstacheln), eckig, zusammengedrückt, geringelt, die oberen gerade oder gekrümmt oder gedreht, nach oben gerichtet,